教育部高等学校电子信息类专业教学指导委员会规划教材
高等学校电子信息类专业系列教材

Information Network Theory and Technology

信息网络理论与技术

罗森林 吴舟婷 潘丽敏 编著
Luo Senlin Wu Zhouting Pan Limin

U0320960

清华大学出版社
北京

内 容 简 介

本书系统、全面地研究和论述了信息网络相关理论及技术,主要内容包括网络数据通信基础、信息网络体系结构、信息网络通信协议、信息网络基础应用、信息网络规律特征、信息网络文化基础、信息网络技术实践等。本书可满足高校多样化人才长期培养的需求,可供计算机科学与技术、软件工程、网络空间安全、信息安全与对抗等相关学科专业的教学、科研、应用人员阅读和使用,对从事信息网络空间相关研究的人员具有重要的实用和参考价值。

本书封面贴有清华大学出版社防伪标签,无标签者不得销售。

版权所有,侵权必究。举报:010-62782989,beiqinquan@tup.tsinghua.edu.cn

图书在版编目(CIP)数据

信息网络理论与技术/罗森林,吴舟婷,潘丽敏编著.—北京:清华大学出版社,2019(2020.11重印)
(高等学校电子信息类专业系列教材)
ISBN 978-7-302-51904-1

Ⅰ.①信…　Ⅱ.①罗…②吴…③潘…　Ⅲ.①信息网络-高等学校-教材　Ⅳ.①TP393

中国版本图书馆 CIP 数据核字(2018)第 290189 号

责任编辑:盛东亮
封面设计:李召霞
责任校对:梁　毅
责任印制:刘海龙

出版发行:清华大学出版社
　　　　　网　　　址:http://www.tup.com.cn, http://www.wqbook.com
　　　　　地　　　址:北京清华大学学研大厦 A 座　　　　　邮　　编:100084
　　　　　社 总 机:010-62770175　　　　　邮　　购:010-83470235
　　　　　投稿与读者服务:010-62776969, c-service@tup.tsinghua.edu.cn
　　　　　质量反馈:010-62772015, zhiliang@tup.tsinghua.edu.cn
　　　　　课件下载:http://www.tup.com.cn,010-83470236
印 装 者:三河市龙大印装有限公司
经　　销:全国新华书店
开　　本:185mm×260mm　　　印　张:20　　　字　数:483 千字
版　　次:2019 年 7 月第 1 版　　　印　次:2020 年 11 月第 2 次印刷
定　　价:59.00 元

产品编号:071419-01

高等学校电子信息类专业系列教材

顾问委员会

谈振辉	北京交通大学（教指委高级顾问）	郁道银	天津大学（教指委高级顾问）
廖延彪	清华大学　（特约高级顾问）	胡广书	清华大学（特约高级顾问）
华成英	清华大学　（国家级教学名师）	于洪珍	中国矿业大学（国家级教学名师）
彭启琮	电子科技大学（国家级教学名师）	孙肖子	西安电子科技大学（国家级教学名师）
邹逢兴	国防科技大学（国家级教学名师）	严国萍	华中科技大学（国家级教学名师）

编审委员会

主　任	吕志伟	哈尔滨工业大学		
副主任	刘　旭	浙江大学	王志军	北京大学
	隆克平	北京科技大学	葛宝臻	天津大学
	秦石乔	国防科技大学	何伟明	哈尔滨工业大学
	刘向东	浙江大学		
委　员	王志华	清华大学	宋　梅	北京邮电大学
	韩　焱	中北大学	张雪英	太原理工大学
	殷福亮	大连理工大学	赵晓晖	吉林大学
	张朝柱	哈尔滨工程大学	刘兴钊	上海交通大学
	洪　伟	东南大学	陈鹤鸣	南京邮电大学
	杨明武	合肥工业大学	袁东风	山东大学
	王忠勇	郑州大学	程文青	华中科技大学
	曾　云	湖南大学	李思敏	桂林电子科技大学
	陈前斌	重庆邮电大学	张怀武	电子科技大学
	谢　泉	贵州大学	卞树檀	火箭军工程大学
	吴　瑛	解放军信息工程大学	刘纯亮	西安交通大学
	金伟其	北京理工大学	毕卫红	燕山大学
	胡秀珍	内蒙古工业大学	付跃刚	长春理工大学
	贾宏志	上海理工大学	顾济华	苏州大学
	李振华	南京理工大学	韩正甫	中国科学技术大学
	李　晖	福建师范大学	何兴道	南昌航空大学
	何平安	武汉大学	张新亮	华中科技大学
	郭永彩	重庆大学	曹益平	四川大学
	刘缠牢	西安工业大学	李儒新	中国科学院上海光学精密机械研究所
	赵尚弘	空军工程大学	董友梅	京东方科技集团股份有限公司
	蒋晓瑜	陆军装甲兵学院	蔡　毅	中国兵器科学研究院
	仲顺安	北京理工大学	冯其波	北京交通大学
	黄翊东	清华大学	张有光	北京航空航天大学
	李勇朝	西安电子科技大学	江　毅	北京理工大学
	章毓晋	清华大学	张伟刚	南开大学
	刘铁根	天津大学	宋　峰	南开大学
	王艳芬	中国矿业大学	靳　伟	香港理工大学
	苑立波	哈尔滨工程大学		
丛书责任编辑	盛东亮	清华大学出版社		

序

FOREWORD

我国电子信息产业销售收入总规模在 2013 年已经突破 12 万亿元,行业收入占工业总体比重已经超过 9%。电子信息产业在工业经济中的支撑作用凸显,更加促进了信息化和工业化的高层次深度融合。随着移动互联网、云计算、物联网、大数据和石墨烯等新兴产业的爆发式增长,电子信息产业的发展呈现了新的特点,电子信息产业的人才培养面临着新的挑战。

(1) 随着控制、通信、人机交互和网络互联等新兴电子信息技术的不断发展,传统工业设备融合了大量最新的电子信息技术,它们一起构成了庞大而复杂的系统,派生出大量新兴的电子信息技术应用需求。这些"系统级"的应用需求,迫切要求具有系统级设计能力的电子信息技术人才。

(2) 电子信息系统设备的功能越来越复杂,系统的集成度越来越高。因此,要求未来的设计者应该具备更扎实的理论基础知识和更宽广的专业视野。未来电子信息系统的设计越来越要求软件和硬件的协同规划、协同设计和协同调试。

(3) 新兴电子信息技术的发展依赖于半导体产业的不断推动,半导体厂商为设计者提供了越来越丰富的生态资源,系统集成厂商的全方位配合又加速了这种生态资源的进一步完善。半导体厂商和系统集成厂商所建立的这种生态系统,为未来的设计者提供了更加便捷却又必须依赖的设计资源。

教育部 2012 年颁布了新版《高等学校本科专业目录》,将电子信息类专业进行了整合,为各高校建立系统化的人才培养体系,培养具有扎实理论基础和宽广专业技能的、兼顾"基础"和"系统"的高层次电子信息人才给出了指引。

传统的电子信息学科专业课程体系呈现"自底向上"的特点,这种课程体系偏重对底层元器件的分析与设计,较少涉及系统级的集成与设计。近年来,国内很多高校对电子信息类专业课程体系进行了大力度的改革,这些改革顺应时代潮流,从系统集成的角度,更加科学合理地构建了课程体系。

为了进一步提高普通高校电子信息类专业教育与教学质量,贯彻落实《国家中长期教育改革和发展规划纲要(2010—2020 年)》和《教育部关于全面提高高等教育质量若干意见》(教高【2012】4 号)的精神,教育部高等学校电子信息类专业教学指导委员会开展了"高等学校电子信息类专业课程体系"的立项研究工作,并于 2014 年 5 月启动了《高等学校电子信息类专业系列教材》(教育部高等学校电子信息类专业教学指导委员会规划教材)的建设工作。其目的是为推进高等教育内涵式发展,提高教学水平,满足高等学校对电子信息类专业人才培养、教学改革与课程改革的需要。

本系列教材定位于高等学校电子信息类专业的专业课程,适用于电子信息类的电子信息工程、电子科学与技术、通信工程、微电子科学与工程、光电信息科学与工程、信息工程及其相近专业。经过编审委员会与众多高校多次沟通,初步拟定分批次(2014—2017 年)建设约 100 门课程教材。本系列教材将力求在保证基础的前提下,突出技术的先进性和科学的前沿性,体现创新教学和工程实践教学;将重视系统集成思想在教学中的体现,鼓励推陈出新,采用"自顶向下"的方法编写教材;将注重反映优秀的教学改革成果,推广优秀的教学经验与理念。

为了保证本系列教材的科学性、系统性及编写质量,本系列教材设立顾问委员会及编审委员会。顾问委员会由教指委高级顾问、特约高级顾问和国家级教学名师担任,编审委员会由教育部高等学校电子信息类专业教学指导委员会委员和一线教学名师组成。同时,清华大学出版社为本系列教材配置优秀的编辑团队,力求高水准出版。本系列教材的建设,不仅有众多高校教师参与,也有大量知名的电子信息类企业支持。在此,谨向参与本系列教材策划、组织、编写与出版的广大教师、企业代表及出版人员致以诚挚的感谢,并殷切希望本系列教材在我国高等学校电子信息类专业人才培养与课程体系建设中发挥切实的作用。

吕志伟 教授

前 言
PREFACE

我国成立"网络安全和信息化领导小组"之后,相继建立了网络空间安全一级学科及博士点,信息科技已向网络空间发展。广义的网络是由具有无结构性质的节点与相互作用关系构成的体系,其中直接承载信息采集、传输、存储、处理、管控和应用的信息网络起着举足轻重的作用。有关计算机网络的教学是计算机科学与技术、软件工程、网络空间安全、信息与通信工程等学科的必修教学内容,几乎所有的重点院校均有这些学科和专业。同时,广大民众均已直接接触网络、应用网络,工作生活已经离不开各类网络。

本书基于广义网络空间的概念,重新思考信息网络相关理论与技术,并根据工程教育认证以及 OBE 培养方案的要求,在介绍具体理论、技术的同时注重思维方法的分析,以持续增强学生的创新意识、创新能力。本教材的蓝本讲义已在信息对抗技术专业试用多年,实践证实,对促进学生主动性探索、理论联系实际取得了积极效果。

信息网络理论与技术问题涉及面很广,知识内容庞大复杂,其本身是一个系统性问题,遵守"全量大于各分量之和"的原理。本书强调知识的系统性、全面性和层次性,突出重要知识点,充分保证在有限的学时内形成有效的教学效果,让读者掌握信息网络的核心内容。

本书纵向上从上至下分为三个层次,即信息网络的基本原理和方法分析、信息网络的基础技术讨论、信息网络的工程实践与应用;横向上融入了军事专用网络、网络空间文化等内容。本书从其重要知识点入手浓缩信息网络相关的理论与技术,在抓住其精要的同时尽量覆盖相关信息,在涵盖了多门单项技术内容的同时保持了结构的清晰和知识的系统性,避免了"只见树木不见森林"。

本书注重信息网络空间的动态发展和时空范围,紧跟信息科技和社会的发展,时效性强,并注重信息网络的基础性理论分析深入性和技术先进性。通过学习信息网络文化基础,学生能够较为深刻地理解网络文化,有效地促进信息网络应用的健康发展。本书深入讲解信息网络的理论特征,故同样适用于研究生教学。通过本书,可以较为系统、全面地学习、理解信息网络领域的重要知识点,掌握信息网络的核心概念、原理和方法,从更高层次认识信息网络的系统工程思想,同时还可以实践信息网络的具体技术。

本书充分考虑读者的兴趣(既有理论内容又有技术应用的系统设计与实践,还有需要思考的创新性内容)和讲授内容的灵活性(既可以作为独立的理论教材,又可供主干课程用作辅助实践教材,讲授时可根据学生的情况灵活运用),在内容、方法上保证专业人才培养的需求并具有前瞻性和可持续发展性。讲授时可根据学时数以及学生兴趣程度及时选取合适的章节,浅显讲解时可只讲其基本概念、原理;深入讲解时可讲其基本体系结构以及设计、实现的方法。

本书由罗森林、吴舟婷、潘丽敏共同撰写,其中第 2、3、4、5、8 章由吴舟婷主要负责撰写,

第 6、7 章由潘丽敏主要负责撰写,其余部分由罗森林负责撰写。罗森林负责全书的章节设计、内容规划和统稿。同时,衷心感谢盛东亮先生详细、认真地修改书稿,衷心感谢清华大学出版社多方面的支持和帮助。

　　由于时间所限,加之笔者能力的限制,对于书中的不足、疏漏之处,敬请广大读者批评指正,以便使其日渐完善。谢谢!

罗森林

于北京理工大学

2019 年 2 月

目 录
CONTENTS

绪　　论

1.1　引言

计算机网络向空间网络发展,其内涵已发生了较大的变化,本章从信息及信息系统的基础知识出发,讨论信息网络、复杂网络、网络空间的基本概念以及网络空间发展简史与现状。

1.2　信息及其信息系统

信息是人类社会的宝贵资源,功能强大的信息系统是推动社会发展前进的催化剂和倍增器。信息系统越发展到它的高级阶段,人们对其依赖性就越强。本章主要讨论信息系统相关基础知识,主要内容包括信息、信息技术、信息系统、信息网络的概念,信息系统的要素分析,工程系统基础知识。

1.2.1　信息与信息技术的概念

1. 信息基本概念

"信息"一词古已有之。在人类社会早期的日常生活中,人们对信息的认识比较广义而模糊,对信息和消息的含义没有明确界定。到了 20 世纪尤其是中期以后,随着现代信息技术的飞速发展及其对人类社会的深刻影响,迫使人们开始探讨信息的准确含义。

1928 年,哈特雷(L. V. R. Hartley)在《贝尔系统电话杂志》上发表了题为《信息传输》的论文。他在文中将信息理解为选择通信符号的方式,并用选择的自由度来计量这种信息的大小。他注意到,任何通信系统的发送端总有一个字母表(或符号表),发信者发出信息的过程正是按照某种方式从这个符号表中选出一个特定符合序列的过程。假定这个符号表一共有 S 个不同的符号,发信息选定的符号序列一共包含 N 个符号,那么,这个符号表中无疑有 S^N 种不同符号的选择方式,也可以形成 S 个长度为 N 的不同序列。这样,就可以把发信者产生信息的过程看作是从 S 个不同的序列中选定一个特定序列的过程,或者说是排除其他序列的过程。然而,用选择的自由度来定义信息存在局限性,主要表现在这样定义的信息没有涉及信息的内容和价值,也未考虑到信息的统计性质;另外,将信息理解为选择的方式,就必须有一个选择的主体作为限制条件,因此这样的信息只是一种认识论意义上的信息。

1948年,香农(C. E. Shannon)在《通信的数学理论》一文中,在信息的认识方面取得重大突破,堪称信息论的创始人。香农的贡献主要表现在推导出了信息测度的数学公式,发明了编码的三大定理,为现代通信技术的发展奠定了理论基础。香农发现,通信系统所处理的信息在本质上都是随机的,因此可以运用统计方法进行处理。他指出,一个实际的消息是从可能消息的集合中选择出来的,而选择消息的发信者又是任意的,因此,这种选择就具有随机性,是一种大量重复发生的统计现象。香农对信息的定义同样具有局限性,主要表现在这一概念未能包容信息的内容与价值,只考虑了随机不定性,未能从根本上回答信息是什么的问题。

1948年,就在香农创建信息论的同时,维纳(N. Wiener)出版了专著《控制论——动物和机器中的通信与控制问题》,并创立了控制论。后来,人们常常将信息论、控制论以及系统论合称为"三论",或统称为"系统科学"或"信息科学"。维纳从控制论的角度认为,"信息是人们在适应外部世界,并使这种适应反作用于外部世界的过程中,同外部世界进行互相交换的内容的名称"。他还认为,"接收信息和使用信息的过程,就是我们适应外部世界环境的偶然性变化的过程,也是人们在这个环境中有效地生活的过程。"维纳的信息定义包容了信息的内容与价值,从动态的角度揭示了信息的功能与范围。但是,人们在与外部世界的相互作用过程中同时也存在着物质与能量的交换,不加区别地将信息与物质、能量混同起来是不确切的,因而也是有局限性的。

1975年,意大利学者朗高(G. Longo)在《信息论:新的趋势与未决问题》一书的序中指出,信息是反映事物的形成、关系和差别的东西,它包含在事物的差异之中,而不在事物本身。无疑,"有差异就是信息"的观点是正确的,但"没有差异就没有信息"的说法却不够确切。譬如,我们碰到两个长得一模一样的人,他(她)们之间没有什么差异,但人们会立即联想到"双胞胎"这样的信息。可见,"信息就是差异"也有其局限性。

1988年,中国学者钟义信在《信息科学原理》一书中,认为信息是事物运动的状态与方式,是事物的一种属性。信息不同于消息,消息只是信息的外壳,信息则是消息的内核。信息不同于信号,信号是信息的载体,信息则是信号所载的内容。信息不同于数据,数据是记录信息的一种形式,同样的信息也可以用文字或图像来表述。信息不同于情报,情报通常是指秘密的、专门的、新颖的一类信息,可以说所有的情报都是信息,但不能说所有的信息都是情报。信息也不同于知识,知识是认识主体所表达的信息,是序化的信息,而并非所有的信息都是知识。他还通过引入约束条件推导了信息的概念体系,对信息进行了完整而准确的论述。通过比较,中国科学院文献情报中心孟广均研究员等在《信息资源管理导论》一书中认为,作为与物质、能量同一层次的信息的定义,信息就是事物运动的状态与方式。因为这个定义具有最大的普遍性,不仅能涵盖所有其他的信息定义,而且通过引入约束条件还能转换为所有其他的信息定义。

2002年中国科学院、中国工程院两院院士王越教授指出,事实上定量、广义、全面地描述"信息"是不太可能的,至少是非常难的事,对"信息"本质的深入理解和科学定量描述有待长期进行,在此暂时给出一个定性概括性定义:"信息是客观事物运动状态的表征和描述",其中"表征"是客观存在的,而描述是人为的。"信息"的重要意义在于它可表征一种"客观存在",与人的认识实践相结合,进而与人类生存发展相结合,所以信息领域科技的发展体现了客观与人类主观相结合的一个重要方面。对人而言,"获得信息"最基本的机理是映射(借助数学语言),即由客观存在的事物运动状态,经人的感知功能及脑的认识功能进行概括抽象形成"认识",这就是"获得信息"加工"信息"的过程,是一个由"客观存在"到人类主观认识的"映射"。由于客观事物运动是非常复杂的广义空间(不限于三维)和时间维的动态展开,因此它的"表征"也必定是非常复杂的,体现存在于广义空间维在复杂的多层次、多剖面相互"关系",以及在多阶段、多时段的时间维的交织动态展开,进而指出"信息",它必定是由反映各层次、各剖面不同时段动态特征的信息片段组成,这是"信息"内部结构最基本的内涵。

据不完全统计,信息的定义有 100 多种,它们都从不同侧面、不同层次揭示了信息的特征与性质,但也都有这样或那样的局限性。信息来源于物质,但不是物质本身;信息也来源于精神世界,但又不限于精神的领域;信息归根到底是物质的普遍属性,是物质运动的状态与方式。信息的物质性决定了它的一般属性,主要包括普遍性、客观性、无限性、相对性、抽象性、依附性、动态性、异步性、共享性、可传递性、可变换性、可转化性和可伪性等。信息系统安全将处理与信息依附性、动态性、异步性、共享性、可传递性、可变换性、可转化性和可伪性有关的问题。

2. 信息技术概念

任何技术都产生于人类社会实践活动的实际需要。按照辩证唯物主义观点,人类的一切活动都可以归结为认识世界和改造世界。而人类认识世界和改造世界的过程,从信息的观点来分析,就是一个不断从外部世界的客体中获取信息,并对这些信息进行变换、传递、存储、处理、比较、分析、识别、判断、提取和输出,最终把大脑中产生的决策信息反作用于外部世界的过程。

"科学"是扩展人类各种器官功能的原理和规律,而"技术"则是扩展人类各种器官功能的具体方法和手段。从历史上看,人类在很长一段时间里,为了维持生存而一直采用优先发展自身体力功能的战略,因此材料科学与技术和能源科学与技术也相继发展起来。与此同时,人类的体力功能也日益加强。信息虽然重要,但在生产力和生产社会化程度不高的时候,人们仅凭自身的天赋信息器官的能力,就足以满足当时认识世界和改造世界的需要。但随着生产斗争和科学实验活动的深度和广度的不断发展,人类的信息器官功能已明显滞后于行为器官的功能,例如人类要"上天""入地""下海""探微",但其视力、听力、大脑存储信息的容量、处理信息的速度和精度,已越来越不能满足同自然作斗争的实际需要。只是到了这个时候,人类才把自己关注的焦点转到扩展和延长自己信息器官的功能方面。

经过长时间的发展,人类在信息的获取、传输、存储、处理和检索等方面的方法与手段,以及利用信息进行决策、控制、指挥、组织和协调等方面的原理与方法,都取得了突破性的进展,当代技术发展的主流已经转向信息科学技术。

对于信息技术,目前还没有一个准确而又通用的定义。为了研究和使用的方便,学术界、管理部门和产业界等都根据各自的需要与理解给出了自己的定义,估计有数十种之多。信息技术定义的多样化,不只是反映在语言、文字和表述方法上的差异,而且也有对信息技术本质属性理解方面的差异。

目前比较有代表性的信息技术的定义主要有以下几种:

(1) 信息技术是基于电子学的计算机技术和电信技术的结合而形成的对声音的、图像的、文字的、数字的和各种传感信号的信息,进行获取、加工处理、存储、传播和使用的能动技术。

（2）信息技术是指在计算机和通信技术支持下用以获取、加工、存储、变换、显示和传输文字、数值、图像、视频和声频以及语音信息，并包括提供设备和提供信息服务两大方面的方法与设备的总称。

（3）信息技术是人类在生产斗争和科学实验中认识自然和改造自然过程中所积累起来的获取信息、传递信息、存储信息、处理信息与使信息标准化的经验、知识、技能，以及体现这些经验、知识、技能的劳动资料有目的的结合过程。

（4）信息技术是在信息加工和处理过程中使用的科学、技术与工艺原理和管理技巧及其应用；与此相关的社会、经济与文化问题。

（5）信息技术是管理、开发和利用信息资源的有关方法、手段与操作程序的总称。

（6）信息技术是能够延长或扩展人的信息能力的手段和方法。

3. 信息主要表征

"信息"的客观表征非常广泛，源于各种各样运动状态的特征，信息的表征就是各种各样的"特殊性的表现"，也可认为"特征的表现"。

对人而言，人可以利用感觉器官和脑功能感知有关自然界的各种信息（通过多种信息荷载的媒体）。此外，人还会融合利用人类自己创立的"符号"来进一步认识、描述、记录、传递、交流、研究和利用"信息"。以上叙述可进一步认为人脑主宰的二重"映像"过程，即通过第一次映射，通过"信息"感觉及初步认识，然后进一步利用"符号"二次深化映射形成思维结果，需要时可以较长期记忆等，以备日后所需之用。以上分步骤描述二次映射实际上是一个变换形成"符号"的映射。"符号"是内涵非常广泛的一个概念，它是特定的"关系"。

又因人所能直接感知的信息种类和范围有限，因此人类不断努力扩大发现感知信息种类和扩大范围的新原理、新方法，并将新获得的信息转换为人类所能感知的信息，但其基本原理仍是映射和符号转换映射。

"符号"是内涵非常广泛的一个名词，研究"符号"及其应用已形成专门的"符号学"这门学科，在此简单举例说明：语言、文字、图形、图像，还有音乐、物理、化学、数学等各门学科中建立的专门符号，除语言文字外还有专门符号，如微分、积分符号发展为算子符号、极限、范数、内积符号等，物理中量子物理就有独特符号，如波矢（态矢）态函数等。推而广之，各种定理可以被认为是符号的有序构成的符号集合，是广义的符号，也是客观规律的"符号"。此外，通常人类的表情、动作（如摇头、摆手、皱眉等）也可认为是一种符号。

4. 信息主要特征

1）"信息"的存在形式特征（直接层次）

（1）不守恒性。"信息"不是物质，也不是能量，而是与能量和物质密切相关的运动状态的表征和描述。由于物质运动不停，变化不断，故"信息"不守恒。

（2）复制性。在非量子态作用机理情况，在环境中可区分条件下具有可复制性（在量子态工作环境，一定条件下是不可精确"克隆"的）。

（3）复用性。在非量子态作用机理情况，在环境中可区分条件下具有多次复用性。

（4）共享性。在信息荷载体具有运行能量，且运行能量远大于信息维持存在所需低限阈值时，则此"信息"可多次共享，如说话声几个人可同时听到，卫星转播多接收站可以同时接收信号获得信息等。

（5）时间维有限尺度特征。具体事物运动总是在时间、空间维有限度尺度内进行的，因而"信息"必定具有时间维的特征,如发生在何时、持续多长、间隔时间多长、对时间变化率值的大小、相互时序关系等,这些都是"信息存在形式"内时间维的重要特征,对信息的利用有重要意义。

需要着重说明的是,若信息系统的运行处在量子状态,复制性、复用性和共享性这三种特征的情况就完全不同了。事物运行在量子状态的运行能量水平非常微弱,能量可用 $\varepsilon = vhn$(ε 为能量,h 为普朗克常数 $\doteq 6.6256 \times 10^{-34}$ J/s,v 为频率 5,n 为能级数),可以这样理解,当 $n=1$ 时,求出的 ε 值是事物量子化运行存在的最低值,如果低于此值事物运动状态就无法保持(也可认为是一个低限阈值)。信息系统运行中的能量水平都远远高于此值,例如在微波波段 $v = 10^{10}$/s,阈值 $\varepsilon = 6.626 \times 10^{-24}$ J;光波波段 $v = 10^{14} \sim 10^{15}$ s,阈值 $\varepsilon = 6.626 \times 10^{-19}$ J。现在这两个波段信息系统服务运行低功率门限约在 $10^{-14} \sim 10^{-13}$ 及 10 个光子能量的信号检测能力阈值,比 ε 值高得多,而信息系统正常工作状态的能量或功率水平更要高得多(如高灵敏信号接收检测设备的正常运行能量水平)。还有些"信息"运行形式是靠外界能量照射形成反射,由反射情况来表示"信息",这些表征信息的反射能量也远大于 ε 值(如反射光)。这意味着现在这些系统都处在远离量子态的"宏观态"中,才具备上述"信息"特征,如利用量子态荷载"信息",即信息系统运行在量子态,则它的状态就会"弱不禁风"碰一下就变。"信息"的上述特征就不再存在,这对"信息安全"领域的信息保密有利,但系统实际运行的同时也有巨大困难。

2) 人所关注的"信息"利用层次上的特征

"信息"最基本、最重要的功能是"为人所用",即以人为主体的利用。从利用层次上讲,信息具有如下特征。

(1) 真实性。产生"信息"不真实反映对应事物运动状态的意识源可分为"有意"与"无意"两种。"无意"为人或信息系统的"过失"所造成"信息"的失真,而"有意"则为人有目的制造失实信息或更改信息内容以达到某种目的所造成"信息"的失真。

(2) 多层次、多剖面区分特性。"信息"属于哪个层次和剖面的,这也是其重要属性。对于复杂运动的多种信息,知其层次和剖面属性对综合、全面掌握运动性质是很重要的。

(3) 信息的选择性。"信息"是事物运动状态的表征,"运动"充满各种复杂的相互关系,同时也呈现对象性质,即在具体场合信息内容的"关联"性质对不同主体有不同的关联程度,关联程度不高的"信息"对主体就不具有重要意义,这种特性称为信息的空间选择性。此外,有些"信息"对于应用主体还有时间选择性,即在某时间节点或时间区域节点为界,对应用主体有重要性,如地震前预报信息便是一例。

(4) 信息的附加义特征。由于"信息"是事物运动状态的表征,虽可能只是某剖面信息,但也必然蕴含"运动"中相互关联的复杂关系。通过"信息"可获得其所蕴含非直接表达的内容("附加义"的获得)有重要的应用意义。人获得"附加义"的方式,可分为"联想"方式和逻辑推理方式,"联想"是人的一种思维功能("由此及彼"的机制甚为复杂),它比利用逻辑推理的作用领域更广泛。例如,根据研究课题性质联想到企业将推出的新商品,是根据企业所研究课题蕴含指称对象的多种信息,利用逻辑推理和相关科学技术确定指称对象将投入市场具有强竞争力的新产品,是逻辑推理获得信息附加义的例子。

3) 由获得的一些(剖面)信息进而认识事物的运动过程

事物的运动是"客观存在"并具有数不尽的复杂多样性。"信息"的深层次重要性在于通过"信息"所表征的状态去认识事物运动过程,人们对"信息"关联"过程"的特性主要有两方面,即"信息"不遗漏表征运动过程的核心状态,以及"信息"中能蕴含由"状态"到运动"过程"的要素,由个别状态(信息)认识运动"过程"是由局部推测全局的过程(由未知至有所"知"的过程),但无法要求在"未知"中又事前"确知"(明显的悖理),因此我们关注的是由每条"信息"中所蕴含了表征运动全局的因素进行"挖掘"以认识全运动过程,由此提出挖掘"信息"内涵的原理框架为四元关系组,即

信息⇒[信息直接关联特征域关系,信息存在广义空间域关系,信息存在时间域关系,信息变化率域关系]⇒一定条件下指称对象的运动过程(片段)

由于运动的复杂多样性,因此上述各域还需要再划分成子域进行研究。

(1)信息直接关联特征域关系,涉及下列子域:关联对象子域,如事、物、人及联合子域,如人与事、事与物、人与物等;关联行为子域,如动作、意愿、评价、评判等;动状态性质子域,确定性、非确定性(概率性与非概率性不确定性)、确定性与非确定结合性等。

(2)信息存在广义空间域关系,包括三维距离空间子域、"物理"空间子域、"事理"空间子域、"人理"空间子域、"生理"空间子域。各子域仍可再进行多层次子域划分及特征分析,如"物理"(广义的事物存在的理)空间子域中包括数学空间、物理空间、化学空间等各子域等。

(3)信息存在时间域关系常需分成多种尺度的时间子域。

(4)信息变化率域关系可进一步划分为以下几个子域,即广义空间多层变化率子域,如 $\frac{\partial}{\partial x},\frac{\partial}{\partial y},\cdots,\frac{\partial}{\partial \theta},\frac{\partial}{\partial r},\cdots,\frac{\partial^2}{\partial x^2},\frac{\partial^2}{\partial y^2},\frac{\partial^3}{\partial x^3},\cdots$;时间域多层变化率子域,如 $\frac{\partial}{\partial t},\frac{\partial^2}{\partial t^2},\frac{\partial^3}{\partial t^3},\cdots$;时空多层变化子域,如 $\frac{\partial^2}{\partial x \partial t},\frac{\partial^2}{\partial t \partial x},\cdots$。

利用以上所介绍的四元组关系框架对"信息"(含对信息组合)进行分析,并通过类比和联想可以得到"信息"所代表运动过程的一些"预测"。例如,运动过程是否在质变阶段抑或量变过程,是否会有重大新生事物产生,运动过程是否复杂等。

4)"信息"组成的信息集群(信息作品)

一种状态的表征往往需要用多条"信息"来表示,其包括信息量(未考虑其真伪性、重要性、时间特性等),可用香农教授定义的波特、比特等表示,但这些还只是表征相对简单状态的信息片段,可称为"信息单元"。客观世界中还存在着由信息单元有机组成的信息集群,它表征更复杂的运动状态和过程,是"信息单元"的自然延伸,但它们还没有专门名称,在此暂用相似于汉语语义学中"言语作品"的"信息作品"来表述,它还需结合思维推理、逻辑推理进行判断理解认识。这对人类社会发展是有意义的。尤其是信息作品是由人有目的地策划组织形成的情况下,如"信息作品"深层次反映"目的"对其认识是非常难的工作,信息作品的表现形式有多种,有文字、图像、多媒体音像等。如信息作品表征较长的过程,信息作品内含的信息单元数量会非常巨大。

1.2.2　信息系统及其功能要素

1. 信息系统基本概念

自 20 世纪初泰罗创立科学管理理论以后,管理科学与方法技术得到迅速发展;在它同统计理论和方法、计算机技术、通信技术等相互渗透、相互促进的发展过程中,信息系统作为

一个专门领域迅速形成和发展。同"信息""系统"的定义具有多样性一样,信息系统这种与"信息"有关的"系统",其定义也远未达成共识。比较流行的定义有以下几个。

(1)《大英百科全书》把"信息系统"解释为:有目的、和谐地处理信息的主要工具是信息系统,它对所有形态(原始数据、已分析的数据、知识和专家经验)和所有形式(文字、视频和声音)的信息进行收集、组织、存储、处理和显示。

(2) M. 巴克兰德(M. Buckland)认为信息系统是"提供信息服务,使人们获取信息的系统,如管理信息服务、联机数据库、记录管理、档案馆、图书馆、博物馆等"。

(3) N. M. 达菲(N. M. Dafe)等认为信息系统大体上是"人员、过程、数据的集合,有时候也包括硬件和软件,它收集、处理、存储和传递在业务层次上的事务处理数据和支持管理决策的信息"。

(4) 中国学者吴民伟认为信息系统是"一个能为其所在组织提供信息,以支持该组织经营、管理、制定决策的集成的人—机系统,信息系统要利用计算机硬件、软件、人工处理、分析、计划、控制和决策模型,以及数据库和通信技术"。

(5) 中国科学院、中国工程院王越教授给出的信息系统的定义是:帮助人们获取、传输、存储、处理、交换、管理控制和利用信息的系统称为信息系统,是以信息服务于人的一种工具。"服务"一词有着越来越广泛的含义,因此信息系统是一类各种不同功能和特征信息系统之总称。

2. 信息系统理论特征

现代信息系统内往往叠套多个交织作用的子系统,由系统理论自组织机能理解读分析,是由各分系统的自组织机能有机集成为系统层自组织机能,代表系统存在,是系统理论所描述的典型系统。如现代通信系统包括卫星通信系统、公共骨干通信网、移动通信网等,卫星通信系统又包括卫星(包括转发器、卫星姿态控制、太阳能电池系统等)、地面中心站系统(包括地面控制分系统、上行信道收发等)、小型用户地面站(再分子系统等)。移动通信网系统、公共骨干通信网系统都是由多层子系统组成。而上述各类通信系统组成概况为"通信系统"。它正以"通信"功能为基础融入更广服务功能的网络系统服务社会及人类发展。

每一种信息系统,当其研发完成后仍会不断进行局部改进(量变阶段),当改进已不能适应的情况下,则要发展一种新类型(一种质变)。如此循环一定程度后,会发生更大结构性质变(系统体制变化),如通信系统中交换机变为程控式,这为体制变化。进而,又往"路由式"变化,也是体制变化。这种变化发展"永不停止",符合系统理论中通过涨落达到新的有序原理。

信息系统作为人类社会及为人服务的系统,伴随社会进化而发展,并有明显共同进化作用,且越发展越复杂、高级。发展的核心因素是深层次隐藏规律:进化机理进化即对应发展规律不断发展可引发信息系统发展机理发展变化,可引起系统根本性发展。

每一种信息系统的存在发展都有一定的约束,新发展又会产生新约束,也会产生新矛盾,如性能提高是一种"获得",得到它必然付出一定的"代价"。这里所述"获得"和付出"代价"都是指空时域广义的"获得"和"代价",如"自由度""可能性""约束条件"的增减(当然功能范围质量的增加包括在内)。

3. 信息系统功能组成

任何信息系统都是由下列部分交织或有选择交织而组成的。

(1) 信息的获取部分(如各种传感器等)。任何一种信息系统,其内部都要利用一种或多种媒体荷载信息进行运行,以达到发挥系统作为工具的功能。首先应通过某种媒体,它能敏感获取"信息"并根据需要将其记录下来,这是信息系统重要的基本功能部分。应该注意到的是:人类不断地依靠科学和技术改进信息获取部分的性能和创造新类型的信息获取器件,同时信息获取部分科学技术的重要突破会对人类社会的发展带来重大影响。

(2) 信息的存储部分(如现用的半导体存储器、光盘等)。"信息"往往存在于有限时间间隔内,为了事后多次利用"信息"需要以多种形式存储"信息",同时要求快速、方便、无失真、大容量、多次复用性为主要性能指标。

(3) 信息的传输部分(无线信道、声信道、光缆信道及其变换器,如天线、接发设备等)。这部分以大容量、少损耗、少干扰、稳定性、低价格等为科学研究技术进步的持续目标。

(4) 信息的交换部分(如各种交换机、路由器、服务器)。这部分以时延小、易控制、安全性好、大容量、多种信号形式和多种服务模式相兼容为目标。

与信息获取部分一样,这几个部分现在也在不断发展,其中重大的发展对人类的进步影响明显。

(5) 信息的变换处理部分(如各种"复接"、信号编解码、调制解调、信号压缩解压、信号检测、特征提取识别等,统称信号处理领域)。信号处理近二十年有很多发展,但对复杂信号环境仍有待发展。信息处理是通过荷载信息的信号提取信息表征的运动特征,甚至推演运动过程,总之属逆向运算难度很大,所以这部分可被认为是信息科技发展的瓶颈,近年来虽有很大进步,但尚不具备发展所需要的类似人的信息处理能力,实行人与机器的更紧密结合。实现这种结合的科学技术有漫长艰难的发展征程,它是人类努力追求的目标之一。

(6) 信息的管理控制部分(如监控、计价、故障检测、故障情况下应急措施、多种信息业务管理等)。这部分功能的完成,除了随信息系统的复杂化而急剧增加变得更加复杂和困难外(如信息系统复杂的拓扑结构分析是管理监控领域的数学难题),随着信息系统及信息科技进一步融入社会,还诞生多种依靠管理信息对其他领域行业进行管理的管理系统,如现代服务业的管控系统,同时其管理控制的学科基础也由于社会科学的进入交融而综合化。其管理控制功能还涉及社科、人文等方面的复杂内容,造成"需要"与"实际水平"之间的差距,矛盾更加明显。例如,电子商务系统的管理控制涉及法律,多媒体文艺系统管理涉及伦理道德、法律等领域,总之,信息的管理控制部分的发展涉及众多学科,具有重要性、挑战性及紧迫性。

(7) 信息应用领域日益广泛,要求服务功能越来越高级、复杂。在很多场合下,由信息系统控制管理部分兼含与应用服务关联功能的工作模式已不能满足应用需要,因此应运而生了对应用提供支持功能的专门部分,称为应用支持部分(它与管理控制部分有密切联系)。

各部分都有以下特征:软硬件相结合;离散数字型与连续模拟型相结合;各种功能部分交织、融合、支持,以形成主功能部分,如存储部分内含处理部分,管理控制部分内含存储、处理部分等。

以上各部分发展都密切关联科学领域的新发现、技术领域的创新,信息科技与信息系统及社会互相促进发展,"发展"中充满了挑战和机遇。

4. 信息系统要素分析

信息系统从不同的角度划分,其要素的性质也不同。例如,可以划分为系统拓扑结构、应用软件、数据以及数据流;也可划分为管理、技术和人三个方面;也可划分为物理环境和保障、硬件设施、软件设施和管理者等部分。其划分方法可根据不同的应用,无论采用哪种划分方法,都有利于对信息系统的理解、分析和应用。下面根据最后一种划分方法分析信息系统的要素。

1) 环境保障

(1) 物理环境。物理环境主要包括场地和计算机机房,是信息系统得以正常运作的基本条件。

- 场地(包括机房场地和信息存储场地):信息系统机房场地条件应符合国家标准 GB 2887—2000 的有关规定,应满足标准规定的选址条件;温度、湿度条件;照明、日志、电磁场干扰的技术条件;接地、供电、建筑结构条件;媒体的使用和存放条件;腐蚀气体的条件等。信息存储场地,包括信息存储介质的异地存储场所应符合国家标准 GB 9361—1989 的规定,具有完善的防水、防火、防雷、防磁、防尘措施。

- 机房:在标准 GB 9361—1988 中将计算机机房的安全分为 A 类、B 类、C 类三类,其中,A 类对计算机机房的安全有严格的要求,有完善的计算机机房安全措施;B 类对计算机机房的安全有较严格的要求,有较完善的计算机机房安全措施;C 类对计算机机房的安全有基本的要求,有基本的计算机机房安全措施。标准中针对 A、B、C 三类机房,在场地选择、防火、内部装修、供配电系统、空调系统、火灾报警及消防设施、防水、防静电、防雷击、防鼠害等方面作了具体的规定。

(2) 物理保障。物理安全保障主要考虑电力供应和灾难应急。

- 电力供应:供电电源技术指标应符合 GB 2887《计算机场地技术要求》中的规定,即信息系统的电力供应在负荷量、稳定性和净化等方面满足需要且有应急供电措施。

- 灾难应急:设备、设施(含网络)以及其他媒体容易遭受地震、水灾、火灾、有害气体和其他环境事故(如电磁污染等)的破坏。信息系统的灾难应急方面应符合国家标准 GB 9361—1989 中的规定,应有防火、防水、防静电、防雷击、防鼠害、防辐射、防盗窃、火灾报警及消防等设施和措施,并应制订相应的应急计划,应急计划应包括紧急措施、资源备用、恢复过程、演习和应急计划关键信息。应急计划应有明确的负责人和各级责任人的职责,并应便于培训和实施演习。

2) 硬件设施

组成信息系统的硬件设施主要有计算设备、网络设备、传输介质及转换器、输入/输出设备等。为了便于叙述,在此将存储介质和环境场地所使用的监控设备也包含在硬件设施之中。

(1) 计算设备。计算设备是信息系统的基本硬件平台。如果不考虑操作系统、输入/输出设备、网络连接设备等重要的部件,就计算机本身而言除了电磁辐射、电磁干扰、自然老化以及设计时的一些缺陷等风险以外,基本上不会存在另外的安全问题。常见的计算机有大型机、中型机、小型机和个人计算机(即 PC)。PC 上的电磁辐射和电磁泄漏主要在磁盘驱动器方面,虽然理论上讲主板上的所有电子元器件都有一定的辐射,但由于辐射较小,一般都不作考虑。

(2) 网络设备。要组成信息系统,网络设备是必不可少的。常见的网络设备主要有交换机、集线器、网关、路由器、中继器、桥接设备、调制解调器等。所有的网络设备都存在自然老化、人为破坏和电磁辐射等安全威胁。

- 交换机：交换机常见的威胁有物理威胁、欺诈、拒绝服务、访问滥用、不安全的状态转换、后门和设计缺陷等。
- 集线器(Hub)：集线器常见的威胁有人为破坏、后门、设计缺陷等。
- 网关或路由器：网关设备的威胁主要有物理破坏、后门、设计缺陷、修改配置等。
- 中继器：对中继器的威胁主要是人为破坏。
- 桥接设备：对桥接设备的威胁常见的有人为破坏、自然老化、电磁辐射等。
- 调制解调器(Modem)：调制解调器是一种转换数字信号和模拟信号的设备。其常见威胁有人为破坏、自然老化、电磁辐射、设计缺陷、后门等。

(3) 传输介质及转换器。常见的传输介质有同轴电缆、双绞线、光缆、卫星信道、微波信道等，相应的转换器有光端机、卫星或微波的收/发转换装置等。

- 同轴电缆(粗/细)：同轴电缆由一个空心圆柱形的金属屏蔽网包围着一根内线导体组成。同轴电缆有粗缆和细缆之分。常见的威胁有电磁辐射、电磁干扰、搭线窃听和人为破坏等。
- 双绞线：一种电缆，在它的内部一对自绝缘的导线扭在一起，以减少导线之间的电容特性，这些线可以被屏蔽或不进行屏蔽。常见的威胁有电磁辐射、电磁干扰、搭线窃听和人为破坏等。
- 光缆(光端机)：光缆是一种能够传输调制光的物理介质。同其他的传输介质相比，光缆虽较昂贵，但对电磁干扰不敏感，并且可以有更高的数据传输率。在光缆的两端通过光端机来发射并调制光波实现数字通信。常见的主要威胁有人为破坏、搭线窃听和辐射泄漏威胁。
- 卫星信道(收/发转换装置)：卫星信道是在多重地面站之间运用轨道卫星来转接数据的通信信道。在利用卫星通信时，需要在发射端安装发射转换装置，在接收端安装接收转换装置。常见的威胁有对信道的窃听和干扰，以及对收/发转换装置的人为破坏。
- 微波信道(收/发转换装置)：微波是一种频率为 $1\sim30\mathrm{GHz}$ 的电磁波，具有很高的带宽和相对低的成本。在微波通信时，发射端安装发射转换装置，接收端安装接收转换装置。常见的威胁有对信道的窃听和干扰，以及对收/发转换装置的人为破坏等。

(4) 输入/输出设备。常见的输入/输出设备主要有键盘、磁盘驱动器、磁带机、打孔机、电话机、传真机、麦克风、识别器、扫描仪、电子笔、打印机、显示器和各种终端等设备。

- 键盘：键盘是计算机最常见的输入设备。常见的主要威胁有电磁辐射泄漏信息和人为滥用造成信息泄露，如随意尝试输入用户口令。
- 磁盘驱动器：磁盘驱动器也是计算机中重要的输入/输出设备。其主要威胁有磁盘驱动器的电磁辐射以及人为滥用造成信息泄露，如复制系统中重要的数据。
- 磁带机：磁带机一般用于大、中、小型计算机以及一些工作站上，既是输入设备也是输出设备。其威胁主要有电磁辐射和人为滥用。
- 打孔机：打孔机是一种早期使用的输出设备，可用于大、中、小型计算机上。其威胁主要有人为滥用。
- 电话机：电话机主要用于话音传输，严格地讲它不是信息系统的输入/输出设备，但电话是必不可少的办公用品。在信息系统安全方面，主要是考虑滥用电话泄露用户口令等重要信息。

- 传真机：传真机主要用于传真的发送和接收,严格地讲它不是信息系统的输入/输出设备。在信息系统安全方面,主要是考虑传真机的滥用。
- 麦克风：在使用语音输入时需要使用麦克风。其威胁主要是老化和人为破坏。
- 识别器：为识别系统用户,在众多的信息系统中都使用识别器。最常见的识别器有生物特征识别器、光学符号识别器等。主要威胁是人为破坏摄像头等识别装置,以及识别器设计缺陷,特别是算法运用不当等。
- 扫描仪：扫描仪主要用于扫描图像或文字。其主要的威胁是电磁辐射泄漏系统信息。
- 电子笔(数字笔)：在手写输入法广泛使用的今天,电子笔或数字笔作为一种输入设备也越来越常见,其主要的威胁是人为破坏。
- 打印机：打印机是一种常见的输出设备,但是部分打印机也可以将部分信息主动输入计算机。常见的打印机有激光打印机、针式打印机、喷墨打印机三种。打印机的主要威胁有电磁辐射、设计缺陷、后门、自然老化等。
- 显示器：显示器作为最常见的输出设备,负责将不可见数字信号还原成人可以理解的符号,是人机对话所不可缺少的设备。其威胁主要是电磁辐射泄漏信息。
- 终端：终端既是输入又是输出设备,除了显示器以外,一般还带有键盘等外设,基本上与计算机的功能相同。常见的终端有数据、图像、话音等类之分。其威胁主要有电磁辐射、设计缺陷、后门、自然老化等。

(5) 存储介质。信息的存储介质有许多种,但大家常见的主要有纸介质、磁盘、磁光盘、光盘、磁带、录音/录像带,以及集成电路卡、非易失性存储器、芯片盘等存储设备。

- 纸介质：虽然信息系统中信息以电子形式存在,但许多重要的信息也通过打孔机、打印机输出,以纸介质形式存放。纸介质存在保管不当和废弃处理不当导致的信息泄露威胁。
- 磁盘：磁盘是常见的存储介质,它利用磁记录技术将信息存储在磁性材料上。常见的磁盘有软盘、硬盘、移动硬盘、U 盘等。对磁盘的威胁有保管不当、废弃处理不当和损坏变形等。
- 磁光盘：磁光盘利用磁光电技术存储数字数据。对其威胁主要有保管不当、废弃处理不当和损坏变形等。
- 光盘：光盘是一种非磁性的,用于存储数字数据的光学存储介质。常见的光盘有只读、一次写入、多次擦写等种类。对其威胁主要有保管不当、废弃处理不当和损坏变形等。
- 磁带：磁带主要用于大、中、小型机或工作站上,由于其容量比较大,多用于备份系统数据。对其威胁主要也是保管不当、废弃处理不当和损坏变形等。
- 录音/录像带：录音带或录像带也是磁带的一种,主要用于存储话音或图像数据,这类数据常见的是监控设备获得的信息。其威胁主要是保管不当或损坏变形等。
- 其他存储介质：除以上列举的一些常见的存储介质以外,还有磁鼓、IC 卡、非易失性存储器、芯片盘、Zip Disk 等介质都可以用于存储信息系统中的数据。对这些介质的威胁主要有保管不当、损坏变形、设计缺陷等。

（6）监控设备。依据国家标准规定和场地安全考虑，重要的信息系统所在场地应有一定的监控规程并使用相应的监控设备，常见的监控设备主要有摄像机、监视器、电视机、报警装置等。对监控设备而言，常见的威胁主要有断电、损坏或干扰等。

- 摄像机：摄像机除作为识别器的一个部件以外，还主要用于环境场地检测，记录对系统的人为破坏活动，包括偷窃、恶意损坏和滥用系统设备等行为。
- 监视器：在信息系统中，特别是交换机和入侵检测设备上常带有监视器，负责监视网络出入情况，协助网络管理。
- 电视机：电视机同显示器一样，主要输出摄像机或监视器所捕获的图像或声音等信号。
- 报警装置：报警装置就是发出报警信号的设备。常见的报警可以通过 BP 机、电话、声学、光学等多种方式来表现。

3）软件设施

组成信息系统的软件主要有操作系统，包括计算机操作系统和网络操作系统、通用应用软件、网络管理软件以及网络通信协议等。在风险分析时，软件设施的脆弱性或弱点是考查的重点，因为虽然硬件设施有电磁辐射、后门等可利用的脆弱性，但是其实现所需花费一般比较大，而对软件设施而言，一旦发现脆弱性或弱点，几乎不需要多大的投入就可以实现对系统的攻击。

（1）计算机操作系统。操作系统安全是信息系统安全最基本、最基础的安全要素，操作系统的任何安全脆弱性和安全漏洞必然导致信息系统的整体安全脆弱性，计算机操作系统的任何功能性变化都可能导致信息系统安全脆弱性分布情况的变化。因此从软件角度来看，确保信息系统安全的第一要事便是采取措施保证计算机操作系统安全。常见的计算机操作系统有：

- UNIX：UNIX 是一种通用交互式分时操作系统，由 Bell 实验室于 1969 年开发。自从 UNIX 诞生以来，它已经历过很多次修改，各大公司也相继开发出自己的 UNIX 系统。目前常见的有 California 大学 Berkeley 分校开发的 UNIX BSD；AT&T 开发的 UNIX System；Sun 公司的 Solaris；IBM 公司开发的 AIX 等多种版本。
- DOS：DOS 即磁盘操作系统，是早期的 PC 操作系统。常见的 DOS 有微软公司的 MSDos、IBM 公司的 PCDOS、Norton 公司的 DOS 系统以及我国的 CCDOS 等。
- Windows/NT：Windows 即视窗，是微软公司的一系列操作系统，其中常见的有 Windows 3.x、Windows 95/98，以及 Windows NT 和 Windows 2000、Windows XP 等。
- Linux：Linux 类似于 UNIX，是完全模块化的操作系统，主要运行于 PC 上。目前有 RedHat、Slackware、OpenLinux、TurboLinux 十多种版本。
- MACOS：是苹果公司生产的 PC Macintosh 的专用操作系统。
- OS2：1987 年推出的为以 Intel 80286 和 80386 微处理器为基础的 PC 配套的新型操作系统。它是为 PC-DOS 和 MS-DOS 升级而设计的。
- 其他通用计算机操作系统：除以上的计算机操作系统以外，还有 IBM 的 System/360 操作系统、DEC 公司的 VAX/VMS、Honeywell 公司的 SCOMP 等操作系统。

（2）网络操作系统。网络操作系统同计算机操作系统一样，也是信息系统中至关重要的要素之一。

- IOS：IOS 即 Cisco 互联网络操作系统，提供集中、集成、自动安装以及管理互联网络的功能。
- Novell Netware：Novell Netware 是由 Novell 开发的分布式网络操作系统。可以提供透明的远程文件访问和大量的其他分布式网络服务，是适用于局域网的网络操作系统。
- 其他专用网络操作系统：为提高信息系统的安全性，一些重要的系统曾选用专用的网络操作系统。

（3）网络通信协议。网络通信协议是一套规则和规范的形式化描述，即怎样管理设备在一个网络上交换信息。协议可以描述机器与机器间接口的低层细节或者应用程序间的高层交换。网络通信协议可分为 TCP/IP 协议和非 IP 协议两类。

- TCP/IP 协议：TCP/IP 协议是目前最主要的网络互连协议，它具有互连能力强、网络技术独立和支持的协议灵活多样等优点，得到了最广泛的应用。国际互连网就是基于 TCP/IP 进行网际互连通信。但由于它在最初设计时没有考虑安全性问题，协议是基于一种可信环境的，因此协议自身固有许多安全缺陷。另外，TCP/IP 协议的实现中也都存在着一些安全缺陷和漏洞，使得基于这些缺陷和漏洞出现了形形色色的攻击，导致基于 TCP/IP 的网络十分不安全，造成互联网不安全的一个重要因素就是它所基于的 TCP/IP 协议自身的不安全性。
- 非 IP 协议：常见的非 IP 协议有 X.25、DDN、帧中继、ISDN、PSTN 等协议，以及 Novell、IBM 的 SNA 等专用网络体系结构进行网间互连所需的一些专用通信协议。

（4）通用应用软件。通用应用软件一般指介于操作系统与应用业务之间的软件，为信息系统的业务处理提供应用的工作平台，如 IE、Office 等。通用应用软件安全的重要性仅次于操作系统安全的重要性，其任何安全脆弱性和安全漏洞都可以导致应用业务乃至信息系统的整体安全。

- Lotus Notes：IBM 公司的 Kitys Notes 作为信息系统业务处理的工作平台软件的代表，对其安全性的探讨目前主要集中在 Domino 服务器的安全上。
- MS Office：微软公司 Office 办公软件包括 Word、PowerPoint、Excel、Access 等，是目前较常见的信息处理软件。有关 MS Office 软件包的漏洞报道比较多，如 Word 的帮助功能就可以被利用来执行本机上的可执行文件。
- E-mail：电子邮件是互联网最常用的应用之一。邮件信息通过电子通信方式跨过使用不同网络协议的各种网络在终端用户之间传输。
- Web 服务、发布与浏览软件：World Wide Web（WWW）系统最初只提供信息查询浏览一类的静态服务，现在已发展成可提供动态交互的网络计算和信息服务的综合系统，可实现对网络电子商务、事务处理、工作流以及协同工作等业务的支持。现有各种 Web 服务、发布与浏览软件，如 Mosaic、IE、Netscape 等。
- 数据库管理系统：数据库系统由数据库和数据库管理系统（DBMS）构成。数据库是按某种规则组织的存储数据的集合。数据库管理系统是在数据库系统中生成、维护数据库以及运行数据库的一组程序，为用户和其他应用程序提供对数据库的访问，同时也提供事件登录、恢复和数据库组织。

- 其他服务软件：在信息系统中，除了以上常见的一些通用应用软件以外，还有 FTP、TEL NET、视频点播、信息采集等类型软件，这里就不再赘述。

（5）网络管理软件。网络管理软件是信息系统的重要组成部分，其安全问题一般不直接扩散和危及信息系统整体安全，但可通过管理信息对信息系统产生重大安全影响。鉴于一般的网络管理软件所使用的通信协议（如 SNMP）并不是安全协议，因此需要额外的安全措施。

常见的网络管理软件有：HP 公司的 Open View；IBM 公司的 Net View；Sun 公司的 Net Manager；3Com 公司的 Transcend Enterprise Manager；Novell 公司的 NMS；Cabletron 公司的 SPECTRUM；Nortel 网络公司的 Optivity Campus；HP 公司的 CWSI 等。

此外，信息系统还涉及组织管理、法律和法规等内容，这些详见后续章节里的专门论述。

5. 信息系统极限目标

信息系统发展及可持续发展目标应由"极限目标"调整到可与社会共同持续发展的可实际贯彻的科学目标。过去风行一时的信息系统发展目标是：任何人在任何地点、任何时间、任何状态下都能获得任何信息，并利用信息。这个"目的"是永远无法实现，甚至是不合理的。因为"任何"一词表达了"绝对"、无条件、无限制的内涵。在人类社会，按这个目标发展就意味着每个人都绝对的"任性"，意味着社会秩序像分子"布朗"运动，每个人都有各自目的、行为、行动的状态。社会就会整体无序而无法生存。例如，涉及国家、社会安全，个人隐私的信息绝对不能任意"获得"！社会必须有序运动，遵规律发展，尽量避免因持续无序"涨落"造成损失，要体现"以人为本"，体现公正公平。信息系统发挥正面的"增强剂""催化剂"作用，目标应调整为"在遵守社会秩序和促进社会持续发展前提下，尽力减弱时间、地点、状态、服务项目等方面对合理获得、利用信息的约束限制"。"合理"一词蕴含了在复杂社会矛盾环境下信息系统安全问题的同步发展。

1.3　信息网络知识基础

1.3.1　复杂网络基本概念

1. 定义

钱学森给出了复杂网络的一个较严格的定义：具有自组织、自相似、吸引子、小世界、无标度中部分或全部性质的网络称为复杂网络。

2. 复杂性表现

复杂网络，简而言之，即呈现高度复杂性的网络。其复杂性主要表现在以下几个方面：

（1）结构复杂：表现在节点数目巨大，网络结构呈现多种不同特征。

（2）网络进化：表现在节点或连接的产生与消失。例如 world-wide network，网页或链接随时可能出现或断开，导致网络结构不断发生变化。

（3）连接多样性：节点之间的连接权重存在差异，且有可能存在方向性。

（4）动力学复杂性：节点集可能属于非线性动力学系统，例如节点状态随时间发生复杂变化。

（5）节点多样性：复杂网络中的节点可以代表任何事物，例如，人际关系构成的复杂网络节点代表单独个体，万维网组成的复杂网络节点可以表示不同网页。

（6）多重复杂性融合：即以上多重复杂性相互影响，导致更为难以预料的结果。例如，设计一个电力供应网络需要考虑此网络的进化过程，其进化过程决定网络的拓扑结构。当两个节点之间频繁进行能量传输时，它们之间的连接权重会随之增加，通过不断的学习与记忆逐步改善网络性能。

3. 研究内容

复杂网络研究的内容主要包括网络的几何性质、网络的形成机制、网络演化的统计规律、网络上的模型性质，以及网络的结构稳定性、网络的演化动力学机制等问题。其中在自然科学领域，网络研究的基本测度包括度（degree）及其分布特征、度的相关性、集聚程度及其分布特征、最短距离及其分布特征、介数（betweenness）及其分布特征、连通集团的规模分布。

4. 主要特征

复杂网络一般具有以下特性：

（1）小世界。它以简单的措辞描述了大多数网络尽管规模很大但是任意两个节（顶）点间却有一条相当短的路径的事实。以日常语言看，它反映的是相互关系的数目可以很小但却能够连接世界的事实。例如，在社会网络中，人与人相互认识的关系很少，但是却可以找到很远的无关系的其他人。正如麦克卢汉所说，地球变得越来越小，变成一个地球村，也就是说，变成一个小世界。

（2）集群即集聚程度（clustering coefficient）的概念。例如，社会网络中总是存在熟人圈或朋友圈，其中每个成员都认识其他成员。集聚程度是指网络集团化的程度，这是一种网络的内聚倾向。连通集团概念反映的是一个大网络中各集聚的小网络分布和相互联系的状况。例如，它可以反映这个朋友圈与另一个朋友圈的相互关系。

（3）幂律（power law）的度分布概念。度指的是网络中某个顶（节）点（相当于一个个体）与其他顶点关系（用网络中的边表达）的数量；度的相关性指顶点之间关系的联系紧密性；介数是一个重要的全局几何量。顶点 u 的介数含义为网络中所有的最短路径之中，经过 u 的数量。它反映了顶点 u（即网络中有关联的个体）的影响力。无标度网络（scale-free network）的特征主要反映了集聚的集中性。

1.3.2 信息网络基本概念

1. 网络

网络是由节点和连线构成，表示诸多对象及其相互联系。在数学上，网络是一种图，一般认为专指加权图。网络除了数学定义外，还有具体的物理含义，即网络是从某种相同类型的实际问题中抽象出来的模型。在计算机领域中，网络是信息传输、接收、共享的虚拟平台，通过它把各个点、面、体的信息联系到一起，从而实现这些资源的共享。网络是人类发展史中最重要的发明，促进了科技和人类社会的发展。

在1999年之前，人们一般认为网络的结构都是随机的。但随着 Barabasi 和 Watts 在1999年分别发现了网络的无标度和小世界特性并分别在世界著名的《科学》和《自然》杂志上发表了他们的发现之后，人们才认识到网络的复杂性。

网络是在物理上或（和）逻辑上，按一定拓扑结构连接在一起的多个节点和链路的集合，是由具有无结构性质的节点与相互作用关系构成的体系。

2. 计算机网络

计算机网络就是通信线路和通信设备将分布在不同地点的具有独立功能的多个计算机系统互相连接起来,在网络软件的支持下实现彼此之间的数据通信和资源共享的系统。

从逻辑功能上看,计算机网络是以传输信息为基础目的,用通信线路将多个计算机连接起来的计算机系统的集合,一个计算机网络组成包括传输介质和通信设备。

从用户角度看,计算机网络是存在着一个能为用户自动管理的网络操作系统。由它调用完成用户所调用的资源,而整个网络像一个大的计算机系统一样,对用户是透明的。

3. 互联网

互联网(Internet),又称网际网络、因特网、因特网,互联网始于1969年美国的阿帕网,是网络与网络之间所串连成的庞大网络,这些网络以一组通用的协议相连,形成逻辑上的单一巨大国际网络。通常 internet 泛指互联网,而 Internet 则特指因特网。这种将计算机网络互相连接在一起的方法可称作"网络互联",在这基础上发展出覆盖全世界的全球性互联网络称互联网,即是互相连接一起的网络结构。互联网并不等同万维网,万维网只是一个基于超文本相互链接而成的全球性系统,且是互联网所能提供的服务之一。

4. 信息网络

前面提到,信息是客观事物运动状态的表征和描述,网络是由具有无结构性质的节点与相互作用关系构成的体系。

此处,信息网络是指承载信息的物理或逻辑网络,具有信息的采集、传输、存储、处理、管理、控制和应用等基本功能,同时注重其网络特征、信息特征及其网络的信息特征。

互联网是一种信息网络,同样广播电视、移动通信也是一种信息网络,构架于互联网之上的 VPN 等虚拟网络也是一种信息网络。

1.3.3 网络空间基本概念

网络空间又称为赛博空间(Cyberspace),其定义为:

(1)在线牛津英文词典:"赛博空间:在计算机网络基础上发生交流的想象环境。"

(2)百度百科:"赛博空间是哲学和计算机领域中的一个抽象概念,指在计算机以及计算机网络里的虚拟现实。"

(3)维基百科:"赛博空间是计算机网络组成的电子媒介,在其中形成了在线的交流……如今无所不在的'赛博空间'一词的应用,主要代表全球性的相互依赖的信息技术基础设施的网络、电信网络和计算机处理系统。作为一种社会性的体验,个人间可以利用这个全球网络交流、交换观点,共享信息,提供社会支持、开展商业、指导行动、创造艺术媒体、玩游戏、参加政治讨论等。这个概念已经成为一种约定俗成的描述任何和因特网以及因特网的多元文化有关的东西的方式。"

(4)李耐和《赛博空间与赛博对抗》:"其基本含义是指由计算机和现代通信技术所创造的、与真实的现实空间不同的网际空间或虚拟空间。网际空间或虚拟空间是由图像、声音、文字、符码等所构成的一个巨大的'人造世界',它由遍布全世界的计算机和通信网络所创造与支撑。"

媒体成为赛博空间(一部分)的充分必要条件,媒体具有实时互动性、全息性、超时空性三种特征。

（1）实时互动性。实时互动或者至少在媒介自身中进行的实时互动,就是赛博空间互动性的重要特征。互动的速度主要依靠两个方面的因素决定:第一是信息跨越空间的传播速度;第二是海量复杂信息的计算速度。

（2）全息性。赛博空间融合了以往的各种媒体,并且拥有计算机和互联网的强大信息处理能力,得以在人类历史上第一次用大量不同形式的信息来"全息"地构建事物形象,进而创造出种种堪与现实世界媲美的另外的"现实",这些"现实"好似对于原先现实世界的全息再现,同时也有着自身的特性。

（3）超时空性。赛博空间的媒介超越了自然媒介的时空局限性:在自然媒介的现实中,无一例外,要达到实时的互动性和大量的信息传播,必须保证交流双方在相当近的空间和时间距离内。

1.4 网络空间发展简况

1.4.1 网络空间的起源

1984年,移居加拿大的美国科幻作家威廉·吉布森(William Gibson),写下了一个长篇的离奇故事,书名叫《神经漫游者》(Neuromancer)。小说出版后,好评如潮,并且获得多项大奖。故事描写了反叛者兼网络独行侠凯斯,受雇于某跨国公司,被派往全球计算机网络构成的空间里,去执行一项极具冒险性的任务。进入这个巨大的空间,凯斯并不需要乘坐飞船或火箭,只需在大脑神经中植入插座,然后接通电极,计算机网络便被他感知。当网络与人的思想意识合而为一后,即可遨游其中。在这个广袤空间里,看不到高山荒野,也看不到城镇乡村,只有庞大的三维信息库和各种信息在高速流动。吉布森把这个空间取名为"赛博空间"(Cyberspace),也就是现在所说的"网络空间"。

1.4.2 网络空间的发展

21世纪以来,各国纷纷就网络空间问题发布战略报告。美国陆续发布了多个涉及网络空间的战略报告,包括《网络空间国家安全战略》《网络空间行动国家军事战略》《美国空军网络空间司令部战略构想》《网络空间政策评估》《陆军网络空间作战能力规划2016—2028》以及《网络空间国际战略》等文件共同描绘了美国的网络空间战略蓝图,也暴露了美国企图控制国际网络事务,谋求网络空间霸权的意图。

在俄罗斯,网络空间也成为国家的重要政治议题。早在1995年,俄罗斯就出台了《信息、信息化和信息网络保护法》,并为之配套了一系列法规文件,确立了俄罗斯网络安全的方针。随着网络空间的重要性被充分认识,俄罗斯开始寻求网络空间安全的多边对话与合作。2011年9月,俄罗斯邀请了数十个国家的情报与安全机构共同讨论了由俄政府起草的《联合国确保国际信息安全公约草案》,提出禁止将互联网用于军事目的和禁止利用互联网颠覆其他国家政权。

除了美国和俄罗斯之外,英国、法国、德国和加拿大等国也先后出台了与网络空间战略相关的文件。英国在2009年发布了《英国网络安全战略》,把网络空间安全战略纳入了国家安全范畴;法国在2008年发布了《网络防御与国家安全报告》,强化了网络空间安全在国家安全中的地位;德国在2005年制定了《信息基础设施保护计划》和《关键基础设施保护的基线概念》,对网络空间安全做出了全面评估;而在更早一点的 2004 年,加拿大就制定了《国家关键基础设施保护战略》,提出了网络空间安全理论框架。

2017 年 3 月 1 日,我国就网络问题首度发布国际战略——《网络空间国际合作战略》,战略以和平发展、合作共赢为主题,以构建网络空间命运共同体为目标,就推动网络空间国际交流合作首次全面系统提出中国主张,为破解全球网络空间治理难题贡献中国方案,是指导中国参与网络空间国际交流与合作的战略性文件。

随着对网络空间概念的不断深入探索,对网络空间的含义也进行了多次修订。

(1) 2000:网络空间是数字化信息在计算机网络上传输、交换形成的抽象空间。

(2) 2003:网络空间是由保证国家关键基础设施正常工作的、成千上万互联的计算机、服务器、路由器、转换器、光纤等组成的集合体。

(3) 2008:网络空间是由各种信息技术基础设施组成的一个彼此相互依存的网络,包括互联网、电信网、计算机系统以及关键行业中嵌入式处理器及控制器。

(4) 2010:网络空间是由相互依存的信息技术基础设施网络组成的信息环境中的全球领域,包括互联网、电信网络、计算机系统、嵌入式处理器和控制器。

(5) 2017:网络空间越来越成为信息传播的新渠道、生产生活的新空间、经济发展的新引擎、文化繁荣的新载体、社会治理的新平台、交流合作的新纽带、国家主权的新疆域。

从网络空间定义的演变可以看出,网络空间的外延在不断扩展,内涵在不断深化,从单纯局限于计算机互联网,发展至计算机网、电信网及其他嵌入处理控制器网络;从局限于因特网的信息系统发展至信息环境中的全球领域,成为信息传播的新渠道、生产生活的新空间、经济发展的新引擎、文化繁荣的新载体、社会治理的新平台、交流合作的新纽带、国家主权的新疆域。

1.5　小结

信息技术的快速发展,促使计算机网络向网络空间发展,信息网络从信息的角度分析网络状态及其特征,分析网络空间中信息的产生、传输、处理等过程。同时本章给出了网络、计算机网络、信息网络的内涵讨论,并探讨了复杂网络和网络空间的基本概念。总体上,逐步建立网络空间中系统、全面的基本概念间的关系,更好地促进信息网络的正向发展。

1.6　习题

1. 什么是信息? 什么是信息技术? 什么是信息系统?
2. 信息的主要表征有哪些? 信息的主要特征有哪些?
3. 信息系统的主要功能组成包括哪几个部分? 其各部分主要内容是什么?
4. 信息系统的要素有哪些? 其发展的极限目标是什么?
5. 网络的概念是什么? 计算机网络的概念是什么? 互联网的概念是什么? 信息网络的概念是什么?
6. 什么是复杂网络? 复杂网络有哪些主要特征? 其主要研究内容有哪些?
7. 网络空间的概念是什么? 网络空间的研究价值如何?

第 2 章

网络数据通信基础

2.1 引言

信息网络既包括网络节点也包括节点之间的连接,数据通信技术是实现信息网络节点之间相互通信的技术基础。本章将首先介绍数据通信的相关基础知识,进而详细介绍数据通信的传输方式、交换方式以及差错控制方法等技术手段。

2.2 数据通信基础知识

2.2.1 基本概念

1. 数据通信

数据是指以任何格式表示的信息,该格式需经由创建和使用数据的双方达成共识。数据包括文本、数字、图像、音频和视频等多种形式。通信是指人与人或人与自然之间通过某种行为或媒体进行的信息交流与传递。这样,数据通信就可以定义为两台设备之间通过某种形式的传输介质进行信息交换。

1) 数据通信系统

数据通信系统是实现数据通信的设备,其基本构成包括数据终端设备(data terminal equipment,DTE)、数据电路以及计算机系统(如图 2-1 所示)。

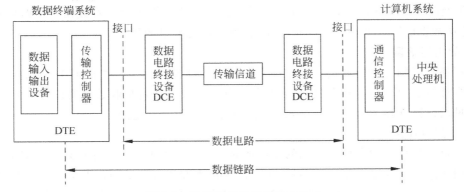

图 2-1 数据通信系统的基本构成

（1）数据终端设备。数据终端设备包括数据输入设备（产生数据的数据源）、数据输出设备（接收数据的数据宿）和传输控制器。在数据通信中，数据终端设备负责将信息表示为通信双方都能理解的数据，并把这些数据传输到远端数据终端设备上；同时，接收数据并重新转换为人们可以理解的信息。所以，数据终端设备相当于人和数据通信系统之间的一个接口。在实际数据通信系统中，数据终端设备并不特指某一种设备，而是根据实际需要采用不同的设备。当人们使用电话通信时，用电话机作为数据终端设备完成通话。当人们使用计算机时，用键盘作为数据终端设备发送数据给计算机系统，用屏幕显示器作为数据终端设备接收从计算机系统发来的数据。计算机系统也可作为数据终端设备的一种。

（2）数据电路。数据电路由数据电路终接设备（data circuit-terminating equipment, DCE）和传输信道组成。数据电路位于数据终端设备之间或者数据终端设备与计算机系统之间，作用是为数据通信提供传输信道。数据电路终接设备的作用是在数据终端设备和传输线路之间提供信号变换和编码的功能，并且负责建立、保持和释放数据链路。数据电路终接设备是对网络设备的通称。例如，调制解调器是典型的数据电路终接设备。

（3）计算机系统。计算机系统由通信控制器、主机及其外围设备组成，具有处理数据终端设备输入数据，并将处理结果向相应的数据终端设备输出的功能。

① 通信控制器也可称为前置处理机，是数据电路和中央计算机系统的接口，控制与远程数据设备连接的全部通信信道，接收远端数据终端设备发来的数据信号，并向远端数据终端设备发送数据信号。

② 通信控制器，对于远端数据终端设备一侧而言，其功能是差错控制、终端的接续控制、确认控制、传输顺序控制和切断等；对于中央计算机一侧而言，其功能是将线路上传来的串行比特信号变成并行比特信号，或者将计算机输出的并行比特信号变成串行比特信号。

③ 主机又称为中央处理机，由中央处理单元（CPU）、主存储器、输入/输出设备以及其他外围设备组成，其主要功能是进行数据处理。

2）数据通信系统性能指标

数据通信系统必须满足一定的性能指标，包括传递性、准确性和及时性等。

（1）传递性。系统必须将数据传递到正确的目的地。数据必须由而且只能由预定的设备或者用户接收。

（2）准确性。系统必须准确地传递数据。在传递过程中发生改变和不正确的数据都是不可用的。

（3）及时性。系统必须以及时的方式传递数据，及时传递意味着数据产生时就传递数据，所传递数据的顺序和产生时的顺序相同，而且没有明显的延迟。

2. 数据通信网

数据通信网则是指由通信链路连接起来的通信设备（也可称为“节点”）的集合。节点可以是一台计算机也可以是打印机，或者其他任何可以发送或者接收数据的设备。

常见的链路连接方式包括如下两种：点到点连接和多点连接。

1）点到点连接

点到点连接提供两台设备之间的专用链路，传输能力由两台设备专有。大多数点到点连接采用实际的线或电缆来连接两端，也可以采用微波或者卫星链路来实现。例如，当使用红外线遥控器切换电视频道时，就在遥控器和电视控制系统之间建立了一条点到点连接。

2) 多点连接

多点连接也称为多站连接,是指两台以上设备共享单一链路的情形。在多点连接条件下,链路的传输能力被多台设备在时间上共享或者在空间上共享。如果允许多台设备同时使用链路,则是空间上共享链接;如果用户必须轮流使用链路,则是时间上共享链接。

2.2.2 数据通信网的分类

网络中所有链路及其相互连接的设备之间关系的几何表示称为网络拓扑结构。数据通信网络按照物理拓扑结构的不同可分为网状、星形、总线型、环状以及混合型。

1. 网状拓扑结构

在网状拓扑结构中,各台设备之间都有一条专用的点到点链路,如图 2-2(a)所示。在设备数为 N 的网络中,需要的链路条数为 $N(N-1)/2$。为了提供这么多数量的链路,网络中每台设备必须有 $N-1$ 个输入、输出(I/O)端口用来连接其他设备。

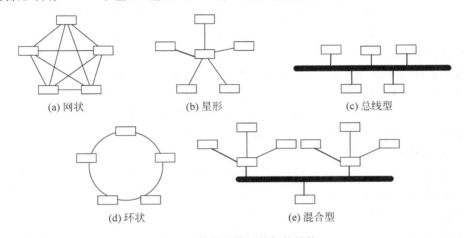

(a) 网状 (b) 星形 (c) 总线型
(d) 环状 (e) 混合型

图 2-2 数据通信网的拓扑结构

与其他网络拓扑结构相比,网状结构具有如下优点。首先,专用链路的使用保证每条链路都能传输自己的数据载荷,保证了通信的吞吐量。其次,具有较高的健壮性,即使一条链路变得不可用,也不会导致整个系统的瘫痪。同时,具有机密性和安全性,由于两台设备之间是通过专用链路连接,以及物理边界的阻止,其他用户无法获得链路数据的访问权。最后,使用点对点链路,便于故障识别和故障隔离。

网状拓扑结构的缺点主要在于线缆和 I/O 端口的需求量上。首先,线缆的需求量较大,可能超过可利用空间(墙内、天花板、地板等)的容纳能力。其次,连接每条链路所需要的硬件(线缆和 I/O 端口)价格可观。最后,因为每台设备都必须和其他设备相连,安装和重新连接十分困难。

因此,网状拓扑结构通常在有限的环境下使用。比如在混合网络中,用于主要计算机的主干连接,一个实例就是电话区域交换局的连接,由于每个区域交换局必须与其他每个交换局连接,宜采用网状拓扑。

2. 星形拓扑结构

在星形拓扑结构中,每台设备拥有一条仅与中央控制器连接的点到点专用链路,该中央控制器通常称为集线器,如图 2-2(b)所示。与网状拓扑结构不同,星形拓扑结构不允许设备之间有直接通信,而是通过集线器进行。如果一台设备想发送数据到另外一台,必须将数据发送到集线器,再由集线器将数据转送给另一台设备。

星形拓扑结构的优点在于,由于线缆和 I/O 端口的减少,价格比之网状拓扑结构要低廉。同时,具有较高的健壮性,如果一条链路失效,其他所有链路仍能正常工作。

星形拓扑结构的缺点在于,对集线器的依赖过大,如果集线器出现故障,则整个系统就会瘫痪。

与网状拓扑结构相比,星形拓扑结构需要少得多的线缆,但是每条链路仍需要连接至中央集线器,比之后续介绍的总线型拓扑结构和环状拓扑结构仍然需要更多的线缆。星形拓扑结构常用在局域网中。

3. 总线型拓扑结构

网状拓扑结构和星形拓扑结构都是点到点连接,总线型拓扑结构则是多点连接,每台设备由引出线和分接头连接到总线上,如图 2-2(c)所示。当信号通过总线传输时,部分能量会转化为热能,信号传输得越远,能量也会越弱。因此,总线所能支持的分接头数目和分接头之间的距离是有限的。

总线型拓扑结构的优点在于,使用的线缆要少于网状和星形拓扑结构。

总线型拓扑结构的缺点在于,难以重新连接。总线型拓扑结构的总线是在系统设计安装之初确定下来,后续增加新设备则可能需要改造或者替换主干线。

总线型拓扑结构用于早期的局域网,现在已经逐渐被淘汰。

4. 环状拓扑结构

环状拓扑结构中,每台设备只与其两侧的设备之间存在点到点连接,如图 2-2(d)所示。信号以一个方向在环中传输,从一台设备转发至另一台设备,直到其到达目的设备。每台设备由中继器连接至环中,并通过中继器完成信号转发。

环状拓扑结构的优点在于,易于安装和重新配置。由于每台设备只与其相邻的设备连接,要增加或者删除设备只需要改变两条连接。同时,环状拓扑结构还便于故障隔离。一般而言,信号可以在环状拓扑结构中循环传输,如果一台设备在指定的时间内没有接收到信号,则该设备就会发出警告,向网络管理员告知问题及其位置。

环状拓扑结构的缺点在于,由于所有设备的信号均通过环线转发,对单向通信量的限制较大。同时,环状拓扑结构的健壮性较弱,环状拓扑结构中一台设备的故障可能会导致整个网络瘫痪。

环状拓扑结构也曾用于早期的局域网。

5. 混合型拓扑结构

数据通信网的拓扑结构也可以是多种拓扑结构的混合,即为混合型拓扑结构。例如,星形拓扑结构的分支连接到总线型拓扑结构上,如图 2-2(e)所示。

2.2.3　数据通信网的性能指标

数据通信网是包含多个终端设备的通信网络,既可满足数据通信,同时具备网络属性。因此,数据通信网在满足传递性、准确性和及时性等指标的同时,还需要保证一定的网络性能,以及网络的可靠性和安全性。

1. 网络性能

数据通信网的性能通常由吞吐量和时延两个指标来度量。

1）吞吐量

对于传送模拟信号（即连续变化的信号）的通信系统而言，吞吐量往往用带宽（bandwidth）来衡量。带宽是指某个信号具有的频带宽度，即该信号的各种不同频率成分所占据的频率范围。例如，在传统的通信线路上传送的电话信号的标准带宽是 3.1kHz（从 300Hz 到 3.4kHz，即话音的主要成分的频率范围）。对于传送数字信号（即离散变化的信号）的通信系统而言，数据率就应当成为数字信道最重要的指标。数字信道传送数字信号的速率称为数据率或比特率。比特（bit 可简写为 b）是计算机中数据的最小单元，也是信息量的度量单位。英文字 bit 来源于 binary digit，意思是一个"二进制数字"，因此一个比特就是二进制数字中的一个 1 或 0。这样，数据率的单位就是"比特每秒"，或 b/s 或 bit/s。而更常用的带宽单位是千比每秒 kb/s（10^3b/s）、兆比每秒 Mb/s（10^6b/s）、吉比每秒 Gb/s（10^9b/s）或太比每秒 Tb/s（10^{12}b/s）。现在人们常用更简单的并且是很不严格的记法来描述，如"线路的带宽是 10M 或 10G"，而省略了后面的 b/s，准确的表达应该是 10Mb/s 或 10Gb/s。

2）时延

时延（delay 或 latency）是指一个报文或分组从一个网络（或一条链路）的一端传送到另一端所需的时间。需要注意的是，时延是由以下几个不同的部分组成的。

（1）发送时延。发送时延是节点在发送数据时使数据块从节点进入到传输媒体所需要的时间，也就是从数据块的第一个比特开始发送算起，到最后一个比特发送完毕所需的时间。

发送时延又称为传输时延，计算公式为

$$发送时延 = \frac{数据块长度}{信道带宽} \tag{2.1}$$

信道带宽是数据在信道上的发送速率，也常称为数据在信道上的传输速率。

（2）传播时延。传播时延是电磁波在信道中传播一定的距离而花费的时间。传播时延的计算公式为

$$传播时延 = \frac{信道长度}{电磁波在信道的传播速率} \tag{2.2}$$

电磁波在自由空间的传播速率是光速，即 3.0×10^8m/s。电磁波在网络传输媒体中的传播速率比在自由空间要略低一些：在铜线电缆中的传播速率约为 2.3×10^8m/s，在光纤中的传播速率约为 2.0×10^8m/s。例如，1000km 长的光纤线路产生的传播时延大约为 5ms。

从以上讨论可以看出，信号传输速率（即发送速率）和电磁波在信道上的传播速率是两个完全不同的概念。

（3）处理时延。这是数据在交换节点为存储转发而进行一些必要的处理所花费的时间。

在节点缓存队列中分组排队所经历的时延是处理时延中的重要组成部分。因此，处理时延的长短往往取决于网络中当时的通信量。当网络的通信量很大时，还会发生队列溢出，使分组丢失，这相当于处理时延为无穷大。有时可用排队时延作为处理时延。

这样,数据经历的总时延就是以上三种时延之和:

$$总时延 = 发送时延 + 传播时延 + 处理时延 \qquad (2.3)$$

这里强调一下,所谓高速网络链路,提高的仅仅是数据的发送速率而不是数据在链路上的传播速率。荷载信息的电磁波在通信线路上的传播速率(这是光速的数量级)与数据的发送速率并无关系。并且,还需注意到,数据发送速率的单位是每秒发送多少个比特,是指某个点或某个端口上的发送速率。而传播速率的单位是每秒传播多少 km,是指传输线路上比特的传播速率。因此,通常所说的"光纤信道的传输速率高"是指向光纤信道发送数据的速率可以很高,而光纤信道的传播速率实际上还要比铜线的传播速率略低一点。光在光纤中的传播速率和电磁波在铜线(如 5 类线)中的传播速率分别为每秒 20.5 万 km 和每秒 23.1 万 km。

吞吐量越大、延迟越短的通信网性能更加优异,但这两个需求往往是相互矛盾的。如果想要在通信网上发送更多的数据用来增加吞吐量,则会由于网络通信的拥塞问题,导致延迟时间的增长。

2. 网络的可靠性和安全性

网络的可靠性常使用故障出现的频率、链路从故障出现到恢复所花费的时间以及在灾难中的健壮性来衡量。

网络的安全性包括保护数据避免未授权的访问,保护数据在传输过程中免受攻击以及数据丢失与损伤后的恢复策略等。

2.3　数据通信网传输

2.3.1　传输媒介

传输媒介可以广义地定义为能从远端传送信息到目的端的任何介质。例如,用餐的两人交谈,传输介质是空气;对于一封书信,传输介质可能是邮递员、卡车和飞机。

对于数据通信网,按传输媒介的不同可分为有线通信和无线通信两大类。所谓有线通信,是用导线(如架空明线、同轴电缆、光导纤维、波导等)作为传输媒质完成通信的,如市内电话、有线电视、海底电缆通信等。所谓无线通信,是依靠电磁波在空间传播达到传递消息的目的,如短波电离层传播、微波视距传播、卫星中继等。

2.3.2　通信方式

通信方式是指通信双方之间的工作方式,对于点与点之间的通信,按消息传递的方向与时间关系,通信方式可分为单工、半双工及全双工通信,如图 2-3 所示。

1. 单工通信

单工通信是指消息只能单方向传输的工作方式,如图 2-3(a)所示。通信的双方中只有一个可以进行发送,另一个只能接收。广播、遥测、遥控、无线寻呼等就是单工通信方式的例子。

2. 半双工通信

半双工通信是指通信双方都能收发消息,但不能同时进行收和发的工作方式,如图 2-3(b)所示。例如,使用同一载频的普通对讲机、问询及检索等都是半双工通信方式。

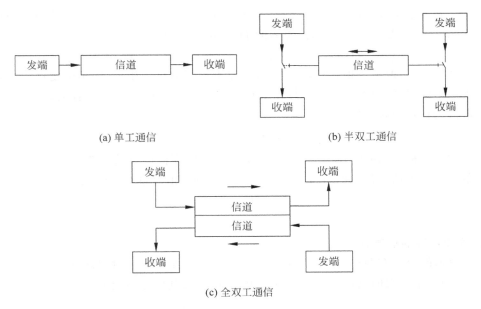

(a) 单工通信　　　　　　　　　　　　(b) 半双工通信

(c) 全双工通信

图 2-3　三种通信方式

3. 全双工通信

全双工通信是指通信双方可同时进行收发消息的工作方式。一般情况下,全双工通信的信道必须是双向信道,如图 2-3(c)所示。电话是全双工通信一个常见的例子,通话的双方可同时进行说和听。计算机之间的高速数据通信也是这种方式。

2.3.3　信道容量

首先介绍通信中常见的概念——信道。信道和通信链路不同,信道一般都是用来表示向某一个方向传送信息的媒体。因此,一条通信链路往往包含一条发送信道和一条接收信道。单工通信只需要一条信道,而半双工通信或者全双工通信都需要两条信道。

信道容量(channel capacity)是指信道在单位时间内所能传送的最大信息量。信道容量的单位是比特/秒(b/s),即信道的最大传输速率。由于信道分为连续(continuous)信道和离散(discrete)信道两类,所以信道容量的描述方法也不同。

1. 数字信道的信道容量

离散信道的容量有两种不同的度量单位。一种是用每个符号能够传输的平均信息量最大值来表示信道容量 C;另一种是用单位时间内能够传输的平均信息量最大值来表示信道容量 C_t。这两者之间可以互换。若知道信道每秒能够传输多少个符号,则不难从第一种转换成第二种表示。因此,这两种表示方法在实质上是一样的,可以根据需要选用。

从信息量(information content)的概念可知,接收端在收到一个符号时,所获得的平均信息量为

$$平均信息量 / 符号 = H(x) - H(x/y) \tag{2.4}$$

式中,$H(x)$ 为每个发送符号 x_i 的平均信息量,称为信源的熵;$H(x/y)$ 为接收符号 y_j 已知后,发送符号 x_i 的平均信息量。

对于二进制信源（information source），设发送 1 的概率 $P(1)=\alpha$，则发送 0 的概率 $P(0)=1-\alpha$。当 α 从 0 变到 1 时，信源的熵 $H(\alpha)$ 可以写成

$$H(\alpha) = -\alpha \log_2 \alpha - (1-\alpha) \log_2 (1-\alpha) \tag{2.5}$$

当 $\alpha=1/2$ 时，$H(\alpha)$ 取最大值，也就是说，当 0 和 1 出现的概率相等时，不确定性最大，即信息量最大。由此可知，每个符号传输的平均信息量和信源发送符号概率有关，对 $p(x)$ 求出的最大值即为信道容量的定义

$$C = \max_{p(x)} [H(x) - H(x/y)] \tag{2.6}$$

若信道中的噪声极大，则 $H(x/y)=H(x)$。这时 $C=0$，即信道容量 C 为零。

设单位时间内信道传输的符号数为 r（符号/s），则信道容量 C_t 可表示为

$$C_t = \max_{p(x)} \{r[H(x) - H(x/y)]\} \tag{2.7}$$

2. 连续信道的信道容量

连续信道的容量有两种不同的计量单位。本书只介绍按单位时间计算的容量。对于带宽有限、平均功率有限的高斯白噪声连续信道，可以证明其信道容量为

$$C_t = B \log_2 \left(1 + \frac{S}{N}\right) \tag{2.8}$$

式中，S 为信号平均功率（W）；N 为噪声功率（W）；B 为带宽（Hz）。

2.3.4 串行传输与并行传输

在数据通信（主要是计算机或其他数字终端设备之间的通信）中，按数据代码排列的方式不同，可分为并行传输和串行传输。

1. 并行传输

并行传输是将代表信息的数字信号码元序列以成组的方式在两条或两条以上的并行信道上同时传输。例如，计算机送出的由 0 和 1 组成的二进制代码序列，可以每组 n 个代码的方式在 n 条并行信道上同时传输。这种方式下，一个分组中的 n 个码元能够在一个时钟节拍内从一个设备传输到另一个设备。例如，8 比特代码字符可以用 8 条信道并行传输，如图 2-4(a)所示。

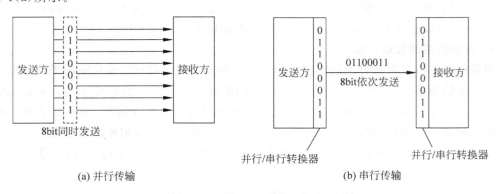

(a) 并行传输　　　　　　　　　　(b) 串行传输

图 2-4　并行传输和串行传输

并行传输的优势是节省传输时间，速度快。此外，并行传输不需要另外的措施就实现了

收发双方的字符同步。缺点是需要 n 条通信线路,成本高,一般只用于设备之间的近距离通信,如计算机和打印机之间数据的传输。

2. 串行传输

串行传输是将数字信号码元序列以串行方式一个码元接一个码元地在一条信道上传输,如图 2-4(b)所示。远距离数字传输常采用这种方式。

串行传输的优点是只需一条通信信道,所需线路铺设费用只是并行传输的 $1/n$。缺点是速度慢,需要外加同步措施以解决收、发双方码组或字符的同步问题。

2.3.5 同步传输与异步传输

数据的传输可使用异步或者同步两种方式实现。

1. 异步传输(asynchronous transmission)

异步传输将比特划分成分组进行传送,分组可以是 8 位的 1 个字符或更长。发送方可以在任何时刻发送这些分组,而接收方从不知道它们会在什么时候到达。一个常见的例子是计算机键盘与主机的通信。按下一个字母键、数字键或特殊字符键,就发送一个 8bit 的 ASCII 代码。键盘可以在任何时刻发送代码,这取决于用户的输入速度,内部的硬件必须能够在任何时刻接收一个输入的字符。

2. 同步传输(synchronous transmission)

同步传输是一种以数据块为传输单位的数据传输方式,该方式下数据块与数据块之间的时间间隔是固定的,必须严格地规定它们的时间关系。每个数据块的头部和尾部都要附加一个特殊的字符或比特序列,标记一个数据块的开始和结束,一般还要附加一个校验序列,以便对数据块进行差错控制。

异步传输和同步传输的区别在于收发两端对时间的精确度要求高低不同。同步要求高,异步要求相对较低。

异步通信是一种很常用的通信方式。异步通信在发送字符时,所发送的字符之间的时间间隔可以是任意的。但是,接收端必须时刻做好接收的准备。发送端可以在任意时刻开始发送字符,因此必须在每一个字符的开始和结束的地方加上标志,即加上开始位和停止位,以便使接收端能够正确地接收每一个字符,若开始位和停止位各占 1bit,则每发送一个字节需占用 2bit 的开销。异步通信的优势在于通信设备简单、便宜,但传输效率较低(因为开始位和停止位的开销所占比例较大)。

同步传输通常要快于异步传输。这是由于接收方不必对每个字符进行开始和停止的操作,一旦检测到同步字符,就直接接收后续到达的数据。另外,同步传输的开销也比较少。例如,一个典型的数据块可能有 500B(即 4000bit),其中包含 100bit 的开销,使传输的比特总数增加 2.5%,这与异步传输中 25% 的增值要小得多。

2.3.6 基带传输与频带传输

根据信道中传输的信号是否经过调制,可将通信系统分为基带传输和频带传输。基带传输是将未经调制的信号直接传送,如市内电话、有线广播;频带传输是对各种信号调制后传输的总称。调制方式很多,表 2-1 列出了一些常见的调制方式。

表 2-1 常见调制方式及用途

调 制 方 式			用 途 举 例
连续波调制	线性调制	常规双边带调幅 AM	广播
		双边带调幅 DSB	立体声广播
		单边带调幅 SSB	载波通信、无线电台、数据传输
		残留边带调幅 VSB	电视广播、数据传输、传真
	非线性调制	频率调制 FM	微波中继、卫星通信、广播
		相位调制 PM	中间调制方式
	数字调制	振幅键控 ASK	数据传输
		频移键控 FSK	数据传输
		相移键控 PSK、DPSK、QPSK	数据传输、数字微波、空间通信
		其他高效数字调制 QAM、MSK	数字微波、空间通信
脉冲调制方式	脉冲模拟调制	脉幅调制 PAM	中间调制方式、遥测
		脉宽调制 PDM(PWM)	中间调制方式
		脉位调制 PPM	遥测、光纤传输
	脉冲数字调制	脉码调制 PCM	市话、卫星、空间通信
		增量调制 DM(ΔM)	军用、民用数字电话
		差分脉码调制 DPCM	电视电话、图像编码
		其他话音编码方式 ADPCM	中速数字电话

2.3.7 信道复用

传输多路信号有多种复用方式,包括频分复用、时分复用、波分复用和码分复用。

1. 频分复用(frequency division multiplexing,FDM)

频分复用就是将用于传输信道的总带宽划分成若干个子频带(或称子信道),每一个子信道传输一路信号。频分复用要求总频率宽度大于各个子信道频率之和,同时为了保证各子信道中所传输的信号互不干扰,应在各子信道之间设立隔离带。频分复用技术的特点是所有子信道传输的信号以并行的方式工作,传输效率高,因而频分复用技术取得了非常广泛的应用。频分复用技术除传统意义上的频分复用(FDM)外,还有一种是正交频分复用(OFDM)。

2. 时分复用(time-division multiplexing,TDM)

时分复用(TDM)是采用同一物理连接的不同时段来传输不同的信号,也能达到多路传输的目的。时分多路复用以时间作为信号分割的参量,故必须使各路信号在时间轴上互不重叠。时分复用就是将提供给整个信道传输信息的时间划分成若干时间片(简称时隙),并将这些时隙分配给每一个信号源使用。

3. 波分复用(wavelength division multiplexing,WDM)

波分复用是将两种或多种不同波长的光载波信号(携带各种信息)在发送端经复用器(亦称合波器,multiplexer)汇合在一起,并耦合到光线路的同一根光纤中进行传输的技术;在接收端,经解复用器(亦称分波器或称去复用器,de-multiplexer)将各种波长的光载波分离,然后由光接收机作进一步处理以恢复原信号。这种在同一根光纤中同时传输两个或众多不同波长光信号的技术,称为波分复用。

4. 码分复用（code division multiplexing，CDM）

码分复用是用一组包含互相正交码字码组携带多路信号。码分复用采用同一波长的扩频序列，频谱资源利用率高，与 WDM 结合，可以大大增加系统容量。频谱展宽是靠与信号本身无关的一种编码来完成的，称频谱展宽码为特征码或密钥，有时也称为地址码。

2.4　数据通信网交换

2.4.1　电路交换

在公共电话系统发展过程中，随着用户的增加，要让所有的电话机都两两相连接是不现实的。图 2-5(a)表示两部电话只需要用一对电线就能够互相连接起来。但若有 5 部电话要两两相连，则需要 10 对电线，如图 2-5(b)所示。显然，若 N 部电话要两两相连，就需要 $\frac{N(N-1)}{2}$ 对电线。当电话机的数量很大时，这种连接方法需要的电线数量是令人难以接受的。为了使得每一部电话能够很方便地和另一部电话进行通信，考虑使用电话交换机将这些电话连接起来，如图 2-5(c)所示。每一部电话都连接到交换机上，而交换机使用交换的方法，让电话用户彼此之间可以很方便地通信，这就称为电路交换（circuit switching）。

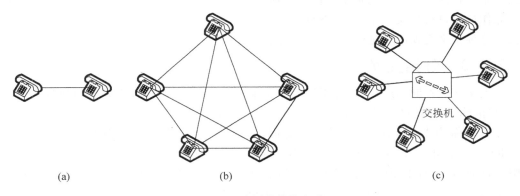

(a)　　　　　　　　　　(b)　　　　　　　　　　(c)

图 2-5　电话的连接方式

从通信资源的分配角度来看，"交换"就是按照某种方式动态地分配传输线路的资源。在使用电路交换打电话之前，必须先拨号建立连接。当拨号的信令通过许多交换机到达被叫用户所连接的交换机时，该交换机就向用户的电话机振铃。在被叫用户摘机且摘机信令传送回到主叫用户所连接的交换机后，呼叫即完成。这时，从主叫端到被叫端就建立了一条连接（物理通路）。此后主叫和被叫双方才能互相通电话，通话完毕挂机后，挂机信令告诉这些交换机，使交换机释放刚才使用的这条物理通路。这种必须经过"建立连接→通信→释放连接"三个步骤的连网方式称为面向连接的（connection-oriented）。电路交换必定是面向连接的，如图 2-6 所示。

应当注意的是，用户线归电话用户专用，而一对交换机之间拥有大量话路的中继线则是许多用户共享的，正在通话的用户只占用了其中的一个话路，而在通话的全部时间内，通话的两个用户始终占用端到端的固定传输带宽。图中电话机 A 和 B 之间的通路共经过了四个交换机。而电话机 C 和 D 是属于同一个交换机地理覆盖范围中的用户，因此这两个电话机之间建立的连接就不需要再经过其他的交换机。

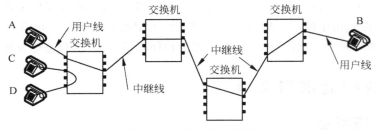

图 2-6　电路交换示意图

2.4.2　报文交换

　　报文交换(message switching)是以报文为数据交换的单位,报文携带有目标地址、源地址等信息,在交换节点采用存储转发的方式进行传输。每一个节点接收整个报文,检查目标节点地址,然后根据网络中的交通情况在适当的时候转发到下一个节点。经过多次的存储转发,最后到达目标地址。与电路交换不同,报文交换不要求在两个通信节点之间建立专用通路。

　　报文交换这种存储转发的思想来源于古代邮政通信。在 20 世纪 40 年代,电报通信也采用了基于存储转发原理的报文交换。在报文交换中心,一份份电报被接收下来,并穿成纸带。操作员以每份报文为单位,撕下纸带,根据报文的目的站地址,拿到相应的发报机转发出去。这种报文交换的时延较长,从几分钟到几小时不等。

2.4.3　分组交换

　　与报文交换不同,分组交换并不转发整条报文,而是将一个长报文先分割为若干个较短的分组(packet),然后仍采用存储转发传输方式,把这些分组逐个发送出去。

　　分组又称为“包”,在每一个分组前面,包含由一些必要的控制信息组成的首部(header)。分组的首部也称为“包头”。分组是在计算机网络中传送的数据单元。在一个分组中,“首部”是非常重要的。正是由于分组的首部包含了诸如目的地址和源地址等重要控制信息,每一个分组才能在分组交换网中独立地选择路由。

　　分组交换可分为面向连接和无连接两种方式。无连接的网络服务即为所谓的数据报服务,面向连接的网络服务即为虚电路服务。虚电路服务的思路来源于传统的电信网。电信网将其用户终端(电话机)做得非常简单,而电信网负责保证可靠通信,因此电信网的节点交换机复杂而昂贵。数据报服务则来源于传统的邮政系统。它力求提高网络生存性并且使网络的控制功能尽量分散,因而只能要求网络提供尽最大努力的服务。下面分别介绍这两种服务。

　　虚电路服务是通过在通信的两台计算机之间建立一条虚电路(virtual circuit,VC),以保证双方所需要的一切通信资源。需要注意的是,由于采用了存储转发技术,所以这种虚电路就和传统的电路交换有很大的不同。在电路交换的电话网上打电话时,两个用户在通话期间自始至终地占用一条端到端的物理信道。但当一条虚电路被占用时,由于采用的是存储转发的分组交换,所以只是断续地占用一段又一段的链路。建立虚电路的好处是可以在数据传送路径上的各交换节点预先保留一定数量的资源(如带宽、缓存),作为对分组的存储转发之用。因为是全双工通信,所以每一条管道只沿着一个方向传送分组。这样,到达目的站的分组顺序就与发送时的顺序一致,因此网络提供虚电路服务对通信的服务质量 QoS （quality of service）有较好的保证。

　　数据报服务在发送分组时则不需要事先建立连接。每一个分组独立发送，既不保证分组的顺序，也不保证分组的准确交付。但这种网络要求使用较复杂且有相当智能的主机作为用户终端。可靠通信由用户终端中的软件来保证。这种设计思想被称为"端到端原则"，即将复杂的网络处理功能处于网络边缘，而将相对简单的尽最大努力的分组交付功能置于网络核心，可以降低网络成本，并且运行方式灵活，可以适应于各类应用。表 2-2 归纳了虚电路服务与数据报服务的主要区别。

表 2-2　虚电路服务和数据报服务的区别

项　　目	虚电路服务	数据报服务
思路	可靠通信应当由网络来保证	可靠通信应当由用户主机来保证
连接的建立	必须有	不需要
目的站地址	仅在连接建立阶段使用，每个分组使用短的虚电路号	每个分组都有目的站的全地址
分组转发	属于同一条虚电路的分组均按照同一路由进行转发	每个分组独立选择路由进行转发
当节点出故障时	所有通过故障节点的虚电路均不能工作	出故障的节点可能会丢失分组，一些路由可能会发生变化
分组的顺序	总是按发送顺序到达目的站	到达目的站时不一定按发送顺序
端到端的差错处理和流量控制	可以由分组交换网负责，也可以由用户机负责	由用户主机负责

　　分组交换网由若干个节点交换机（node switch）和连接这些交换机的链路组成，如图 2-7 所示。用圆圈表示的节点交换机是网络的核心部件。从概念上讲，一个节点交换机就是一个小型计算机。图 2-7（b）和图 2-7（a）的表示方法是一样的，但强调了节点交换机具有多个端口的概念。端口就是节点交换机和外部线路相连接的地方。

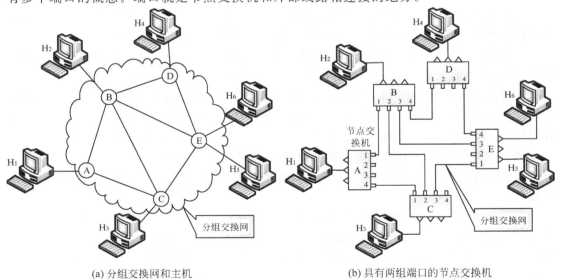

(a) 分组交换网和主机　　　　　　　　(b) 具有两组端口的节点交换机

图 2-7　分组交换网示意图

图 2-7 中每一个节点交换机都有两组端口。用三角形表示的是和计算机相连、链路速率较低的端口。而小方框表示的则是和网络中其他的节点交换机相连、链路速率较高的端口。图中 $H_1 \sim H_6$ 都是可进行通信的计算机，常称它们为主机（host）。在图中的主机和节点交换机都是计算机，但它们的作用明显不同。主机是为用户进行信息处理的，并且可以通过网络和其他的主机交换信息。节点交换机则是进行分组交换的，是用来转发分组的。各节点交换机之间也要经常交换路由信息，但这是为了进行路由选择，即为转发分组找出一条最好的路径。

这里特别要强调的是，在节点交换机中的输入和输出端口之间是没有直接连线的。节点交换机处理分组的过程是：将收到的分组先放入缓存，再查找转发表，找出到某个目的地址应从哪个端口转发，然后由交换机将该分组传递给适当的端口转发出去。

现在假定图 2-7(b) 中的主机 H_1 向主机 H_5 发送数据。主机 H_1 先将分组逐个地发往与它直接相连的节点交换机 A。此时，除链路 H_1-A 外，网内其他通信链路并不被当前通信的双方所占用。需要注意的是，即使是链路 H_1-A，也只是当分组正在此链路上传送时才被占用。在各分组传送之间的空闲时间，链路 H_1-A 仍可为其他主机发送的分组使用。

节点交换机 A 将主机 H_1 发来的分组放入缓存。假定从节点交换机 A 的转发表中查出应将该分组送到该节点交换机的端口 4。于是分组就经链路 A-C 到达节点交换机 C。当分组正在链路 A-C 传送时，该分组并不占用网络其他部分的资源。

节点交换机 C 继续按上述方式查找转发表，假定查出应从其端口 3 进行转发。于是分组又经节点交换机 C 的端口 3 向节点交换机 E 转发。当分组到达节点交换机 E 时，交换机 E 就将分组直接交给主机 H_5。

假定在某一个分组的传送过程中，链路 A-C 的通信量太大，那么节点交换机 A 可以将分组转发端口改为端口 1。于是分组就沿另一个路由到达节点交换机 B。交换机 B 再通过其端口 3 将分组转发到节点交换机 E，最后将分组送到主机 H_5。

这里要注意，节点交换机暂时存储的是一个个短分组，而不是整个的长报文。短分组是暂存在交换机的存储器（即内存）中而不是存储在磁盘中，用来保证较高的交换速率。

实际上，每个分组交换网可以容许很多主机同时进行通信，并且每个主机中的多个进程（即正在运行中的多道程序）也可以各自和不同主机中的不同进程进行通信。

在传送分组的过程中，由于采取了专门的措施，因而保证了数据的传送具有非常高的可靠性。当分组交换网中的某些节点或链路突然被破坏时，在各节点交换机中运行的路由选择协议（protocol）能够自动找到其他路径转发分组。这些将在下面有关章节中详细讨论。

从上面所述可知，采用存储转发的分组交换，实质上是采用了数据通信中断续（或动态）分配传输带宽的策略。这对传送突发式的计算机数据非常合适，使得通信线路的利用率大大提高了。

为了提高分组交换网的可靠性，常采用网状拓扑结构，使得当发生网络拥塞或少数节点、链路出现故障时，可灵活地改变路由而不致引起通信的中断或全网的瘫痪。此外，通信网络的主干线路往往由一些高速链路构成，这样就能以较高的数据率迅速地传送计算机数据。

综上所述，分组交换网的主要优点可归纳如表 2-3 所示。

表 2-3　分组交换的优点

优　点	所采用的手段
高效	在分组传输的过程中动态分配传输带宽,逐段占用通信链路
灵活	为每一个分组独立地选择转发路由
迅速	以分组作为传送单位,可以不先建立连接就能向其他主机发送分组,网络使用高速链路
可靠	完善的网络协议:分布式多路由的分组交换网,使网络有很好的生存性

分组交换也带来一些新的问题。例如,分组在各节点存储转发时需要排队,这就会造成一定的时延。当网络通信量过大时,这种时延也可能会很大。在表中提到分组交换的优点之一是"迅速",是指和电路交换相比时,分组交换可以省去建立连接所花费的时间,而且还可以在高速链路上以较高的数据率来传送数据。但分组交换网中的每一个节点又因存储转发产生了时延。因此,整个分组交换网是否能够比电路交换更快地传送数据,还取决于网络中的节点是否能够迅速地转发分组。

分组交换网带来的另一个问题是各分组必须携带的控制信息也造成了一定的开销(overhead)。整个分组交换网还需要专门的管理和控制机制。

2.4.4　交换技术比较

图 2-8 表示电路交换、报文交换和分组交换的主要区别。图中的 A 和 D 分别是源点和终点,而 B 和 C 是在 A 和 B 之间的中间节点。

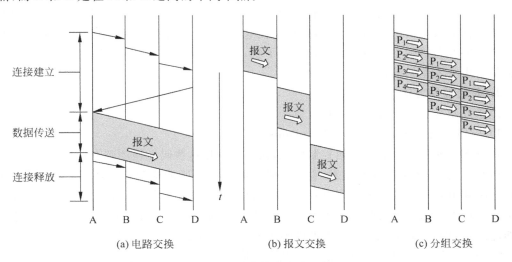

图 2-8　三种交换方式的比较

(1) 电路交换:整个报文的比特流连续地从源点直达终点。

(2) 报文交换:整个报文先传送到相邻节点,全部存储下来后查找转发表,转发到下一个结点。

(3) 分组交换:单个分组(整个报文的一部分)传送到相邻节点,存储下来后查找转发表,转发到下一个节点。

从图 2-8 中可以看出,若要连续传送大量的数据,且其传送时间远大于连接建立时间,则电路交换具有传输速率较快的优点。报文交换和分组交换不需要预先分配传输带宽,在传送突发数据时可提高整个网络的信道利用率。分组交换比报文交换的时延小,但其节点交换机必须具有更强的处理能力。

2.5 数据的差错控制

2.5.1 差错类型与差错控制

以数字信号为例,信号在传输过程中,由于受到干扰,码元波形将被破坏,致使接收端错误判决收到的信号,这就称为传输差错。简言之,经过通信信道后接收的数据与发送数据不一致,这种现象即为传输差错。对于数字通信系统而言,在合理考虑调制制度、解调方法以及发送功率等方面之后,若干扰仍带来难以接受的误码率,则需要采用差错控制措施。对于通信系统来说,误码率要求因用途而异,往往将差错控制作为附加手段,在需要时加用。

1. 差错类型

信号在传输过程中不可避免地会受到各种干扰。信道干扰可分为加性干扰和乘性干扰两种。在没有信号输入时,信道输出端也有加性干扰输出。乘性干扰与信号是相乘的关系,没有信号输入时,就不会有乘性干扰输出。乘性干扰引起的码间串扰常用均衡的办法来解决。对于加性干扰,按照其引起的错码分布规律的不同,传输差错可以分为两类,即随机差错和突发差错。所谓随机差错,错码的出现是随机的,而且错码之间是统计独立的。例如,由正态分布白噪声引起的错码就具有这种性质。所谓突发差错,错码是成串集中出现的,即在一些短促的时间段内会出现大量错码,而在这些短促的时间段之间存在较长的无错码区间。产生突发差错的主要原因之一是脉冲干扰,例如电火花产生的干扰。信道中的衰落现象也是产生突发差错的另一个主要原因。

2. 差错控制方法

差错控制方法主要有以下四种。

1) 检错重发(error detectionretransmission)

在发送码元序列中加入差错控制码元,接收端利用这些码元检测到有错码时,利用反向信道通知发送端,要求发送端重发,直到正确接收为止。所谓检测到有错码,是指在一组接收码元中知道有一个或一些错码,但是不知道该错码应该如何纠正。在二进制系统中,这种情况发生在不知道一组接收码元中哪个码元错了。因为若知道哪个码元错了,将该码元取补即能纠正,即将错码 0 改为 1 或将错码 1 改为 0 就可以了,不需要重发。在多进制系统中,即使知道了错码的位置,也无法确定其正确取值。

采用检错重发技术时,通信系统需要有双向信道传送重发指令。

2) 前向纠错(forward error correction,FEC)

接收端利用发送端在发送码元序列中加入的差错控制码元,不但能够发现错码,还能将错码恢复成正确取值。在二进制码元的情况下,能够确定错码的位置,就相当于能够纠正错码。

采用 FEC 时,不需要反向信道传送重发指令,也没有因反复重发而产生的时延,故实时性好。但是为了能够纠正错码,而不是仅仅检测到有错码,和检错重发相比,需要加入更多的差错控制码元。故设备要比检测重发设备复杂。

3）反馈校验（feedback checkout）

这时不需要在发送序列中加入差错控制码元。接收端将接收到的码元原封不动地转发回发送端，在发送端将它和原发送码元逐一比较。若发现有不同，就认为接收端收到的序列中有错码，发送端立即重发。这种技术的原理和设备都很简单。但是需要双向信道，传输效率也较低，因为每个码元都需要占用两次传输时间。

4）检错删除（error detection deletion）

它和检错重发的区别在于，在接收端发现错码后，立即将其删除，不要求重发。这种方法只适用在少数特定系统，其发送码元中有大量冗余，删除部分接收码元不影响应用。例如，在循环重复发送某些遥测数据时。又如，用于多次重发仍然存在错码时，这时为了提高传输效率不再重发，而采取删除的方法。这样做在接收端当然会有少许损失，但是却能够及时接收后续的消息。

以上几种技术可以结合使用。例如，检错和纠错技术结合使用。当接收端出现少量错码并有能力纠正时，采用前向纠错技术；当接收端出现较多错码没有能力纠正时，采用检错重发技术。

在上述四种技术中，除第三种外，其共同点是都在接收端识别有无错码。由于信息码元序列是一种随机序列，接收端无法预知码元的取值，也无法识别其中有无错码。所以在发送端需要在信息码元序列中增加一些差错控制码元，它们称为监督（check）码元。这些监督码元和信息码元之间有确定的关系，譬如某种函数关系，使接收端有可能利用这种编码关系发现或纠正可能存在的错码。这种编码关系也就是下面将要介绍的纠错编码。

2.5.2　纠错编码

差错控制编码常称为纠错编码（error-correcting coding）。不同的编码方法，有不同的检错或纠错能力。有的编码方法只能检错，不能纠错。一般来说，付出的代价越大，检（纠）错的能力越强。这里所说的代价，就是指增加的监督码元多少，它通常用多余度来衡量。例如，若编码序列中平均每两个信息码元就添加一个监督码元，则这种编码的多余度为 $1/3$。或者说，这种码的编码效率（code rate，简称码率）为 $2/3$。设编码序列中信息码元数量为 k，总码元数量为 n，则比值 k/n 就是码率；而监督码元数 $(n-k)$ 和信息码元数 k 之比 $(n-k)/k$ 称为冗余度（redundancy）。从理论上讲，差错控制是以降低信息传输速率为代价换取提高传输可靠性。

1. 基本原理

现在先用一个例子说明纠错编码的基本原理。设有一种由 3 位二进制数字构成的码组，该码组共有 8 种不同的可能组合。若将其全部用来表示天气，则可以表示 8 种不同天气，如 000（晴）、001（云）、010（阴）、011（雨）、100（雪）、101（霜）、110（雾）、111（雹）。其中任一码组在传输中若发生一个或多个错码，则将变成另一个信息码组。这时，接收端将无法发现错误。

若在上述 8 种码组中只准许使用 4 种来传送天气，例如：

$$\begin{cases} 000 = 晴 \\ 011 = 雨 \\ 101 = 霜 \\ 110 = 雾 \end{cases} \tag{2.9}$$

这时,虽然只能传送 4 种不同的天气,但是接收端却有可能发现码组中的一个错码。例如,若 000(晴)中错了一位,则接收码组将变成 100 或 010 或 001。这 3 种码组都是不准使用的,称为禁用码组。故接收端在收到禁用码组时,就认为发现了错码。当发生 3 个错码时,000 变成了 111,也是禁用码组,故这种编码也能检测 3 个错码。但是这种码不能发现一个码组中的两个错码,因为发生两个错码后产生的是许用码组。

上面这种编码只能检测错码,不能纠正错码。例如,当接收码组为禁用码组 100 时,接收端将无法判断是哪一位码发生了错误,因为晴、霜、雾三者错了一位都可以变成 100。

要想能够纠正错误,还要增加多余度。例如,若规定许用码组只有两个:000(晴)和 111(雹),其他都是禁用码组,则能够检测两个以下错码,或能够纠正一个错码。例如,当收到禁用码组 100 时,若当作仅有一个错码,则可以判断此错码发生在 1 位,从而纠正为 000(晴)。因为 111(雹)发生任何一位错码时都不会变成 100 这种形式。但是,这时若假定错码数不超过两个,则存在两种可能性:000 错一位和 111 错两位都可能变成 100,因而只能检测出存在错码而无法纠正错码。

表 2-4 信息位和监督位的关系

天　气	信　息　位	监　督　位
晴	00	0
雨	01	1
霜	10	1
雾	11	0

从表 2-4 中可以得到关于"分组码"的一般概念。如果不要求检(纠)错,为了传输 4 种不同的消息,用两位的码组就够了,即可以用 00、01、10、11。这些两位码称为信息位。在式(2.9)中使用了 3 位码,增加的那位称为监督位。在表 2-4 中示出了此信息位和监督位的关系。后面把这种将信息码分组,为每组信息码附加若干监督码的编码称为分组码(block code)。在分组码中,监督码元仅监督本码组中的信息码元。

分组码一般用符号 (n,k) 表示,其中 n 是码组的总位数,又称为码组的长度(码长)。k 是码组中信息码元的数目,$n-k$ 为码组中的监督码元数目,或称监督位数目。今后,将分组码的结构规定为具有图 2-9 所示的形式。图中前 k 位($a_{n-1},\cdots,a_r$)为信息位,后面附加 r 个监督位($a_{r-1},\cdots,a_0$)。在式(2.9)的分组码中 $n=3,k=2,r=1$,并且可以用符号 $(3,2)$ 表示。

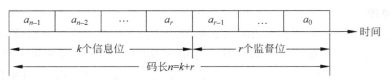

图 2-9 分组码的结构

在分组码中,把码组中 1 的个数称为码组的重量,简称码重(code weight)。把两个码组中对应位上数字不同的位的个数称为码组的距离,简称码距。码距又称汉明(Hamming)距离。例如,式(2.9)中的 4 个码组之间,任意两个的距离均为 2。通常,把某种编码中各个码组之间距离的最小值称为最小码距(d_0)。例如,式(2.9)中编码的最小码距 $d_0=2$。

对于 3 位的编码组,可以在三维空间中说明码距的几何意义。如前所述,3 位的二进制编码,共有 8 种不同的可能码组。在三维空间中它们分别位于一个单位立方体的各顶点上,如图 2-10 所示。每个码组的 3 个码元的值(a_1、a_2、a_3)就是此立方体各顶点的坐标。而上述码距概念在此图中就对应于各顶点之间沿立方体各边行走的几何距离。由此图可以直观看出,式(2.9)中 4 个准用码组之间的距离均为 2。

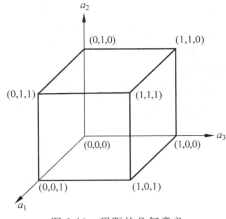

图 2-10 码距的几何意义

编码的最小码距 d_0 的大小直接关系着这种编码的检错和纠错能力。

(1) 为检测 e 个错码,要求最小码距,即

$$d_0 \geqslant e+1 \qquad (2.10)$$

这可以用图 2-11(a)加以阐明:设一个码组 A 位于 0 点。若码组 A 中发生一个错码,则可以认为 A 的位置将移动至以 0 点为圆心,以 1 为半径的圆上某点,但其位置不会超出此圆。若码组 A 中发生两位错码,则其位置不会超出以 0 点为圆心,以 2 为半径的圆。因此,只要最小码距不小于 3(例如图中 B 点),在此半径为 2 的圆上及圆内就不会有其他码组。这就是说,码组 A 发生两位以下错码时,不可能变成另一个准用码组,因而能检测错码的位数等于 2。同理,若一种编码的最小码距为 d_0,则将能检测 d_0-1 个错码。反之,若要求检测 e 个错码,则最小码距 d_0 至少应不小于 $e+1$。

(2) 为了纠正 t 个错码,要求最小码距,即

$$d_0 \geqslant 2t+1 \qquad (2.11)$$

此式可用图 2-11(b)加以阐明。图中画出码组 A 和 B 的距离为 5。码组 A 或 B 若发生不多于两位错码,则其位置均不会超出半径为 2 以原位置为圆心的圆。这两个圆是不重叠的。因此,可以这样判决:若接收码组落于以 A 为圆心的圆上就判决收到的是码组 A,若落于以 B 为圆心的圆上就判决为码组 B。这样,就能够纠正两位错码。若这种编码中除码组 A 和 B 外,还有许多种不同码组,但任两码组之间的码距均不小于 5,则以各码组的位置为中心以 2 为半径画出的圆都不会互相重叠。这样,每种码组如果发生不超过两位错码都将能被纠正。因此,当最小码距 $d_0=5$ 时,能够纠正两个错码,且最多能纠正两个。若错码达到三个,就将落入另一圆上,从而发生错判。故一般说来,为纠正 t 个错码,最小码距应不小于 $2t+1$。

(3) 为纠正 t 个错码,同时检测 e 个错码,要求最小码距,即

$$d_0 \geqslant e+t+1 \quad (e>t) \qquad (2.12)$$

在解释此式之前,先来继续分析一下图 2-11(b)所示的例子。图中码组 A 和 B 之间距离为 5。按照式(2.10)检错时,最多能检测 4 个错码。按照式(2.11)纠错时,能纠正 2 个错码。但是,不能同时做到两者,因为当错码位数超过纠错能力时,该码组立即进入另一码组的圆内而被错误地"纠正"了。例如,码组 A 若错了 3 位,就会被误认为是码组 B 错了 2 位造成的结果,从而被错"纠"为 B。这就是说,式(2.10)和式(2.11)不能同时成立或同时运用。所以,为了在可以纠正 t 个错码的同时能够检测 e 个错码,就需要像图 2-11(c)所示那

样,使某一码组(譬如码组 A)发生 e 个错误之后所处的位置,与其他码组(譬如码组 B)的纠错圈圈至少距离等于 1,不然将落在该纠错圈上从而发生错误地"纠正"。

这种纠错和检错结合的工作方式简称纠检结合。这种工作方式是自动在纠错和检错之间转换的。当错码数量少时,系统按前向纠错方式工作,以节省重发时间,提高传输效率;当错码数量多时,系统按反馈重发方式纠错,以降低系统的总误码率。所以,纠检结合适用于大多数时间错码数量很少、少数时间错码数量多的情况。

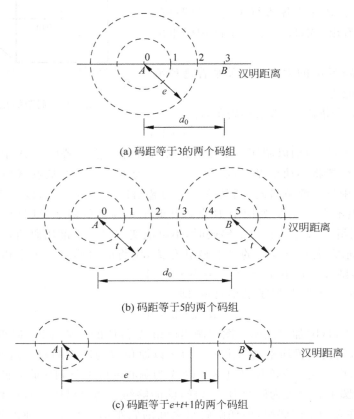

(a) 码距等于3的两个码组

(b) 码距等于5的两个码组

(c) 码距等于 $e+t+1$ 的两个码组

图 2-11　码距和纠错、检错能力的关系

2. 代数线性码

通常将建立在代数学基础上的编码称为代数码。在代数码中,常见的是线性码。线性码是利用一组线性代数方程式来建立信息位和监督位之间的联系,或者说,线性码是按照一组线性方程构成的。下面先介绍代数线性码理论基础的背景知识。

1) 码多项式按模运算

为了便于计算,常常把码组中各码元当作一个多项式(polynomial)的系数,即把一个长度为 n 的码组表示成

$$T(x) = a_{n-1}x^{n-1} + a_{n-2}x^{n-2} + \cdots + a_1 x + a_0 \tag{2.13}$$

例如,可将一个 7 位码组表示为

$$T(x) = a_6 x^6 + a_5 x^5 + a_4 x^4 + a_3 x^3 + a_2 x^2 + a_1 x + a_0 \tag{2.14}$$

若其中某一个码组是 $[a_6\ a_5\ a_4\ a_3\ a_2\ a_1\ a_0] = [1100101]$,则可以表示为

$$T(x) = 1 \cdot x^6 + 1 \cdot x^5 + 0 \cdot x^4 + 0 \cdot x^3 + 1 \cdot x^2 + 0 \cdot x + 1 \qquad (2.15)$$

这种多项式中仅是码元位置的标记,例如上式中 a_6、a_5、a_2 和 a_0 为1,其他均为0,这种多项式有时称为码多项式。

在代数运算中,有模 n(modulo-n)运算。例如,在模2运算中,有

$$1 + 1 = 2 = 0(模\ 2)$$
$$1 + 2 = 3 = 1(模\ 2)$$
$$2 \times 3 = 6 = 0(模\ 2)$$

等等。一般来说,若一个整数(integer)m 可以表示为

$$\frac{m}{n} = Q + \frac{p}{n} \qquad (2.16)$$

式中,Q 为整数。则在模 n 运算下,有

$$m = p(模\ n) \qquad (2.17)$$

这就是说,在模 n 运算下一个整数 m 等于它被 n 除得的余数。

在码多项式运算中也有类似的按模运算。若一任意多项式 $F(x)$ 被一 n 次多项式 $N(x)$ 除,得到商式 $Q(x)$ 和一个次数小于 n 的余式 $R(x)$,即

$$F(x) = N(x)Q(x) + R(x) \qquad (2.18)$$

则写为

$$F(x) = R(x)(模\ N(x)) \qquad (2.19)$$

这时,码多项式系数仍按模2运算,即系数只取0和1。例如 x^3 被 $(x^3 + 1)$ 除,得到余项1。所以有

$$x^3 = 1(模\ x^3 + 1) \qquad (2.20)$$

同理,有

$$x^4 + x^2 + 1 = x^2 + x + 1(模\ x^3 + 1) \qquad (2.21)$$

2) 线性码的生成矩阵

对于一组 (n,k) 线性码,其生成矩阵 G(generator matrix)是一个 $k \times n$ 阶矩阵,且有

$$[a_{n-1} a_{n-2} \cdots a_0] = [a_{n-1} a_{n-2} \cdots a_{n-k}] \cdot G \qquad (2.22)$$

或者

$$A = [a_{n-1} a_{n-2} \cdots a_{n-k}] \cdot G \qquad (2.23)$$

因此,如果找到了码的生成矩阵 G,则编码的方法就完全确定了。G 矩阵的各行是线性无关的。因为由式(2.23)可以看出,任一码组 A 都是 G 的各行的线性组合。G 共有 k 行,若它们线性无关,则可以组合出 2^k 种不同的码组,它恰是有 k 位信息位的全部码组。若 G 的各行有线性相关的,则不可能由 G 生成 2^k 种不同的码组。实际上,G 的各行本身就是一个码组。因此,如果已有 k 个线性无关的码组,则可以用其作为生成矩阵 G,并由它生成其余码组。

3) 线性码的封闭性

线性码的一个重要性质是具有封闭性。所谓封闭性,是指一种线性码中的任意两个码组之和仍为这种码中的一个码组。这就是说,若 A_1 和 A_2 是一种线性码中的两个许用码组,则($A_1 + A_2$)仍为其中的一个码组。

由于线性码具有封闭性,所以两个码组 A_1 和 A_2 之间的距离(即对应位不同的数目)必

定是另一个码组（$A_1 + A_2$）的重量（即 1 的数目）。因此，码的最小距离就是码的最小重量（除全 0 码组外）。

3. 奇偶监督码

奇偶监督（parity check）码的编码是利用代数关系式产生的监督位。奇偶监督码分为奇数监督码和偶数监督码两种，两者的原理相同。在偶数监督码中，无论信息位多少，监督位只有 1 位，它使码组中 1 的数目为偶数，即满足下式条件：

$$a_{n-1} \oplus a_{n-2} \oplus \cdots \oplus a_0 = 0 \tag{2.24}$$

式中，a_0 为监督位，其他位为信息位。

表 2-4 中的编码，就是按照这种规则加入监督位的。这种编码能够检测奇数个错码。在接收端，按照式（2.24）求"模 2 和"，若计算结果为 1 就说明存在错码，若计算结果为 0 就认为无错码。

奇数监督码与偶数监督码相似，只不过其码组中 1 的数目为奇数，即满足条件

$$a_{n-1} \oplus a_{n-2} \oplus \cdots \oplus a_0 = 1 \tag{2.25}$$

且其检错能力与偶数监督码的一样。

4. 循环码

循环码（cyclic code）是一种常见的编码方案，这种码的编码和解码设备相对简单，而且检（纠）错的能力较强。循环码具有循环性，即任一码组循环一位（即将最右端的一个码元移至左端，或反之）以后，仍为该码中的一个码组。在表 2-5 中给出一种（7,3）循环码的全部码组。由表 2-5 可以直观地看出这种码的循环性。例如，表中的第 2 码组向右移一位即得到第 5 码组；第 6 码组向右移一位即得到第 7 码组。一般来说，若（$a_{n-1}a_{n-2}\cdots a_0$）是循环码的一个码组，则循环移位后的码组

$$(a_{n-2}a_{n-3}\cdots a_0 a_{n-1})$$
$$(a_{n-3}a_{n-4}\cdots a_{n-1}a_{n-2})$$
$$\cdots$$
$$(a_0 a_{n-1}\cdots a_2 a_1)$$

也是该编码中的码组。

表 2-5　一种（7,3）循环码的全部码组

码组编号	信 息 位 $a_6\,a_5\,a_4$	监 督 位 $a_3\,a_2\,a_1\,a_0$	码组编号	信 息 位 $a_6\,a_5\,a_4$	监 督 位 $a_3\,a_2\,a_1\,a_0$
1	000	0000	5	100	1011
2	001	0111	6	101	1100
3	010	1110	7	110	0101
4	011	1001	8	111	0010

循环码是一种在严密的代数学理论基础上建立起来的编码，属于线性码的一种。

在循环码中，若 $T(x)$ 是一个长为 n 的许用码组，则 $x^i T(x)$ 在按模 x^n+1 运算下，也是该编码中的一个许用码组，即

$$T'(x) = x^i T(x)(\text{模 } x^n + 1) \tag{2.26}$$

$T'(x)$ 也是该编码中的一个许用码组。其证明很简单,因为若

$$x^i T(x) = a_{n-1}x^{n-1+i} + a_{n-2}x^{n-2+i} + \cdots + a_{n-1-i}x^{n-1} + \cdots + a_1 x^{1+i} + a_0 x^i$$

$$= a_{n-1-i}x^{n-1} + a_{n-2-i}x^{n-2} + \cdots + a_0 x^i + a_{n-1}x^{i-1} + \cdots + a_{n-i}(\text{模 } x^n + 1) \quad (2.27)$$

式中,$T'(x)$ 正是 $T(x)$ 代表的码组向左循环移位 i 次的结果。

基于线性码的基本性质以及循环码的循环性,下面谈论如何生成一组循环码。

在循环码中,一个 (n,k) 码有 2^k 个不同的码组。若用 $g(x)$ 表示其中前 $k-1$ 位皆为 0 的码组,则 $g(x), xg(x), x^2 g(x), \cdots, x^{k-1}g(x)$ 都是码组,而且这 k 个码组是线性无关的。因此它们可以用来构成此循环码的生成矩阵 $\boldsymbol{G}$,$g(x)$ 也称为该循环码的生成多项式。一旦确定了 $g(x)$,则整个 (n,k) 循环码就被确定了。循环码的生成矩阵 $\boldsymbol{G}$ 可以写成

$$\boldsymbol{G}(x) = \begin{bmatrix} x^{k-1}g(x) \\ x^{k-2}g(x) \\ \vdots \\ xg(x) \\ g(x) \end{bmatrix} \quad (2.28)$$

1) 如何找到这样一个多项式 $g(x)$

在循环码中除全 0 码组外,再没有连续 k 位均为 0 的码组,即连 0 的长度最多只能有 $(k-1)$ 位。否则,在经过若干次循环移位后将得到一个 k 位信息位全为 0,但监督位不全为 0 的一个码组。这在线性码中显然是不可能的。因此 $g(x)$ 必须是一个常数项不为 0 的 $n-k$ 次多项式,而且这个 $g(x)$ 还是这种 (n,k) 码中次数为 $n-k$ 的唯一一个多项式。因为如果有两个,则由码的封闭性,把这两个相加也应该是一个码组,且此码组多项式的次数将小于 $n-k$,即连续 0 的个数多于 $k-1$。显然,这与前面的结论矛盾,故是不可能的。

类似式(2.23),可以写出此循环码组,即

$$T(x) = [a_{n-1} a_{n-2} \cdots a_{n-k}]\boldsymbol{G}(x) = [a_{n-1} a_{n-2} \cdots a_{n-k}] \begin{bmatrix} x^{k-1}g(x) \\ x^{k-2}g(x) \\ \vdots \\ xg(x) \\ g(x) \end{bmatrix} =$$

$$(a_{n-1}x^{k-1} + a_{n-2}x^{k-2} + \cdots + a_{n-k})g(x) \quad (2.29)$$

上式表明,所有码多项式 $T(x)$ 都可被 $g(x)$ 整除,而且任意一个次数不大于 $k-1$ 的多项式乘 $g(x)$ 都是码多项式。

由式(2.29)可知,任一循环码多项式 $T(x)$ 都是 $g(x)$ 的倍式,即

$$T(x) = h(x) \cdot g(x) \quad (2.30)$$

这也就为寻找任一循环码生成多项式提供了依据。由于生成多项式也是码组之一,即

$$T'(x) = g(x) \quad (2.31)$$

则码组 $T'(x)$ 是一个 $n-k$ 次多项式,因此 $x^k T'(x)$ 是一个 n 次多项式,由式(2.26)可知,$x^k T'(x)$ 在模 $x^n + 1$ 运算下也是一个码组,即

$$\frac{x^k T'(x)}{x^n + 1} = Q(x) + \frac{T(x)}{x^n + 1} \quad (2.32)$$

式(2.32)左端分子和分母都是 n 次多项式,故商式 $Q(x)=1$。因此,式可以化成

$$x^k T'(x) = (x^n + 1) + T(x) \tag{2.33}$$

将式(2.30)和式(2.31)代入式(2.33),经过化简后得到

$$x^n + 1 = g(x)[x^k + h(x)] \tag{2.34}$$

式(2.34)表明,生成多项式 $g(x)$ 应该是 $(x^n + 1)$ 的一个因子。这一结论可为寻找循环码的生成多项式提供指导,即循环码的生成多项式应该是 $(x^n + 1)$ 的一个 $n-k$ 次因式。例如, $(x^7 + 1)$ 可以分解为

$$x^7 + 1 = (x + 1)(x^3 + x^2 + 1)(x^3 + x + 1) \tag{2.35}$$

为了求 $(7,3)$ 循环码的生成多项式 $g(x)$,需要从式(2.35)中找到一个 $7-3=4$ 次的因子。不难看出,这样的因子有两个,即

$$(x + 1)(x^3 + x^2 + 1) = x^4 + x^2 + x + 1 \tag{2.36}$$

$$(x + 1)(x^3 + x + 1) = x^4 + x^3 + x^2 + 1 \tag{2.37}$$

式(2.36)和式(2.37)都可作为生成多项式。不过,选用的生成多项式不同,产生出的循环码码组也不同。用式(2.36)作为生成多项式产生的循环码即为表 2-5 中所列。

2)循环码的编码方法

在编码时,首先要根据给定的 n,k 值选定生成多项式 $g(x)$,即从 $(x^n + 1)$ 的因子中选一个 $n-k$ 次多项式作为 $g(x)$。

由式(2.30)可知,所有码多项式都可以被 $g(x)$ 整除。根据这条原则就可以对给定的信息位进行编码:设 $m(x)$ 为信息码多项式,其次数小于 k。用 x^{n-k} 乘 $m(x)$ 得到的 $x^{n-k}m(x)$ 次数必定小于 n。用 $g(x)$ 除 $x^{n-k}m(x)$ 得到余式 $r(x)$ 的次数必定小于 $g(x)$ 的次数,即小于 $n-k$。将此余式 $r(x)$ 加于信息位之后作为监督位,即将 $r(x)$ 和 $x^{n-k}m(x)$ 相加,得到的多项式必定是个码多项式。因为它既能被 $g(x)$ 整除,且商的次数不大于 $(k-1)$。

3)循环码的解码方法

接收端解码的要求有两个:检错和纠错。达到检错目的的解码原理十分简单。由于任意一个码组多项式 $T(x)$ 都应该能被生成多项式 $g(x)$ 整除,所以在接收端可以将接收码组 $R(x)$ 用原生成多项式 $g(x)$ 去除。当传输中未发生错误时,接收码组与发送码组相同,即 $R(x) = T(x)$,故接收码组必定能被 $g(x)$ 整除;若码组在传输中发生错误,则 $R(x)$ 不等于 $T(x)$,$R(x)$ 被 $g(x)$ 除时可能除不尽而有余项,即有

$$R(x)/g(x) = Q(x) + r(x)/g(x) \tag{2.38}$$

因此,可以以余项是否为零来判别接收码组中有无错码。

需要指出,有错码的接收码组也有可能被 $g(x)$ 整除。这时的错码就不能检出了。这种错误称为不可检错误。不可检错误中的误码数必定超过了这种编码的检错能力。

在接收端为纠错而采用的解码方法自然比检错时复杂。容易理解,为了能够纠错,要求每个可纠正的错误图样必须与一个特定余式一一对应关系。这里,错误图样是指错码的各种具体取值。余式是指接收码组被生成多项式 $g(x)$ 除所得的余式。因为只有存在上述一一对应的关系时,才可能从上述余式唯一地决定错误图样,从而纠正错码。

这种解码方法称为捕错解码法。通常,一种编码可以有不同的几种纠错解码方法。对于循环码来说,除了用捕错解码法外,还有大数逻辑(majority logic)解码等算法。作判决的方法也有不同,有硬判决和软判决等方法。上述编解码运算,都可以用硬件电路实现。由于数字信号处理器的应用日益广泛,多采用软件运算实现上述编解码。

2.6　小结

本章介绍了数据通信的基本概念以及数据通信网的技术基础。数据通信网的通信方式包括有线通信与无线通信。数据通信网的传输方式包括串行传输与并行传输、同步传输与异步传输以及基带传输与频带传输等。数据通信网的交换方式主要包括电路交换、报文交换和分组交换等。数据的差错控制技术包括奇偶监督码和循环码等。

2.7　习题

1. 数据通信系统由哪几部分构成？
2. 按照拓扑结构的不同，数据通信网可分成哪几类？
3. 数据通信网的主要性能指标有哪些？相互之间关系如何？
4. 依据传输媒介的不同，数据通信网如何分类？
5. 单工、半双工及全双工通信方式按什么标准分类？说明其工作方式并举例。
6. 串行传输和并行传输有何不同？试比较其优缺点。
7. 同步传输和异步传输有何不同？试比较其优缺点。
8. 按照调制方式的不同，数据通信网如何分类？
9. 按照信道复用技术的不同，数据通信网如何分类？
10. 试比较数据通信网三种交换方式的优缺点。
11. 在数据通信系统中采用差错控制的目的是什么？
12. 常用的差错控制方法有哪些？试比较其优缺点。

第 3 章

信息网络体系架构

3.1 引言

信息网络空间是一个多维立体空间,有必要从多种不同的角度深入了解信息网络。按照传输带宽的不同,信息网络可分为窄带网和宽带网;按照传输介质的不同,信息网络可分为有线网和无线网;按照距离尺度的不同,信息网络可分为局域网、城域网和广域网;按照使用者的不同,信息网络则可分为公用网和专用网。本章将分别从这些方面系统、全面地介绍信息网络。

3.2 有线和无线网络

按照传输介质的不同,可以将网络分为有线网和无线网。有线网是指采用双绞线、同轴电缆和光纤等作为传输介质来连接的信息网络。无线网络常见的通信手段则包括无线电通信、地面微波通信以及卫星中继通信。

3.2.1 有线网络

1. 双绞线

双绞线是历史悠久且使用率仍然较高的一种传输介质。双绞线是将两根相互绝缘的铜线以螺旋的形式紧紧绞在一起得到的,如图 3-1 所示。当两根线绞在一起后,不同电线产生的干扰波会相互抵消,从而能显著降低电线的辐射。这样能量损耗越少,传输的距离也就越远。信号通常以两根线的电压差来承载,这样可以有效降低外部噪声的干扰。

双绞线既可以用于传输模拟信号,也可以用于传输数字信号,具有尺寸小、质量轻、容易部署、价格便宜和易安装维护等特点。由于双绞线具有较好的传输性能以及较低的成本,所以应用范围广泛,具有长时间使用的潜能。

常见的双绞线按照质量由次到好可分为 3 类线、

图 3-1 双绞线示意图

5类线、6类线和7类线等。3类线仅支持10Mb/s以太网,已逐步被5类线取代。大部分部署在办公大楼内的双绞线均为5类线(Category 5,可简称为"猫5",Cat 5)。5类线可支持100Mb/s或1Gb/s以太网。需要注意的是,100Mb/s以太网使用了四对之中的两对双绞线,分别用于两个方向上的传输。而1Gb/s以太网在双向传输中则同时使用了全部的4对线,这就要求接收器能分解出本地传输的信号。更高速率的以太网则需要使用6类线或者7类线。

常见的双绞线中,3类到6类的双绞线是非屏蔽双绞线(unshielded twisted pair,UTP),这些线仅由导线和绝缘层简单地构成。而7类双绞线是屏蔽双绞线(shielded twisted pair,STP),屏蔽双绞线比非屏蔽双绞线多了全屏蔽层和/或线对屏蔽层。屏蔽层能够减弱外部干扰和附近线缆的串扰,从而满足更加苛刻的性能规范要求。

2. 同轴电缆

同轴电缆(coaxial cable)是另一种常见的传输介质。同轴电缆由硬的铜芯和外面一层绝缘材料组成。绝缘材料的外面是一层密织的网状圆柱导体,外层导体再覆盖上一层保护塑料外套。其剖面图如图3-2所示。

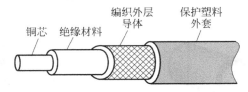

图 3-2　同轴电缆剖面图

广泛使用的同轴电缆有两种。一种是50Ω电缆,用于数字传输;另一种是75Ω电缆,一般用于模拟传输和有线电视传输。

同轴电缆比非屏蔽双绞线有更好的屏蔽特性和抗干扰特性,能以很高的速率传输相当长的距离,被广泛应用于长途电话系统、有线电视以及计算机城域网。但是,同轴电缆弯曲困难、质量较大,给安装和维护带来了较大的困难。同轴电缆并不适合楼宇内的结构化布线,也不适合用于局域网。

3. 光纤

光纤主要用于主干网络的长途传输、高速局域网以及高速因特网接入(如光纤到户 fiber to the home,FttH)。下面分别介绍光纤工作原理和光纤传输系统。

1) 光纤工作原理

光纤的传输介质是超薄玻璃纤维,利用玻璃纤维传播信号的原理是光的反射。当一束光线从一种介质到达另一种介质的时候,会在边界发生折射。例如,光从二氧化硅(玻璃的主要成分)到空气中时,在二氧化硅和空气的边界光线会发生折射(弯曲),如图3-3(a)所示。如果入射角度超过了某个特定的临界值,则光就会被全部反射回二氧化硅。也就是说,入射角度大于等于临界值的光将被限定在光纤内部,如图3-3(b)所示。这样,光信号就可以在光纤中传播数千米而没有损失。

由于任何入射角度大于临界值的光束都会在内部反射,若光纤可容纳许多不同的光束以不同的角度来回反射着向前传播,该光纤称为多模光纤(multimode fiber)。当光纤的直径减小到只有几个光波波长大小的时候,则光纤就如同一个波导,光只能按直线传播而不会

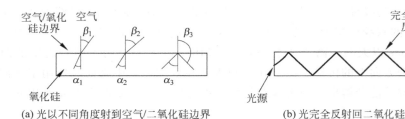

(a) 光以不同角度射到空气/二氧化硅边界　　　(b) 光完全反射回二氧化硅

图 3-3　光在空气/二氧化硅边界传输情况

反射,该光纤就称为单模光纤(single-mode fiber)。单模光纤可以 100Gb/s 的速率传输数据到 100km 远,而不用放大器。单模光纤比较昂贵,多应用于长距离传输。

光的波长决定了光通过玻璃的衰减。光纤通信中常用的三种波长为 $0.85\mu m$、$1.30\mu m$ 和 $1.55\mu m$。这三个波段都具有 $25\,000\sim30\,000$GHz 的宽度。

光纤往往封装在光缆中使用。光纤的外面是一个玻璃包套,其折射率比玻璃芯低,这样可以保证所有的光都限制在玻璃芯内,之后是一层薄薄的塑料封套,用来保护里边的玻璃包层。光纤通常被捆扎成束,最外面再加一层保护套,如图 3-4(a)所示。图 3-4(b)展示了一个内含三根光纤的光缆截面图。

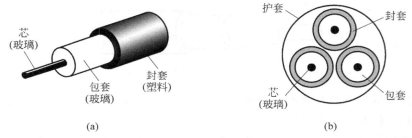

(a)　　　　　　　　　　　　　(b)

图 3-4　光缆剖面图

2) 光纤传输系统

光纤传输系统是通过光电变换,用光来传输信息的传输系统。光纤传输系统接收电子信号,将它转换成光脉冲并传输出去,然后在另一端把光脉冲转换成电子信号输出给接收端。光纤传输系统由三个关键部件构成:信号源、传输介质和探测器。

通常用作信号源的有两种光源,分别是发光二极管(light emitting diodes,LED)和半导体激光。这两种光源的特性不同,如表 3-1 所示。信号源发出光脉冲表示比特 1,没有光脉冲表示比特 0。

表 3-1　LED 光源和半导体激光比较

项　目	LED	半导体激光
数据率	低	高
光纤类型	多模	多/单模
距离	短	长
寿命	长	短
温度敏感性	不敏感	敏感
成本	廉价	昂贵

在长距离传输过程中,光纤可以按照三种不同的方式连接。第一种方式,用连接器终止一根光纤,然后再把它插入到光纤插座中。连接器会损失 10%～20% 的光,但它便于系统的重新分配。第二种方式是通过机械的手段把它们拼接起来。机械拼接的做法是将两根小心切割好的光纤头放在一个特殊的套管中,然后将它们适当夹紧。接口对齐可改善通过拼接处的光,适当进行调整使信号尽可能达到最大,由此来提高拼接处的光质。对于受过训练的专业技术人员来说,机械拼接过程大约需要 5min,并会有 10% 的光损失。第三种方式是把两根光纤融合(熔合)在一起形成非常结实的连接。融合后的光纤几乎与单根光纤的性能一样好,仅存在少量的衰减。需要注意的是,无论采用哪种拼接手段,在接合点上都可能会发生光的反射,并且反射的能量可能会干扰原来的信号。

光纤的接收端是光电二极管。当遇到光照时,光电二极管就发出一个电脉冲。光电二极管的响应时间,即把光信号转换成电信号所需要的时间,是限制数据传输率的主要因素。光纤数据率的上限约为 50Tb/s,由于响应时间的限制使得传输率在 100Gb/s 左右。热噪声也是一个问题,所以光脉冲必须保证具有足够的能量才能够被接收端探测到。如果脉冲的能量足够强,错误率就可以被降低到任意小。

3.2.2 无线网络

当电子运动时会产生电磁波,电磁波的传播不需要传输介质(可在真空中传输)。无线网络就是利用电磁波传输信号。

波谱中的无线电波、微波、红外光和可见光都可通过调制波的振幅、频率或者相位来传输信息。依据波长的不同,国际电信联盟(ITU)对电磁波的划分及其相应的通信应用如图 3-5 所示。低频(LF)波段为 1～10km(30～300kHz)。术语 LF、MF 和 HF 分别指低频、中频和高频。高频波段被命名为甚高频(Very)、特高频(Ultra)、超高频(Super)、极高频(Extremely)和至高频(tremendously high frequency),相应的缩写分别为 VHF、UHF、SHF、EHF 和 THF。

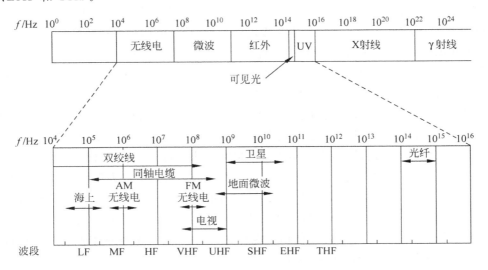

图 3-5 电磁频谱及其在通信中的应用

1. 无线电通信

无线电频率(radio frequency,RF)波形比较容易产生,具有一定的穿透性,传输距离较长,因此无线电波被广泛应用于通信领域,既包括室内通信,也包括室外通信。

在低频部分,无线电波能够很好地穿透障碍物。但随着离信号源越来越远,能量以 $1/r^2$ 的速度快速衰减(r 表示距信号源端的距离)。这种衰减称为路径损耗(path loss)。在高频部分,无线电波倾向于以直线传播,并在遇到障碍物时会反弹回来。虽然接收到的信号很大程度上取决于信号的反射,路径损耗依然降低了能量。相比低频无线电波,高频无线电波也更容易被雨水和其他障碍物吸收。

在 VLF、LF 和 MF 波段,无线电波沿地面传播,如图 3-6(a)所示。在 HF 和 VHF 波段,地面波会被地球表面吸收。然而,当无线电波到达电离层时,电磁波就被电离层折射回地球,如图 3-6(b)所示。在某些特定的大气条件下,信号可以被反弹多次。业余无线电爱好者可以使用这些波段进行长距离通话。军队也使用 HF 和 VHF 波段进行通信。无线电波是全方向传播的,即无线电波会从信号源出发沿着所有的方向传播出去。因此发射设备和接收设备不需要在物理上小心地对齐。

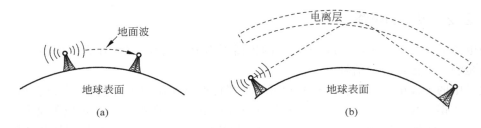

图 3-6　无线电传播路径

2. 地面微波通信

地面微波通信(microwave communication),是指使用波长在 1mm~1m 之间的电磁波(即微波)进行的通信。该波长段电磁波所对应的频率范围是 300MHz(0.3GHz)~300GHz。微波通信已经被广泛应用于长途电话通信、移动电话和电视转播等业务。

在 100MHz 以上频段,电磁波几乎按直线传播,因此它们可以被聚集成窄窄的一束。通过抛物线形状的天线,可以把所有的能量集中于一小束,从而获得极高的信噪比,但是要求发射端和接收端的天线必须精准地相互对齐。而且,这种定向传播允许多个排成一行的发射器与多个排成一行的接收器同时进行通信。只要它们的空间排布满足最小间距规则,相互之间就不会干扰。在光纤出现之前,这种微波构成了长途电话传输系统的核心。

与低频无线电波不同的是,微波不能很好地穿透建筑物。而且,即使微波在发射器已经聚集成束,它在空中传播时仍然会有些发散。有些微波会被过低的大气层折射回来,比直达波传得更远些。延迟抵达的微波与直达波可能不同相,因而信号会相互抵消。这种传播效果称为多径衰落(multipath fading),这在无线传输中是一个很严重的问题。多径衰落与天气和频率有关。有些运营商将 10% 的信道保持为空闲,当多径衰减现象使得某些频段临时失效时立即切换到这些空闲频段继续工作。

相比光纤而言,微波最主要的优点是不需要铺设线缆的路权(right of way)。任何人只要在每 50km 处购买一小块地,在其上建造微波塔,就可以完全绕过电话系统进行通信。而且,微波相对来说比较便宜。建造两个简单微波塔并且在每个塔上架设天线的成本有可能比在拥挤的都市或者山上铺设 50km 的光纤要便宜得多。

3. 卫星中继通信

卫星中继通信是指地球上(包括地面和低层大气中)的无线电通信站之间利用卫星作为中继而进行的通信。卫星中继通信常用的电磁波频段如表 3-2 所示。

表 3-2　卫星通信常用的电磁波频段

频　段	下行链路/GHz	上行链路/GHz	带宽/MHz	问　题
L	1.5	1.6	15	低带宽、拥挤
S	1.9	2.2	70	低带宽、拥挤
C	4.0	6.0	500	地面干扰
Ku	11	14	500	雨水
Ka	20	30	3500	雨水、设备成本

人造地球卫星根据是否具备对无线电信号进行放大转发功能,分为有源人造地球卫星和无源人造地球卫星。由于无源人造地球卫星反射下来的信号太弱无实用价值,于是人们致力于研究具有放大、变频转发功能的有源人造地球卫星——通信卫星来实现卫星通信。其中绕地球赤道运行的周期与地球自转周期相等的同步卫星具有优越性能,利用同步卫星的通信已成为主要的卫星通信方式。地球同步轨道(geosynchronous earth orbit,GEO)卫星,轨道呈圆形,只要三颗相隔 120° 的均匀分布卫星,就可以覆盖全球。国际卫星通信组织的 Intelsat I-IX 代卫星就是利用地球同步轨道卫星实现通信的典型代表。

高度较低的中地球轨道(medium earth orbit,MEO)卫星大约 6h 绕地球一圈。它们在空中移动时必须对它们的轨迹进行跟踪。MEO 卫星轨道高度较低,地面的覆盖范围要小些,尚未出现用于通信领域典型用例,所以不再进一步介绍。

高度更低的卫星称为低轨道(low earth orbit,LEO)卫星,速度更快,绕地球一圈的周期也更短。全球覆盖的低轨道移动通信卫星有"铱星"(iridium)和全球星(globalstar)两个典型代表。"铱星"系统有 66 颗星,分成 6 个轨道,每个轨道有 11 颗卫星,轨道高度为 765km,卫星之间、卫星与网关和系统控制中心之间的链路采用 Ka 波段,卫星与用户间链路采用 L 波段。2005 年 6 月底,铱星用户达 12.7 万户,在卡特里娜飓风灾害时,"铱星"业务流量增加 30 倍,卫星电话通信量增加 5 倍。全球星由 48 颗卫星组成,分布在 8 个圆形倾斜轨道平面内,轨道高度为 1389km,倾角为 52°,用户数逐年稳定增长。

3.3　局域和广域网络

按照距离尺度的不同,信息网络可做如下分类:局域网、城域网、广域网。

1. 局域网(local area network,LAN)

局域网一般是利用高速通信线路将微型计算机或工作站相互连接起来,但地理上则局限在较小的范围内,如一个实验室、一幢楼或者一个校园内,距离一般在 1km 左右。局域网通常由某个单位单独拥有、使用和维护。在局域网发展的初期,一个学校或者工厂往往只有一个局域网。现在局域网已被非常广泛地使用,一个学校或者企业大都拥有许多个互联的局域网。

2. 城域网（metropolitan area network，MAN）

城域网的作用范围一般是一个城市，可跨越几个街区甚至整个城市，其作用距离约为5～50km。城域网通常作为城市骨干网，互连大量企业、机构和校园局域网。近几年，城域网已逐渐成为现代城市的信息服务基础设施，为大量用户提供接入和各种信息服务，并有趋势将传统的电信服务、有线电视服务和互联网服务融为一体。

3. 广域网（wide area network，WAN）

广域网的作用范围通常为几十到几千千米，可以覆盖一个国家、地区，甚至横跨几个洲。广域网是因特网的核心部分，其任务是为核心路由器提供远距离（例如，跨越不同的国家）高速连接，互联分布在不同区域的城域网和局域网。

从网络层次上看，城域网是局域网和广域网之间的桥接区。城域网内部的节点之间或者城域网之间也需要有高速链路相连接，并且城域网的范围也在逐渐扩大，因此，现在城域网在某些地方比较像范围较小的广域网。从技术上看，很多城域网和局域网采用相同的体系结构，有时也并入局域网的范围进行讨论。因此，下面两小节将重点讨论局域网和广域网。

3.3.1　局域网

局域网的特点是为一个单位所有，地理范围和站点数目均有限，其面临的主要问题是如何让覆盖范围内的用户能够合理且方便地共享媒体资源。本节将依据局域网的发展顺序依据拓扑结构和媒体接入策略的不同，首先介绍早期的共享式以太网，之后介绍交换式以太网和高速以太网，最后介绍工作生活中常见的无线局域网和虚拟局域网。

1. 共享式以太网

共享式以太网也称为经典以太网，是指以太网的原始形式，即符号 DIX Ethernet V2 标准的局域网，其运行速度在 3～10Mb/s 不等。早期的共享式以太网用一个长电缆蜿蜒围绕着建筑物，这根电缆连接着所有计算机，其拓扑结构为总线型结构，如图 3-7 所示。

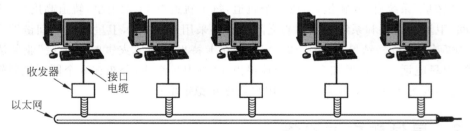

图 3-7　经典以太网拓扑结构

1）介质访问控制方法

共享式以太网如图 3-7 所示，它是一种使用广播信道的网络。广播信道有时也被称为多路访问信道（multiaccess channel），其面临的关键问题在于：当存在多方要竞争使用信道时，如何确定谁可以使用信道。这种确定多路访问信道下一个使用者的方法即为介质访问控制（medium access control，MAC）方法。

按照竞争情况的不同，MAC 方法所依据的策略大体可分为如下几种。一种是竞争策略,包括 ALOHA 以及 CSMA(载波监听)方法。另一种是无竞争策略,包括位图协议、令牌传递和二进制倒计数协议等。最后还有这两种思路的折中方案——有限竞争策略。下面分别介绍这三类策略是如何实现的。

(1) 竞争策略。

① ALOHA。ALOHA 是 20 世纪 70 年代初美国夏威夷大学研制成功的一种使用无线广播技术的分组交换计算机网络,也是最早最基本的无线数据通信协议。取名 ALOHA,是夏威夷人表示致意的问候语,利用 ALOHA 网络可以使分散在各岛的多个用户通过无线电信道来使用中央计算机,从而实现一点到多点的数据通信。

ALOHA 系统的前提是一旦有用户需要发送数据就传输,而在这种情况下很有可能多个用户同时发送数据而产生冲突,有时也称为碰撞。冲突则会导致所有发送的数据都会被损坏。为了便于发送站检测是否发生了冲突,ALOHA 系统中,每个站在给中央计算机发送数据之后,中央计算机把接收到的数据重新广播给所有站,发送站就可以侦听来自集线器的广播,以确定它的数据是否发送成功。

如果数据被损坏了,则发送方要等待一段随机时间,然后再次发送该数据。等待的时间必须是随机的,否则会一次又一次地冲突。图 3-8 给出了一个 ALOHA 系统中信道使用情况示意图。在 ALOHA 系统中,为了达到更大的吞吐量,所有发送的数据具有相同的长度。

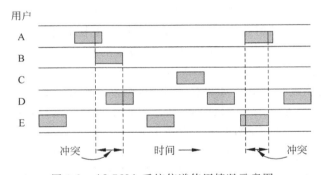

图 3-8　ALOHA 系统信道使用情况示意图

无论何时,只要两个站在相同时间试图占用信道,冲突就会发生,下面研究在这种情况下,信道的利用率是怎样的。信道上的数据被封装为数据帧(data frame)之后发送,所谓数据帧就是数据链路层的协议数据单元,包括三部分:帧头、数据部分、帧尾。其中,帧头和帧尾包含一些必要的控制信息,如同步信息、地址信息、差错控制信息等。当假设线路上所有的站平均每帧时(frame time,表示传输一个标准的、固定长度的帧需要的时间)发送 G 个帧,每一帧成功传输的概率为 P_0,则网络吞吐量 S 就是负载 G 乘以概率 P_0。在 ALOHA 系统中,由于不进行信道侦听,所以当前的发送站就无法知道是否有其他帧已经在信道上。对于 $t+t_0$ 时刻发送的帧,必须保证 $t\sim t+2t_0$ 这两个帧时内发送帧的概率为 0。这样,假设给定一个帧时内,期望发送 G 个帧,实际发送 k 个帧的概率服从泊松分布,则当 $G=0.5$ 时,信道可获得其最大的利用率,$S=1/2e$,约为 0.184。也就是说,对于 ALOHA 系统,这种任何人都可以随意发送帧的网络,信道利用率比较低。

上面讨论的 ALOHA 被称为纯 ALOHA,为了提高 ALOHA 的信道利用率,出现了改进的分槽 ALOHA 协议。两者的区别在于纯 ALOHA 的时间是连续的,而在分槽 ALOHA

系统中,时间被分割成离散的时间槽,信道上传输的所有帧都需同步到时间槽中。这种条件下,信道的最大吞吐量可以提高一倍,当 $G=1$ 时,S 可以达到最大值 $1/e$,约为 0.368。

　　ALOHA 系统是在 20 世纪 70 年代出现的,仅用于一些实验系统,并未广泛应用。一段时间的沉寂之后,ALOHA 系统又重新受到了人们的关注。在利用有线电视电缆访问因特网时,需要在多个竞争用户之间分配一条共享信道,就可以参考分槽 ALOHA 的思路。在射频通信中,多个 RFID 标签和同一个 RFID 读写器通信时也存在广播信道接入问题,人们通过结合分槽 ALOHA 和其他想法,再一次解决了该问题。可以发现,有些非常完善有效的协议虽然可能由于政策上的原因或者技术发展趋势的不断变化而被弃之不用,但很多年以后仍可能在其他地方又重新发挥作用。因此,有必要尽可能多地了解这些协议。

　　② CSMA(载波监听)方法。纯 ALOHA 是无线通信网络,很难侦听其他站是否在发送数据。而在局域网中,站是完全有可能检测到其他站当前在做什么,然后再根据情况调整自己的行为,进而获得更高的信道利用率。如果站会监听是否存在载波,并据此采取相应的动作,这样的协议就称为载波侦听协议(carrier sense protocol)。下面将介绍一些常用的载波侦听协议。

　　首先介绍最简单的 CSMA 协议——1-坚持载波侦听检测多路访问(CSMA)。其基本思路是:当一个站有数据要发送时,它首先侦听信道,确定当时是否有其他站正在传输数据。如果信道空闲,它就发送数据,否则,该站等待直到信道空闲。此时,该站发送一帧数据,如果发生冲突,那么该站将等待一段随机的时间,再重复上述过程。将这种协议称为 1-坚持的原因在于,当该站发现信道空闲时,它传输数据的概率为 1。

　　第二个载波侦听协议是非坚持 CSMA(non-persistent CSMA)。在这个协议中,站在试图发送数据之前,仍然进行侦听。如果信道空闲,则发送数据。但是在侦听到信道忙的时候,并不坚持侦听,而是等待一段随机时间,再重复以上过程。这样,该协议会带来更好的信道利用率,同时,相比 1-坚持 CSMA 也会带来更大的延迟。

　　第三个协议是 p-坚持 CSMA(p-persistent CSMA)。在该协议中,站在试图发送数据之前,首先侦听信道。与上述两个协议不同,如果站侦听到信道是空闲的,则以概率 p 发送数据;以概率 $1-p$,将此次发送推迟到下一个时间槽。概率 p 的取值在 $0\sim1$ 之间变化。如果侦听到信道忙,则等待一段随机时间,再重复以上过程。

　　这些方案中,信号的传播延迟会对冲突有重大影响。假设这样一种情形,在某个站开始发送后,由于传播延迟,另一个站也认为信道空闲,准备开始发送数据。这样,就会发生冲突。可见,冲突发生的机会取决于信道上适合的数据量或者信道的带宽延迟积(bandwidth-delay product)。信号的传播延迟越小,冲突发生的概率就越小;反之,影响越大,协议的性能就越差。

　　③ 带冲突检测的 CSMA。由于信号传播的延迟,坚持和非坚持 CSMA 协议信号仍然会产生冲突。为了改进这一问题,出现了带冲突检测的 CSMA 协议。该协议中,当每个站检测到发生冲突后立即停止传输帧(而不是继续完成传输),因为这些帧已经无可挽回地成为乱码。这种带冲突检测的 CSMA 协议(CSMA with collision detection,CSMA/CD)可以节省时间和带宽。带冲突检测的 CSMA 是经典以太网(即共享式以太网)的基础,将在后面详细介绍。

　　(2) 无竞争策略。前面介绍的协议都不可避免地存在冲突。冲突不仅降低了带宽,也导致发送一个帧的时间变得动荡不定,这样就无法很好地适应实时流量,如 IP 语音。本节将介绍一些协议,避免冲突的产生。这些协议虽然暂时并没有用在主流系统中,但是稍作了解,可能有助于设计未来系统。

假设在广播信道接入了 N 个站点,每个站都有唯一的地址,地址范围从 0 到 $N-1$。下面看看无冲突协议是如何解决一次成功传输之后,哪个站将获得信道的问题。

① 位图协议。第一个无冲突协议采用了基本位图法(basic bitmap method)。基本位图法中每个竞争期包含 N 个时间槽,分别对应 N 个站。如果 0 号站有一帧数据要发送,则它在第 0 个槽中传送 1 位。一般地,j 号站通过在 j 号槽中插入 1 位来声明自己有数据需要发送。当所有 N 个槽都经过后,每个站都知道了哪些站希望发送数据。这时,它们便按照数字顺序开始传送数据,如图 3-9 所示。

图 3-9　基本位图协议

由于每个站都同意下一个是谁来传输,所以永远也不会发生冲突。当最后一个声明要发送数据的站完成传输之后,下一个 N 位竞争期就又开始了。

这一协议的信道利用率如何呢? 在低负载情况下,每一帧的额外开销为 N 位,若数据长度为 d 位,则信道利用率为 $d/(N+d)$。在高负载情况下,若所有站都有数据需要发送,则 N 位竞争期被分摊到 N 个帧上,因此,每一帧的额外开销只有 1 位,信道利用率则为 $d/(d+1)$。

② 令牌传递。位图协议实际是让每个站以预定义的顺序轮流发一个表征发送意愿的帧,与之类似,令牌(token)传递则是让每个站传递令牌。这里令牌即代表了发送权限。该协议的基本方案是:如果站有待传输数据,当它接收到令牌时就可以发送,然后再把令牌传递到下一站。如果没有数据需要发送,则仅仅把令牌传递下去。

在令牌环(token ring)协议中,用网络的拓扑结构来定义发送顺序。所有站连接成一个单环结构。因此,令牌传递过程中,站只是单纯地从一个方向接收令牌并在另一个方向上发送令牌,如图 3-10 所示。帧也按照令牌方向传输,这样它们将绕着环循环到任何一个目标站。然而,为了阻止帧陷入无线循环中(像令牌一样),一些站必须将它们从环上取下来。这个站可以是最初发送帧的原始站,也可以是帧的指定接收站。

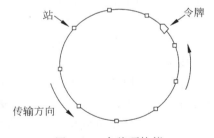

图 3-10　令牌环协议

实际上,令牌传递不一定工作在拓扑结构为环形的网络中,连接各站的信道也可以是总线型。每个站通过该总线按照预定义的顺序把令牌交给下一站,该协议成为令牌总线(token bus)。

令牌传递的性能类似于位图协议,尽管现在竞争槽和帧混在一个周期中。每个站发送一帧后,必须等待所有 N 个站把令牌发送给各自的邻居,以及剩余 $N-1$ 个站发送完一帧。

两者的细微差别在于,因为在周期内所有位置是均等的,所以不存在偏向低编号或者高编号一说。对于令牌环,每个站在协议采取下一步动作之前,只需要将令牌尽可能传送给下一站,而不需要等每个令牌传播给全部站。

③ 二进制倒计数。基本位图协议存在这样一个问题,每一站的开销是 1 位,随着站的增多,开销也越来越庞大,因此该协议不能很好地扩展到含有较多站的网络中。为了缓解该问题出现了二进制倒计数(binary countdown)协议。其基本思想是,如果一个站想要使用信道,它就以二进制位串的形式从高序的位开始广播自己的地址。不同站地址中相同位在同时发送时被信道布尔或(BOOLEAN OR)在一起。为了避免冲突,一个站只要看到自己的地址中为 0 的值被改变成 1,则它必须放弃竞争。例如,如果站 0010、0100、1001 和 1010 都试图要获得信道,在第一位时间中,这些站分别传送 0、0、1、1。它们经过 OR 运算后,得到 1。站 0010 和 0100 看到了 1,就知道有高序位的站也在竞争信道,

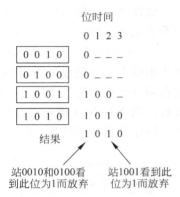

图 3-11 二进制倒计数协议

这两个站只能放弃这一轮竞争。站 1001 和 1010 则继续竞争,接下来两站都是 0,继续发送位串。再接下来是 1,所以 1001 站放弃,1010 站取得了信道使用权。整个过程如图 3-11 所示。

该协议的信道利用率为 $d/(d+\log_2 N)$,如果设计合理,使得发送方的地址正好是帧内的第一个字段,那么,这 $\log_2 N$ 位也不会被浪费,进而让信道利用率达到 100%。

(3) 有限竞争策略。如何在一个广播网络中获取信道,前面介绍了两种基本策略:一种是竞争的,另一种是无竞争的。这些策略下的每一种协议都可以用两个重要性能指标来衡量:低负载下的延迟和高负载下的信道利用率。竞争的协议在负载较轻的情况下更加理想,因为它的延迟较短;在高负载的情况下,竞争的协议在信道仲裁中所需要的开销越来越大,信道利用率就会随之下降。无竞争协议在低负载情况下有较高的延迟,而在高负载时,由于开销是固定的,信道的利用率会更具有优势。

为了结合竞争策略和无竞争策略的优势,出现了有限竞争协议(limited-contention protocol)。这种新协议在低负载下采用竞争的做法而提供较短的延迟,在高负载下采用无冲突技术,从而获得良好的信号效率。

有限竞争协议的基本思路是首先将所有的站划分成组(这些组不必是两两相交的)。每个组对应一个无冲突协议中的时间槽。只有 0 号组的成员站才能竞争 0 号时间槽。如果该组中的一个成员竞争成功了,则它获得信道,传送数据帧。如果该时间槽是空闲的,或者发生了冲突,则 1 号组的成员竞争 1 号时间槽,以此类推。通过适当的分组办法,可以减少每个时间槽中的竞争数量。这样,对于每个组而言执行的是无冲突协议,对于组内每个站而言则是竞争办法。当负载较低时,每个时间槽中的站点数就多一些。当负载较高时,每个时间槽中的站点数目就少一些,通过动态地将站优化分配到每个时间槽中,尽可能保证高效率和低延时。

2) MAC 帧

利用 MAC 方法确认下一个信道使用者之后,下面来考察信道上数据的传输形式,即

MAC 帧结构及其 MAC 协议。

常见的以太网 MAC 帧有两种标准,一种是 DIX Ethernet V2 标准(即以太网 V2 标准),另一种是 IEEE 的 802.3 标准①,这里详细介绍使用较多的以太网 V2 标准的 MAC 帧,结构如图 3-12 所示。

字节	8	6	6	2	46~1500	4
	前导码	目的地址	源地址	类型	数据	校验和

图 3-12　以太网帧结构

MAC 帧首先是 8 个字节的前导码(preamble),前 7 个字节每个字节包含比特 10101010。最后一个前导字节是 10101011,用来告知接收方 MAC 帧即将开始。

再接下来是两个地址字段,一个标识目的地址,另一个标识帧的发送方。它们均为 6 个字节长。如果目标地址的第一位是 0,则表示这是一个普通地址;如果是 1,则表示这是一个组地址。组地址允许多个站同时监听一个地址。当某个帧被发送到一个组地址,该组中所有站都要接收它。往一组地址的发送行为称为组播(multicasting)。由全 1 组成的特殊地址保留作为广播(broadcasting)。如果一个帧的目标地址字段为全 1,则它被网络上的所有站接收。

站的源地址具有全球唯一性。每个站具有一个唯一的标识,也称为 MAC 地址。由 IEEE 的注册管理机构(registration authority,RA)负责分配地址字段 6 个字节中的前三个字节。RA 是局域网全球地址的法定管理机构。世界上凡是要生产网络设备的厂家都必须向 IEEE 购买由这三个字节构成的地址块,该地址块的正式名称是组织统一标识符 (organizationally unique identifier,OUI),通常也叫作公司标识符(company id)。地址的后三个字节由生产厂家自行指派,称为扩展标识符(extended unique identifier)。由于生产网络设备时,这 6 个字节的 MAC 地址已经被固化了,因此 MAC 地址也叫作硬件地址或者物理地址。

接下来是两个字节的类型(type)字段,用来告诉接收方该帧里面包含了什么,以便操作系统把收到的 MAC 帧上交到其他相应的进程。例如,一个值为 0x0800 的类型代码就标识帧内有一个 IPv4 数据报。

接下来是数据(data)字段,其长度在 46~1500B 变化。数据长度的上界是由当时网络设备的内存(RAM)的限制而决定的。RAM 在 1978 年还是很昂贵的。数据长度的下界长度的设计考虑了两个因素。首先,为了区别有效帧和垃圾数据。当收发器检测到冲突时,它会截断当前的帧,这意味着冲突帧中已经发送的位将出现在广播信道上。但由于这些被截断的数据长度小于正常帧,所以可利用长度来判断是有效帧还是垃圾数据。其次,为了保证

---

① IEEE 802 委员会是专门制定局域网和城域网标准的机构。下属的工作组包括:802.1——局域网高层协议,概述、体系结构和网络互连,以及网络管理和性能测量;802.2——逻辑链路控制,这是高层协议与任何一种局域网 MAC 子层的接口;802.3——CSMA/CD,定义 CSMA/CD 总线网的 MAC 子层和物理层的规约;802.4——令牌总线网,定义令牌总线网的 MAC 子层和物理层规约;802.5——令牌环形网,定义令牌环形网的 MAC 子层和物理层规约;802.6——城域网 WAN,定义 WAN 的 MAC 子层和物理层规约;802.7——宽带技术;802.8——光纤技术;802.9——综合话音数据局域网;802.10——可互操作的局域安全;802.11——无线局域网;802.12——优先级高速局域网 (100Mb/s);802.14——电缆电视(Cable-TV)。

所有站点在发送完一个帧之前能够检测出是否发生了冲突。当一个短帧还没有到达电缆远端的发送方,该帧的传送就已经结束;而在电缆的远端,该帧可能与另一帧发生冲突。这个问题如图 3-13 所示。在 0 时刻,位于电缆一端的站 A 发出一帧。假设该帧到达另一端的传播时间为 τ。假设该帧就快到达另一端之前的某一时刻,即 $\tau-\varepsilon$ 时刻位于最远处的站 B 开始传送数据。当 B 检测到它所接收到的信号比它发送的信号强时,它知道已经发生了冲突,所以放弃了自己传送,并且产生一个 48 位的突发噪声以警告所有其他站。换句话说,它阻塞了以太网电缆,以便确保发送方不会漏检这次冲突。大约在 2τ 后,发送方看到了突发噪声,并且也放弃自己的传送。然后它等待一段随机的时间,再次重试。

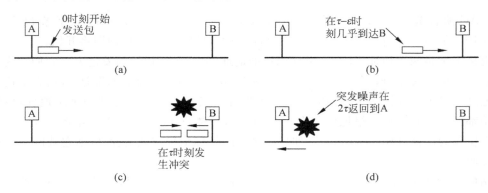

图 3-13　冲突检测时间

如果一个站试图传送非常短的帧,则可以想象:虽然发生了冲突,但是在突发噪声回到发送方(2τ)之前,传送已经结束。然后,发送方将会得出刚才一帧已经成功发送的错误结论。为了避免发生这样的情况,所有帧必须至少需要 2τ 时间才能完成发送,这样当突发噪声回到发送方时传送过程仍在进行。对于一个最大长度为 2500m、具有 4 个中继器的 10Mb/s LAN(符合 802.3 规范),在最差情况下,往返一次的时间大约是 $50\mu s$(其中包括了通过 4 个中继器所需的时间)。因此,允许的最小帧长必须至少需要这样长的时间来传输。以 10Mb/s 的速率,发送一位需要 100ns,所以 500 位是保证可以工作的最小帧长。考虑到加上安全余量,该值被增加到 512 位,或者 64B。

MAC 帧的最后一个字段是校验和(checksum)。它是 32 位 CRC 校验码。CRC 是差错检测码,用来确定接收到的帧比特是否正确。它只提供检错功能,不能进行纠正。如果检测到一个错误,则丢弃帧。

3)二进制指数后退的 CSMA/CD

经典以太网使用 1-坚持 CSMA/CD 算法,在上一小节对此有所描述。这个算法意味着当站有帧需要发送时要侦听介质,一旦介质变为空闲便立即发送。在它们发送的同时监测信道上是否有冲突。如果有冲突,则立即中止传输,并发出一个短冲突加强信号,在等待一段随机时间后再发。

下面将利用图 3-14 说明当冲突发生后如何确定随机等待的时间。CSMA/CD 协议中传输期之后的时间被分成离散的时间槽,其长度等于最差情况下在以太介质上往返传播时间(2τ)。为了达到以太网允许的最长路径,时间槽的长度被设置为 512 比特时间,或 $51.2\mu s$。

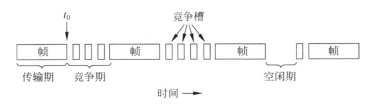

图 3-14 CSMA/CD 冲突等待时间

第一次冲突发生后,每个站随机等待 0 个或者 1 个时间槽,之后再重试发送。如果两个站冲突之后选择了同一个随机数,那么它们将再次冲突。在第二次冲突后,每个站随机选择 0、1、2 或者 3,然后等待这么多个时间槽。如果第三次冲突又发生了(发生的概率为 0.25),则这次等待的时间槽数从 0 到 2^3-1 之间随机选择。

一般地,在第 i 次冲突之后,从 0 到 2^i-1 之间随机选择一个数,然后等待这么多个时间槽。然而,达到 10 次冲突之后,随机数的选择区间被固定在最大值 1023,以后不再增加。在 16 次冲突之后,控制器放弃努力,并给计算机返回一个失败报告。进一步的恢复工作由高层协议完成。

这个算法称为二进制指数后退(binary exponential back-off),它可以动态地适应发送站的数量。如果所有冲突的随机数最大值都是 1023,则两个站第二次发生冲突的概率几乎可以忽略。但是,在一次冲突之后的平均等待时间将是数百个时间槽,这样会引入很大的延迟。另外,如果有 100 个站都要发送数据,每个站总是等待 0 个或者 1 个时间槽,那么,它们将一而再、再而三地一次次发生冲突,直到其中的 99 个站选择 1 而剩下一个站选择 0。这种情况可能需要等上好几年的时间才有可能发生。随着连续冲突的次数越来越多,随机等待的间隔呈指数增加。因此,算法能确保两种情况:如果只有少量站发生冲突,则它可确保较低的延迟;当许多站发生冲突时,它也可以保证在一个相对合理的时间间隔内解决冲突。将延迟后退的步子截断在 1023 可避免延迟增长得太大。

如果没有发生碰撞,发送方就假设该帧可能被成功传递了。也就是说,无论 CSMA/CD 还是以太网都不提供确认。这样的选择适用于出错率很低的有线电缆和光纤信道。确实发生的任何错误必须通过 CRC 检测出来并由高层负责恢复。对于无线信道,因其出错率高还得使用确认手段,这一点将在后面介绍无线局域网部分时加以说明。

2. 交换式以太网

随着用户越来越多,很难将所有用户都连接到共享式以太网中的单根电缆上。为了解决该问题,出现了利用一条专用电线将计算机连接在一起的设备,即集线器,如图 3-15(a)所示。然而,集线器只是在电气上简单地连接所有连接线,就像把它们焊接在一起,不能增加容量,因为它们逻辑上等同于单根电缆的经典以太网。随着越来越多的站加入,每个站获得的固定容量共享份额下降,为了处理不断增长的负载出现了交换式以太网。

交换式以太网的核心是一个交换机(switch)。它包含一块连接所有端口的高速背板,如图 3-15(b)所示。交换机通常拥有 4～48 个端口,每个端口都有一个标准的 RJ-45 连接器用来连接双绞线电缆,如图 3-16 所示。每根电缆把交换机或者集线器与一台计算机连接。交换机具有集线器同样的优点。通过简单的插入或者拔出电缆就能完成增加或者删除一台机器,并且由于片状电缆或者端口通常只影响到一台机器,因此大多数错误都很容易被发

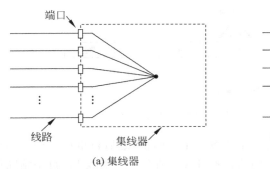
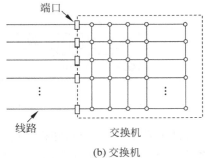

图 3-15　用集线器和交换机链接的局域网

图 3-16　以太网交换机

现。这种配置模式仍然存在一个共享组件出现故障的问题,即交换机本身的故障。如果所有站都失去了网络连接,需要更换整个交换机。

交换机与集线器的不同在于如下两点。首先交换机只把帧输出到该帧想去的端口。当交换机端口接收到来自某个站的以太网帧,它就检查该帧的以太网地址,确定该帧前往的目的地端口。这一步要求交换机能够知道端口对应哪个地址,并能将帧通过它的高速背板传送到目标端口。通常背板的运行速度高达许多个 Gb/s,并且使用专用的协议。之后,目标端口在通往目标站的双绞线上传输该帧,没有任何其他端口知道这个帧的存在。

交换机与集线器的不同还体现在对冲突的处理上。在集线器中,所有站都位于同一个冲突域(collision domain),它们必须使用 CSMA/CD 算法来调度各自的传输。在交换机中,每个端口有自己独立的冲突域。通常情况下,电缆是全双工的,站和端口可以同时往电缆上发送帧,根本无须担心其他站或者端口。因为不会发生冲突,因而也就不需要用 CSMA/CD。如果电缆是半双工的,则站和端口必须以通常的 CSMA/CD 方式竞争传输。

交换机的性能优于集线器有两方面的原因。首先,由于没有冲突,信道利用率更高。其次,也是更重要的,有了交换机可以同时发送由不同的站发来的多个帧。这些帧到达交换机端口并穿过交换机背板输出到适当的端口。然而,由于两帧可能同时去往同一个输出端口,交换机必须有缓冲,以便暂时把输入帧排入队列直到帧被传输到输出端口。总体而言,这些改进获得了较大的性能改进,通常可以提高一个数量级。

交换机将帧发送到输出端口还更具有安全优势。大多数局域网接口都支持混杂模式(promiscuous mode),这个模式下所有的帧都被发到每台计算机,而不只是那些它寻址的计算机。每个连在集线器上的计算机能看到其他所有计算机之间的流量。有了交换机,流量只被转发到它的目的端。这种限制提供了更好的隔离措施,使得流量不会轻易泄漏。不过,如果真正需要安全,最好还是对流量实行加密。

3. 高速以太网

速率达到或超过 100Mb/s 的以太网称为高速以太网。高速以太网按照传输速度的不同,又可以分为 100Mb/s 的快速以太网、1000Mb/s 的千兆以太网以及 10Gb/s 的万兆以太网等。

1) 快速以太网

随着交换机的广泛使用,10Mb/s 以太网难以承受日渐增大的数据压力。IEEE 要求 802.3 委员会迅速提出一个快速 LAN 协议,也就是后来的 802.3u 协议。该协议的思想非常简单,保留经典以太网的接口、帧格式和过程规则,只是将电缆的最大长度减短为原先的 1/10,以便及时检测冲突。用户只要更换一个网络设备,再配上一个 100Mb/s 的集线器,就可很方便地由 10Mb/s 的经典以太网(10Base-T)直接升级到 100Mb/s,而不必改变网络的拓扑结构。所有在 10Base-T 上的应用软件和网络软件都可保持不变。并且,100Base-T 的适配器有很强的自适应性,能够自动识别 10Mb/s 和 100Mb/s。

为了在数据发送速率提高 10 倍的同时保证信道利用率,可以将网络电缆长度减小到原有数值的 1/10。在 100Mb/s 的以太网中保持最短帧长不变,把一个网段的最大电缆长度减小到 100m。但最短帧长仍为 64B,即 512bit(位)。因此 100Mb/s 以太网的争用期是 $5.12\mu s$,帧间最小间隔现在是 $0.96\mu s$,都是 10Mb/s 以太网的 1/10。

100Mb/s 以太网的新标准还规定了以下三种不同的传输介质标准:

(1) 100Base-TX 使用两对非屏蔽 5 类线或屏蔽双绞线,其中一对用于发送,另一对用于接收。

(2) 100Base-FX 使用两根光纤,其中一根用于发送,另一根用于接收。在标准中把上述的 100Base-TX 和 100Base-FX 合在一起称为 100Base-X。

(3) 100Base-T4 使用 4 对非屏蔽 3 类线或 5 类线,这是为已使用 UTP 3 类线的大量用户而设计的。它使用 3 对线同时传送数据(每一对线以 33.33Mb/s 的速率传送数据),用 1 对线作为碰撞检测的接收信道。

2) 千兆以太网

千兆以太网采用 IEEE 802.3z 标准,该标准使用 IEEE 802.3 协议规定的帧格式,允许全双工和半双工两种方式工作。当网络工作在半双工方式下时使用 CSMA/CD 协议(全双工方式不需要使用 CSMA/CD 协议)。该协议同时兼容 10Base-T 和 100Base-T 等技术。

千兆以太网的传输介质有以下两个标准:

(1) 1000Base-X(IEEE 802.3z 标准)。1000Base-X 标准是基于光纤通道的物理层,即 FC-0 和 FC-1。使用的媒体有三种,包括:①1000Base-SX,SX 表示短波长(使用 850nm 激光器)。使用纤芯直径为 $62.5\mu m$ 和 $50\mu m$ 的多模光纤时,传输距离分别为 275m 和 550m。②1000Base-LX,LX 表示长波长(使用 1300nm 激光器)。使用纤芯直径为 $62.5\mu m$ 和 $50\mu m$ 的多模光纤时,传输距离为 550m。使用纤芯直径为 $10\mu m$ 的单模光纤时,传输距离为 5km。③1000Base-CX,CX 表示铜线。使用两对短距离的屏蔽双绞线电缆,传输距离为 25m。

(2) 1000Base-T(802.3ab 标准)。1000Base-T 使用 4 对 UTP 5 类线,传送距离为 100m。

当千兆以太网工作在全双工方式时,不使用载波延伸和分组突发。当千兆以太网工作在半双工方式时,就必须进行碰撞检测。由于数据率提高了,因此只有减小最大电缆长度或增大帧的最小长度,才能保证信道效率。若将千兆以太网最大电缆长度减小到 10m,那么网络的实际价值就大大减小。而若将最短帧长提高到 640B,则在发送短数据时开销又太大。因此,千兆以太网仍然保持一个网段的最大长度为 100m,但采用了"载波延伸"(carrier extension)的办法,使最短帧长仍为 64B(这样可以保持兼容性),同时将争用期改为 512B。凡发送的帧长不足 512B 时,就用一些特殊字符填充在帧的后面,使 MAC 帧的发送长度增大到 512B,这对有效载荷并无影响。接收端在收到以太网的 MAC 帧后,要把所填充的特殊字符删除后才向高层交付。

当原来仅 64B 长的短帧填充到 512B 时,所填充的 448B 就造成很大的开销。为此,千兆以太网还增加一种功能,称为分组突发(packet bursting)。也就是当很多短帧要发送时,第一个短帧要采用上面所说的载波延伸的方法进行填充。但随后的一些短帧则可一个接一个地发送,它们之间只需留有必要的帧间最小间隔即可。这样就形成一串分组的突发,直到达到 1500B 或稍多一些为止。

千兆以太网交换机可以直接与多个图形工作站相连。也可用作百兆以太网的主干网,与百兆比特或千兆集线器相连,然后再和大型服务器连接在一起。

3) 万兆以太网

万兆以太网(10Gb/s Ethernet,10GE)采用 IEEE 802.3 标准的补充标准 IEEE 802.3ae,它扩展了 IEEE 802.3 协议和 MAC 规范,使其支持 10Gb/s 的传输速率。万兆以太网并非将千兆以太网的速率简单地提高到 10 倍。这里还有许多技术问题要解决。

首先为了保证用户升级现有以太网的同时,仍能和较低速率的以太网很方便地通信,万兆以太网的帧格式和 10Mb/s、100Mb/s 和 1Gb/s 以太网的帧格式完全相同。10GE 还保留了 802.3 标准规定的以太网最小和最大帧长。

由于数据率很高,10GE 不再使用铜线而只使用光纤作为传输媒体。它使用长距离(超过 40 km)的光收发器与单模光纤接口,以便能够工作在广域网和城域网的范围。10GE 也可使用较便宜的多模光纤,但传输距离为 65～300m。

10GE 只工作在全双工方式,因此不存在争用问题,也不使用 CSMA/CD 协议。这就使得 10GE 的传输距离不再受碰撞检测的限制而大大提高了。

10GE 有两种不同的传输介质:

(1) 局域网物理层 LAN PHY。局域网物理层的数据率是 10.000Gb/s(这表示是精确的 10Gb/s),因此一个 10GE 交换机可以支持正好 10Gb/s 以太网接口。

(2) 可选的广域网物理层 WAN PHY。广域网物理层具有另一种数据率,这是为了和所谓的 10Gb/s 的 SONET/SDH(即 OC-192/STM-64)相连接。OC-192/STM-64 的数据率并非精确的 10Gb/s 而是 9.953 28Gb/s。在去掉帧首部的开销后,其有效载荷的数据率是 9.584 64Gb/s。因此,为了使 10GE 的帧能够插入到 OC-192/STM-64 帧的有效载荷中,就要使用可选的广域网物理层,其数据率为 9.953 28Gb/s。反之,SONET/SDH 的 10Gb/s 速率不可能支持 10GE 以太网的接口,而只是能够与 SONET/SDH 相连接。

需要注意的是,10GE 并没有 SONET/SDH 的同步接口而只有异步的以太网接口。因此,10GE 在和 SONET/SDH 连接时,出于经济上的考虑,它只是具有 SONET/SDH 的某些特性,如 OC-192 的链路速率、SONET/SDH 的组帧格式等,但 WAN PHY 与 SONET/SDH 并不是全部都兼容的。例如,10GE 没有 TDM 的支持,没有使用分层的精确时钟,也没有完整的网络管理功能。

由于 10GE 的出现,以太网的工作范围已经从局域网(校园网、企业网)扩大到城域网和广域网,从而实现了端到端的以太网传输。以太网是一种经过实践证明的成熟技术,无论是因特网服务提供者 ISP 还是端用户都很愿意使用以太网。这是因为以太网具有如下优势:

(1) 以太网的互操作性很好,不同厂商生产的以太网都能可靠地进行互操作。

(2) 在广域网中使用以太网时,其价格大约只有 SONET 的 1/5 和 ATM 的 1/10。以太网还能够适应多种的传输媒体,如铜缆、双绞线以及各种光缆。这就使具有不同传输媒体的用户在进行通信时不必重新布线。

(3) 端到端的以太网连接使帧的格式全都是以太网的格式,而不需要再进行帧的格式转换,这就简化了操作和管理。

4. 无线局域网

无线局域网利用无线电磁波作为传输介质,覆盖范围可以是家庭、办公室、咖啡厅、图书馆、机场等场所。通过无线局域网可以把计算机、智能手机或其他移动设备连接到因特网,也可使得附近的两台或多台计算机直接进行通信而无须接入因特网。

无线局域网可分为两大类。第一类是有固定基础设施的,第二类是无固定基础设施的。所谓“固定基础设施”是指预先建立起来的、能够覆盖一定地理范围的一批固定基站。1997年 IEEE 制定出无线局域网的协议标准 802.11,该标准是一个非常复杂的标准,本节只能介绍其中的主要特点。有关无线局域网的标准的详情可从因特网下载。

无固定基础设施的无线局域网,又叫作移动自组网络(ad hoc network)。这种自组网络由一些处于平等状态的移动站之间相互通信组成。由于没有固定设备的支持,需通过其他用户节点进行数据转发来完成源节点和目标节点间的通信。图 3-17 所示为自组网络示意图,并画出了当移动站 A 和 E 通信时,是经过 A 到 B、B 到 C、C 到 D 和最后 D 到 E 这样一连串的存储转发过程。

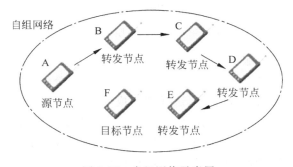

图 3-17 自组网络示意图

移动自组网络在军用和民用领域都有很好的应用前景。在军事领域中,由于战场上往往没有预先建好的固定接入点,移动站就可以利用临时建立的移动自组网络进行通信,当出现自然灾害时,抢险救灾往往也会利用移动自组网络进行及时的通信。在无线传感网络中,由于传感器往往分布离散且人力难以达到,自组网络则是较为理想的通信方式。

第二种有固定基础设施的无线局域网在日常生活中更为常见,本节也将详细介绍该类型的无线局域网。

802.11 标准规定无线局域网的最小构件是基本服务集(basic service set,BSS)。一个基本服务集(BSS)包括一个基站和若干个移动站,所有的站在本 BSS 以内都可以直接通信,但在和本 BSS 以外的站通信时都必须通过本 BSS 的基站。一个基本服务集(BSS)所覆盖的地理范围叫作一个基本服务区(basic service area,BSA)。基本服务集的服务范围是由移动设备所发射的电磁波的辐射范围确定的,在无线局域网中,一个基本服务区(BSA)的范围可以有几十米的直径。在图 3-18 中用一个椭圆来表示基本服务集的服务范围,当然实际上的服务范围可能是很不规则的几何形状。

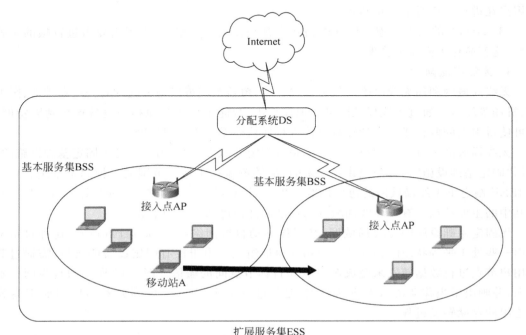

图 3-18 IEEE 802.11 的基本服务集和扩展服务集

在 802.11 标准中,基本服务集里面的基站叫作接入点(access point,AP)。一个基本服务集可以是孤立的,也可通过接入点 AP 连接到一个主干分配系统(distribution system,DS),然后再接入到另一个基本服务集,这样就构成了一个扩展的服务集(extended service set,ESS),如图 3-18 所示。分配系统的作用就是使扩展的服务集(ESS)对上层的表现就像一个基本服务集(BSS)一样。分配系统可以使用以太网(这是最常用的)、点对点链路或其他无线网络。扩展服务集(ESS)还可为无线用户提供到非 802.11 无线局域网(例如,到有线连接的因特网)的接入。

在一个扩展服务集内的几个不同的基本服务集也可能有相交的部分。在图 3-18 中还给出了移动站 A 从一个基本服务集漫游到另一个基本服务集,而仍然可保持与因特网进行通信。当然,A 在不同的基本服务集所使用的接入点 AP 并不相同。

下面详细介绍有固定设施局域网的传输介质、MAC 层以及 MAC 协议。

1) 无线局域网的传输介质

802.11 标准中传输介质相当复杂,这里仅作简单介绍。依据介质工作频段、数据率、调制方式等不同,802.11 可再细分为不同的类型。现在最流行的无线局域网是 802.11b。

对于最常用的 802.11b 无线局域网,所工作的 2.4～2.485GHz 频率范围中有 85MHz 的带宽可用。802.11b 定义了 11 个部分重叠的信道,仅当两个信道号由 4 个或更多信道隔开时才能无重叠。其中,信道 1、6、11 的集合是唯一的 3 个非重叠信道的集合。因此,在同一个区域上可以安装 3 个 AP,并分别给它们分配信道 1、6 和 11,然后用一个交换机把这 3 个 AP 连成一个 ESS,则可构成一个总的传输速率最大为 33Mb/s 的无线局域网(同时可以有 3 个站点发送数据)。但请注意,并不是在同一区域只能配置最多 3 个 AP。多个 AP 可以共享同一信道或使用相互重叠的信道,并利用下面将要讨论的 MAC 协议竞争信道进行通信。

2) 无线局域网的 MAC 协议

虽然 CSMA/CD 协议已成功地应用于使用有线连接的局域网,但无线局域网却不能简单地搬用 CSMA/CD 协议。这是因为无线电波能够向所有的方向传播,且其传播距离受限,进而带来两个特殊的问题,即隐藏站问题和暴露站问题。下面逐一加以解释,如图 3-19 所示。

图 3-19 中画有 4 个无线移动站,并假定无线电信号传播的范围是以发送站为圆心的一个圆形面积。图 3-19(a)表示站 A 和 C 都想和 B 通信。但 A 和 C 相距较远,彼此都接收不到对方发送的信号。当 A 和 C 检测不到无线信号时,就都以为 B 是空闲的,因而都向 B 发送自己的数据。结果 B 同时收到 A 和 C 发来的数据,发生了碰撞。可见在无线局域网中,在发送数据前未检测到媒体上有信号还不能保证在接收端能够成功地接收到数据。这种未能检测出媒体上已存在的信号的问题叫作隐蔽站问题(hidden station problem)。当移动站之间有障碍物时也有可能出现上述问题。例如,三个站 A、B 和 C 彼此距离都差不多,但 A 和 C 之间有一座山,因此 A 和 C 都不能检测到对方发出的信号。若 A 和 C 同时向 B 发送数据就会发生碰撞(但 A 和 C 并不知道),则 B 无法正常接收。也就是说,对于无线局域网,即使能够实现碰撞检测的功能,并且当发送数据时检测到信道是空闲的,在接收端仍然有可能发生碰撞。这就表明,碰撞检测对无线局域网效果较差。

图 3-19(b)给出了另一种情况。站 B 向 A 发送数据,而 C 又想和 D 通信,但 C 检测到媒体上有信号,于是就不敢向 D 发送数据。其实 B 向 A 发送数据并不影响 C 向 D 发送数据。这就是暴露站问题(exposed station problem)。CSMA/CD 协议要求一个站点在发送本站数据的同时还必须不间断地检测信道,以便发现是否有其他的站也在发送数据,这样才能实现“碰撞检测”的功能。在无线局域网中,在不发生干扰的情况下,可允许同时多个移动站进行通信。这一点也说明 CSMA/CD 协议不能适用于无线局域网。

除以上两个原因外,无线信道还由于传输条件特殊,造成信号强度的动态范围非常大,这就使发送站无法使用碰撞检测的方法来确定是否发生了碰撞。

因此,无线局域网不能使用 CSMA/CD,而只能使用改进的 CSMA 协议。改进的办法是将 CSMA 增加一个碰撞避免(collision avoidance,CA)功能。于是 802.11 就使用 CSMA/CA 协议,并且同时增加确认机制。

3) MAC 层

下面在讨论 CSMA/CA 协议之前,先介绍 802.11 的 MAC 层。

802.11 标准设计了独特的 MAC 层,如图 3-20 所示。它通过协调功能(coordination function)来确定在基本服务集(BSS)中的移动站在什么时间能发送数据或接收数据。

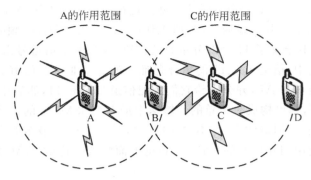

(a) A和C同时向B发送信号，发生碰撞

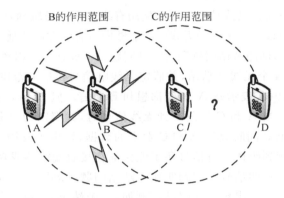

(b) B向A发送数据，影响C和D之间的通信

图 3-19　无线局域网的特殊问题

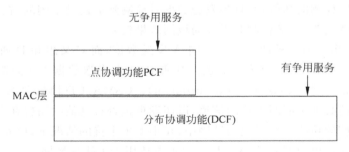

图 3-20　IEEE 802.11 的 MAC 层

802.11 的MAC层包括两个子层。下面的子层是分布协调功能(distributed coordination function,DCF)。DCF 在每一个节点使用 CSMA 机制的分布式接入算法,让各个站通过争用信道来获取发送权。因此 DCF 向上提供争用服务。上面的子层叫作点协调功能(point coordination function,PCF)。PCF 是选项,自组网络就没有 PCF 子层。PCF 使用集中控制的接入算法(一般在接入点 AP 实现集中控制),用类似于探询的方法将发送数据权轮流交给各个站,从而避免了碰撞的产生。对于时间敏感的业务,如分组话音,就应使用提供无争用服务的点协调功能(PCF)。

　　为了尽量避免碰撞,802.11 规定所有的站在完成发送后,必须再等待一段很短的时间

（继续监听）才能发送下一帧。这段时间的通称是帧间间隔（inter frame space，IFS）。帧间间隔的长短取决于该站打算发送的帧的类型。高优先级帧需要等待的时间较短，因此可优先获得发送权，但低优先级帧就必须等待较长的时间。若低优先级帧还没来得及发送而其他站的高优先级帧已发送到媒体，则媒体变为忙态，因而低优先级帧就只能再推迟发送了，这样就减少了发生碰撞的机会。常用的帧间间隔有如下三种。

（1）SIFS，即短（short）帧间间隔，长度为 28μs。SIFS 是最短的帧间间隔，用来分隔开属于一次对话的各帧。一个站应当能够在这段时间内从发送方式切换到接收方式。使用 SIFS 的帧类型有 ACK 帧，CTS 帧，由过长的 MAC 帧分片后的数据帧，所有回答 AP 探询的帧和在 PCF 方式中接入点 AP 发送出的任何帧。

（2）PIFS，即点协调功能帧间间隔，是为了在开始使用 PCF 方式时（在 PCF 方式下使用，没有争用）优先接入到媒体中。PIFS 的长度是 SIFS 加一个时隙（slot），长度为 50μs，即 PIFS 长度为 78μs。时隙的长度是这样确定的：在一个基本服务集（BSS）内，当某个站在一个时隙开始时接入到媒体，那么在下一个时隙开始时，其他站就都能检测出信道已转变为忙态。

（3）DIFS，即分布协调功能帧间间隔，是最长的 IFS，在 DCF 方式中用来发送数据帧和管理帧。DIFS 的长度比 PIFS 再多一个时隙长度，因此 DIFS 的长度为 128μs。

下面详细介绍 CSMA/CA 协议的原理，如图 3-21 所示。欲发送数据的站先检测信道。在 802.11 标准中规定了在物理层的空中接口进行物理层的载波监听。通过收到的相对信号强度是否超过一定的门限数值判定是否有其他的移动站在信道上发送数据。当源站发送它的第一个 MAC 帧时，若检测到信道空闲，则在等待一段时间 DIFS 后就可发送。

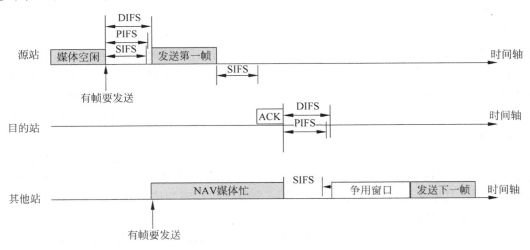

图 3-21 CSMA/CA 协议工作原理

为什么信道空闲还要再等待呢？就是考虑到可能有其他的站有高优先级的帧要发送。如有，就要让高优先级帧先发送。

现在假定没有高优先级帧要发送，因而源站发送了自己的数据帧。目的站若正确收到此帧，则经过时间间隔 SIFS 后，向源站发送确认帧 ACK。若源站在规定时间内没有收到确认帧 ACK（由重传计时器控制这段时间），就必须重传此帧，直到收到确认为止，或者经过若干次的重传失败后放弃发送。

802.11 标准还采用了一种叫作虚拟载波监听(virtual carrier sense)的机制,这就是让源站将它要占用信道的时间(包括目的站发回确认帧所需的时间)通知给所有其他站,以便使其他所有站在这一段时间都停止发送数据。这样就大大减少了碰撞的机会。"虚拟载波监听"是表示其他站并没有监听信道,而是由于其他站收到了"源站的通知"才不发送数据。这种效果好像是其他站都监听了信道。所谓"源站的通知",就是源站在其 MAC 帧首部中的第二个字段"持续时间"中填入了在本帧结束后还要占用信道多少时间(以微秒为单位),包括目的站发送确认帧所需的时间。

当一个站检测到正在信道中传送的 MAC 帧首部的"持续时间"字段时,就调整自己的网络分配向量(network allocation vector,NAV)。NAV 指出了必须经过多少时间才能完成数据帧的这次传输,才能使信道转入到空闲状态。因此,信道处于忙态,或者是由于物理层的载波监听检测到信道忙,或者是由于 MAC 层的虚拟载波监听机制指出了信道忙。

当信道从忙态变为空闲时,任何一个站要发送数据帧时,不仅都必须等待一个 DIFS 的间隔,而且还要进入争用窗口,并计算随机退避时间以便再次重新试图接入到信道。注意,在以太网的 CSMA/CD 协议中,碰撞的各站执行退避算法是在发生了碰撞之后。但在 802.11 的CSMA/CA 协议中,因为没有像以太网那样的碰撞检测机制,因此在信道从忙态转为空闲时,各站就要执行退避算法。这样做就减少了发生碰撞的概率(当多个站都打算占用信道)。802.11 也是使用二进制指数退避算法,但具体做法稍有不同。在第 i 次退避时,从 0 到 $2^{i+2}-1$ 之间随机选择一个数,而不像以太网是从 2^i-1 之间随机选择一个数。这就是说,第 1 次退避是在 8 个时隙(而不是 2 个)中随机选择一个,而第 2 次退避是在 16 个时隙(而不是 4 个)中随机选择一个。

当某个想发送数据的站使用退避算法选择了争用窗口中的某个时隙后,就根据该时隙的位置设置一个退避计时器(backoff timer)。当退避计时器的时间减小到零时,就开始发送数据。也可能当退避计时器的时间还未减小到零时而信道又转变为忙态,这时就冻结退避计时器的数值,重新等待信道变为空闲,再经过时间 DIFS 后,继续启动退避计时器。注意,此时计时器是从剩下的时间开始的。这种规定有利于继续启动退避计时器的站更早地接入到信道中。

应当指出,当一个站要发送数据帧时,仅在下面的情况下才不使用退避算法:检测到信道是空闲的,并且这个数据帧是它想发送的第一个数据帧。除此以外的所有情况,都必须使用退避算法。具体来说,就是在发送它的第一个帧之前检测到信道处于忙态;在每一次的重传后;在每一次的成功发送后。

为了更好地解决隐蔽站带来的碰撞问题,802.11 允许要发送数据的站对信道进行预约。具体的做法如图 3-22(a)所示,源站 A 在发送数据帧之前先发送一个短的控制帧,叫作请求发送(request to send,RTS),它包括源地址、目的地址和这次通信(包括相应的确认帧)所需的持续时间。若信道空闲,则目的站 B 就发送一个响应控制帧,叫作允许发送(clear to send,CTS),如图 3-22(b)所示,它也包括这次通信所需的持续时间(从 RTS 帧中将此持续时间复制到 CTS 帧中)。A 收到 CTS 帧后就可发送其数据帧。

下面讨论在 A 和 B 两个站附近的一些站将做出的反应。C 处于 A 的传输范围内,但不在 B 的传输范围内。因此 C 能够收到 A 发送的 RTS,但经过一小段时间后,C 不会收到 B

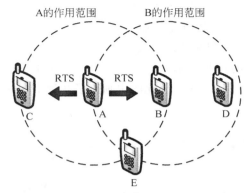

(a) A发送RTS帧，A作用范围内的各站均可收到该帧

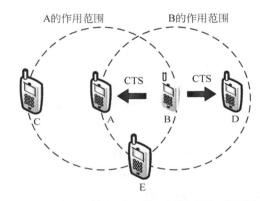

(b) B响应A，发送CTS帧，B作用范围内的各站均可收到该帧

图 3-22 CSMA/CA 协议中的 RTS 帧和 CTS 帧

发送的 CTS 帧。这样，在 A 向 B 发送数据时，C 也可以发送自己的数据给其他的站而不会干扰 E。注意，C 收不到 B 的信号表明 B 也收不到 C 的信号。

再观察 D，由于它收不到 A 发送的 RTS 帧，但能收到 B 发送的 CTS 帧。因此 D 知道 B 将要和 A 通信，因此 D 在 A 和 B 通信的一段时间内不能发送数据，因而不会干扰 B 接收 A 发来的数据。

至于站 E，它能收到 RTS 和 CTS，因此 E 和 D 一样，在 A 发送数据帧和 B 发送确认帧的整个过程中都不能发送数据。

可见这种协议实际上就是在发送数据帧之前先对信道进行预约一段时间。

使用 RTS 和 CTS 帧会使整个网络的效率有所下降。但这两种控制帧都很短，其长度分别为 20B 和 14B，与数据帧（最长可达 2346B）相比开销不算大。相反，若不使用这种控制帧，一旦发生碰撞而导致数据帧重发，则浪费的时间就更多。虽然如此，但协议还是设有三种情况供用户选择：一种是使用 RTS 和 CTS 帧；一种是只有当数据帧的长度超过某一数值时才使用 RTS 和 CTS 帧（显然，当数据帧本身就很短时，再使用 RTS 和 CTS 帧只能增加开销）；还有一种是不使用 RTS 和 CTS 帧。

虽然协议经过了精心设计，但碰撞仍然会发生。例如，B 和 C 同时向 A 发送 RTS 帧。这两个 RTS 帧发生碰撞后，使得 A 收不到正确的 RTS 帧，因而 A 就不会发送后续的 CTS

帧。这时,B 和 C 像以太网发生碰撞那样,各自随机地推迟一段时间后重新发送其 RTS 帧。推迟时间的算法也是使用二进制指数退避。

图 3-23 给出了 RTS 和 CTS 帧以及数据帧和 ACK 帧的传输时间关系。在除源站和目的站以外的其他站中,有的在收到 RTS 帧后就设置其网络分配向量 NAV,有的则在收到 CTS 帧或数据帧后才设置其 NAV。因此图中画出了几种不同的 NAV 的设置。

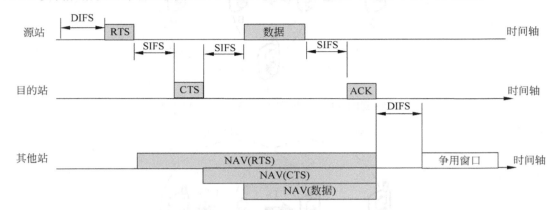

图 3-23　RTS 和 CTS 帧以及数据帧和 ACK 帧的传输时间关系

5. 虚拟局域网

虚拟局域网(Virtual LAN,VLAN)虽然也称为局域网,但并不是一种新型的局域网,只是一组逻辑上的设备和用户,这些设备和用户并不受物理位置的限制,可以根据功能、部门及应用等因素组织起来,像在同一个网段中一样互相通信。在 IEEE 802.1Q 标准中对虚拟局域网 VLAN 的定义如下:虚拟局域网(VLAN)是由一些局域网网段构成的与物理位置无关的逻辑组,而这些网段具有某些共同的需求。每一个 VLAN 的帧都有一个明确的标识符,指明发送这个帧的工作站是属于哪一个 VLAN。

图 3-24 给出了虚拟局域网的示意图。设有 10 个工作站分配在三个楼层中,使用四个交换机构成了三个局域网。局域网的用户分配情况如下:

LAN_1:(A_1,A_2,B_1,C_1),LAN_2:(A_3,B_2,C_2),LAN_3:(A_4,B_3,C_3)

利用以太网交换机可以很方便地将这 10 个工作站划分为三个虚拟局域网,即 $VLAN_1$、$VLAN_2$、$VLAN_3$,其用户分配情况如下:

$VLAN_1$:(A_1,A_2,A_3,A_4),$VLAN_2$:(B_1,B_2,B_3),$VLAN_3$:(C_1,C_2,C_3)

从图 3-24 中可看出,VLAN 中的每个工作站既可能处在不同的局域网中,也可以不在同一层楼中。但是虚拟局域网上的每一个站都可以听到同一个虚拟局域网上的其他成员所发出的广播。例如,工作站 B_1、B_2、B_3 同属于虚拟局域网 $VLAN_2$。当 B_1 向工作组内成员发送数据时,工作站 B_2 和 B_3 将会收到广播的信息。相应地,B_1 发送数据时,工作站 A_1、A_2 和 C_1 都不会收到 B_1 发出的广播信息,虽然它们都与 B_1 连接在同一个集线器上。交换式集线器不向虚拟局域网以外的工作站传送 B_1 的广播信息。这样,虚拟局域网限制了接收广播信息的工作站数,使得网络不会因传播过多的广播信息(即所谓的"广播风暴")而引起性能恶化。

由于虚拟局域网是用户和网络资源的逻辑组合,因此可按照需要将有关设备和资源非

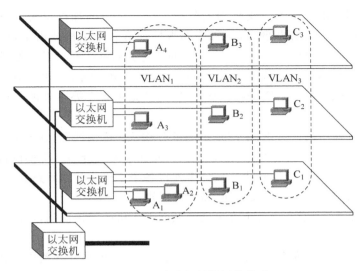

图 3-24 三个虚拟局域网的构成

常方便地重新组合,使用户从不同的服务器或数据库中存取所需的资源。

1988 年 IEEE 批准了 802.3ac 标准,该标准扩展了以太网的帧格式,用于支持虚拟局域网。虚拟局域网协议在以大网的帧格式中插入 VLAN 标识符(即 VLAN tag,如图 3-25 所示)用来指明发送该帧的工作站属于哪一个虚拟局域网。VLAN 标记字段的长度是 4B,插入在以太网 MAC 帧的源地址字段和长度/类型字段之间。VLAN 标记的前两个字节用于表明帧的类型,保留了原来的"长度/类型"字段的作用。并且,前两个字节的值设置为 0x8100(这个数值大于 0x0600,因此不是代表长度)表明该帧属于虚拟局域网帧。当数据链路层检测到 MAC 帧源地址字段后面的值是 0x8100 时,就知道现在插入了 4B 的 VLAN 标记。于是就接着检查后两个字节的内容。在后面的两个字节中,前 3 个比特是用户优先级字段,接着的一个比特是规范格式指示符(canonical format indicator,CFI),最后的 12bit 是该虚拟局域网 VLAN 标识符 VID(VLAN ID),它唯一地标志了这个以太网帧是属于哪一个 VLAN。

字节 6	6	4	2	46~1500	4
目的地址	源地址	VLAN标记	长度/类型	数据	FCS

图 3-25 以太网帧中插入虚拟局域网标识

由于用于 VLAN 的以太网帧的首部增加了 4B,因此以太网的最大长度从原来的 1518B(1500B 的数据加上 18B 的首部)变为 1522B。

3.3.2 广域网

广域网的范围可以覆盖一个国家、地区,甚至横跨几个洲。广域网主要用于将较大的公司、单位分布在不同区域的主机或局域网互联在一起。由于广域网跨度较大,连接广域网各节点的链路都是高速链路,可以是几千 km 的光缆线路,也可以是几万 km 的点对点卫星链路。

下面以在不同城市有多家分支机构的公司为例对广域网加以说明。假设某公司在北京、上海、杭州和深圳均设有办事处,且每个办事处都有若干主机或由主机组成的局域网。通常,各个办事处的计算机被称为主机(host),负责连接这些主机的部分则被称为通信子网(communication subnet),或简称子网(subnet)。子网就负责将某一办事处主机的信息传输给另一办事处的主机。也就是说,该公司的广域网就是由各个办事处的主机或局域网及其子网构成。

主机即为运行程序的计算机,子网则由两部分构成:传输线路(transmission line)和交换设备(switch element)。传输线路可以是铜线、光纤或无线链路。交换设备则可以是路由器。需要注意的是,这里的子网特指广域网中连接各个主机的传输线路和交换设备的集合,与后面介绍的 TCP/IP 的子网意义不同,需加以区别。

对于该公司而言,为了实现各个办事处局域网上主机的直接访问,可以考虑如下几种方式组建广域网。

第一,对于规模较大,安全性要求较高的公司构建专门的传输线路连接各个办事处。最简单的想法是在两个办事处之间直接连一条光纤。需要注意的是,该光纤及其接口即为广域网子网。或者,租用专用的电话线路或者数字数据网。

第二,如果各个办事处都已经连接到因特网上,也可以利用加密虚拟专用网或者向网络服务提供商购买多标签协议交换(MPLS)服务实现相互连接。相比构建专线,使用虚拟专用的方式更加灵活,便于随时增加更多的办事处,或者在家中或者旅行中接入公司网络。

下面分别介绍这两种组网方式的典型实现方法。

1. 数字数据网

数字数据网(DDN)是一种利用光纤、数字微波或卫星等数字传输通道和数字交叉复用设备组成的数字数据传输网。它可以为用户提供各种速率的高质量数字专用电路,以满足用户多媒体通信和组建中高速计算机通信网的需要。

1)DDN 的三级网络结构

我国的 DDN 网络可分为一级干线网、二级干线网和本地网三级结构。

(1)一级干线网。一级干线网是全国骨干网,在骨干网中设置若干枢纽局,或称为汇接局。汇接局多设在各省会城市和直辖市。汇接局间采用网状连接。这里汇接的概念是指节点间的连接有一个从属关系,高等级节点在它的服务范围内汇集所管辖的低等级节点业务,反之两个低等级节点的用户通信都要经过高一级的节点转接而完成。非汇接节点应至少对两个方向节点连接,并至少与一个汇接节点连接。

(2)二级干线网。二级干线网提供本省内的长途和出入省的 DDN 业务,由设置在省内的节点组成。

(3)本地网。本地网是城市范围的网络,主要为用户提供本地和长途 DDN 业务。

2)DDN 的系统组成

DDN 的系统组成如图 3-26 所示,具体包含下列几个部分:

(1)本地传输系统。用户端至本地局之间的数字传输系统,即用户环路传输系统。用户环路的一端是数据终端设备(DTE),另一端是数据业务单元(DSU)。

(2)复用/交叉连接系统。数据信道复用是分级实现的。第 1 级先把来自多条不同速率的用户信号,按 X.50 标准经交叉连接复合成统一的 64kb/s 的零次群集合数据流 DS_0,这一步称为子速率复用。第 2 级是将输出的 64kb/s 的集合数据流 DS_0 信号进一步按 32 路时分复用,得到 2048kb/s 的数据流。局间传输还可以再往高次群复用。交叉连接则是将符合一定格式的用户数据信号与零次群复用器的输入交叉连接,或将一个复用器的输出与另一复用器的输入交叉连接起来,实现半永久性的固定连接。

(3) 局间传输系统。局间传输包括从本地局至市内中心局之间的市内传输,以及不同城市的中心局与中心局之间的长途传输。

(4) 同步定时系统。数字数据传输系统是同步时分复用系统,因此需要定时系统。

(5) 网络管理系统。无论全国骨干网,还是地区网都设有网络管理中心,对网上的传输通道,用户参数的增/删/改、监测、维护与调度实行集中管理。

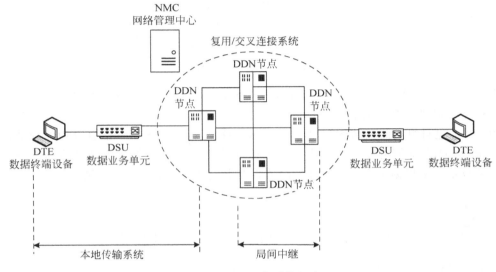

图 3-26　DDN 的系统组成

利用上述数字数据传输系统的各个组成部分即可构成数字数据传输网。下面详细介绍数字数据网的节点类型和网络结构。

DDN 若从纵向划分,其功能层次结构可为 3 层,即传输层、接入层和用户层。传输层负责传输从接入层来的数字信号,一般采用数字交叉连接设备;接入层采用带宽管理器实现用户的多种业务接入,提供数字交叉连接和复用功能,具有 64kb/s 和 $N\times 64kb/s$ 速率的交叉连接能力和低于 64kb/s 的零次群子速率交叉连接和复用能力;用户层是指进网的用户终端设备及其链路的功能。

3) DDN 节点功能

(1) 64kb/s 数字信道复用。在 DDN 中,速率小于 64kb/s 时称为子速率,各子速率的电路复用到 64kb/s 的数字通道上,一般遵照原 CCITT X.50、X.51、X58 建议将同步的用户数据流复用成 64kb/s 的集合速率信号,称为 $D_0 MUX$。

子速率的复用采用包封(envelope)格式。我国采用 X.50 标准,其帧结构为(6+2)的 8bit 包封格式。以 8bit 包封交织复用成帧。包封结构如图 3-27 所示,其中 F 为定帧比特,S 为状态比特,2~7bit 为用户信息比特(D)。F 比特在复用时构成帧同步序列,S 比特用来表示 6 个 D bit 的内容;S=1 表示 D 为数据信息,S=0 表示 D 为控制信息。

图 3-27   X.50 中的包封结构

在一个包封内只包含一个字符的 6bit，另外 2bit 被下一个包封封装，因此在构成帧之前先把 4 个（6＋2）包封组成包封组。在一个包封组内包括完整的 3 个字节，如图 3-28 所示。

F	P_1	P_2	P_3	P_4	P_5	P_6	S_1	8bit包封A
F	P_7	P_8	Q_1	Q_2	Q_3	Q_4	S_2	8bit包封B
F	Q_5	Q_6	Q_7	Q_8	R_1	R_2	S_3	8bit包封C
F	R_3	R_4	R_5	R_6	R_7	R_8	S_4	8bit包封D

图 3-28   包封组格式

图 3-28 中，P、Q、R 为 3 个 8bit 字符，其中 S_1、S_2、S_3 分别表示与 P、Q、R 相关联的状态比特，S_4 用于提供 4 个 8bit 包封组的同步。

由 20 个包封组成的帧结构如图 3-29 所示。这是 5 路 12.8kb/s 信息复用的帧结构，复用之后进入 64kb/s 信道传输。64kb/s 以上速率的复用与我国数字传输网的标准一致，因此 DDN 只是一个根据用户需求而开发的依附在电信数字传输网上的子网。

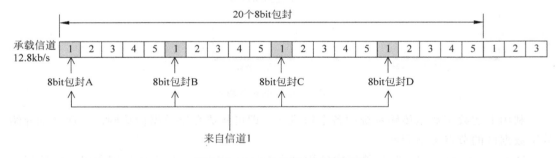

图 3-29   20 个包封组成的帧结构

（2）数字交叉连接。传统上，网络的智能都集中在交换设备上，现在的发展方向是把一部分智能放到传输系统中，使传输系统具有一定的交换功能。CCITT 对数字交叉连接的定义为：它是一种具有一个或多个符合 G.702（准同步）或 G.707（同步）标准的数字端口，并至少可对一端口信号（或子速率信号）与其他端口信号（或子速率信号）进行可控的连接与再连接的设备。

通俗地讲，数字交叉连接设备是由微机控制的复用器和配线架，它是不受信令控制的静态交换机，而由程序控制形成半永久性连接。

4）DDN 网络业务类别及用户入网方式

（1）DDN 网络业务类别。DDN 主要为用户提供专用电路，包括规定速率的点到点或点到多点的数字专用电路和特定要求的专用电路，以及帧中继业务和压缩语音/G3 传真业务。帧中继业务是通过引入帧中继服务模块（FRM），提供永久性虚电路（PVC）业务。压缩语音/G3 传真业务则是由语音服务模块(VSM)实现的。

(2) 用户入网方式。用户终端设备接入方式如下:

- 在用户距 DDN 的接入点比较远的情况下,采用调制解调器接入 DDN。
- 通过 DDN 提供的远程数据终端设备接入 DDN,无须增加单独的调制解调器。其特点是 DDN 网管中心可对用户端放置的数据终端设备进行远程系统配置、参数修改和日常维护管理。
- 通过用户集中设备接入 DDN 的 2Mb/s 端口,用户集中器可以是零次群复用设备,也可以是 DDN 提供的小型复用器。
- 通过模拟电路接入 DDN,直接接入 DDN 音频接口。
- 用户网络通过 DDN 互连。
- 局域网通过路由器利用 DDN 互连。
- 分组交换机通过 DDN 互连。
- 专用 DDN 通过公用 DDN 互连。
- 用户交换机通过 DDN 互连。

2. 虚拟专用网

为了将公司分散在各个国家、城市的办事处相互连接起来,可以租用数字数据网。同时,如果公司的各个办事处都连接在因特网上,还可以在因特网的基础上利用虚拟专用网(virtual private networks,VPN)实现互连。这样既能利用公共网传输数据、节约成本,同时也可以保证专用网络的安全性。

常见的虚拟专用网搭建方法是直接在因特网上实现互连,可以在每个办事处都设置一个防火墙,然后在所有办事处之间创建一条通过因特网的隧道。由于是使用因特网连接,其优势是隧道可以根据需要而设置,如员工在家里使用台式计算机,或者员工在旅行时使用笔记本电脑,只要主机已经连接至因特网即可。这种灵活性远远优于使用租用的线路。

需要注意的是,对于因特网中的路由器而言,沿着 VPN 传递的数据包仅仅是普通的数据包而已。这个数据包的唯一不同之处是 IP 头会有 VPN 的标识,但是这个标识在路由器转发数据包时没有任何作用,也就是说,路由器并不会因为该数据包隶属于某个 VPN 而保证其传输性能,如顺序、可达性等。

另一个逐渐流行的方法是由网络服务提供商(ISP)使用 MPLS(详细介绍参考第 5 章)来设置 VPN。这样,由 ISP 来保证 VPN 流量独立于因特网其他流量,提供带宽保障或者其他的服务质量保障。

3.4　公共和专用网络

按照使用者的不同,可以将网络划分为公共网和专用网。公共网对所有的人提供服务,只要符合网络拥有者的要求就能使用这个网,也就是说它是为全社会所有人提供服务的网络。例如电信公司(国有或者私有)出资建造的大型网络,所有愿意按照电信公司的规定交纳费用的人都可以使用,这种网络就是公共网。由于广域网覆盖的地理范围广,可向更多的用户提供服务,因此大多数公共网都是广域网。专用网是指某个部门为了本单位的特殊业务工作的需要而建造的网络。这种网络不向本单位以外的人提供服务。例如,军队、铁路、电力等系统均有本系统的专用网。

　　局域网一般都是专用网。局域网通常都是为某个单位所拥有,非本单位的人一般无法使用本单位安装的局域网。当然,也有例外。例如,某大学的国家重点实验室中的局域网就可以供所有到该重点实验室进行研究工作的外单位人员使用,因为国家重点实验室必须是开放的(但前来使用这种局域网的外单位人员需要办理一定的手续,而且人数也不会很多)。显然,这样的局域网和一般的公共网不完全一样。

　　专用网也不一定都是局域网。例如,军队拥有自己专用的军用通信网和计算机网。这些网络不对军队以外的用户开放。因此这些军用网络都是军队的专用网。这些网络覆盖的地理范围很广,因此,这些军用专用网都是广域网。同理,其他一些部门(如铁路、交通、电力等部门)的专用网也都是广域网。

3.5　窄带和宽带网络

　　按照传输带宽的不同,可以将网络分为窄带网和宽带网。在信息网络领域,宽带网络是"宽带因特网接入网"的简称。宽带网络最初是 20 世纪 90 年代提出的一种商业性概念。宽带网络和窄带网络是相对的,将拨号上网方式称为窄带网,而宽带网则是泛指接入速度比拨号上网更快的接入网。

　　窄带网采用 Modem 拨号方式接入因特网,其理论信道带宽仅为 56kb/s,换算成字节流量,理论传输能力就是 7kb/s。而这个速度仅仅能满足少量文字信息的传输,对于大量数据的视频、音频、图像信息来说,却无力承载。

　　与传统的窄带网络相比,宽带网接入因特网速度更快,可以为上网者提供更为平滑的视频图像、更为清晰逼真的声音效果和更为迅速的网站搜索服务。随着技术的发展,宽带网的速度也在不断提高。1988 年,CCITT(International Telegraph and Telephone Consultative Committee,国际电报电话咨询委员会,国际电信联盟 ITU 的前身)将基本速率在 1.5～2Mb/s 之间的网络称为宽带网。2015 年 FCC(Federal Communications Commission,美国联邦通讯委员会)则将下行速率 25Mb/s,上行速率 3Mb/s 的网络称为宽带网。

3.6　小结

　　本章分别从带宽、传输介质、传输距离以及使用角色等角度对信息网络进行划分,并从这些方面详细介绍了信息网络体系结构。有线网的传输介质包括双绞线、同轴电缆和光纤等,双绞线价格便宜、便于安装维护,同轴电缆抗干扰特性较好、传输距离更长,光纤可用于长距离高速传输但成本较高。无线网的传输介质为电磁波,常用无线电、地面微波和卫星中继等方式实现网络通信。局域网是作用距离在 1km 左右的网络的统称,具体包括共享式以太网、交换式以太网、高速以太网、无线局域网以及虚拟局域网等形式。广域网是作用距离覆盖一个国家、地区,甚至横跨几个洲的网络的统称,常见的广域网有综合业务数据网和数字数据网。专用网一般隶属于某一单位,仅供本单位相关人员使用。公共网并不为某个单位私有,可以为所有接入用户提供网络服务。窄带网采用 Modem 拨号方式接入因特网,其理论信道带宽仅为 56kb/s。宽带网接入因特网的速度更快,可以为用户提供更为平滑的视频图像、更为清晰逼真的声音效果和更为迅速的网站搜索服务。

3.7　习题

1. 简述双绞线和同轴电缆各自的特点。

2. 试问光纤作为传输介质,相比铜芯有什么优势? 有什么不足?

3. 现在需要在一条光纤上传输图像信号,设计算机屏幕的分辨率为 1280×1024 像素,每个像素 24bit(位),每秒钟产生 60 幅图像,则需要多少带宽?

4. 无线电通信的频带范围是多少?

5. 当无线电天线的直径等于无线电电波波长时,天线通常工作得最好。常见的天线直径范围在 $1 \sim 5m$ 之间,请问这可以覆盖的频谱范围是多少?

6. 介质访问控制方法包括哪些策略? 并列举每种策略中的常见协议。

7. 以太网帧最大长度为多少字节? 是怎么得到的?

8. 假设有一个 1000m 长,10Mb/s 的 CSMA/CD 局域网(不包含中继器),其信号传播速度为 200m/ms。假设数据帧的长度为 256 位,其中包括 32 位的首部、校验和其他开销。一次成功传输后的第一个比特槽被预留给接收方,以便让接收方及时占用信道发送 32 为的确认帧。假定没有冲突,试问除去开销后的有效数据率是多少?

9. 简述 CSMA/CD 协议不能用于无线局域网的原因。

10. 为了使 VLAN 正常工作,需要合理设置交换机的配置表,如果图 3-24 中的以太网交换机换成集线器,情况会怎么样? 为什么?

11. 简述虚电路服务和数据报服务各自的特点。

12. 综合业务数据网的网络结构如何?

13. 数字数据网的系统组成如何?

14. 综合业务数据网和数字数据网分别提供哪种服务? 是虚电路服务还是数据报服务?

15. 分别举例说明公共网和专用网。

16. 窄带网络和宽带网络的区别是什么? 此处窄带的概念和通信系统中窄带的概念有何不同?

第 4 章

信息网络基础应用

4.1 引言

信息网络借由网络通信来满足用户的各类应用需求。由于人们对网络提供的信息服务种类、服务质量需求的不断增加,网络空间才得以持续发展,并推动网络技术不断进步。本章将详细介绍各类信息网络基础应用,包括计算机互联网、公共电话网、移动通信网、广播电视网、无线传感网、物联网以及军事专用网等。

4.2 计算机互联网

计算机互联网的精确定义并未统一。关于计算机互联网的最简单的定义是:一些互相连接的、自治的计算机的集合。最简单的计算机互联网就只有两台计算机和连接它们的一条链路,即两个节点和一条链路。而因特网(Internet)则包含成千上万的节点和复杂的拓扑结构。本章将先介绍计算机互联网的相关概念,之后着重介绍最大的计算机互联网——因特网。

4.2.1 计算机互联网简介

1. 计算机互联网功能

计算机互联网的节点设备是功能强大的计算机,因此计算机互联网具备多种多样的功能。计算机互联网的主要功能包括数据通信、资源共享、提高计算机的可靠性和可用性、分布式处理、用户间信息交换等。

1) 数据通信

传真、电子邮件、电子数据交换、远程登录和信息浏览等是计算机实现数据通信的主要形式。这一功能为用户提供了强有力的通信手段,具有费用低、速度快、信息量大、方便交流等特点。

2) 资源共享

资源共享功能包括软件共享、硬件共享、数据资源共享和通信信道资源共享等四类。

（1）软件资源共享：各种语言处理程序、应用程序、服务程序、远程访问各类大型数据库，以得到网络文件传送服务、远程文件访问服务等均属于软件资源共享。对于使用一些大型规模软件的用户来说，软件资源共享的优点尤为突出，避免了对软件的重复操作和数据资源的重复存储，节约了磁盘空间和用户的时间，提高了效率。

（2）硬件资源共享：为节省用户的投资，提高设备的利用率，也便于集中管理，计算机互联网可以全网范围内提供对处理资源、存储资源、输入/输出资源等硬件资源的共享，特别是对一些高级和昂贵的设备，如巨型计算机、大容量存储器、绘图仪、高分辨率的激光打印机等。

（3）数据资源共享：可以全网范围内对各种数据资源进行共享，这项功能针对变化较快的数据来说尤为突出。

（4）通信信道共享：广义的通信信道可以理解为信号的传输媒体。通信信道也是计算机互联网重要的共享资源之一。

3）提高计算机的可靠性和可用性

单机情况下，一台计算机出现故障就可能引起系统的瘫痪，而通过网络每台计算机都可以相互成为后备机，当某台出现故障时，它的任务就可由其他计算机代替完成，可靠性大大提高。同样，当某台计算机负担过重时，又可将新的任务交给较空闲的计算机去完成，均衡负重，提高了工作效率。这在军事、银行和工业控制领域尤为重要。

2. 计算机互联网应用

计算机互联网具有丰富的功能，以便支持人们越来越多的应用需求。

1）办公室自动化

传统的办公室处理工作方法有制表、统计数据、保存档案、收发信息及打印文件等，耗时多、结果不及时、准确度低且不全面。而使用办公室自动化管理系统，通过网络安装文字处理机、智能复印机、传真机等设备来处理，不仅可避免传统处理方法所带来的不便，而且可明显提高工作的可靠性和效率。

2）数据库应用

网络在数据库方面的应用主要体现在数据库资源的共享上，任何用户都很难独自把需要的各种信息收集齐全，而计算机互联网可以为分布在各个地方的用户提供数据共享。网络建立相应的安全和保密措施，用户可按不同访问权限共享资源。与此同时，网络也为数据库由集中处理走向分布处理提供了良好的环境和有效的工具。

3）过程控制

在现代化的企业中应用最为广泛，企业管理人通过网络来控制负责管理不同生产任务的各个计算机，从而完成生产过程的控制。

4）多媒体

随着多媒体技术的迅速发展，网络开始综合化发展，人们通过宽带综合数字业务网同时传输文字、声音、图形、动画等多媒体信息。在网络上，人们可以获取、发布和交流信息。

5）合作处理

合作处理是指多台计算机通过网络连接，在统一的系统调度下，各个计算机合作工作，共同完成一项任务的过程。它实现了计算机资源的高效整合，从而使人们的工作效率大大提高。

4.2.2　因特网

下面介绍世界上最大的国际性计算机互联网——因特网。注意以下两个意思相差很大的名词 internet 和 Internet：

以小写字母 i 开始的 internet(互联网或互连网)是一个通用名词,它泛指由多个计算机互连而成的网络。在这些网络之间的通信协议(即通信规则)可以是任意的。

以大写字母 I 开始的 Internet(因特网)则是一个专用名词,它指当前全球最大的、开放的、由众多网络相互连接而成的特定计算机互联网,它采用 TCP/IP 协议族作为通信的规则,且其前身是美国的 ARPANET。

1. 因特网的发展

因特网的基础结构大体上经历了三个阶段的演进。但这三个阶段在时间划分上并非截然分开而是有部分重叠的,这是因为网络的演进是逐渐的而不是在某个日期突然发生了变化。

第一阶段是从单个网络 ARPANET 向互联网发展的过程。1969 年美国国防部创建的第一个分组交换网 ARPANET 最初只是一个单个的分组交换网(并不是一个互连的网络)。所有要连接在 ARPANET 上的主机都直接与就近的节点交换机相连。但到了 20 世纪 70 年代中期,人们已认识到不可能仅使用一个单独的网络来满足所有的通信问题。于是 ARPA 开始研究多种网络(如分组无线电网络)互连的技术,这就导致后来互连网的出现。这样的互连网就成为现在因特网(Internet)的雏形。1983 年 TCP/IP 协议成为 ARPANET 上的标准协议,使得所有使用 TCP/IP 协议的计算机都能利用互联网相互通信,因而人们就把 1983 年作为因特网的诞生时间。

第二阶段的特点是建成了三级结构的因特网。从 1985 年起,美国国家科学基金会(national science foundation,NSF)就围绕六个大型计算机中心建设计算机互联网,即国家科学基金网 NSFNET。它是一个三级计算机互联网,分为主干网、地区网和校园网(或企业网)。这种三级计算机互联网覆盖了全美国主要的大学和研究所,并且成为因特网中的主要组成部分。1991 年,NSF 和美国的其他政府机构开始认识到,因特网必将扩大其使用范围,不应仅限于大学和研究机构。世界上的许多公司纷纷接入到因特网,使网络上的通信量急剧增大,使因特网的容量已满足不了实际需求。于是美国政府决定将因特网的主干网转交给私人公司来经营,并开始对接入因特网的单位收费。1992 年因特网上的主机超过 100 万台。1993 年因特网主干网的速率提高到 45Mb/s(T3 速率)。

第三阶段的特点是逐渐形成了多层次 ISP 结构的因特网。从 1993 年开始,由美国政府资助的 NSFNET 逐渐被若干个商用的因特网主干网替代,而政府机构不再负责因特网的运营。这样就出现了一个新的名词:因特网服务提供者(Internet service provider,ISP)。在许多情况下,因特网服务提供者(ISP)就是一个进行商业活动的公司,因此 ISP 又常译为因特网服务提供商。

ISP 拥有从因特网管理机构申请到的多个 IP 地址,同时拥有通信线路(大的 ISP 自己建造通信线路,小的 ISP 则向电信公司租用通信线路)以及路由器等连网设备,因此任何机构和个人只要向 ISP 交纳规定的费用,就可从 ISP 得到所需的 IP 地址,并通过该 ISP 接入到因特网。图 4-1 说明了用户上网与 ISP 的关系。通常所说的"上网"就是指"(通过某个

ISP)接入到因特网"。IP 地址的管理机构不会把一个单个的 IP 地址分配给单个用户(不"零售"IP 地址),而是把一批 IP 地址有偿分配给经审查合格的 ISP(只"批发"IP 地址)。因此,因特网并不被某个单个组织所拥有而是由全世界无数大大小小的 ISP 所共同拥有。

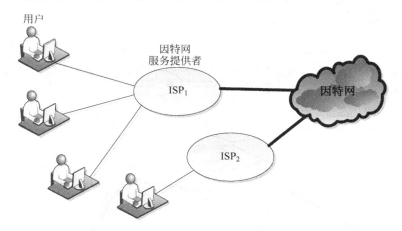

图 4-1 用户通过 ISP 接入因特网

根据提供服务的覆盖面积以及所拥有的 IP 地址数目的不同,ISP 也可分为三个层:第一层 ISP、第二层 ISP,以及本地 ISP,如图 4-2 所示。在图中,最高级别的第一层 ISP 服务面积最大(一般都能够覆盖国家范围),并且还拥有高速主干网,也称为主干 ISP。第二层 ISP,也叫作地区 ISP。第二层 ISP 和一些大公司都是第一层 ISP 的用户。第三层 ISP 又称为本地 ISP,它们是第二层 ISP 的用户,且只拥有本地范围的网络。一般的校园网或企业网以及拨号上网的用户,都是第三层 ISP 的用户。

随着互联网上数据流量的急剧增长,为了更快速地转发分组和更有效地利用网络资源,通过在不同层次 ISP 之间设立互联网交换点(Internet exchange point,IXP),允许两个网络可以直接相连并交换分组,而不需要再通过上层 ISP 转发。

从图 4-2 可看出,因特网逐渐演变成基于 ISP 和 IXP 的多层次结构网络。实际中,相隔较远的两个主机的通信可能需要经过多个 ISP 和 IXP。例如,图 4-2 中的黑色粗线表示当主机 A 和另一个主机 B 通过因特网进行通信时,主机 A 要经过许多不同层次的 ISP 和IXP,才能把数据传送到主机 B。

顺便指出,一旦某个用户能够接入到因特网,那么他就能够成为一个 ISP。他需要做的就是购买一些如调制解调器或路由器这样的设备,让其他用户能够和他相连接。因此,图 4-2 所示的仅仅是一个示意图,因为一个 ISP 可以很方便地在因特网拓扑上增添新的层次和分支。

2. 因特网标准化

因特网的标准化工作对因特网的发展起到了非常重要的作用。标准化工作的好坏对一种技术的发展有着很大的影响。缺乏国际标准将会使技术的发展处于比较混乱的状态,而盲目自由竞争的结果很可能形成多种技术体制并存且互不兼容的状态,给用户带来较大的不便。但国际标准的制定又是一个非常复杂的问题,这里既有很多技术问题,也有很多属于非技术问题,如不同厂商之间经济利益的争夺问题等。标准制定的时机也很重要。标准制

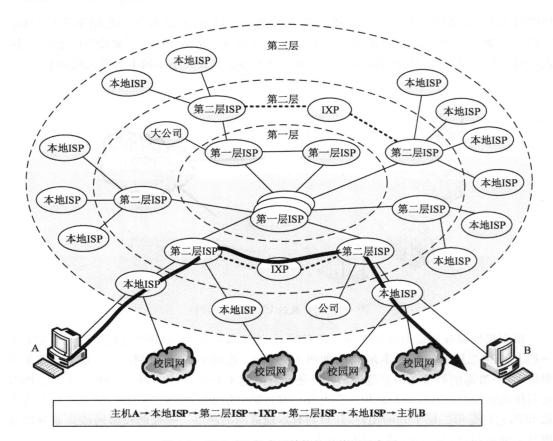

图 4-2　基于 ISP 的多层结构的因特网示意图

定得过早,由于技术还没有发展到成熟水平,会使技术比较陈旧的标准限制了产品的技术水平。其结果是以后不得不再次修订标准,造成浪费。反之,若标准制定得太迟,也会使技术的发展无章可循,造成产品的互不兼容,因而也会影响技术的发展。

因特网在制定其标准上很有特色。其中的一个很大的特点是面向公众。因特网所有的 RFC 文档都可从因特网上免费下载,而且任何人都可以用电子邮件随时发表对某个文档的意见或建议。这种方式对因特网的迅速发展影响很大。

所有的因特网标准都是以 RFC 的形式在因特网上发表。RFC(request for comments)的意思就是"请求评论"。所有的 RFC 文档都可从因特网上免费下载。但应注意,并非所有的 RFC 文档都是因特网标准,只有一小部分 RFC 文档最后才能变成因特网标准。RFC 按收到时间的先后从小到大编上序号(即 RFC xxxx,这里的 xxxx 是阿拉伯数字)。一个 RFC 文档更新后就使用一个新的编号,并在文档中指出原来老编号的 RFC 文档已成为陈旧的或被更新,但陈旧的 RFC 文档并不会被删除,而是永远保留着供用户参考。

制订因特网的正式标准要经过以下三个阶段:

(1) 因特网草案(Internet draft)——因特网草案的有效期只有六个月,在这个阶段还不是 RFC 文档。

(2) 建议标准(proposed standard)——从这个阶段开始就成为 RFC 文档,只有到了建议标准阶段才以 RFC 文档形式发表。

（3）因特网标准(Internet standard)。

除了以上两种 RFC 外（即建议标准和因特网标准），还有三种 RFC 文档，即历史的 RFC、实验的 RFC 和提供信息的 RFC。历史的 RFC 可能是被后来的规约所取代的标准，也可能是从未达到必要的成熟等级而未成为互联网标准的文档。实验的 RFC 表示其工作属于正在实验的情况，不能够在任何实用的因特网服务中实现。提供信息的 RFC 包括与因特网有关的一般的、历史的或指导的信息。

1992 年由于因特网不再归美国政府管辖，因此成立了一个国际性组织，叫作因特网协会(Internet society,ISOC)，以便对因特网进行全面管理以及在世界范围内促进其发展和使用。ISOC 下面有一个技术组织叫作因特网体系结构委员会(Internet architecture board,IAB)，负责管理因特网有关协议的开发。IAB 下面又设有两个工程部：

1）因特网工程部(Internet engineering task force,IETF)

IETF 是由许多工作组(working group,WG)组成的论坛(forum)，具体工作由因特网工程指导小组(Internet engineering steering group,IESG)管理。这些工作组划分为若干个领域(area)，每个领域集中研究某一特定的短期和中期的工程问题，主要是针对协议的开发和标准化。

2）因特网研究部(Internet research task force,IRTF)

IRTF 是由一些研究组(research group,RG)组成的论坛，具体工作由因特网研究指导小组(Internet research steering group,IRSG)管理。IRTF 的任务是进行理论方面研究，主要针对一些需要长期考虑的问题。

3. 因特网的结构

因特网的拓扑结构虽然非常复杂，并且在地理上覆盖了全球，但从其工作方式上看，可以划分为边缘部分和核心部分。图 4-3 给出了这两部分的示意图。

（1）边缘部分由所有连接在因特网上的主机组成。这部分是用户直接使用的，用来进行通信(传送数据、音频或视频)和资源共享。

（2）核心部分由大量网络和连接这些网络的路由器组成。这部分是为边缘部分提供服务的(提供连通性和交换)。

下面分别讨论这两部分的作用和工作方式。

1）因特网的边缘部分

处在因特网边缘的部分就是连接在因特网上的所有的主机。这些主机又称为端系统(end system)，"端"就是"末端"的意思(即因特网的末端)。端系统在功能上可能有很大的差别，小的端系统可以是一台普通个人电脑甚至是很小的掌上电脑，而大的端系统则可以是一台非常昂贵的大型计算机。端系统的拥有者可以是个人，也可以是单位(如学校、企业、政府机关等)，当然也可以是某个 ISP(即 ISP 不仅仅是向端系统提供服务，它也可以拥有一些端系统)。边缘部分利用核心部分所提供的服务，使众多主机之间能够互相通信并交换或共享信息。

首先明确下面的概念。"主机 A 和主机 B 进行通信"实际上是指"运行在主机 A 上的某个程序和运行在主机 B 上的另一个程序进行通信"。由于"进程"就是"运行着的程序"，因此这也就是指："主机 A 的某个进程和主机 B 上的另一个进程进行通信"。这种比较严密的说法通常可以简称为"计算机之间通信"。

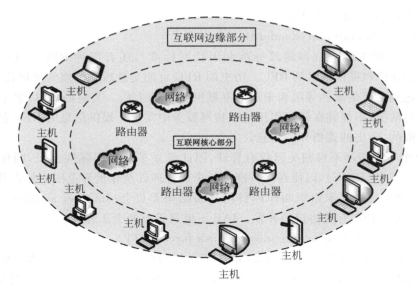

图 4-3　因特网的边缘部分和核心部分

　　在网络边缘的端系统中运行的程序之间的通信方式通常可划分为两类：客户服务器方式(C/S方式)和对等连接方式(P2P方式)。下面分别对这两种方式进行介绍。

　　(1) 客户服务器方式。当用户上网发送电子邮件或在网站上查找资料时，都是使用客户服务器方式(有时写为客户-服务器方式或客户/服务器方式)。

　　客户(client)和服务器(server)都是指通信中所涉及的两个应用进程。客户服务器方式中进程之间是服务和被服务的关系。在图 4-4 中，主机 A 运行客户程序而主机 B 运行服务器程序。在这种情况下，A 是客户而 B 是服务器。客户 A 向服务器 B 发出请求服务，而服务器 B 向客户 A 提供服务。这里最主要的特征就是：客户是服务请求方，服务器是服务提供方。服务请求方和服务提供方都要使用网络核心部分完成连通和交换。

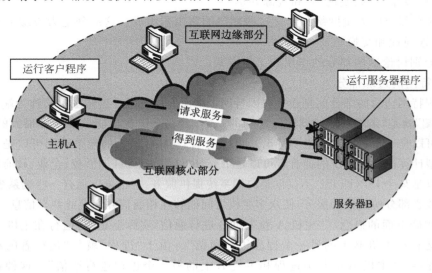

图 4-4　客户服务器工作方式

在实际应用中,客户程序和服务器程序通常还具有以下一些主要特点。

① 客户程序
- 被用户调用后运行,在通信时主动向远程服务器发起通信(请求服务)。因此,客户程序必须知道服务器程序的地址。
- 不需要特殊的硬件和很复杂的操作系统。

② 服务器程序
- 服务器程序是一种专门用来提供某种服务的程序,可同时处理多个远程或本地客户的请求。
- 系统启动后即自动调用并一直不断地运行着,被动地等待并接收来自各地的客户的通信请求。因此,服务器程序不需要知道客户程序的地址。
- 一般需要强大的硬件和高级的操作系统支持。

客户与服务器的通信关系建立后,通信可以是双向的,客户和服务器都可发送和接收数据。

(2) 对等连接方式。对等连接(peer-to-peer,P2P)是指两个主机在通信时并不区分哪一个是服务请求方哪一个是服务提供方。只要两个主机都运行了对等连接软件(P2P软件),它们就可以进行平等的、对等连接通信。这时,双方都可以下载对方已经存储在硬盘中的共享文档。因此这种工作方式也称为P2P文件共享。在图4-5中,主机C、D、E和F都运行了P2P软件,因此这几个主机都可进行对等通信(如C和D、D和E,以及E和F)。实际上,对等连接方式从本质上看仍然是使用客户服务器方式,只是对等连接中的每一个主机既是客户又同时是服务器。例如主机D,当D请求C的服务时,D是客户,C是服务器。但如果D同时向E提供服务,那么D同时也起着服务器的作用。

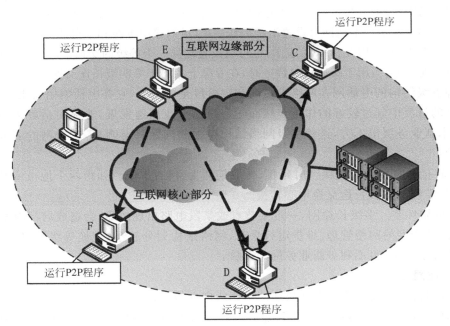

图 4-5 对等连接工作方式

2）因特网的核心部分

网络核心部分是因特网中最复杂的部分，因为网络中的核心部分要向网络边缘中的大量主机提供连通性，使边缘部分中的任何一个主机都能够向其他主机通信（即传送或接收各种形式的数据）。在网络核心部分起特殊作用的是路由器（router），用来实现分组交换（packet switching）。路由器的详细介绍可参考后续相关内容。

4.3　公共电话网络

早期的公用电话交换网（public switched telephone network，PSTN）是一种以模拟技术为基础的电路交换网络，即旧式电话系统。下面详细介绍 PSTN 的组成、结构，之后介绍在电话网基础上的各类接入技术。

4.3.1　公共电话网系统架构

与计算机互联网一样，电话网也采用等级结构。在长途电话网中，一般根据地理条件、行政区域、通信流量的分布情况等设立各级汇接中心（所谓汇接中心是指下级交换中心之间的通信要通过汇接中心转接来实现。在汇接交换机中只接入中继线）。每一汇接中心负责汇接本区域的通信流量，并逐级形成辐射的星型网或网型网。一般是低等级的交换局与管辖它的高等级的交换局相连，形成多级汇接辐射网。最高级的交换局则采用直接互连，组成网型网。所以等级结构的电话网一般是复合型网，电话网采用这种结构可以将各区域的话务流量逐级汇集，达到既保证通信质量又充分利用电路的目的。

早期我国电话网划分为五级结构，如图 4-6 所示。由一、二、三、四级交换中心及第五级交换中心即端局组成，可分为长途网和本地网，长途网可设置一、二、三、四级长途交换中心，分别用 C_1、C_2、C_3、C_4 表示。本地网可设置汇接局和端局（可以接中继线和来自话机的用户线）两个等级的交换中心，分别用 T_m 和 C_5 表示，也可只设置端局一个等级的交换中心。汇接局 T_m 主要是疏通本地话务，当用于疏通长途话务时，在等级上相当于第四级长途交换中心。

这种五级结构的电话网在网络发展的初级阶段是可行的，它在电话网由人工向自动、模拟向数字的过渡中起过较好的作用。然而随着通信事业高速发展，非纵向话务流量日趋增多，新技术新业务层出不穷，这种多级网络结构存在的问题日益明显，就全网的服务质量而言表现为：

（1）转接段数多。造成接续时延长、传输损耗大、接通率低。如跨两个地市或县用户之间的呼叫，需经过多级长途交换中心转接。

（2）可靠性差。多级长途网，一旦某节点或某段电路出现故障，会造成局部阻塞。

此外，从全网的网络管理、维护运行来看，网络结构划分越小，交换等级数量就越多，网管工作就过于复杂，也不利于新业务网的开放。

1. 长途网

为了简化网络结构，我国电话长途网由四级向两级过渡。

长途两级网的等级结构如图 4-7 所示。长途两级网将网内长途交换中心分为两个等级，省级（包括直辖市）交换中心以 DC_1 表示，地（市）交换中心以 DC_2 表示。由于 C_1、C_2 间直达电路的增多，C_1 的转接功能随之减弱，C_3 形成扩大的本地网，C_4 失去原有作用，趋于消

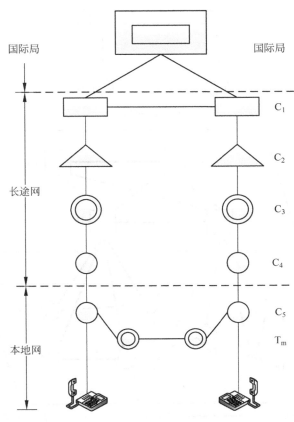

图 4-6　电话网的五级结构示意图

失。C_1、C_2 级长途交换中心合并为省级交换中心 DC_1，构成长途两级网的高平面网(省际平面)。C_3 则改为地市级交换中心 DC_2，构成长途网的低平面网(省内平面)，然后逐步向无级网和动态无级网过渡。

DC_1 以网状网相互连接，与本省各地市的 DC_2 以星形方式连接；本省各地市的 DC_2 之间以网状或不完全网状相连，同时辅以一定数量的直达电路与非本省的交换中心相连。

(1) DC_1 的职能主要是汇接所在省的省际长途电话、去话话务，以及所在本地网的长途终端话务。

(2) DC_2 的职能主要是汇接所在本地网的长途终端话务。

2. 本地网

本地电话网简称本地网，是在同一编号区范围内，由若干个端局，或由若干个端局和汇接局、局间中继线、用户线和话机终端等组成的电话网。本地网用来疏通本地长途编号区范围内，任何两个用户间的电话呼叫和长途发话、来话业务。

1) 本地网的类型

自 20 世纪 90 年代中期，我国开始组建以地(市)级以上城市为中心的扩大的本地网。这种扩大本地网的特点是城市周围的郊县与城市划在同一长途编号区内，其话务量集中流向中心城市。扩大的本地网类型有两种：

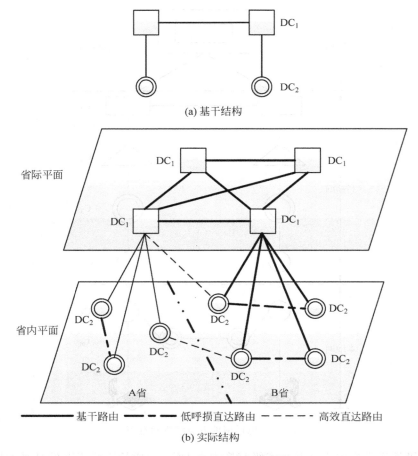

(a) 基干结构

省际平面

省内平面

A省　　　　　　　　B省

──── 基干路由　　── ∙ ── 低呼损直达路由　　───── 高效直达路由

(b) 实际结构

图 4-7　两级长途网的网络结构

（1）特大和大城市本地网。以特大城市及大城市为中心,包括所管辖的郊县共同组成的本地网,省会、直辖市及一些经济发达的城市组建的本地网就是这种类型。

（2）中等城市本地网。以中等城市为中心,包括它所管辖的郊县(市)共同组成的本地网,简称中等城市本地网。

2）本地网的交换中心及职能

本地网内可设置端局和汇接局。端局通过用户线与用户相连,它的职能是疏通本局用户的去话和来话话务。汇接局与所管辖的端局相连,以疏通这些端局间的话务;汇接局还与其他汇接局相连,疏通不同汇接区间端局的话务。根据需要还可与长途交换中心相连,用来疏通本汇接区内的长途转话话务。

本地网中,有时在用户相对集中的地方,可设置一个隶属于端局的支局,经用户线与用户相连,但其中继线只有一个方向,即到所隶属的端局,用来疏通本支局用户的发话和来话话务。

3）本地网的网络结构

由于各中心城市的行政地位、经济发展及人口的不同,扩大的本地网交换设备容量和网络规模相差很大,所以网络结构分为以下两种:

（1）网型网。网型网中所有端局个个相连，端局之间设立直达电路，如图 4-8 所示，这种网络结构适于本地网内交换局数目不太多的情况。

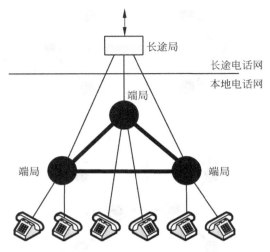

图 4-8　本地电话网的网络结构

（2）二级网。本地网若采用网型网，其电话交换局之间是通过"中继线"相连的，中继线是公用的，利用率较高，它所通过的话务量也比较大，因此提高了网络效率，降低了线路成本。当交换局数量较多时，若仍采用网状结构，则局间中继线就会急剧增加，这是不能接受的，因而采用分区汇接制。把电话网划分为若干个"汇接区"，在汇接区内设置汇接局，下设若干个端局，端局通过汇接局汇接，构成二级本地电话网。

根据不同的汇接方式可分为去话汇接、来话汇接、来去话汇接等，如图 4-9 所示。

（1）去话汇接。如图 4-9(a)所示，有两个汇接区：汇接区 1 和汇接区 2，每区有一个去话汇接局 T_m 和若干个端局，汇接局除了汇接本区内各端局之间的话务外，还汇接去别的汇接区的话务，也就是 T_m 还与其他汇接区的端局相连，本汇接区的端局之间也可以有直达路由。

（2）来话汇接。如图 4-9(b)所示，汇接局 T_m 除了汇接本区话务外，还汇接从其他汇接区发送过来的来话呼叫，本汇接区内端局之间也可以有直达路由。

（3）来去话汇接。如图 4-9(c)所示，T_m 除了汇接本区话务外，还汇接至其他汇接区的去话，也汇接从其他汇接区送来的话务。

4）本地网中远端模块、支局和用户集线器

为了提高用户线的利用率、降低用户线的投资，在本地网的用户线上采用了一些延伸设备，包括远端模块、支局、用户集线器和用户交换机等。这些延伸设备一般装在离交换局较远的用户集中区，其目的都是集中用户线的话务量，提高线路设备的利用率和降低线路设备的成本。

（1）远端模块是一种半独立的交换设备，它在用户侧接各种用户线，在交换机侧通过 PCM 中继线和交换器局相连。同一模块内用户通信可以在模块内自行交换，其他的呼叫通过局交换。

（2）支局就是把端局的一部分设备装到离端局较远的居民集中点去，以达到缩短用户线的目的。

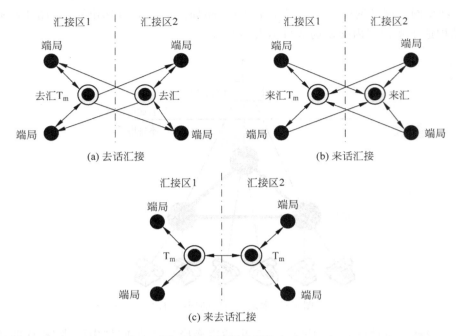

图 4-9　本地网的汇接方式

（3）用户集线器分为局端和远端两部分，两端设备通过中线器相连，用户集线器对交换机没有特殊要求。

（4）用户交换机是话网的一种补充设备。它主要用于机关、企业、工矿等社会集团内部通信，它也可以一定方式接入公用电话网，可以和公用电话网的用户进行通信。用户交换机内部用户的呼叫占主要比重。因此用户交换机内部分机之间接续由用户交换机本身完成，不经过公用交换网。用户交换机可通过半自动直拨方式、全自动直拨方式或混合方式，进入本地公用网。

4.3.2　公共电话网接入技术

1. 调制解调器拨号上网

20 世纪 90 年代，较普遍的接入因特网的方式是拨号上网。用户通过外置或内置的调制解调器（Modem）使自己的个人电脑通过电话线接入到因特网，即为调制解调器拨号上网。

调制解调器是模拟信号和数字信号的转换设备。早期使用的电话线路传输的是模拟信号，而计算机之间传输的是数字信号，所以当通过电话线将计算机连入因特网时，就必须使用调制解调器来"翻译"两种不同的信号。连入因特网后，当计算机向因特网发送信息时，由于电话线传输的是模拟信号，所以必须要用调制解调器来把数字信号"翻译"成模拟信号，才能传送到因特网上，这个过程叫作"调制"。当计算机从因特网获取信息时，由于通过电话线从因特网传来的信息都是模拟信号，所以计算机想要看懂它们，还必须借助调制解调器这个"翻译"，这个过程叫作"解调"。总的来说就称为"调制解调"。

调制解调器的传输速率通常有 14.4kb/s、28.8kb/s、33.6kb/s 或 56kb/s 等。由于电话网将标准话音的带宽限制在 4kHz 以内,再加上各种噪声因素,利用调制解调器拨号上网能达到的最高速率只能到 56kb/s。因此,通过调制解调器拨号的因特网接入方式已经难以满足人们的上网需求,往往只在偏远地区临时接入时使用。

2. 综合业务数据网接入

早期人们为了用计算机上网需要使用拨号调制解调器才能在电话网中传输数据,之后随着技术的发展出现了综合数字网(intergrated digital network,IDN)。IDN 在网络内部使用数字传输,但是用户上网的接口仍然是模拟信号。然而 IDN 尚不能提供多种业务,不同的业务需用不同的 IDN 传输,如电话 IDN、电报 IDN、传真 IDN、数据 IDN 等。由此可见,随着新业务种类的不断增多,要建各种不同的 IDN。所以,IDN 的网络投资大、电路利用率低、资源不能共享、不便于管理。

为了克服 IDN 的上述缺点,必须从根本上改变网络的分立状况,开发一种通用的电信网络,用一个单一的网络来提供各种不同类型的业务,实现全方位的通信服务,由此提出了综合业务数字网(integrated service digital network,ISDN)。

ISDN 分为窄带 ISDN(narrowband integrated service digital network,N-ISDN)和宽带 ISDN(broadband integrated service digital network,B-ISDN)。下面按照时间顺序分别介绍 N-ISDN 和 B-ISDN。

1) N-ISDN(窄带综合业务数字网)

(1) ISDN 概念和模型

ISDN 是 20 世纪 70 年代开发的网络技术,开发它的目的是以数字系统代替模拟电话系统,把音频、视频和数据业务放在一个网络上统一传输。为了与后续宽带 ISDN 相区别,此时的 ISDN 被称为 N-ISDN。

1984 年 6 月国际电报电话咨询委员会 CCITT(是国际电信联盟 ITU 的前身)通过了一系列建议书,提出了 ISDN 的概念:ISDN 是以电话 IDN 为基础发展演变而成的通信网,它可以在同一个网络中支持语音和非语音的多种业务,提供端到端的数字连接,用户可通过一组有限的标准的多用途用户/网络接口接入网络,并按统一的规程进行通信。

这里需说明一点,ISDN 不是一个新建的网络,而是在电话网基础上加以改进形成的。传输线路仍然采用电话 IDN 的线路,ISDN 交换机是在电话 IDN 的程控数字交换机上增加几个功能块,另外一个关键的问题是在用户/网络接口处要加以改进更新。

CCITT 对 ISDN 的定义可以归纳为以下几点:

① ISDN 是以综合数字网(IDN)为基础发展而成的通信网。

② ISDN 提供端到端的数字连接。所谓端到端的数字连接指的是发送端用户终端输出的已经是数字信号,接收端用户终端输入的也是数字信号。也就是说,无论中继线还是用户线上传输的都是数字信号,网中交换的也是数字信号。

③ 综合业务。ISDN 支持包括语音、数据、文字、图像在内的各种综合业务,能够在同一个网络上支持广泛的语音和非语音应用。任何形式的原始信号,只要能够转变成数字信号,都可以利用 ISDN 来进行传送和交换,实现用户之间的通信。

④ 标准的多用途用户/网络接口。向用户提供一组标准的多用途用户/网络接口(入网接口),定义了一整套接口标准。从用户的角度看,ISDN 的概念模型如图 4-10 所示。各用户设备(电话、可视电话、计算机、数据终端等)组成的用户通过 ISDN 网络接口访问 ISDN,

ISDN 网络接口通过具有一定比特率的数字管道(digital pipe)和 ISDN 交换中心局连接,数字管道以固定的比特率提供电路交换服务、分组交换服务或其他服务。在任一给定时刻,用户使用的管道容量是固定的,但用户的通信量是可变的。为了提供不同的服务,因此要求 ISDN 按用户使用的信号类型和比特率来动态地分配管道容量。ISDN 需要复杂的信令系统来控制各种信息的流动,同时按照用户使用的实际速率进行收费,这与电话系统根据连接时间收费是不同的。

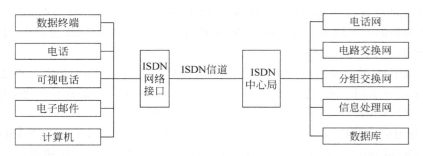

图 4-10　ISDN 概念模型

(2) ISDN 的网络结构

ISDN 的一般结构如图 4-11 所示,由用户网络、局域网络和传输网络三部分组成。

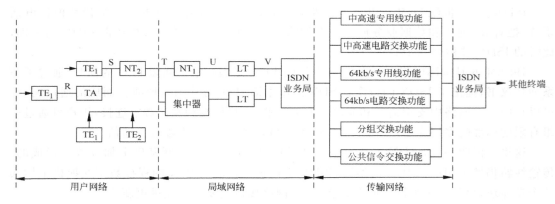

图 4-11　ISDN 的一般结构

① 用户网络主要指用户所在地的设备及接口,如终端设备(TE)、终端适配器(TA)、网络终接设备(NT)等。

② 局域网络包括一个本地交换机(即用户环路)内放置的一组设备,其中有网络终接设备(NT)和线路终端(LT)的传输系统、远端复用和分接器(集中器)及交换单元。一个 ISDN 业务局由本地交换机和相关的其他设备构成。

③ 传输网络包括窄带传输网、宽带传输网、公共信令传输网和分组交换网等。ISDN 64kb/s 电路交换连接是 ISDN 的基本功能,此外还有 384kb/s 的中速电路交换功能及大于 1.5Mb/s 的高速电路交换功能。

(3) ISDN 用户/网络接口的参考配置

从 CCITT 对 ISDN 的定义可以看出,ISDN 的一个关键问题是向用户提供一组标准的多用途用户/网络接口(入网接口)及一整套接口标准。

首先介绍 ISDN 用户/网络接口的参考配置,如图 4-12 所示。所谓参考配置是指用 CCITT I. 411 建议的参考点和功能群概念规定了 ISDN 内各组成部分之间连接关系的标准结构模型,它是制定 ISDN 用户出入口的根据。

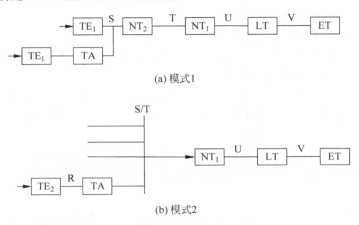

图 4-12 ISDN 用户/网络接口参考配置

功能群是用户接入 ISDN 所需的一组功能的集合。这些功能可以由一个或多个设备或装置来完成。它是一个抽象的概念,不一定与实际的设备或装置一致。图 4-12 所示 NT_1、NT_2 等都是用户系统装置的功能群,实际上 NT_1、NT_2 可以包含在一个装置内。

用户接入 ISDN 的功能可以划分成以下几个功能群:

① 终端设备(TE)——用于 ISDN 中语音、数据或其他业务的输入或输出。ISDN 允许两类终端接入网络,1 类终端设备(TE_1)是符合 ISDN 接口标准的终端设备,也叫 ISDN 标准终端,如数字电话机、数据终端等;2 类终端设备(TE_2)是不符合 ISDN 接口标准的终端设备,也叫 ISDN 非标准终端,如 PC、X 系列或 V 系列的数据终端、模拟话机等,TE_2 需要经过终端适配器 TA 的转换,才能接入 ISDN 的标准接口。

② 网络终接设备(NT)——完成用户/网络接口功能的主要部件是网络终接设备(NT),它的主要功能是把用户终端设备连接到用户线,为用户信息和信令信息提供透明的传输通道。NT 分为 NT_1 和 NT_2 两类。NT_1 负责与用户线的物理连接,实现线路传输、维护、性能监控以及定时、馈电、多路复用和接口终端等功能。NT_2 完成用户侧与网络的连接,具有连接和交换的功能,具体设备可以是 ISDN 用户交换机、集线器或局域网。

③ 终端适配器(TA)——具有接口变换功能,使任何 ISDN 非标准终端可以转接到 ISDN 中。它还可以对 TE_2 进行协议变换及速率变换后接到用户/网络接口。

④ 线路终端设备(LT)——是用户环路和交换局端的接口设备,可与 NT_1 配合完成对用户线的均衡与连接。

⑤ 交换终端(ET)——完成用户信息交换功能。

ISDN 的接入参考点是指用户访问网络的连接点,参考点的作用是区分功能群。CCITT 给出的参考配置规定了如下几个参考点:

① R——ISDN 非标准终端与终端适配器之间的参考点,即 TE_2 与 TA 之间的连接点。

② S——终端与网络之间的参考点,即 TE_1 与 NT_2 之间的连接点。

③ T——网络用户端与传送端之间的参考点,即 NT_2 与 NT_1 之间的连接点。

④ U——网络终端接入传输线接口参考点,即本地用户环路 NT_1 与线路终端 LT 之间的连接点。

⑤ V——用户环路传送端与交换设备之间的参考点,即 LT 与 ET 之间的连接点。

（4）用户接入网络的信道类型及接口类型

ISDN 用户/网络接口可以向用户提供以下类型的信道:

① B 信道——速率为 64kb/s,用来传送用户信息,B 信道上可以建立三种类型的连接,即电路交换连接、分组交换连接和半固定连接。

② D 信道——速率是 16kb/s 或 64kb/s,它的用途有两个:第一,它可以传送公共信道信令,而这些信令用来控制同一接口上的 B 信道上的呼叫;第二,当没有信令信息需要传送时,D 信道可用来传送分组数据或低速的遥控、遥测数据。

③ H 信道——H 信道用来传送高速的用户信息,如高速传真、图像、高速数据、高质量音响及分组交换信息等。H 信道有三种标准速率,即 H_0 信道(384kb/s)、H_{11} 信道(1536kb/s)和 H_{12} 信道(1920kb/s)。

用户接入网络时的接口具体包括两种,即基本速率接口和基群速率接口。

① 基本速率接口:基本速率接口是把现有电话网的普通用户线作为 ISDN 用户线而规定的接口,是 ISDN 最基本的用户/网络接口。它由两条传输速率为 64kb/s 的 B 信道和一条传输速率为 16kb/s 的 D 信道组成,通常称为 2B+D。其中一个 B 信道用来传送电话,另一个 B 信道用来传送数据或传真,D 信道用来传送信令或分组数据信息。基本速率接口主要用于一般 ISDN 用户,可接一般用户终端及办公室设备等。

② 基群速率接口:由多个 B 信道和 D 信道组合或 H 信道和 B 信道组合构成基群速率接口。基群速率接口主要用于专用用户交换机(PBX)用户及主机接入 ISDN。基群的传输速率在日本和美国为 1544kb/s,在中国和西欧等国为 2048kb/s。考虑到基群中所要控制的信道数量比较大,所以规定基群中 D 信道的传输速率为 64kb/s。

最后介绍信道协议。B 信道作为 ISDN 的基本信道,且 B 信道具有透明性,不受协议限制,只要收发设备采用的协议一致均可建立通信。

CCITT 对公用信令 D 信道规定了一种信道链路出口协议(link access procedure on the d-channel,LAPD),用于 D 信道传送端。LAPD 以帧为单位传送用户与网络间的信息,在传输过程中进行差错校验,因此传输可靠性高。LAPD 的大部分功能对基本速率接口及基群速率接口都适用,它是通用的高级数据链路控制协议（high level data link control procegures,HDLC)的扩展。

2) B-ISDN(宽带综合业务数字网)

上一节介绍的窄带综合业务数字网(N-ISDN)是以电话网为基础发展而来的。它以电路交换和分组交换两种模式提供各类业务,只是在用户/网络接口上实现了综合,缺点是数据速率太低,不适合视频信息等需要高带宽的应用,具体有以下几点:

（1）信息的传送速率有限。用户/网络接口速率局限于 2Mb/s 以内,无法实现电视业务和高速数据业务,难以满足更新的业务需求。

（2）网络结构复杂。在网络和用户系统中,电路交换和分组交换模式并用,要求有双重交换模式的功能,N-ISDN 只在用户/网络接口上实现了业务综合,但在交换和传输层并没有统一,必然增加系统内中继网的种类,从而影响了系统的可靠性、运行成本和维护性。

(3) 新业务的适应能力较差。N-ISDN 的基础是综合数字网(IDN),所支持的业务主要是 64kb/s 的电路交换业务,这种业务对技术发展的适应性较差。例如,即使信源编码技术使得语音传输速率低于 64kb/s,但由于 N-ISDN 网络本身传输和交换的基本单位是 64kb/s,网络分配的资源仍为 64kb/s,使用先进的信源编码技术也无法提高网络资源的利用率。

(4) 信道应用范围小。N-ISDN 采用双绞线,只能支持语音及静止图像和低速数据的非语音业务,不能支持不同传输要求的多媒体业务(包括数据、语音、视频等),无法适应宽带业务的需求。

由于 N-ISDN 存在以上的局限性,因此需要一种高效、高质量地支持各种业务并采用新的传输方式、交换方式、用户接入方式以及网络协议的宽带通信网络。在这一背景下 B-ISDN 应运而生,其技术的核心是高效的传输、交换和复用技术。20 世纪 80 年代,国际电联 ITU-T 成立了专门的研究组织,开发 B-ISDN 技术,并在 I.321 建议中提出了 B-ISDN 体系结构和基于分组交换的异步传递模式(asynchronous transfer mode,ATM)技术,并将 ATM 推荐为 B-ISDN 的信息传递模式。有关 ATM 技术将在后面章节中详细介绍。

3. xDSL 接入

DSL(digital subscriber line,数字用户线路)是以铜质电话线为传输介质,并利用数字技术对现有的模拟电话用户线进行改造,使它能够承载宽带业务。前缀 x 则表示在数字用户线上实现的不同宽带方案。对于公共电话网而言,虽然标准模拟电话信号的频带被限制在 300~3400kHz 的范围内,但用户线本身实际可通过的信号频率仍然超过 1MHz。xDSL 技术就把 0~4kHz 低端频谱留给传统电话使用,而把原来没有被利用的高端频谱留给用户上网使用。

表 4-1 所示是 xDSL 的几种类型。其中,ADSL(asymnietric digital subscriber line)是非对称数字用户线,HDSL(high speed DSL)是高速数字用户线,SDSL(single-line DSL)是 1 对线的数字用户线,VDSL(very high speed DSL)是其高速数字用户线,而 DSL 是使用 ISDN(integrated services digital network)综合业务数字网用户线。1999 年 7 月 ADSL 有了 ITU 的标准:SPG.992.1(又叫作 G.DMT,表示它使用 DMT 技术)。

表 4-1 xDSL 的几种类型

xDSL	对 称 性	下行带宽	上行带宽	极限传输距离/km
ADSL	非对称	1.5Mb/s	64kb/s	4.6~5.5
ADSL	非对称	6~8Mb/s	640kb/s~1Mb/s	2.7~3.6
HDSL(2 对线)	对称	1.5Mb/s	1.5Mb/s	2.7~3.6
HDSL(1 对线)	对称	768kb/s	768kb/s	2.7~3.6
SDSL	对称	384kb/s	384kb/s	5.5
SDSL	对称	1.5Mb/s	1.5Mb/s	3
VDSL	非对称	12.96Mb/s	1.6~2.3Mb/s	1.4
VDSL	非对称	25Mb/s	1.6~2.3Mb/s	0.9
VDSL	非对称	52Mb/s	1.6~2.3Mb/s	0.3
DSL(ISDN)	对称	160kb/s	160kb/s	4.6~5.5

　　表 4-1 中的极限传输距离与数据率以及用户线的线径都有很大的关系(用户线越细,信号传输时的衰减就越大),而所能得到的最高数据传输速率与实际的用户线上的信噪比密切相关。例如,0.5mm 线径的用户线,传输速率为 1.5～2.0Mb/s 时可传送 5.5km,但当传输速率提高到 6.1Mb/s 时,传输距离就缩短为 3.7km。如果把用户线的线径减小到 0.4mm,那么在 6.1Mb/s 的传输速率下就只能传送 2.7km。

　　下面简单介绍常用的 ADSL。由于用户在上网时主要是从因特网下载各种文档,而向因特网发送的信息一般都不大,因此 ADSL 把上行和下行带宽做成不对称的。上行指从用户到 ISP,而下行指从 ISP 到用户。

　　ADSL 在用户线(铜线)的两端各安装一个 ADSL 调制解调器。这种调制解调器的实现方案有许多种。比较成熟的 ADSL 标准有两种,即 G.DMT 和 G.Lite。G.DMT 是全速率的 ADSL 标准,支持 8Mb/s/1.5Mb/s 的高速下行/上行速率。但是,G.DMT 要求用户端安装 POTS 分离器,比较复杂且价格昂贵。G.Lite 标准速率较低,下行/上行速率为 1.5Mb/s/512kb/s,但省去了复杂的 POTS 分离器,成本较低且便于安装。就适用领域而言,G.DMT 比较适用于小型或家庭办公室(SOHO),而 G.Lite 则更适用于普通家庭用户。ADSL 最大的好处就是可以利用现有电话网中的用户线,不需要重新布线。

4.4 移动通信网络

　　移动通信是指通信的一方或双方可以在移动中进行的通信,也就是说至少有一方具有可移动性。通信过程可以是移动用户之间的通信,也可以是移动用户与固定用户之间的通信。

4.4.1 移动通信网络简介

1. 移动通信网络的特点

　　移动通信网一方面要给用户提供与固定网络相同的通信业务,另一方面由于用户的移动性和信号传播环境的不同,使得移动通信具有与固定通信不同的特点。

　　(1)用户的移动性。要保持用户在移动状态中的通信,必须采用无线通信,或无线通信与有线通信的结合。系统中要有完善的管理技术来对用户的位置进行登记、跟踪,使用户在移动时也能进行通信,不因为位置的改变而中断。

　　(2)电波传播条件复杂。移动台可能在各种环境中运动,如建筑群或障碍物等,电磁波在传播时不仅有直射信号,还会产生反射、折射、绕射、多普勒效应等现象,从而产生多径干扰、信号传播延迟和展宽等影响。因此,必须充分研究电波的传播特性,使系统具有足够的抗衰落能力,才能保证通信系统的正常运行。

　　(3)噪声和干扰严重。移动台在移动时不仅会受到环境中的各种噪声干扰,而且系统内的多个用户之间也会产生互调干扰、邻道干扰、同频干扰等,这就要求移动通信系统中需要对信道进行合理的划分和频率的复用。

　　(4)系统和网络结构复杂。移动通信系统是一个多用户通信系统和网络结构,必须使用户之间互不干扰,能协调一致地工作。

　　(5)有限的频率资源。在有线网中,可以依靠多铺设电缆或光缆来提高系统的带宽资源。而在无线网中,频率资源是有限的。ITU 对无线频率的划分有严格的规定,如何提高频率利用率是移动通信系统的一个重要课题。

2. 移动通信系统分类

移动通信系统依据用途可分为专用移动通信系统和公用移动通信系统。

1）专用移动通信系统

专用移动通信系统主要包括无绳电话系统、集群移动通信系统和移动卫星通信系统等。

(1) 无绳电话系统。无绳电话是指用无线信道代替普通电话线,在限定的业务区内给无线用户提供移动或 固定公众电话网业务的电话系统。它是一种强调末线接入的系统,必须依附于其他通信网络,主要是依附公众电话网。早期的无绳电话十分简单,只是把一部电话单机分成座机与手机两部分,两者用无线电连接。这种无绳电话主要用于家庭和办公室,可以在 100～200m 的小范围内移动。实际上,无绳电话已经逐步向网络化和数字化方向发展,从室内向室外发展,从专用系统向公用系统发展,并成为扩展个人通信业务(PCS)的一个重要途径。

20 世纪 90 年代相继推出的数字无绳标准,有欧洲的泛欧数字无绳系统(DECT)、日本的个人便携电话系统(PHS)和美国的个人接入通信系统(PACS),这些数字无绳电话系统具有容量大、覆盖面宽、支持数据通信业务、微蜂窝越区切换和漫游以及应用灵活等特点,采用了多信道共用和动态信道选择/分配(DCS/DCA)技术。我国自 1998 年由中国电信开通个人接入系统(PAS),即"小灵通",它源自于日本的 PHS 系统,并结合我国实际情况进行了技术改造。

(2) 集群移动通信系统。集群移动通信是一种移动调度系统。系统的可用信道为全体用户共用,该系统具有自动选择信道的功能,是共享资源、分担费用、共用信道设备及服务的多用途、高效能无线调度通信系统。集群移动通信系统是传统的专用无线调度网的高级发展阶段。

在国外,主要的数字集群标准有欧洲的 TETRA(泛欧数字集群)和美国摩托罗拉公司的 IDEN(数字集群调度网)。在国内,除了引进以上两个标准之外,华为开发了基于 GSM(第一阶段)和 TD-SCDMA(第二阶段)技术的 GT800 系统,中兴开发了基于 CDMA2000 技术的 GoTa 系统。此外,公安部在 2013 年 6 月正式发布了具有我国自主知识产权的数字集群标准 PDT(警用数字集群)。

(3) 移动卫星通信。移动卫星通信系统是指利用通信卫星作为中继站,为移动用户之间或移动用户与固定用户之间提供电信业务的系统。它是卫星通信和移动通信相结合的产物,可以说是卫星通信发展到可以处理移动业务的一个阶段。从另一方面来说,它也可以看作地面蜂窝系统的延伸与扩大(当然它也可以独立组网),是地面蜂窝系统实现全球无缝覆盖的重要途径之一。

2）公用移动通信系统

公用移动通信系统的组网方式可以分为大区制和小区制,小区制移动通信又称蜂窝移动通信,是使用更为广泛的形式。现代移动通信均采用小区制,因此蜂窝移动通信系统已基本成为公用移动通信系统的代名词。后文中提到移动通信系统如果不加说明一般是指蜂窝移动通信系统。后面将详细介绍蜂窝移动通信系统。

3. 蜂窝移动通信

蜂窝移动通信系统的发展过程可以划分为如下几个阶段：第一代(1G)是模拟系统；第二代(2G)是数字话音系统，数字话音/数据系统是超二代(或 2.5G)移动通信系统；第三代(3G)是宽带数字系统；而第四代(4G)是极高速数据速率系统。

1) 蜂窝的概念

蜂窝的概念最早是由美国贝尔实验室在 20 世纪 60～70 年代提出的，它是解决移动通信频率受限和用户容量问题上取得的一个重大突破，也是蜂窝系统得以成为公用移动系统的基础。它能在谱资源上提供非常大的容量，而不需要在技术上进行重大修改。蜂窝的概念是一个系统级的概念，其思想是用许多小功率的发射机来代替单个的大功率发射机，每一个小的覆盖区只提供服务范围内的一小部分覆盖。每个基站分配整个系统可用信道中的一小部分，相邻基站则分配另外一些不同的信道，这样所有的可用信道就分配给了相对较小数目的相邻的基站。给相邻的基站分配不同的信道组，基站之间及在它们控制之下的用户之间的干扰最小。通过分隔整个系统的基站及它们的信道组，可用信道可以在整个系统的地理区域内分配，而且尽可能复用，复用的条件之一是基站之间的同频干扰低于可接受水平。

随着服务需求的增长，基站的数目可能会增加，从而提供额外的容量，但没有增加额外的频率，这样，就可以实现用固定数目的信道为任意多的用户服务。下面详细介绍如何利用蜂窝的概念实现频率的复用。

为了用固定数目的信道为任意多的用户服务，覆盖小区的几何形状必须符合以下两个条件：

(1) 能在整个覆盖区域内完成无缝连接而没有重叠。

(2) 每一个小区能进行分裂，以扩展系统容量，也就是能用更小的相同几何形状的小区完成区域覆盖，而不影响系统的结构。

符合这两个条件的小区几何形状有几种可能：正方形、等边三角形和六边形，而六边形最接近小区基站通常的辐射模式——圆形，并且小区覆盖面积最大。这样，每一个覆盖小区用一个六边形来表示，整个覆盖区对应的几何模型看起来就像是由一个个的蜂窝组成，这也是蜂窝系统取名的原因，如图 4-13 所示。当然，这只是理论分析，实际的小区形状要根据地理情况和电波传播情况来定，最终的小区形状可能是不规则的。

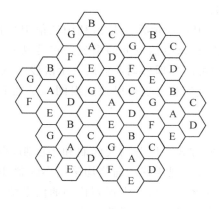

图 4-13　频率复用的几何模型，$N = 7$

通常将使用了系统全部可用频率数 S 的 N 个小区称为区群,或者叫一簇,而将 N 称为区群的大小。图 4-13 中的几何模型表示的是区群大小 N 为 7 的系统,A、B、C、D、E、F 以及 G 表示一个区群中 7 个小区使用的 7 个频率组。观察一下系统几何模型,可以看到区群在复制了 M 次后,完成了对整个区域的覆盖。这样,整个系统的容量 $C=MS$。直观地理解,N 的值越小,区群复制的次数越多,同频复用的能力越强,系统的容量则越大。当然,N 的取值大小取决于系统承受同频干扰的能力。

N 的取值还必须满足式 $N=i^2+ij+j^2$。其中,j 和 i 为 0 或正整数,且不能同时为 0。N 可能的值为 1、3、4、7、9、12,再结合不同系统承受同频干扰的能力,模拟系统的 N 典型值为 7、12;数字系统的 N 典型值为 3、4。

为了找到某一特定小区相距的同频相邻小区,必须按以下步骤进行:①沿着任何一条六边形链移动 i 个小区;②逆时针旋转 $360°/(N-1)$,再移动 j 个小区。图 4-14 表示的是 $i=2,j=1(N=7)$ 的情况。

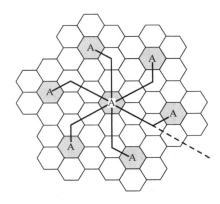

图 4-14　在蜂窝小区中定位同频小区的方法(以 $N=7$ 为例)

在进行了频率规划的蜂窝系统中,随着无线服务需求的提高,要求给单位覆盖区域提供更多的信道。此时,通常采用小区分裂、裂向(扇区化)和覆盖区分区域(分区微小区化)的方法来增大蜂窝系统的容量。小区分裂可使小区面积缩小而不影响区群结构,从而增加单位面积内的信道数;裂向和分区微小区化可减小同频干扰,增强频率复用能力,从而增加单位面积内的容量。

2) 蜂窝移动通信号码

移动通信中,由于用户的移动性,需要有多种号码对用户进行识别、登记和管理。下面介绍几种常用的号码。

(1) 移动台国际 ISDN 号码(mobile station international ISDN number,MSISDN)。MSISDN 即通常人们所说的手机号,其编号结构为 CC+NDC+SN。其中,CC 为国家码(如中国为 86),NDC 为国内地区码,SN 为用户号码,号码总长不超过 15 位数字。

(2) 国际移动用户标识号(international mobile subscriber identification,IMSI)。IMSI 是网络唯一识别一个移动用户的国际通用号码,对所有的移动网来说它是唯一的,并尽可能保密。移动用户以此号码发出入网请求或位置登记请求,移动网据此查询用户数据。此号码也是数据库(如 HLR 和 VLR)的主要检索参数。IMSI 最大长度为 15 位十进制数字。具体分配如下:MCC+MNC+MSIN/NMSI。其中,MCC 为移动国家码,3 位数字,如中国的

MCC 为 460；MNC 为移动网号，最多 2 位数字，用于识别归属的移动通信网；MSIN 为移动用户识别码，用于识别移动通信网中的移动用户；NMSI 为国内移动用户识别码，由移动网号和移动用户识别码组成。

IMSI 编号计划国际统一，由 ITU-TE.212 建议规定，以适应国际漫游的需要。它和各国的 MSISDN 编号计划互相独立，这样使得各国电信管理部门可以随着移动业务类别的增加致力发展自己的编号计划，不受 IMSI 的约束。

每个移动台的 IMSI 只有一个，由电信经营部门在用户开户时写入移动台的 ROM，移动网据此受理用户的通信或漫游登记请求，并对用户计费。当主叫按 MSISDN 拨叫某移动用户时，终接 MSC 将请求 HLR 或 VLR 将其翻译成 IMSI。然后用 IMSI 在无线信道上寻呼该移动用户。

（3）国际移动台设备标识号（international mobile equipment identification，IMEI）。IMEI 是唯一标识移动台设备的号码，又称移动台电子串号。该号码由制造厂家永久性地置入移动台，用户和网络运营部门均不能改变它。其作用是防止有人使用非法的移动台进行呼叫。根据需要，MSC 可以发指令要求所有的移动台在发送 IMSI 的同时发送其 IMEI，如果发现两者不匹配，则确定该移动台非法，应禁止使用。在 EIR 中建有一个"非法 IMEI 号码表"，俗称"黑表"，用以禁止被盗移动台的使用。

ITU-T 建议 IMEI 的最大长度为 15 位。其中，设备型号占 6 位，制造厂商占 2 位，设备序号占 6 位，另有 1 位保留。

（4）移动台漫游号码（mobile station roaming number，MSRN）。MSRN 是系统分配给来访用户的一个临时号码，供移动交换机路由选择使用。移动台的位置是不确定的，它的 MSISDN 中的 NDC 只反映它的移动网号和原籍地。当移动台漫游进入另一个移动交换中心业务区时，该地区的移动系统必须根据当地编号计划赋予它一个 MSRN，经由 HLR 告知 MSC，MSC 据此才能建立至该用户的路由。自移动台离开该区后，访问位置寄存器（VLR）和归属位置寄存器（HLR）都要删除该漫游号码，以便再分配给其他移动台使用。MSRN 由被访地区的 VLR 自动分配，它是系统预留的号码，一般不向用户公开。

（5）临时移动用户识别码（temporaiy mobile subscriber identities，TMSI）。TMSI 是由 VLR 给漫游用户临时分配的，为了对 IMSI 保密，在空中传送用户识别码时用 TMSI 代替 IMSI。TMSI 只在本地有效，即在该 MSC/VLR 区域内有效。

4．蜂窝移动通信关键技术

1）多址技术

移动通信系统中，无线电波通过自由空间进行传播，同一个覆盖区内任一用户均可接收到所传播的电波，用户如何从传播的信号中识别出发送给自己的信号，就成为建立连接的首要问题。当多个用户共享接入一个公共的传输媒质实现通信时，需要给每个用户的信号赋以不同的特征以便进行区分，这种技术称为多址技术。从本质上讲，多址技术是研究如何将优先的通信资源在多个用户之间进行有效的切割和分配，在保证多用户之间通信质量的同时尽可能地降低系统复杂度并获得较高系统容量的一门技术。这种对通信资源进行切割和分配的技术也就是对多维无线信号空间划分的技术。

在不同维度的划分就对应着不同的多址技术。多址方式的基本类型有频分多址（frequency division multiple access，FDMA）、时分多址（time division multiple access，

TDMA)、空分多址(space division multiple access, SDMA)、码分多址(code division multiple access, CDMA)、正交频分多址(orthogonal frequency division multiple access, OFDMA)等。实际移动通信系统中用的是 FDMA、TDMA、CDMA、OFDMA 以及它们的组合。

(1) FDMA。FDMA 是指把通信系统可以使用的总频带划分为若干个占用较小带宽的频道,这些频道在频域上互不重叠,每个频道就是一个通信信道,分配给一个用户使用。不同的移动台占用不同频率的信道进行通信,所以相互之间不易产生干扰。分配 FDMA 信道后,基站或移动台的发射机就会以某一频段发射信号,在接收设备中使用的带通滤波器只允许指定频道里的能量通过,滤除其他频率的信号,从而将需要的信号提取出来。由于基站要同时和多个用户进行通信,因此基站必须同时发射和接收多个不同频率的信号;另外,任意两个移动用户之间进行通信都必须经过基站的中转,因而必须占用四个频道才能实现双向通信。

FDMA 是最经典的多址技术之一,在第一代蜂窝移动通信网(如 TACS、AMPS 等)中就使用了频分多址。这种方式的特点是技术成熟,对信号功率的要求不严格。但是在系统设计中需要周密的频率规划,基站需要多部不同载波频率的发射机同时工作,而设备多容易产生信道间的互调干扰。现在的蜂窝移动通信网已不单独使用 FDMA,而是和其他多址技术结合使用。

(2) TDMA。TDMA 允许多个用户分时地、周期性地使用同一频道。在时分多址中,时间被分割成周期性的、互不重叠的时段,称为帧,再将帧分割成互不重叠的时隙,每个用户使用一个时隙,此时一个时隙相当于一个逻辑信道。

TDMA 方式为每个用户分配一个时隙。根据一定的时隙分配原则,每个移动台在每帧内只能在指定的时隙向基站发射信号。在满足定时和同步的条件下,基站可以在各时隙中接收到各移动台的信号而互不干扰。同时,基站发向各个移动台的信号都按顺序安排在预定的时隙中传输,各移动台只要在指定的时隙内接收,就能在合路的信号中把发给它的信号区分出来。这样,同一个频道就可以供几个用户同时进行通信,且相互没有干扰。

在 TDMA 通信系统中,小区内的多个用户可以共享一个载波频率,分享不同时隙,这样基站就只需要一部发射机,可以避免像 FDMA 系统那样因多部不同频率的发射机同时工作而产生的互调干扰问题;但系统设备必须有精确的定时和同步来保证各移动台发送的信号不会在基站发生重叠,并且能准确地在指定的时隙中接收基站发给它的信号。

TDMA 技术广泛应用于第二代移动通信系统中。实际应用中多综合采用 FDMA 和 TDMA 技术,即首先将总频带划分为多个子频道,再将一个频道划分为多个时隙,形成信道。例如,2G 系统的代表 GSM 系统就采用 200kHz 的 FDMA 频道,并将其再分割成 8 个时隙,用于 TDMA 传输。

(3) CDMA。CDMA 技术采用了扩频通信的概念,是在扩频技术的基础上实现的,因此在介绍 CDMA 之前,先介绍扩频和伪随机序列的概念。

① 扩频的概念:脉冲信号的宽度越窄,频谱就越宽。所谓扩频调制,就是指用所需要传送的原始信号去调制窄脉冲序列,使信号所占的频带宽度远大于原始信号本身的带宽,这个窄脉冲序列称为扩频码。其逆过程称为解扩。扩频之后,信号扩展在较宽的频带上,来自同一无线信道的用户干扰将减小,使得多个用户可以同时共享同一无线信道。

② 伪随机序列：在信息传输过程中，各种信号之间的差别越大越好，这样相互之间不易发生干扰。要实现这一目标，最理想的信号形式是类似白噪声的随机信号，但真正的随机信号或白噪声不能重复和再现，实际应用中是用周期性的码序列逼近白噪声的性能。CDMA 采用伪随机序列作为扩频码。CDMA 系统中采用的伪随机序列有 m 序列、Walsh 函数等。

CDMA 通信系统中，所有用户使用的频率和时间是重叠的，系统用不同的正交编码序列来区分不同的用户。

小区内所有的移动台共用一个频率，但是每个移动台都被分配带有一个独特的、唯一的码序列。发送时，信号信息和该用户的码序列相乘进行扩频调制，在接收端，接收器使用与发送端同样的码序列对宽带信号进行解扩，恢复出原始信号，而其他使用不同码型的信号因为和接收机本地产生的码型不同而不能被解扩。这种靠不同的码序列来区分不同移动台的技术即被称为码分多址技术。

实际应用中，也是综合采用 FDMA 和 CDMA 技术。首先将总频带划分为多个频道，再将每个频道按码字分割，形成信道。例如窄带 CDMA 中，采用 1.25MHz 的 FDMA 频道，将其再进行码字的分割，形成 CDMA 信道。CDMA 具有系统容量大、话音质量好以及抗干扰、保密等优点，因而在 2G、3G 系统中得到了广泛应用。

（4）OFDMA。OFDMA 技术是在正交频分复用（orthogonal frequency division multiplex，OFDM）技术的基础上发展起来的一种新的多址方式，下面首先介绍 OFDM 频分复用技术，再介绍 OFDMA 多址技术。

① 正交频分复用（OFDM）。OFDM 是一种多载波调制技术，其主要思想是在可用频带内，将信道分成许多正交的子信道，每个子信道上使用一个子载波进行调制，从而将高速数据信号转换成并行的低速子数据流，调制到每个子信道上并行传输，再在接收端采用相关技术来分开正交信号。

② 正交频分多址接入（OFDMA）。OFDMA 利用由于 OFDM 调制中子载波之间的正交性，为每个用户分配这些子载波组中的一组或几组来区分用户并传输数据。

OFDM 技术具有两个关键技术优势。首先正交频分复用能够很好地对抗无线传输环境中的多径效应。多径效应是来自发射器和接收器间的反射，反射在不同时刻到达接收器。分离各反射的时间间隔被称为延迟扩展。当延迟扩展与发送的符号时间（symbol time）大致相等时，会带来较为严重的码间串扰。典型的延迟扩展时长几微秒，与 CDMA 符号时间接近。而 OFDM 利用较低的信号带宽即可满足传输需求，码元时间较长（约为 $100\mu s$），而多径效应的影响也就随之降低。为了进一步缓解多径效应，在每一符号后插入一个约 $10\mu s$、称为循环前缀的警戒边带。其次，OFDM 可以获得很高的频谱利用率。因为 OFDM 技术利用了正交子载波，而相邻子载波的频率间隔可以减小至 $1/T_s$（FDM 中频率间隔需大于 $2/T_s$），因此在相同比特率条件下，并行 OFDM 体制的频带利用率是串行单载波体制的 2 倍。

2）越区切换和位置管理

蜂窝系统由于要处理一些正处在运动状态的用户的通信，因此，其网络系统需要具有越区切换和位置管理等一系列移动性管理措施。其中，越区切换是指当处在通话过程的移动台从一个小区进入另一个小区时，其工作频率及基站与移动交换中心所用的接续链路必须从它离开的小区切换到正在进入的小区。

越区切换分为两大类，一类是硬切换，另一类是软切换。硬切换是指在新的连接建立之前先中断旧的连接；而软切换是指既维持旧的连接又同时建立新的连接，并利用新旧连接的分集合并来改善通信质量，最后在新的连接建立之后再中断旧的连接。软切换和硬切换相比，是一种无缝切换，可以减少掉话的可能性。

位置管理包括位置登记和呼叫传递两个主要任务。在2G中，位置管理采用两层数据库，即归属位置寄存器(HLR)和访问位置寄存器(VLR)，分别记录移动台位置注册信息和实时位置信息。正是有了这些位置信息，才能实现对移动台的快速有效的寻呼，并实现正确的计费。

当移动用户处在非归属服务区的位置，并寻求移动服务时，蜂窝系统可以给其提供漫游服务来实现。

4.4.2　蜂窝移动通信系统

1. 第一代移动通信系统

20世纪70年代中期至80年代是第一代蜂窝移动通信系统的发展阶段。1978年底，美国AT&T公司的贝尔实验室成功研制了先进移动电话系统(AMPS)，建成了蜂窝状移动通信网。之后，日本1979年推出了自己的AMPS版本——800MHz汽车电话系统(HAMTS)，并在东京、大阪、神户等地投入商用，成为全球首个商用蜂窝移动通信系统。西德、英国、法国、瑞典等国也相继开发了蜂窝移动通信网，并投入使用。由于当时并没有关于蜂窝移动通信的标准化组织，AT&T公司就给第一代蜂窝系统制定了自己的标准。后来，电子工业协会(electronic industrial association, EIA)将这个系统命名为暂定标准3(interim standard 3, IS-3)。

AMPS使用频分多路复用(frequency division multiplexing, FDM)来划分信道。系统使用频段范围为824~849MHz的832个单工信道作为移动电话到基站的信道，频率范围为869~894MHz的另外832个单工信道作为基站到移动电话的信道。每个单工信道的频宽为30kHz。也就是说，AMPS拥有832个全双工信道，每个信道由一对单工信道组成。这样的工作方式也被称为频分双工(frequency division duplex, FDD)。

AMPS系统的832个信道被分为4类。控制信道(从基站到移动电话)用于管理系统；寻呼信道(从基站到移动电话)用于提醒移动用户有呼叫到来；接入信道(双向)用于呼叫的建立和信道分配；数据信道(双向)承载语音、传真或数据。由于相同的频率不能在相邻的蜂窝中重用，而每个蜂窝保留了21条信道用于控制，因此每个蜂窝中实际可用的语音信道的数目远远小于832，通常只有45个左右。

在AMPS系统中，每部移动电话有一个32比特的序列号和10位数字的电话号码。10位电话号码共34比特。其中，3位数字的区域码占10比特，7位数字的用户号码占24比特。当电话开机时，它对预先设置的21条控制信道进行扫描，找到最强的那个信号；然后，电话广播自己32个比特的序列号和34个比特的电话号码。尽管语音信道本身是模拟的，但是如同AMPS中所有的控制信息一样，这个数据包以数字形式被多次发送，并带有纠错码。

当基站听到移动电话的广播信息后，它就告诉MTSO；然后MTSO记录下新用户的到达情况，同时通知该用户的 Home MTSO(即该用户手机号注册的位置，例如北京移动)它的当前位置。在正常的操作过程中，移动电话每隔 15min 左右就重新注册一次。

当用户主动拨打电话时，电话将被叫号码以及用户本身的标识通过接入信道发送。如果发生碰撞，它会试着再次发送。当基站接到了来自电话的呼叫请求时，它就通知 MTSO。如果主叫者是该 MTSO 的用户，则 MTSO 为这次呼叫寻找一条空闲的信道。如果找到了可用的信道，它就通过控制信道将可用信道的号码发给电话，然后移动设备就自动切换到被选中的语音信道等待，直到被叫方拿起电话。

入境电话呼叫的工作方式有所不同。刚开始时，所有空闲的电话都在不断地监听寻呼信道，以便检测是否有消息发给它们。当某个移动电话被呼叫时，被叫方的 Home MTSO 就会收到一个分组，询问被叫方现在的位置；然后，该 Home MTSO 就会发送数据包至被叫电话当前所在蜂窝的基站。该基站就在广播信道上发布一条广播消息，例如"14 号，你在吗？"；然后被叫电话在接入信道回答"是的，我在"。基站接着就会这样说"14 号，有人在 3 号信道上呼叫你"。此时，被叫电话切换到 3 号信道，铃声响起。

2. 第二代移动通信系统

20 世纪 80 年代中期至 20 世纪末，是 2G 数字移动通信系统发展和成熟的时期。模拟蜂窝网虽然取得了很大成功，但也暴露了一些问题，例如频谱利用率低、移动设备复杂、资费较贵、业务种类受限制以及通话易被窃听等，最主要的问题是其容量已不能满足日益增长的移动用户需求。解决这些问题的方法是开发新一代数字蜂窝移动通信系统。数字无线传输的频谱利用率高，可大大提高系统容量；另外，数字网能提供语音、数据等多种业务服务，并与 ISDN 等兼容。1983 年，欧洲开始开发 GSM 系统。GSM 是全球移动通信系统(global system for mobile communications)的英文缩写，是由欧洲电信标准组织 ETSI 制订的一个数字移动通信标准。它的空中接口采用时分多址技术。自 20 世纪 90 年代中期投入商用以来，被全球超过 100 个国家采用。

1) GSM 系统设计目标

GSM 系统发展的核心目的是以可携带无线电收发终端(手机)及分布式无线电网络推进 4A 绝对目标(不可能达到)的实际应用，4A 目标是任何人在任何时间、任何地点、任何情况下都能轻易得到可利用的信息。

全球移动通信系统(GSM)的主要功能由以下三个层次组成。

(1) 第一层：面对用户的通信功能(移动状态)。它包括语音通信服务：GSM 用户间(含漫游状态)、GSM 与固定用户(含长途通信)；数据服务：与 ISDN 用户连接、与 GSM 用户连接、与分组交换用户连接等；短信息服务：点对点短信息服务、信息广播服务。

(2) 第二层：保障通信服务的内部系统功能。它包括临时无线电信道的建立和拆除(含利用光纤电信网络实现等待时间短、可靠接入)、用户定位管理(含用户确认)、用户交接、通信安全性保障、收费管理(用户也需优良合理的收费管理)等。

(3) 第三层：保障上两层功能的系统运行、故障检测功能。GSM 序体系由系统分系统、子系统、子系统各自的多层次动态组成，在此只介绍总体层次的序。总体层次序为：以时分多址为主，辅以频分支持。蜂窝结构小区：小区交换链接构成移动状态通信；长距通信(尤其是长途漫游)利用电信网以节省资源；开放式体系组成以标准和协议作为组成框架。

2）GSM 系统网络结构

图 4-15 所示为 GSM 系统组成示意图。GSM 系统的组成与 AMPS 非常相似。不同的是，GSM 系统中的移动电话本身可以分成手机和可移动芯片两部分。芯片称为 SIM 卡，即用户识别模块（subscriber identity module）。SIM 卡包含了移动电话和网络相互识别对方和加密通话所需要的信息，以此激活手机，实现手机与移动通信网络的通信。

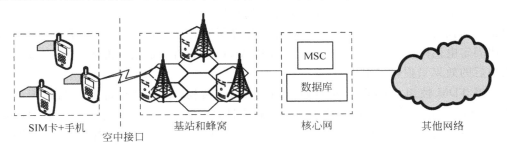

图 4-15　GSM 系统网络结构

移动电话通过空中接口与蜂窝基站通信。每个蜂窝基站都连接到一个基站控制器（base station controller，BSC）。由该控制器控制蜂窝无线资源的分配并处理切换事务。BSC 又被连接到 MSC，由 MSC 负责电话呼叫的路由并和 PSTN（公共交换电话网）相连。

呼叫过程中 MSC 必须知道目前在哪儿可以找到被叫手机。为此，MSC 维护一个称为访问寄存器（visitor location register，VLR）的数据库，该数据库记录了所有附近与该 MSC 相关联的移动电话。此外，MSC 还维护记录着每个移动电话的最后已知位置的数据库，即归属位置寄存器（home location register，HLR）。利用该数据库可把入境呼叫路由到正确的位置。这两个数据库必须在移动电话从一个蜂窝移动到另一个蜂窝时及时更新。

空中接口是蜂窝移动通信的重要技术环节。GSM 空中接口的频率范围较为宽泛，可支持更多的用户数量，包括 900MHz、1800MHz 和 1900MHz。与 AMPS 类似，GSM 也是一种频分双工系统。也就是说，每个移动电话在某个频率上发送而用另一个更高的频率接收。与 AMPS 不同的是，GSM 的一对频率按照时分多路复用又被细分成多个时间槽。这样多个移动电话可共享这一对频率。

为了处理多个移动电话，GSM 信道比 AMPS 信道宽了许多（GSM 的每个信道宽 200kHz，而 AMPS 的信道宽 30kHz）。运行在 900MHz 频段的 GSM 系统有 124 对单工信道。每个单工信道宽 200 kHz，采用时分复用技术可支持 8 个单独的连接。每个当前活跃的移动电话被分到某对信道的某个时间槽。从理论上讲，每个蜂窝可支持 992 个信道，但其中有不少是不能用的，这主要是为了避免与邻近蜂窝的频率冲突。需要注意的是，GSM 系统不能在同一时间发送和接收，因此发送和接收不能出现在同一个时间槽内。并且，从一个状态（发送或者接收）切换到另一个也需要一定的时间。如果移动设备分配得到 890.4/935.4MHz 频段以及第二个时间槽，那么当它需要给基站发送数据时，它就连续使用该时间槽直到发送完全部数据。

下面介绍 GSM 系统物理层的帧结构。一个 TDM 帧包含 1280 比特，包括 8 个时间槽的数据帧。每个数据帧包含 148 比特大小的数据，它占用信道 577μs（包括每个时间槽之后的 30μs 保护时间）。每个数据帧的开始和结束都有 3 个比特 0，用于帧的分界；还包含 2 个

57 比特的 Information(信息)字段。每个 Information 字段都有一个控制比特,指出相关的 Information 字段包含的是语音还是数据。在两个 Information 字段之间是 26 比特的 Sync 字段,接收方利用这个字段同步到发送方的帧边界。

发送一个数据帧需要 547μs,但在每 4.615ms 以内,一个发射器只允许发送一个数据帧,因为它和其他 7 个站共享同一个信道。每条信道的总传输率为 270 855b/s,分给 8 个用户使用。然而,如同 AMPS 一样,各种额外开销吃掉了相当大一部分的带宽,最终每个用户在纠错之前拥有的有效载荷只有 24.7kb/s。经过纠错之后,留给语音的只剩下 13kb/s,虽然相比固定电话网络中 64kb/s 未经压缩的 PCM,这里的语音带宽少得多,但在移动设备经过压缩后的效果只损耗了很少一点。

一组 TDM 帧组合起来形成多帧(multiframe)结构,多帧也有特定的结构形式。从图 4-16 可以看出,8 个数据帧构成了一个 TDM 帧,26 个 TDM 帧又构成了一个 120ms 的多帧。在一个包含 26 个 TDM 帧的多帧中,第 12 帧用于控制,第 25 帧保留为将来使用,所以只有 24 个 TDM 帧可用于传输用户流量。

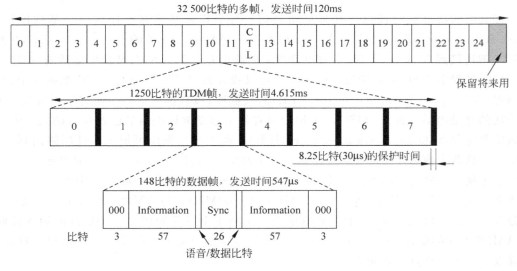

图 4-16　GSM 帧结构

除了图 4-16 中显示的具有 26 个 TDM 帧的多帧结构以外,GSM 还使用了 51 个 TDM 帧的多帧结构。GSM 系统需要将多余的 TDM 帧用于控制信道,通过这些控制信道来管理系统。下面详细介绍这些信道。广播控制信道(broadcast control channel)从基站输出一个连续流,其中包含了该基站的标识和信道的状态。所有的移动站都监视它们的信号强度,以了解何时移动到了一个新的蜂窝中。专用控制信道(dedicated control channel)用于移动用户的位置更新、注册和呼叫的建立。每个 BSC 维护 VLR 所需要的信息都是在专用控制信道中发送的。公共控制信道(common control channel)分为 3 个逻辑子信道。第一个子信道是寻呼信道(paging channel),基站用它通告有关入境呼叫的情况。每个移动站都不停地监视该信道,以便接听呼叫自己的电话。第二个子信道是随机接入信道(random access channel),它允许用户在专用控制信道上请求时间槽。如果两个请求冲突,它们都会遭到拒绝,必须稍后重新尝试发送请求。移动站利用专用控制信道的时间槽来发起一次电话呼叫。

第三个子信道为接入授予信道(access grant channel),用于宣布分配获得的专用控制信道的时间槽。

最后,GSM 不同于 AMPS 之处还在于如何处理切换。在 AMPS 中,MSC 完全负责切换而无须移动设备的协作。随着 GSM 中信道被划分成时间槽,移动设备在大部分时间内既没有发送动作也没有接收动作。这样,移动设备可以利用这些空闲的时间槽测量到附近其他基站的信号质量,它把测量获得的信息发送给 BSC。BSC 用这些信息来确定移动电话是否正在离开一个蜂窝并进入另一个蜂窝,从而决定是否执行切换。这种设计称为移动辅助切换(mobile assisted hand off,MAHO)。

3. 第三代移动通信系统

1985 年,国际电信联盟(ITU)提出了第三代移动通信系统的概念,伴随着对第三代移动通信的大量论述以及 2.5G(B2G)产品 GPRS(通用无线分组业务)系统的过渡,3G 走上了通信舞台的前沿。从第三代移动通信系统开始,其设计目标不仅限于高质量的语音,还包括消息传输(包括电子邮件、传真、短信等)、多媒体传输(音乐、视频)以及 Internet 接入。通常也把提供这些功能的系统统称为通用移动通信系统,简称 UMTS(universal mobile telecommunications system)。

1) 3G 的设计目标

第三代移动通信系统中采用了 RAKE 接收、智能天线、高效信道编译码、多用户检测、功率控制和软件无线电等多项关键技术。总体来说,第三代移动通信系统预期达到如下的设计目标。

(1) 全球化:3G 的目标是在全球采用统一标准、统一频段、统一大市场。IMT-2000 是全球性的系统,各个地区多种系统组成了一个 IMT-2000 家族,各系统设计上具有很好的通用性。与固定网的业务也具有很好的兼容性;ITU 划分了 3G 的公共频段,全球各地区和国家在实际运用时基本上能遵从 ITU 的规定;全球 3G 运营商之间签署了广泛的协议,基本形成了大一统的市场。基于以上条件,3G 用户能在全球实现无缝漫游。

(2) 多媒体化:提供高质量的多媒体业务,如话音、可变速率数据、移动视频和高清晰图像等多种业务,实现多种信息一体化。

(3) 综合化:多环境、灵活性,能把现存的无绳、蜂窝(宏蜂窝、微蜂窝、微微蜂窝)、卫星移动等通信系统综合在统一的系统中(具有从小于 50m 的微微小区到大于 500km 的卫星小区),与不同网络互通,提供无缝漫游和业务一致性;网络终端具有多样性;采用平滑过渡和渐进式演进方式,即能与第二代移动通信系统共存和互通,采用开放式结构,易于引入新技术;3G 的无线传输技术满足三种传输速率,即室外车载环境下为 144kb/s,室外步行环境下为 384kb/s,室内环境下为 2Mb/s。

(4) 智能化:主要表现在优化网络结构方面(引入智能网概念)和收发信机的软件无线电化。

(5) 个人化:用户可用唯一的个人电信号码在任何终端上获取所需要的电信业务,这就超越了传统的终端移动性,也需要足够的系统容量来支持。

第三代移动通信系统除了具有上述基本特征之外,还具有高频谱效率、低成本、优质服务质量、高保密性及良好的安全性能、收费制度合理等特点。

2) 3G 的技术标准

1996 年 ITU 将 3G 更名为国际移动通信-2000(IMT-2000),其含义为该系统预期在

2000 年左右投入使用,工作于 2000MHz 频段,最高传输数据速率为 2000kb/s。在此期间,世界上许多著名电信制造商或国家和地区的标准化组织向 ITU 提交了十几种无线接口协议。通过协商和融合,1999 年,在芬兰赫尔辛基召开的 ITU TG8/1 第 18 次会议最终通过了 IMT-2000 无线接口技术规范建议(IMT. RSPC),基本确立了 IMT-2000 的三种主流标准,即欧洲和日本提出的 WCDMA、美国提出的 CDMA2000 和中国提出的 TD-SCDMA,如表 4-2 所示。

表 4-2 3G 的三种技术标准

制 式	WCDMA	CDMA2000	TD-SCDMA
采用国家和地区	欧洲、美国、中国、日本、韩国等	美国、韩国、中国等	中国
继承基础	GSM	窄带 CDMA(IS-95)	GSM
双工方式	FDD	FDD	TDD
同步方式	异步/同步	同步	同步
码片速率/(Mchip/s)	3.84	1.2288	1.28
信号带宽/(MHz) .	2×5	2×1.25	1.6
峰值速率/(kb/s)	384	153	384
核心网	GSM MAP	ANSI-41	GSM MAP

3) WCDMA 系统

WCDMA 系统架构第二代系统及部分第一代系统是一样的,都包括用户设备(UE)、无线接入网(UTRAN)和核心网(core network,CN),如图 4-17 所示。

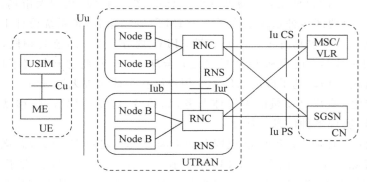

图 4-17 WCDMA 系统架构

UE 包括移动设备(ME)和用户识别模块(USIM),与 GSM 系统相同。

UTRAN 包含一个或多个无线网络子系统(RNS),每个 RNS 包含一个无线网络控制器(RNC)和一个或多个基站(Node B)。RNC 通过 Iur 接口彼此互连,而 RNC 与 Node B 之间通过 Iub 接口相连。移动终端(UE)与 UTRAN 之间通过空中接口 Uu 相连。RNC 是负责控制无线资源的网元,Node B 的主要功能是进行空中接口物理层处理,如信道编码、速率匹配等。UTRAN 通过 Iu 接口与核心网(CN)相连。

CN 负责处理 WCDMA 系统内语音呼叫和数据连接,并实现与外部网络的交换和路由功能。CN 从逻辑上分为电路交换(CS)域和分组交换(PS)域,CS 主要负责语音等业务的传输与交换,而 PS 主要负责非语音类数据业务。

WCDMA 无线接口协议结构中,物理层用于处理高层传来的数据,并采用信道编码、交织、加扰、扩频和调制等措施使得这些数据在无线信道上能够可靠地传输。一个物理信道通过载波频率、扰码和信道化码、无线帧长以及有效的相对相位角等来标识。时间长度以整数个码片来标识。在 WCDMA 系统中,一个无线帧时长为 10ms,一帧中有 38 400 个码片。每帧包括 15 个时隙,则一个时隙有 2560 个码片。由于采用了正交可变扩频因子(OVSF),每个时隙可使用不同的扩频因子,由此决定每个时隙可以传送不同的比特数目。扩频因子通常为 4~256,对应的传输能力为 15~960kb/s。WCDMA 物理层帧结构如图 4-18 所示。

图 4-18 WCDMA 物理层帧结构

4. 第四代移动通信系统

2005 年,ITU 给了 B3G(超三代移动通信系统)/4G 一个正式名称 IMT-Advanced (international mobile telecommunications advanced)。2009 年,在其 ITU-RWP5D 工作组第 6 次会议上收到了 6 项 4G 技术提案,并在 2010 年正式确定 LTE-Advanced 和 802.16m 作为 4G 国际标准候选技术。4G 技术是各种技术的无缝链接,其关键技术包括正交频分复用(OFDM)技术、软件无线电、智能天线技术、多输入多输出(MIMO)技术和基于 IP 的核心网。自 2013 年 6 月韩国电信运营商 SK 全球率先推出 LTE-A 网络,宣告 4G 商用网络正式进入移动通信市场。

第四代移动通信技术(4G)由 ITU-R 于 2005 年 10 月正式命名为 IMT-Advanced,其系统性能要求对慢速移动用户下行峰值速率能够达到 1Gb/s,对快速移动用户下行峰值速率能够达到 100Mb/s。

2012 年 1 月 18 日,ITU 在 2012 年无线电通信全会上,正式审议通过将 3GPP 提出的 LTE-Advanced 和由 IEEE-SA 提出的 802.16m 技术规范确立为 IMT-Advanced,即 4G 国际标准。这两大方案均包含时分双工(TDD)和频分双工(FDD)两种制式。我国主导研制的 TD-LTE-Advanced(即 LTE-Advanced-TDD)也同时成为 IMT-Advanced 国际标准。我国三大运营商采用的 4G 制式均为 LTE-Advanced,具体如下:

① 联通 4G——TD-LTE、FDD-LTE;② 电信 4G——TD-LTE、FDD-LTE;③ 移动 4G——TD-LTE。

LTE-Advanced 技术是 LTE 技术的升级版。LTE 技术是基于正交频分复用和多入多出天线技术所开发的,在 200MHz 频谱带宽下能够提供下行 100Mb/s、上行 50Mb/s 的峰值速率,被认为是准 4G 系统。下面将主要介绍 LTE 和 LTE-Advanced 系统。

1) LTE/LTE-Advanced 网络架构

LTE/LTE-Advanced 的网络架构如图 4-19 所示。网络由 E-UTRAN(增强型无线接入网)和 EPC(增强型分组核心网)组成。其中,E-UTRAN 由多个基站 eNodeB(增强型

NodeB,简称 eNB)组成。LTE-Advanced 还支持 HeNB(家庭 eNB)和 RN(中继节点),用以提高扩大覆盖区、提高系统容量。EPC 则由 MME(mobility management entity,移动性管理实体)、S-GW(serving gateway,服务网关)和 P-GW(packet data network gateway,分组数据网关)三部分组成。相比 3G 系统,原无线网络控制器 RNC 功能被分散至这些网元中。

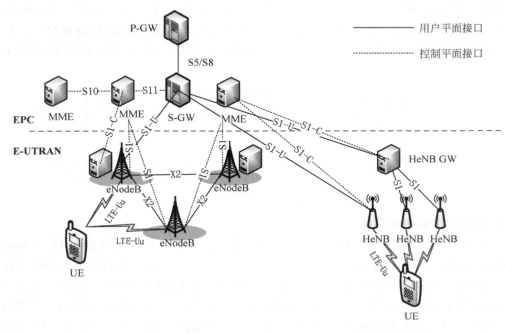

图 4-19　LTE/LTE-Advanced 的网络架构

LTE/LTE-Advanced 网络中的 E-UTRAN 部分只有 eNodeB 一种基站,网络结构更加扁平化,更趋近于典型的 IP 宽带网络结构。EPC 网络中,用 MME 实现控制面功能,用 S-GW 实现用户面功能,从而实现了控制面和用户面的分离。

(1) 无线接入网 E-UTRAN。E-UTRAN 由 eNodeB 这种网元构成,如图 4-20 所示。LTE 体制中传统基站被称为 eNodeB。相比 3G 系统中的 NodeB,eNB 集成了 3G 系统中无线网络控制器(radio network controller,RNC)部分功能,减少了通信时协议的层次。eNB 间底层通过 IP 传输。各个 eNB 节点之间在逻辑上通过 X2 接口相互连接,支持数据和信令的直接传输。这样的设计可以有效地支持用户设备(user equipment,UE)在整个网络内的移动,保证用户的无缝切换。每个 eNB 通过 S1 接口连接到核心网 EPC 的 MME/S-GW,S1-MME 是 eNB 连接 MME 的控制面接口,S1-U 是 eNB 连接 S-GW 的用户面接口。

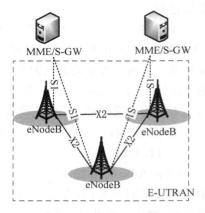

图 4-20　E-UTRAN 的网络架构

eNB 的功能包括无线资源管理功能,即实现无线承载控制、无线许可控制和连接移动性控制。在上下行链路上完成 UE 的动态资源分配和调度;用户数据流的 IP 报头压缩和加密；UE 附着状态时 MME 的选择；实现 S-GW 用户面数据的路由选择；执行由 MME 发起的寻呼信息和广播信息的调度和传输；完成有关移动性配置和调度的测量以及测量报告。

(2) 核心网 EPC。核心网 EPC 负责对用户终端的全面控制和有关承载的建立，主要由移动性管理实体、服务网关和分组数据网关组成。

① MME。MME 是 EPC 的主要控制单元，负责 UE 和 EPC 间信令交互实现移动性管理。MME 的主要功能包括：

- 负责 UE 的接入控制：通过与归属用户服务器(home subscriber server, HSS)交互获取用户的签约信息，对 UE 进行鉴权认证；
- UE 附着、位置更新和切换过程中，MME 需要为 UE 选择 S-GW/P-GW 节点；
- UE 处于空闲状态时，MME 需对 UE 进行位置跟踪，当下行数据到达时进行寻呼；
- UE 发起业务连接时，MME 负责为 UE 建立、维护和删除承载连接；
- UE 发生切换时，MME 执行控制功能；
- 同时 MME 还负责信令的加密、完整性保护、安全控制。

② S-GW。S-GW 是 UE 附着到 EPC 的"锚点"，主要负责 UE 用户平面的数据传送、转发及路由切换等。当用户在 eNB 之间移动时，S-GW 作为逻辑的移动性锚点，E-UTRAN 内部的移动性管理以及 E-UTRAN 与其他 3GPP 网元之间的移动性管理和数据报路由都通过 S-GW 实现。当用户处于空闲状态时，S-GW 将保留承载信息并临时把下行分组数据进行缓存，以便当 MME 开始寻呼时建立承载。对每一个 UE，同一时刻只存在一个 S-GW。

③ P-GW。P-GW 提供与外部分组数据网络的连接，是 EPC 和外部分组数据网间的边界路由器，是用户数据出入外部 IP 网络的节点。P-GW 负责执行基于用户的分组过滤、UE 的 IP 地址分配和 QoS 保证、执行计费功能、根据业务请求进行业务限速等。

P-GW 将从 EPC 收到的数据转发到外部 IP 网络，并将从外部 IP 网络收到的数据分组转发至 EPC 的承载上。接入到 EPC 系统的 UE 至少需连接一个 P-GW，对于支持多分组数据连接的 UE，可同时连接多个 P-GW。

此外，EPC 中还有策略与计费功能(policy and charging rule function, PCRF)和归属用户服务器(HSS)等实体。PCRF 是策略决策和计费控制的实体，用于策略决策和基于流的计费控制。HSS 是 LTE 的用户设备管理单元，完成 LTE 用户的认证鉴权等功能。

④ 接口。LTE 系统中定义了一系列接口，包括 S1~S12 和 X2 等接口，这里介绍最主要的 X2 接口和 S1 接口。

X2 接口是 eNB 之间相互连接的接口，支持数据和信令的直接传输。X2 接口用户平面提供 eNB 之间的用户数据传输功能，其网络层基于 IP 传输，传输层使用 UDP 协议，高层协议使用 GTP-Usuidao22 协议。X2 接口控制平面在 IP 层之上采用流控制传输协议(stream control transimission protocol, SCTP)作为其传输层协议。S1 接口是 E-UTRAN 和 EPC 之间的接口。其中，S1-MME 是 eNB 连接 MME 的控制面接口，S1-U 是 eNB 连接 S-GW 的用户面接口。

2) LTE/LTE-Advanced 关键技术

相对于 3G 系统的 UMTS 系统，LTE/LTE-Advanced 无线传输能力有了显著提升。LTE 的关键技术主要包括 OFDM、MIMO 和链路自适应技术。LTE-Advanced 则在 LTE

技术的基础上进一步融合了载波聚合技术(carrier aggregation,CA)、增强的MIMO技术、协作多点传输技术(coordinated muti-point transmission,CoMP)、中继技术(relay)以及增强型小区间干扰协调技术(enhanced inter-cell interference coordination,EICIC)。下面对这些技术做简要介绍。

(1) OFDM。LTE/LTE-Advanced系统中,多址接入方案在下行方向采用正交频分多址接入(OFDMA),以提高频谱效率;上行方向采用单载波频分多址接入(SC-FDMA),以降低系统的峰均功率比,从而减小终端体积和成本。

如前面所述,OFDM各子载波相互正交、频谱重叠,可以消除或减小信号波形间的干扰,提高频谱利用率,且抗衰落能力强,适合高速数据传输。但其缺点是峰均功率比(peak to average power ratio,PAPR)较大,导致放大器的功率转换效率较低,不适用于电池电量受限的上行链路。因此LTE上行采用了SC-FDMA,其特点是在每个传输时间间隔内,基站给每个移动台分配一个独立的频段,从而降低上行发射信号的PAPR。

(2) MIMO。多输入多输出技术(MIMO)是指发射机和接收机同时采用多个天线。这样,发送天线和接收天线之间可以建立多条通路,在不增加带宽的情况下,成倍改善移动台的通信质量或提高通信效率。MIMO技术的实质是利用空间中的多径因素,提供空间复用增益和分集增益,空间复用可以提高信道容量,而空间分集则可以增强信道的可靠性,降低信道误码率。

(3) 链路自适应技术。链路自适应技术是指系统根据当前获取的信道信息,自适应地调整无线资源和无线链路,以克服或者适应当前信道变化带来的影响。链路自适应技术主要包括动态功率控制、自适应调制编码、混合自动请求重传等技术。

(4) LTE-Advanced关键技术。为了满足3GPP为LTE-Advanced制定的技术需求,LTE-Advanced引入增强的上行/下行MIMO(enhanced upload/download MIMO)、协作多点传输(CoMP)、中继、载波聚合(CA)、增强型小区间干扰协调(EICIC)等关键技术。

增强的MIMO技术扩展了天线端口数量并同时支持多用户发送/接收,可充分利用空间资源,提高LTE-Advanced系统的上下行容量;协作多点传输技术通过不同基站/扇区的相互协作,有效抑制小区间干扰,可提高系统的频谱利用率;中继技术通过无线回传有效解决覆盖和容量问题,摆脱了对有线回传链路的依赖,增强部署灵活性;载波集合技术可提供更好的用户体验,提升业务传输速率;干扰协调增强可重点解决异构网络下控制信道的干扰协调问题,保证网络覆盖的同时有效满足业务QoS需求。

3) 帧结构和信道类型

(1) 帧结构。LTE系统支持FDD和TDD两种双工模式,其帧结构也分为两种,分别支持FDD模式和TDD模式。

• FDD帧结构。该类型帧适用于全双工或半双工的LTE-FDD系统,其结构如图4-21所示。FDD类型的无线帧长10ms,包含10个子帧,每个子帧含有2个时隙,每时隙为0.5ms。对于FDD而言,上下行的传输是通过成对频谱实现的,因此下行载波中全部子帧都进行下行传输,上行载波则全部用于上行传输。

• TDD帧结构。该类型帧适用于TDD模式,帧结构如图4-22所示。与FDD帧类似,每帧10ms,分为2个5ms的半帧,每个半帧含5个1ms的子帧。子帧分为普通子帧和特殊子帧,普通子帧由2个时隙组成,特殊子帧由3个特殊时隙(DWPTS、GP、

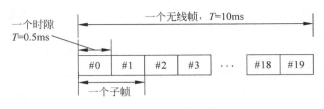

图 4-21 FDD 帧结构

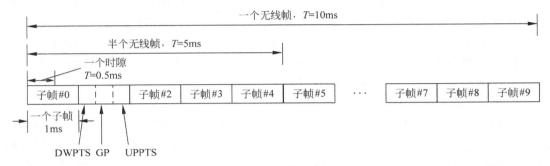

图 4-22 TDD 帧结构

UPPTS)组成。TDD 方式的上下行采用相同频率,因此每个子帧的上下行分配策略可以灵活设置。

(2) 信道类型。LTE 的信道分为逻辑信道、传输信道、物理信道三个不同的层次。

① 逻辑信道。逻辑信道由传递信息的类型所定义,分为控制信道和业务信道两类。控制信道负责控制平面信息的传输,主要包括:

- 广播控制信道(broadcast control channel,BCCH),下行信道,用于广播系统控制信息;
- 寻呼控制信道(paging control channel,PCCH),下行信道,用于发送寻呼信息或通知系统改变信息;
- 公共控制信道(common control channel,CCCH),双向信道,用于 UE 与 eNB 之间连接建立过程中传输控制信息;
- 多播控制信道(multicast control channel,MCCH),下行信道,用于传输与 MBMS 业务相关的控制信息;
- 专用控制信道(dedicated control channel,DCCH),双向信道,用于传输 UE 与 eNB 之间的专用控制信息。

业务信道负责用户平面信息的传输,主要包括:

- 专用业务信道(dedicated traffic channel,DTCH),点到点信道,专用于一个 UE 传输用户信息,可以是上下行双向的;
- 多播业务信道(multicast traffic channel,MTCH),发送点到多点业务用户数据的下行信道。

② 传输信道。下行传输信道类型包括广播信道(broadcast channel,BCH)、下行共享信道(downlink shared channel,DL-SCH)、寻呼信道(paging channel,PCH)、多播信道(multicast channel,MCH);上行传输信道类型主要包括上行共享信道(uplink shared channel,UL-SCH),用于传输上行用户数据或控制信息；随机接入信道（random access channel,RACH），用于传输随机接入前导、发射功率等信息。

③ 物理信道。LTE 物理信道分为上行物理信道和下行物理信道。

LTE 下行物理信道包括物理下行共享信道（physical downlink shared channel, PDSCH）、物理广播信道（physical broadcast channel, PBCH）、物理多播信道（physical multicast channel, PMCH）、物理下行控制信道（physical downlink control channel, PDCCH）、物理控制格式指示信道（physical control format indicator channel, PCFICH）以及物理 HARQ 指示信道（physical HARQ indicator channel, PHICH）。

LTE 上行物理信道包括物理上行共享信道（physical uplink shared channel, PUSCH）、物理上行控制信道（physical uplink control channel, PUCCH）以及物理随机接入信道（physical random access channel, PRACH）。

5. 第五代移动通信系统

第五代移动通信系统（5G）作为面向 2020 年以后移动通信需求而发展的新一代移动通信系统，ITU 将其暂命名为 IMT-2020，其研发工作已在全球范围内展开。5G 将满足人们超高流量密度、超高连接数密度、超高移动性的需求，能够为用户提供高清视频、虚拟现实、增强现实、云桌面、在线游戏等极致业务体验。

在 2015 年 6 月的 ITU-R WP5D 第 22 次会议上，ITU 确定了 5G 的名称、愿景和时间表等关键内容。ITU-R 命名 5G 为 IMT-2020，作为 ITU 现行移动通信全球标准 IMT-2000 和 IMT-Advanced 的延续，标准将在 2020 年制定完成，国际频谱将在 2019 年开始分配。

2013 年 2 月我国就由工业和信息化部、国家发改委、科技部联合推动成立了"IMT-2020(5G)推进组"，致力于推动我国第五代移动通信技术研究和开展工作。与以往移动通信系统相比，5G 需要满足更加多样化的场景和极致的性能挑战。IMT-2020(5G)推进组归纳了 5G 的主要场景和业务需求特征，提炼出连续广域覆盖、热点高容量、低延时高可靠和低功耗大连接四个主要技术场景。5G 的主要技术指标包括：0.1~1Gb/s 的用户体验速率，数十 Gb/s 的峰值速率，每平方千米数十 Tb/s 的流量密度，每平方千米百万的连接数密度，毫秒级的端到端时延。表 4-3 描述了不同场景下的性能指标需求。

表 4-3　5G 典型场景下的性能指标需求

场　　景	性　能　需　求
连续广域覆盖	100Mb/s 用户体验速率
热点高容量	用户体验速率达 1Gb/s；峰值速率达数十 Gb/s；流量密度达每平方千米数十 Tb/s
低功耗大连接	连接数密度达 10^6/km²；超低功耗，低成本
低时延高可靠	空口时延达 1ms；端到端时延达 ms 量级；可靠性接近 100%

5G 将以可持续发展的方式满足未来超千倍的移动数据增长需求，将为用户提供光纤般的接入速率，"零"时延的使用体验，千亿设备的连接能力，超高流量密度、超高连接数密度和超高移动性等多场景的一致性服务，业务及用户感知的智能优化，同时将为网络带来超百倍的能效提升和超百倍的比特成本降低，并最终实现"信息随心至，万物触手及"的 5G 愿景。

我国 5G 技术研发试验于 2016 年 1 月全面启动，分为关键技术验证、技术方案验证和系统方案验证三个阶段推进实施。截至 2017 年 9 月，第二阶段测试中面向 5G 新空口的无线技术测试已顺利完成,2017年年底前已完成网络部分的测试。第三阶段试验已于2017年年底、2018年年初启动,遵循5G统一的国际标准,并基于面向商用的硬件平台,重点开展预商用设备的单站、组网性能及相关互联互通测试,计划在2018年年底前完成。

4.5 广播电视网络

广播电视网即为传统有线电视网CATV(cable television),由无线电视网发展而来,现在是指将视频信号传输到社区和居民家中的电缆或光纤铜缆混合系统。

4.5.1 广播电视网的发展

广播电视网的发展大体可分为三个阶段。

1. 公共天线阶段

广播电视网络的雏形源于1948年美国的一座山谷城市——曼哈尼城。当时电视信号的发射主要是通过地面无线发送,用户通过天线进行接收。由于地形的影响,有些地方信号遮挡严重,用户接收不到或接收到的信号过弱,影响到了用户的收看。为了解决这一问题,有人在山谷高处安装了性能良好的电视接收天线,然后将接收到的电视信号通过放大处理,用同轴电缆再分配到各家各户,从而解决了居住在山谷地区受地形遮挡而收看不到电视节目的问题,由此产生了公用天线系统(community antenna television,CATV),即广播电视网的雏形。

公用天线系统是用一组优质天线以有线方式将电视信号分配到各用户的电视系统。其采用全频道传输方式,传输介质是同轴电缆。前端信号主要采用无线接收或自办节目,一个共用天线系统可以传输五六套电视节目,规模小、设备简单、功能单一、信号的质量较差。共用天线系统改善了楼顶上天线繁多的状况,解决了因障碍物阻挡和发射而导致的接收信号的重影及衰耗问题,有效地改善了接收效果。

2. 电缆电视阶段

随着服务区域的扩大、系统频道的增多,共用天线系统逐渐不能满足人们对收视效果更高的要求,于是出现了电缆电视系统(cable antenna television,CATV)。

电缆电视系统从网络结构看是用主干电缆将各个相对独立的小型共用天线系统连接起来,形成一定规模的城域网络。CATV的前端部分从隔频传输过渡到邻频传输系统,从而提高了网络的传输能力,优化了网络结构,通过采用增补频道传输、推挽放大、功率倍增、温度补偿技术,提高了电缆电视系统的性能和质量。传输介质从过去单一地使用同轴电缆,发展到使用光纤和数字光纤传输系统,并在必要场合有选择地使用多频道微波分配系统(MMDS)、调幅微波链路(AML)、调频微波链路(FML)等微波传输分配手段,提高信号的传输质量和网络覆盖能力。

3. 现代有线电视网络阶段

20世纪90年代后,一些新技术特别是光传输技术的实用化为有线电视实现双向传输奠定了基础,促使有线电视业务由传统的传输电视和广播业务发展为兼顾广播电视业务及数据业务的综合网络。在此背景下,光纤同轴电缆混合(HFC)系统成为现代有线电视网络系统的主要模式。

HFC 是 Hybrid Fiber-Coaxial 的缩写,指混合光纤同轴电缆网。它是一种经济实用的综合数字服务宽带网接入技术。其核心思想是利用光纤替代干线或干线中的大部分段落,剩余部分仍维持原有同轴电缆不变。HFC 通常由光纤干线、同轴电缆支线和用户配线网络三部分组成,从有线电视台出来的节目信号先变成光信号在干线上传输,到用户区域后把光信号转换成电信号,经分配器分配后通过同轴电缆送到用户。

HFC 的主要特点是传输容量大并易实现双向传输。从理论上讲,一对光纤可同时传送150 万路电话或 2000 套电视节目。同时 HFC 还具备如下优势:频率特性好,在有线电视传输带宽内无须均衡;传输损耗小,可延长有线电视的传输距离,25km 内无须中继放大;光纤间不会有串音现象,不怕电磁干扰,能确保信号的传输质量。

现代有线电视网络突破了"有线"的束缚和"电视"的局限,成为具有综合信息服务功能的信息网络体系。不仅有线电视台传输的电视节目数量和质量有了显著增高,而且服务内容超出了单纯的电视节目播放,各种增值服务也开始在有线电视网络中出现。

4.5.2　广播电视网的结构

广播电视系统由信号源、前端、干线传输系统、用户分配网络和用户终端等五部分组成,如图 4-23 所示。

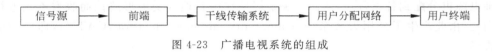

图 4-23　广播电视系统的组成

1. 信号源

信号源包括指向前端系统所需的各种信号。有线电视系统的信号源包括卫星地面站接收的数字和模拟的广播电视信号、各种本地开路广播电视信号、自办节目与上行的电视信号及数据。

2. 前端

前端接收来自本地或远地的空中(开路)广播电视节目、上一级有线电视网传输的电视节目、卫星传送的广播电视节目、微波传送的电视节目以及自办节目等,并具备接收、处理、组合和控制节目信号的功能。

3. 干线传输系统

干线传输系统把前端输出的高频电视信号通过传输媒体不失真地传输给用户分配系统。干线传输系统的主要传输媒介有电缆、光缆和微波等几种。

4. 用户分配网络

用户分配网络是有线电视传输系统的最后部分,它把从前端传来的信号分配给千家万户。用户分配网包括支线放大器、分配器和分支器等组件。

5. 用户终端

用户终端即为播放电视信号的电视机等。

4.5.3　广电接入网双向改造

有线电视网是国家重要的信息化基础设施,具有业务内容丰富、内容可控可管、用户群体巨大等方面的优势,可以满足综合业务发展的需求,符合以视频为主导的宽带业务发展趋势。然而,由于全国各地的经济发展状况的不平衡,加上其他历史和客观原因,各地有线广播电视网络存在很大差异,大多数用户的网络仍然是单向网络。随着业务发展和三网融合的迫切需求,对有线电视网络质量和承载能力提出了更高的要求,有线电视网络必须进行数字化和双向化改造。

对有线电视网络的双向改造主要是传输网络和用户分配网络。重点是用户分配接入网络的双向改造。常见的有线电视分配接入网双向改造的方案主要包括 CM 方案、EPON 方案和 FTTH 方案。

1. CM 方案

CM 方案是利用 HFC 网络进行高速数据接入。CM 是电缆调制解调器(cable modem)的简称。该方案中头端为 CMTS(cable modem tyermination system),客户端为 CM,如图 4-24 所示。

图 4-24 CM 改造方案

CM 方案的优势在于利用现有的 HFC 网络中预留的光纤和无源同轴分配入户的电缆组成双向传输系统,不需要重新铺线,前期投入少,改造工程量小。但是,该方案的缺点在于存在较为严重的反向噪声汇聚和后期改造、维护成本较高。如果用户电器的低频干扰、空端口没有合适的匹配负载,则将造成视频图像失真和话音断续,降低用户视频或 IP 话音等业务的质量。其次,在改造过程中需要将放大器由单向改为双向,增设双向光站、光发送机和光接收机等,成本较高。

CM 产品有欧、美两大标准体系,DOCSIS 是北美标准,DVB/DAVIC 是欧洲标准,这些标准是用于定义如何通过电缆调制解调器提供双向数据业务。北美标准是基于 IP 的数据传输系统,侧重于对系统接口的规范,具有灵活的高速数据传输优势。其中 2008 年 4 月推出 DOCSIS3.0 标准可以为用户提供超过 160Mb/s 的下行速度和超过 120Mb/s 的上行速度。

2. EPON 方案

无源光纤网络(passive optical network,PON)是一种点到多点的光纤接入技术。无源光网络由光线路终端(OLT)、光网络单元(ONU)和光分配网络(ODN)组成。光线路终端(OLT)一般安装在中心控制站,光网络单元(ONU)配套安装于用户所在场所,光配线网(ODN)则位于 OLT 与 ONU 之间。PON 的特征在于 ODN 全部由无源光器件组成,不包含任何有源电子器件。这样避免了外部设备的电磁干扰和雷电影响,减少了线路和外部设备的故障率,简化了供电配置和网管复杂度,提高了系统可靠性,同时节省了维护成本。

以太网无源光网络(ethernet passive optical network,EPON)是基于以太网的 PON 技术。EPON 技术由 IEEE 802.3 EFM 工作组进行标准化。2004 年 6 月,IEEE 802.3 EFM 工作组发布了 EPON 标准 IEEE 802.3ah(2005 年并入 IEEE 802.3—2005 标准)。在该标准中将以太网和 PON 技术结合,在物理层采用 PON 技术,在数据链路层使用以太网协议,利用 PON 的拓扑结构实现以太网接入。因此,它综合了 PON 技术和以太网技术的优点:低成本、高带宽、扩展性强、与现有以太网兼容、方便管理等。

采用 EPON 技术进行有线电视网的双向改造,可直接利用已经铺设好的光缆中剩余的一根光缆作为 EPON 的传输信道。基于 EPON 技术的具体改造方案可分为两种,即 EPON+LAN 和 EPON+EOC。这两种方案的主要区别在于它们采用不同的最后 100m 入户方案,EPON+LAN 采用五类线入户,而 EPON+EOC 使用 EOC 入户。下面详细介绍这两种方案。

1) EPON+LAN

以太无源光网络+局域网方案将光网络单元(ONU)安装至各个楼道,最后采用五类线入户。上行的数字电视电波信号和宽带上网业务由五类线承载,下行的模拟和数字电视信号通过原有的光纤和 HFC 线路承载。最终双线入户解决广电数字网络双向问题,两张网同时运营,不存在相互干扰。另外,如果 CATV 信号波长为 1550nm,可将分前端光纤与 EPON OLT 进行合波,通过一根光纤进行传输,在园区机房再进行分波,分出 CATV 信号和 EPON 光信号,由此可有效节省线路光纤资源。

该方案的优点是技术成熟,设备供应较多,接口和标准规范,大规模组网或用户密度很大时每户成本低,每户带宽大,网络管理简单。缺点是由于 LAN 入户,对仅预埋同轴电缆的建筑需重新布线,施工难度较大。同时,网络设施繁杂,维护较困难。因而,EPON+LAN 方案适合已经铺设好五类线或方便铺设五类线的建筑。

2) EPON+EOC

EOC(ethernet over coax)技术是基于有线电视同轴电缆网并使用以太网协议的接入技术。其基本原理是采用特定的介质转换技术(主要包括阻抗变换、平衡/不平衡变换等),将符合 802.3 系列标准的数据信号通过入户同轴电缆传输。该技术可以充分利用有线电视网络已有的入户同轴电缆资源,解决最后 100m 的接入问题。EOC 传输采用波分复用(WDM)技术将电视信号控制在 45～860MHz 的高端频率上,而以太网的基带数据信号使用 0～20MHz 的低端频率,二者在同线路传输中可以完全独立地传输而互不影响。

EPON+EOC 方案的优点在于可以很好地利用现有资源,使用原有的 HFC 网络,避免庞大的双线入户改造工程,建设成本低,易于实现。该方案不但节约了光纤资源,同时也减少了发送端与用户端之间的有源设备,设备的简化更利于后期维护和管理。

3. FTTH 方案

FTTH(fiber to the home)方案则是将光纤直接连接到家庭。FTTH 方案又可分为单纤三波传输和双纤传输两种传输方式。单纤三波传输就是把 CATV 信号和数据语音信号合并在一根光纤内,利用波分复用技术在 1310nm/1490nm 波段传输数据信号、在 1550nm 波段传输 CATV 视频信号。双纤传输则是利用两条光纤分别传输数据和 CATV 信号。

FTTH 的显著技术特点是采用光纤作为传输媒质,优势主要体现在以下几方面:

(1) 无源网络,从局端到用户,中间基本上可以做到无源。

(2) 带宽较宽,抗电磁干扰符合运营商大规模、长距离的使用需求。

(3) 光波传输,增强了传输数据的可靠性。

(4) 支持的协议比较灵活,适于引入各种新业务。

4.5.4　三网融合

1. 三网融合的概念

2010 年 6 月,国务院正式出台三网融合推广方案。三网融合是指电信网、计算机网和广播电视网三大网络通过技术改造,能够提供包括语音、数据、图像等综合多媒体的通信业务。"三网融合"是为了实现网络资源的共享,避免低水平的重复建设,形成适应性广、容易维护、费用低的高速宽带的多媒体基础平台。

三网融合从概念上可以从多种不同的角度和层面去观察和分析,至少涉及技术融合、业务融合、市场融合、行业融合、终端融合、网络融合乃至行业规制和政策方面的融合等。所谓三网融合实际是一种广义的、社会的说法,从分层分割的观点来看,主要指高层业务应用的融合。主要表现为技术上趋向一致,网络层上可以实现互联互通,业务层上互相渗透和交叉,应用层上趋向使用统一的 TCP/IP 协议,行业规制和政策方面也逐渐趋向统一。融合并没有减少选择和多样化;相反,往往会在复杂的融合过程中产生新的衍生体。三网融合不仅是将现有网络资源有效整合、互联互通,而且会形成新的服务和运营机制,并有利于信息产业结构的优化以及政策法规的相应变革。融合以后,不仅信息传播、内容和通信服务的方式会发生很大变化,企业应用、个人信息消费的具体形态也将会有质的变化。

三网融合将带来以下好处:

(1) 信息服务将由单业务转向文字、话音、数据、图像、视频等多媒体综合业务。

(2) 极大地减少基础建设投入,并简化网络管理,降低维护成本。

(3) 使网络从各自独立的专业网络向综合性网络转变,网络性能得以提升,资源利用水平进一步提高。

(4) 可衍生出更加丰富的增值业务,如图文电视、VoIP、视频邮件和网络游戏等,极大地拓展了业务提供的范围。

(5) 三网融合打破了电信运营商和广电运营商在视频传输领域长期的恶性竞争状态,三大运营商将在"一口锅里抢饭吃",看电视、上网、打电话资费可能打包下调。

三网融合应用广泛,遍及智能交通、环境保护、政府工作、公共安全、平安家居、智能消防、工业监测、老人护理、个人健康等多个领域。随着三网融合进程的推进,手机可以看电视、上网,电视可以打电话、上网,计算机也可以打电话、看电视。三者之间相互交叉,形成你中有我、我中有你的格局。

2. 三网融合的技术基础

在三网融合的运行过程中,需要解决的主要关键技术包括数字技术、宽带技术、IP 技术和软件技术。

1) 数字技术

数字技术的迅速发展和全面采用,使电话、数据和图像信号都可以通过统一的编码进行传输和交换。所有业务在数字网中成为统一的 0/1 比特流,从而使得话音、数据、声频和视频各种内容都可以通过不同的网络来传输、交换、选路处理和提供,并通过数字终端存储起来或者以视觉、听觉的方式呈现。数字技术的迅速发展和全面采用,为各种信息的传输、交换、选路和处理奠定了基础。

2) 宽带技术

宽带技术的主要形式是光纤通信技术。网络融合的目的之一是通过一个网络提供统一的业务。若要提供统一业务就必须要有能够支持音、视频等各种多媒体业务传送的网络平台。这些业务的特点是业务需求量大、数据量大、服务质量要求较高,因此在传输时一般都需要非常大的带宽。另外,从经济角度来讲,成本也不宜太高。因此,容量巨大且可持续发展的大容量光纤通信技术就成了传输介质的最佳选择。宽带技术特别是光通信技术的发展为传送各种业务信息提供了必要的带宽、传输质量和低成本。作为当代通信领域的支柱技术,光通信技术正以每 10 年增长 100 倍的速度发展,具有巨大容量的光纤传输网是"三网"理想的传送平台和信息高速公路的主要物理载体。无论电信网,还是计算机网、广播电视网,大容量光纤通信技术都已经在其中得到了广泛的应用。

3) IP 技术

IP 技术(特别是 IPv6 技术)的产生,满足了在多种物理介质与多样应用之间建立简单而统一映射的需求。

TCP/IP 协议适用于不同传输技术和传输媒体。TCP/IP 协议对各种业务一律平等,不论具体应用是什么,在网络层传输的均为 IP 数据报。利用 IP 协议可以顺利地对多种业务数据、多种软硬件环境、多种通信协议进行集成、综合、统一,对网络资源进行综合调度和管理,使得各种以 IP 为基础的业务都能在不同的网络上实现互通。IP 协议的普遍采用,使具体下层基础网络类型变得无关紧要,各种以 IP 为基础的业务都能在不同传输介质的网络上实现互通。

4) 软件技术

软件技术是信息网络的神经系统。在软件技术的发展中,表现尤其突出的是中间件技术和软交换平台系统。中间件技术能够在不同操作系统、不同网络环境之间,起到联合与协调的作用;软交换平台系统则可以应对日益增长的大规模服务请求,并在可用性、伸缩能力和容错效果方面均表现优异。这两种技术的发展,使得三大网络及其终端都能通过软件变换,最终支持各种用户所需的特性、功能和业务。在硬件方面,现代通信设备已发展成为高度智能化和软件化的产品;在软件方面,软件技术也已经实现三网业务和应用的融合。

4.6　无线传感网络

无线传感器网络(wireless sensor networks,WSN)是一种特殊的无线通信网络,它是由许多个传感器节点通过无线自组织的方式构成的,应用在一些人力不能及的领域,如战场、环境监控等地方。

一般来说,无线传感器网络工作流程如下:首先使用飞机或其他设备在被关注地点撒播大量微型且具有一定数据处理能力的无线传感器节点,节点激活之后以无线方式来搜集它附近的传感器节点,并与这些节点建立连接,从而形成多节点分布式网络。传感器节点通过传感器感知功能采集这些区域的信息,完成数据处理之后,通过节点间相互通信最终传给外部网络。

4.6.1　无线传感网络简介

1. 无线传感网络的结构

无线传感器网络由传感区域内大量的无线节点、Sink 节点、外部网络构成,如图 4-25 所示。其中,无线传感器节点随机地分布在被检测区域内,通过协作感知的形式实现区域内节点间的通信。由于通信范围或者出于能量节省考虑,节点只能与固定范围内的节点交换数据。因此要访问邻居节点以外的节点或者要将数据送到外部网络,必须采用多跳传输。

Sink 节点的能量值和通信距离比传感器节点稍强,负责整个无线通信网络和外部网络之间的信息交换,从而实现外部网关与传感区域内节点的相互通信。例如,其中节点 A 感知到数据之后,通过节点 B、C、D、E 多跳传送给 Sink 节点,再由 Sink 节点传送给外部网络(如 Internet)。

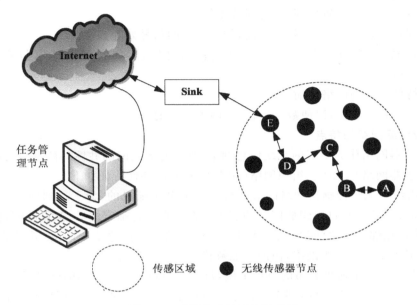

图 4-25　无线传感器网络示意图

无线传感器节点作为网络的最小单元,其系统结构一般由传感器、处理器、电源、信号收发等模块构成,如图 4-26 所示。

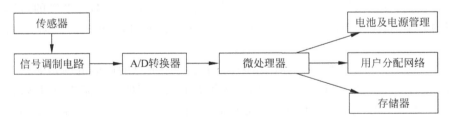

图 4-26　无线传感器网络的节点结构

传感器用于感知、获取监测区域内感兴趣的一些数据,在传感器感知到数据以后,通过信号调制电路转化为模拟信号,通过 A/D 转换电路将模拟信号转换为数字信号,再将数字信号送到处理模块进行处理。处理模块一般来说包括一个微处理器和一个存储器等。经过处理器简单处理之后,数据被传输到射频模块,通过发射机将数据发送给目的节点。电源模块提供所有模块的能量来源,一般采用的是微型电池,因为电源是不可替换的,所以在无线传感器网络中如何节省能量就显得非常重要。

除了以上几个主要模块之外,无线传感器节点还包含有几个辅助的模块,如移动管理单元、节点定位单元等。同时,传感器节点需要一个嵌入式操作系统来管理各种资源和支持各种应用,操作系统可以选择现有的各种商用嵌入式操作系统,如在 WINS NG(Sensoria 公司设计的传感器网络)中就采用微软的 Windows CE 操作系统;也可以自己开发特定的操作系统,如 UC Berkeley 为此专门开发了 TinyOS 操作系统。

在一般情况下节点需支持以下功能:

(1) 动态配置,以支持多种网络功能。

(2) 节点可以动态配置成网关、普通节点等。

(3) 远程可编程,以便增加新的功能,如支持新的信号处理算法。

(4) 定位功能,以便确定自己的绝对或者相对位置,如利用全球定位系统(global position system,GPS)。

(5) 支持低功耗的网络传输。

(6) 支持长距离通信,以便数据传输,如网关之间的通信。

2. 无线传感网络的特点

无线传感器网络作为新兴的无线信息网络,既具有无线网的共性特征,也具备自身的特点。无线传感器网络与无线自组织网络(ad hoc)具有的共性特征如下。

(1) 自组织。无线传感器网络的节点分布一般都是随机的,为了达到网络所要求的可靠性,节点本身必须具有自组织成网络的能力。在节点位置确定之后,节点能够自己寻找其邻居节点,实现相邻节点之间的通信,通过多跳传输的方式搭建整个网络,并且能够根据节点的加入和退出来重新组织网络,使网络能够稳定正常地运行。

(2) 分布式。对于随机分布的节点来说,每一个节点都具有同等的硬件条件,每一个节点的通信距离都是非常有限的,甚至在任意个节点消亡之后网络能够立即重组,没有哪个节点严格地控制网络的运行,因此每个节点的地位都是同等重要的。任意一个节点加入或者退出网络都不会影响网络的运行,抗击毁能力强。

(3) 节点平等。除了 Sink 节点之外,无线传感器节点的分布都是随机的,在网络中以自己为中心,只负责自己通信范围内的数据交换。并且,每个节点都是平等的,没有先后优先级之间的差别,每个节点既可以发送数据也可以接收数据,具有相同的数据处理能力和通信范围。

(4) 安全性差。对于无线传感器网络来说,由于每个节点的通信范围是非常有限的,因此它只与自己通信范围内的节点进行通信。非相邻节点之间的通信需要通过多跳路由的形式来进行,因此数据的可靠性没有点对点通信高。同时,由于无线信道容易受到干扰、窃听等,无线传感器网络的保密性和安全性就显得非常重要。

以上四点是无线传感器网络同 Ad Hoc 类似的特征,然而,由于无线传感器网络是一种以数据为中心的无线网络,并且还要考虑节点的自身条件,因此无线传感器网络还具备如下独有的特征。

(1) 计算能力不高。实际应用中,无线传感器网络往往通过大量撒播的形式来布局到感兴趣的区域。这样,从成本上来考虑,每个节点的成本较低。在限定的成本下每个节点内置的处理器性能相对受限,只能够处理相对简单的数据,并且节点的队列缓存存储长度也非常有限,不适用于特别复杂的计算和存储。这样,传统的 TCP/IP 协议由于其运算的复杂性和对地址的要求,不能运用于无线传感器网络中,无线传感器网络必须使用更具有针对性的协议。

(2) 能量供应不可替代。无线传感器网络中节点是随机撒播的,并且播撒位置通常是环境恶劣或者人力不能及的区域,因此无线传感器节点往往采用电池供电,并且电池不可替代。这样,每一个节点都只有一定的生命周期,如何最大限度地节省传感器节点的能量,延长节点的寿命成了协议要重点考虑的因素。节点的能量消耗主要集中在节点数据的收发和处理上,而数据的发送和接收占据了主要部分。因此,需要在能量节省与信息处理之间找到平衡点,并采用睡眠模式来最大限度地减少节点的运行时间,延长节点的生命周期。

（3）节点变化性强。无线传感器节点的应用环境决定无线传感器节点有可能会因为自然或者人为的因素而发生变化,如拥塞导致的负载发生变化、节点的消亡等,无线传感器网络必须根据节点的变化来调整整个网络的工作状态,提高网络的性能。另外,在网络中还存在一些自由移动的节点,怎样利用这些移动节点来进行通信也对网络提出了挑战,网络的自组织和分布式等特点也决定了网络必须能够快速重新构造网络,能够动态地适应网络的变化。

（4）大规模。无线传感器网络安全性较差,为了保证数据的可靠、高效传输,无线传感器网络在同一区域内会同时播撒大量节点来采集数据,这样许多节点采集的数据可能是一样的,也就是说,网络传输的数据存在较大的冗余性,因此无线传感器网络必须考虑拥塞控制以及数据融合等问题。

3. 无线传感网络的应用

无线传感器网络主要应用在如下几个方面。

1）军事领域

无线传感器网络最早应用在军事领域。无线传感器网络可以协助实现有效的战场态势感知,满足作战力量"知己知彼"的要求。典型应用场景是利用飞行器将大量微传感器节点散布在战场的广阔地域,这些节点自组成网,将战场信息边收集、边传输、边融合,为各参战单位提供情报服务。无线传感器网络也可以为火控和指导系统提供准确的目标定位信息。在生物和化学战中,无线传感网络可以及时、准确地探测爆炸中心,为军队提供宝贵的反应时间,减少伤亡。

无线传感网络已成为美国网络中心战体系中面向武器装备的网络系统,是其侦查系统（C4KISR）的重要组成部分。英特尔公司、微软公司等信息产业界巨头也开始了传感器网络方面的工作,相继设立或启动相应的行动计划。日本、英国、意大利、巴西等国家也对传感器网络表现出了极大的兴趣,并展开了该领域的研究工作。

2）环境监测

无线传感网络在农业监测、环境监测和生态监控等方面均有巨大的应用前景。通过无线传感器网络能够感知环境中的微小变化,如土壤温度、含水量等,城市中尘埃的含量、空气的质量等,野生动物生活环境等,并通过传感器网络在第一时间通知相关专家采取相应的措施。

加拿大奥克那根谷的一个葡萄园中部署了包含 65 个节点的无线传感器网络用于监控环境温度。通过该网络的部署,即使管理者外出也可以收到相关信息,方便随时加强田间管理,提高作物的产量和质量。美国加州大学伯克利分校 Intel 实验室和大西洋学院联合在大鸭岛部署了一个多层次的传感器网络系统,用来监测岛上海燕的生活习性,取得了比较好的效果。

3）医疗护理

无线传感网络在医疗卫生和健康护理等方面具有广阔的应用前景。无线传感器网络为远程医疗提供了有力的保障。利用微型可穿戴传感器实时监控心脏病人或老人身体的各项生理指标参数,通过无线网络及时传输给医护人员,使得医生可以对病人实现远程定位、跟踪和监护,及时实施医疗干预,降低医疗延误。同时,无线传感器网络还可以用于药品管理和贵重医疗设备管理。

4) 智能家居

无线传感器网络为智能家居的实现奠定了技术基础。通过给家用电器内置无线传感器,在无线传感器网络中通过对家居的控制来实现智能家居。随着智能家居相关技术的发展,只需要通过手机或者其他的一些应用,便能够下班前就通知家里电饭煲自动煮饭、洗衣机自动洗衣服。智能家居的发展,节省了人们大量的时间和精力,提高了人们的生活质量。

4.6.2 无线传感网络管理平台

为了使无线传感网络能够更好地协同工作,无线传感网络模型中还设置了三个平台用来管理无线传感系统。

1. 能量管理平台

在无线传感器网络中,传感器节点大多由能量十分有限的电池供电,并长期在无人值守的状态下工作,难以通过更换电池的方式来补充能量,因此必须对无线传感网络进行能量管理,采用有效的节能策略降低节点的能耗,延长网络的生存期。

传感器节点中传感模块的能耗比计算模块和通信模块的能耗低得多,因此,通常只对计算模块和通信模块的能耗进行讨论。最常用的节能策略是采用睡眠机制,即把没有传感任务的传感器节点的计算模块和通信模块关闭,或者调节到更低能耗的状态,从而达到节省能量的目的。此外,动态电压调节和动态功率管理、数据融合、减少控制报文、减小通信范围和短距离多跳通信等方法也能降低节点的能耗。

2. 移动管理平台

在无线传感器网络中由于节点能量耗尽或者通信中断等原因,节点可能暂时或永久退出网络。针对节点数量的逐渐减少,还需要补充一些传感器节点。另外,在一些特殊的应用中,要求有些节点能够自由移动采集数据。对于传感器节点的加入、退出或者移动,网络需要有一个专门的平台来管理这些节点的通信,移动管理平台就是在这样的背景下诞生的。

在无线传感器网络中,移动管理平台的任务主要是维护或者重建节点间的正常路由,保证网络稳定正常地运行和数据的可靠传输,从而实现资源的最大限度利用。

3. 任务管理平台

任务管理平台主要用来调度区域内的任务完成顺序,使网络达到最优。

4.7 万物互联网络

4.7.1 物联网简介

1. 物联网的定义

物联网(the internet of things,IOT)是指物物相连的互联网,从字面意思可知物联网的核心和基础是互联网,物联网是互联网的延伸和扩展。其延伸和扩展到了任何人与人、人与物、物与物之间进行的信息传输与交换。对于物联网(IOT)可以给出如下基本定义:物联网是通过各种信息感知设施,按约定的通信协议将智能物件互联起来,通过各种通信网络进行信息传输与交换,以实现决策与控制的一种信息网络。

这个定义表达了以下三个含义。

1)信息全面感知

物联网是指对具有全面感知能力的物件及人的互联集合。两个或两个以上物件如果能交换信息即可称为物联。使物件具有感知能力需要在物件上安装不同类型的识别装置,譬如电子标签、条形码与二维码等,或通过传感器、红外感应器以及控制器等感知其存在。同时,这一概念也排除了网络系统中的主从关系,能够自组织。

2)通过网络传输

互联的物件要互相交换信息就需要实现不同系统中的实体通信。为了成功通信,它们必须遵守相关的通信协议。同时需要相应的软件、硬件来实现这些规则,并可以通过现有的各种通信网络进行信息传输与交换。

3)智能决策与控制

物联网可以实现对各种物件(包括人)进行智能化识别、定位、跟踪、监控和管理等功能。物联网定义中所说的"物"应具备:①相应的数据收发器;②数据传输信道;③一定的存储功能;④一定的计算能力;⑤操作系统;⑥专门的应用程序;⑦网络通信协议;⑧可被标识的唯一标志。也就是说,物联网中的每一个物件都可以寻址、通信、控制。物件一旦具备这些性能特征就可称之为智能物件。

智能物件是物联网的核心概念。从技术的角度讲,智能物件是指装备了信息感知设施(如传感器或制动器)、微处理器、通信装置和电源的设备。其中,传感器或制动器赋予了智能物件与现实世界交互的能力。微处理器保证智能物件即使在有限的速度和复杂度上,也能对传感器捕获的数据进行转换。通信装置使得智能物件能够将其传感器读取的数据传输给外界,并接收来自其他智能物件的数据。电源为智能物件提供其工作所需要的电能。

简而言之,物联网是智能物件互联的信息网络。

2. 物联网的特征

物联网的核心要素可以归纳为"感知、传输、智能、控制",也就是说,物联网的主要特征表现在以下几个方面。

1)全面感知

物联网的智能物件具有感知、通信与计算能力。在物联网上部署的信息感知设备(包括RFID、传感器、二维码等智能感知设施),不仅数量巨大、类型繁多,而且可随时随地感知、获取物件的信息。每个信息感知设备都是一个信息源,不同类别的感知设备所捕获的信息内容和信息格式不同。例如,传感器获得的数据具有实时性,按一定的频率周期性地采集环境信息,不断地更新数据。

2)可靠传输

可靠传输是指把信息感知设施采集的数据信息利用各种有线网络、无线网络与互联网,实时而准确地传递出去。例如,在物联网上的传感器定时采集的数据信息需要通过网络传输,由于其数据量巨大,形成了海量信息。在传输过程中,为了保障数据的正确性和及时性,必须采用各种异构网络和协议,通过各种信息网络与互联网的融合,才能将物件的信息实时准确地传送到目的地。

3）智能处理

在物联网中,智能处理是指利用数据融合及处理、云计算、模式识别、大数据等计算技术,对海量的分布式数据信息进行分析、融合和处理,向用户提供信息服务。物联网中的数据通常是体量特别大,数据类别特别多的数据集,即大数据,并且这样的大数据无法用传统数据库工具对其内容进行抓取、管理和处理。大数据的本质也是数据,其关键技术依然包括：①大数据存储和管理；②大数据检索使用（包括数据挖掘和智能分析）。围绕大数据,一批新兴的数据挖掘、数据存储、数据处理与分析技术不断涌现,使得处理海量数据更加容易、更加便利和迅速。

4）自动控制

利用模糊识别等智能控制技术对物体实施智能化控制和利用。最终形成物理、数字、虚拟世界和社会共生互动的智能社会,如图 4-27 所示。

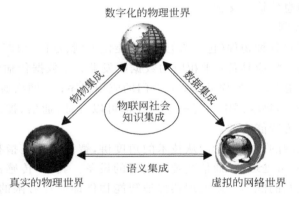

物联网的数据集成与融合模型

图 4-27　物理、数字、虚拟世界和社会互动共生

3. 物联网与其他网络

为了更加深入理解物联网的基本概念和本质,有必要简单阐释前面提及的互联网以及无线传感器网络与物联网之间的关系。它们与物联网既有密切联系,又有本质区别。

1）物联网与无线传感网

由前面对无线传感网络的叙述可知,无线传感器网络是由许多个传感器节点通过无线自组织的方式构成的一种特殊的无线通信网络。无线传感网络的突出特征是利用大量传感器采集数据,并通过分析处理,从而提升对物质世界的感知能力,实现智能化的决策和控制。

由物联网的定义可知,物联网是在互联网的基础上,将其用户端延伸和扩展到了任何物品之间,进行信息交换和通信,从而实现人与物、物与物的相连。从物联网的组成结构来看,物联网包括各种末端网络,如无线传感网、RFID、二维码、短距离无线通信、移动通信网络等。由此不难看出,无线传感网是物联网末端采用的关键网络技术之一,无线传感网是物联网的一个重要组成部分。

2）物联网与互联网

互联网是指由多个计算机互联网互连而成的网络。由物联网的定义可知,互联网是物联网的基础。互联网与物联网的区别在于它们的主要作用。互联网的产生是为了人能够通过网络交换信息,服务的主体是人。物联网是为物而生,主要是为了管理物,让物件自主交换信息,服务于人。

　　既然物联网为物而生,要让物件智能,物联网的真正实现必然比互联网的实现更困难。因而,物联网比互联网技术更复杂,产业辐射面更宽,应用范围更广,对经济社会发展的驱动力和影响力更强。但没有互联网作为物联网的基础,那么物联网将只是一个概念。互联网着重信息的互联互通和共享,解决的是人与人之间的信息交换问题,但为物联网解决人与人、物与物、人与物之间相连的信息化智能管理与决策控制奠定了基础、提供了条件。物联网与互联网之间的关系可以这样概括:物联网是互联网应用的新产物,它抛开了时间和空间的限制将互联网应用到更加广泛的领域。

4.7.2　物联网的系统

　　物联网可以分为软件平台和硬件平台两大系统,本节将分别从这两个角度详细介绍物联网系统。

1. 物联网硬件平台

　　物联网是以数据为中心、面向应用的网络,主要完成信息感知、数据处理、数据回传以及决策支持等功能,其硬件平台可由无线传感网络、核心承载网络和信息服务系统硬件设施等几个大的部分组成。系统硬件平台组成如图 4-28 所示。其中,无线传感网络包括感知节点(数据采集、控制)和末梢网络(汇聚节点、接入网关等);核心承载网络为物联网业务的基础通信网络;信息服务系统硬件设施主要负责信息的处理和决策支持。

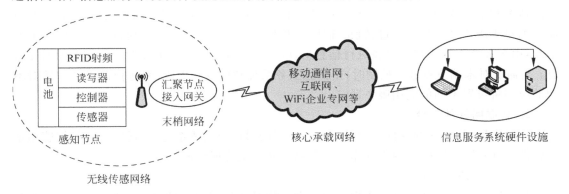

图 4-28　物联网系统硬件平台示意图

　　1)感知节点

　　感知节点由各种类型的采集和控制模块组成,如温度传感器、声音传感器、振动传感器、压力传感器、RFID 读写器、二维码识读器等,完成物联网应用的数据采集和设备控制等功能。

　　感知节点的组成包括 4 个基本单元:传感单元(由传感器和模数转换功能模块组成,如RFID、二维码识读设备、温度传感设备等)、处理单元(由嵌入式系统构成,包括 CPU 微处理器、存储器、嵌入式操作系统等)、通信单元(由无线通信模块组成,实现末梢节点间以及与汇聚节点的通信)、电源/供电部分。感知节点综合了传感器技术、嵌入式计算技术、智能组网技术、无线通信技术和分布式信息处理技术等,能够通过各类集成化的微型传感器协作地实现实时监测、感知和采集各种环境或监测对象的信息,通过嵌入式系统对信息进行处理,并通过随机自组织无线通信网络以多跳中继方式将所感知信息传送到接入层的基站节点和接入网关,最终到达信息服务系统。

2)末梢网络

末梢网络即接入网络,包括汇聚节点、接入网关等,完成应用末梢感知节点的组网控制和数据汇聚,以及向感知节点发送数据的转发等功能。也就是在感知节点间完成组网之后,如果感知节点需要上传数据,则将数据发送给汇聚节点(基站),汇聚节点收到数据后,通过接入网关连接承载网络;当用户应用系统需要下发控制信息时,接入网关接收到承载网络的数据后,由汇聚节点将数据发送给感知节点,完成感知节点与承载网络之间的数据转发和交互功能。

感知节点与末梢网络承担物联网的信息采集和控制任务,构成并实现无线传感网的功能。

3)核心承载网络

核心承载网络可以有很多种,主要承担接入网与信息服务系统之间的数据通信任务。根据具体应用需要,核心承载网络可以是公共通信网,譬如 3G、4G、5G 移动通信网、WiFi、WiMAX、互联网,以及企业专用网,甚至是新建的专用于物联网的通信网。

4)信息服务系统硬件设施

物联网信息服务系统硬件设施由各种应用服务器(包括数据库服务器)组成,还包括用户设备(如 PC、手机)、客户端等。主要是对采集数据的融合/汇聚、转换、分析,以及用户呈现的适配和事件的触发等。对于信息采集,由于从感知点获取大量的原始数据,并且这些原始数据对于用户来说只有经过转换、筛选、分析处理后才有实际价值。对这些有实际价值的信息,由服务器根据用户端设备进行信息呈现的适配,并根据用户的设置触发相关的通知信息;当需要对末端节点进行控制时,由信息服务系统硬件设施生成、发送控制指令。针对不同的应用将设置不同的应用服务器。

2. 物联网软件平台

一般来说,物联网的软件平台是建立在分层的通信协议体系之上,通常包括数据感知系统软件、中间件系统软件、网络操作系统和物联网信息管理系统等。

1)数据感知系统软件

数据感知系统软件主要完成物品的识别和物品代码(EPC)的采集和处理,主要由企业生产的物品、物品电子标签、传感器、读写器、控制器、物品 EPC 码等部分组成。存储有 EPC 码的电子标签在经过读写器的感应区域时,物品 EPC 码会自动被读写器捕获,从而实现 EPC 信息采集的自动化。采集的数据交由上位机信息采集软件进行进一步处理,如数据校对、数据过滤、数据完整性检查等。这些经过整理的数据可以被物联网中间件、应用管理系统使用。对于物品电子标签国际上多采用 EPC 标签,用物理标示语言(PML)来标记每一个实体和物品。

2)中间件系统软件

中间件是位于数据感知设施(读写器)与后台应用软件之间的一种应用系统软件。中间件具有两个关键特征:一是为系统应用提供平台服务,这是一个基本条件;二是需要连接到网络操作系统,并且保持运行的工作状态。中间件为物联网应用提供一系列计算和数据处理功能,主要任务是对感知系统采集的数据进行捕获、过滤、汇聚、计算、数据校对、解调、数据传送、数据存储和任务管理,减少从感知系统向应用系统中心的数据传送量。同时,中间件还可提供与其他射频识别(radio frequency identification,RFID)支撑软件系统进行互操作等功能。引入中间件使得原后台应用软件系统与读写器之间非标准的、非开放的通信接口,变成了后台应用软件系统与中间件之间,读写器与中间件之间的标准的、开放的通信接口。

一般而言,物联网中间件系统包含有读写器接口、事件管理器、应用程序接口、目标信息服务和对象名称解析服务等功能模块。

(1)读写器接口。物联网中间件需优先为各种形式的读写器提供集成功能。协议处理器确保使中间件能够通过各种网络通信方案连接到读写器。RFID读写器与其应用程序间通过普通接口相互作用的标准,大多数采用由EPC-global组织制定的标准。

(2)事件管理器。事件管理器用来对读写器接口的RFID数据进行过滤、汇聚和排序操作,并通告数据与外部系统相关联的内容。

(3)应用程序接口。应用程序接口是应用程序系统控制读写器的一种接口。此外,还需要中间件能够支持各种标准的协议,例如支持RFID以及配套设备的信息交互和管理,同时还要屏蔽前端的复杂性,尤其是前端硬件(如RFID读写器等)的复杂性。

(4)目标信息服务。目标信息服务由两部分组成,一是目标存储库,用于存储与标签物品有关的信息并使之能用于以后查询,另一个是为目标存储库所提供的服务引擎。

(5)对象名称解析服务。对象名称解析服务是一种目录服务,主要是对每个带标签物品分配的唯一编码与一个或者多个拥有关于物品更多信息的目标信息服务网络定位地址进行匹配。

3)网络操作系统

物联网通过互联网实现物理世界中的任何物品的互联,在任何地方、任何时间可识别任何物件,使物件成为附有动态信息的"智能产品",并使物件信息流和物流完全同步,从而为物件信息共享提供一个高效、快捷的网络通信及云计算平台。

4)物联网信息管理系统

物联网也要管理,类似于互联网上的网络管理。物联网大多数是基于简单网络管理协议(simple network management protocol,SNMP)建设的管理系统,这与一般的网络管理类似,重要的是它提供对象名称解析服务。名称解析服务类似于互联网的DNS,要有授权,并且有一定的组成架构。它能把每一种物品的编码进行解析,再通过URLs服务获得相关物品的进一步信息。

物联网管理机构包括企业物联网信息管理中心、国家物联网信息管理中心以及国际物联网信息管理中心的信息管理系统软件。企业物联网信息管理中心负责管理本地物联网。这是最基本的物联网信息服务管理中心,为本地用户单位提供管理、规划及解析服务。国家物联网信息管理中心负责制定和发布国家总体标准以及与国际物联网互联,并且对现场物联网管理中心进行管理。而国际物联网信息管理中心负责制定和发布国际框架性物联网标准,负责与各个国家的物联网互联,并且对各个国家物联网信息管理中心进行协调、指导、管理等工作。

4.7.3　物联网的应用

物联网的应用领域非常广阔,小到日常的家庭个人应用和工业自动化应用,大到军事反恐、城建交通。物联网将使人类生活的世界变得更加快捷(例如防止碰撞和防止拥堵的无人驾驶系统),更加精确(例如使制造误差在纳米级范围)。物联网也能为人力提供大规模的分布式协调系统(例如交通自动控制系统),提高社会福利(例如辅助医疗、健康监测技术)等。

1. 智能电网

在传统电力系统中,存在着一系列问题需要解决,如用电高峰时的"电荒"、信息获取不及时所造成的设备利用率低等。智能电网可为解决这些问题提供技术方案。智能电网和传统电网之间的最大差异在于配电环节。在传统电网中,用户不能实时地了解电价信息,配电公司也不能了解用户的用电信息,由此可能造成能源的浪费;而在智能电网中,用户与配电公司都可以了解与自己密切相关的信息,借此双方既可以获得最大的经济利益,又可以节约电能。例如用户在电价低的期间,可以为电动汽车充电、用洗衣机洗衣服等。

智能电网在发电方面比传统电网也有优势。智能电网在发电环节不仅有水电、火电还有新能源可以利用。由于传统电网信息获取不及时、电能的实时调度性能差,再加上新能源(特别是风能和太阳能)具有间歇性,所以在传统电网中,如果把新能源直接并入电网必然会对骨干电网造成冲击,乃至造成整个电网的瘫痪。而智能电网通过实时智能调度,例如在光照条件充足或者是风力较大时,存储多余的电能,当光照不充足或是在风力较小时把存储的电能接到电网中,使新能源在接入骨干电网时能维持电压、电流等参数的稳定,由此避免新能源在接入骨干电网时对电网造成冲击。

2. 智能交通

基于物联网的智能高速与无人驾驶技术的发展可有效减少交通事故。智能高速公路网络允许汽车之间通信,这样既提高安全性,也避免了交通拥堵。而无人驾驶汽车则能更加高效、安全地将乘客送达目的地。车联网在智能交通中将发挥极其重要的作用,是人们生活中不可缺少的一个重要组成部分。车联网是物联网技术应用于智能交通领域的集中体现,也是物联网技术大有可为的一个重点领域。从不同的角度,对车联网的理解不尽相同。从信息感知技术考虑,车联网是指装载在车辆上的电子标签通过无线射频等识别技术,实现在信息网络平台上对所有车的属性信息和静、动态信息进行提取和有效利用,并根据不同的功能需求对所有车辆的运行状态进行有效的监管和提供综合服务的系统。从智能交通技术看,车联网是为了将先进的数据通信技术、感知技术、电子控制技术及数据处理技术等有效地集成并运用于整个地面交通管理系统而建立的一种在大范围内、全方位发挥作用的,实时、准确、高效的综合交通运输管理系统。从车辆组网和通信角度讲,车联网是无线通信技术和自动控制产业高度发展融合后的新概念,主要由安装有无线接口的移动车辆组成,车辆可以接入同构或异构的网络,车联网不仅能满足车与车的通信,也能实现车辆与固定路边设施间的通信。

3. 环境监控和智能农业

在环境监控和智能农业方面,物联网系统应用更加广泛。在民用安全监控方面,英国的一家博物馆利用无线传感网设计了一个报警系统,他们将节点放在珍贵文物或艺术品的底部或背面,通过监测灯光的亮度改变和振动情况,来判断展览品的安全状态。中科院计算所在故宫博物院实施的文物安全监控系统也是无线传感器网络技术在民用安防领域中的典型应用。在工业监控方面,美国英特尔公司为俄勒冈的一家芯片制造厂安装了200台无线传感器,用来监控部分工厂设备的振动情况,并在测量结果超出规定时提供监测报告。通过对危险区域/危险源(如矿井、核电厂)的安全监控,有效地遏制和减少恶性事件的发生。

4．生物与医疗系统

生物医疗领域包含许多方面,包括全国健康信息网络、电子病情记录仪、家庭护理、手术室等。这些生物医疗系统逐步被由硬件、软件组成的计算机系统控制,具备实时性和安全性。未来的医疗护理越来越依靠联网的医疗器械和系统,并且能够根据不同病人的病情进行医疗设备的动态重组。未来的医疗设备和系统也将拥有与病人、看护人交互的能力。

5．其他典型应用

物流管理及控制是物联网技术最成熟的应用领域。基于RFID和传感器节点在商品物流管理中已经得到了广泛的应用。譬如,宁波中科万通公司与宁波港合作,实现了基于RFID网络的集装箱和卡车的智能化管理。另外,还使用WSN技术实现了封闭仓库中托盘粒度的货物定位。

智能家居领域是物联网技术能够广泛应用发展的地方。通过感应设备和图像系统相结合,可实现智能小区家居安全的远程监控。通过远程电子抄表系统,可减少水、电表抄表时间间隔,能够及时掌握用电、用水情况。基于WSN网络的智能楼宇系统,能够将信息发布在互联网上,通过互联网终端可以对家庭状况实施监测。

物联网应用前景非常广泛,应用领域遍及工业、农业、环境、医疗、交通等社会各个方面。从感知城市到感知中国、感知世界,信息网络和移动信息化将开辟人与人、人与机、机与机、物与物、人与物互联的可能性,使人们的工作生活时时联通、事事连接,从智能城市到智能社会、智慧地球。

4.8　军事专用网络

军事专用网是用于军事目的、保障作战指挥的通信网,它由国家的防务政策和军事理论决定,基本要求是能够保障作战指挥、协同动作、情报、武器系统控制、警报报知、后勤支持以及日常管理等信息的准确传递。

4.8.1　军事专用网简介

1．军事专用网的分类

军事专用网除了可按照通信网一般分类外,按通信联络保障范围的不同,主要分为战略通信网和战术通信网。我国军事专用网则分为战略、战役和战术通信网三部分,集团军通信系统为战役通信系统,师及师以下的通信系统为战术通信系统。

战略通信网也称为国防通信网,它是国家根据防务政策和战略思想,为满足战略指挥需要所建立的通信网,主要连接统帅部、各军兵种、各大军区、军事基地和战略武器系统,完成战略作战指挥、武器控制和情报信息的传递。战略通信网以固定的通信设施为主体,组成覆盖广大地域的全军公用通信网。战略通信网和平时期主要由固定的交换中心和电缆、光缆、卫星、散射、微波接力等传输信道组成;战时还可以补充移动卫星站、移动散射通信设备、无线接力和移动交换机改变网络结构,增加传输信道和交换节点的冗余,并辅助大功率无线电通信网。

战略通信网通常由军用电话网、军用数字保密电话网和军用数据网等组成。军用电话网主要由电话交换设备、传输信道和用户终端组成,完成军队各级电话业务传送。军用数字保密电话网主要由数字交换设备、数字传输信道、信道群路加密设备和用户终端加密设备组成,提供军队保密要求较高用户的电话业务。军用数据网主要包括军用分组交换网和军事信息互连网。军用分组交换网主要由数据节点交换设备、数字信道、分组拆装设备和数据终端组成,提供各类计算机数据、报文和图像的传送;军事信息互连网主要由计算机主机、网络互连设备和计算机终端组成,提供军事多媒体信息共享。军用数据网是军队实现自动化指挥的主要通信网。

战术(役)通信网是以保障战术(役)作战指挥为目的的通信网,我军也称为野战综合通信系统。战术(役)通信网是军事通信网的重要组成部分,战术(役)通信网通常由战斗无线电网、地域通信网、战术卫星通信网和升空平台通信等组成,以无线传输为主,辅以野战光纤、电缆等。战斗无线电网由无线电台组网,主要用于前方战斗地域的作战指挥,保障战场条件下最基本的通信,网中以最简单的同频直接通信为主,也可以通过入口设备进入地域通信网。地域通信网是若干干线节点交换机、入口交换机、传输信道、保密设备、网控设备和用户终端互连而成的可移动的栅格状通信网,可和战略通信网连接,提供固定终端用户和移动用户入网,主要保障在一定地域范围内军(师)作战的整体通信需求,地域通信网是战术(役)通信网的骨干和核心。战术卫星通信网由战术通信卫星和可移动的战术卫星地球站组成,主要提供战术单位和上级之间的远距离通信、特殊条件下应急通信、地域通信网节点之间连接和地域网与战略网连接。升空平台通信是由飞机、气球等升空载体构成中继和交换站,与地面、空中或海上单位通信,主要用于特殊条件下的通信保障。

2. 军事专用网的特点

军事专用通信网和民用通信网技术上有很大相似性,军事通信大量采用了民用通信技术,很多军事通信技术也转化为商业应用。但是军事通信网一开始就是围绕战争这个特殊的环境和任务发展的,军事通信要求迅速、准确、保密和不间断。军事通信网主要解决如何充分保障战争条件下的指挥通畅问题,而民用通信网则更多地考虑如何为更多用户服务和更大的商业利益;军事通信网需要灵活抗毁的网络结构,而民用通信网通常建立以城市为中心的固定的等级网络结构;军事战术(役)通信网是地域通信网为主干的结构和机动无线电通信,而民用移动通信网是区域蜂窝结构。军事通信网和民用通信网相比更突出时效性、机动性、安全保密性、通信电子防御能力、抗毁性和互通性。

1) 时效性

军事行动要求兵贵神速、快速反应,夺取战斗胜利必须赢得最快速度。古代通信依靠烽火、驿马接力、信鸽等手段,部队和武器反应的速度,很大程度上取决于信息的传递速度。现代战争中,作战双方都力图通过高技术手段和兵力的快速机动赢得作战的主动权;战场呈现出瞬息万变、战机稍纵即逝的特征,时间的军事价值明显上升了,这对通信提出越来越高的要求。没有及时的通信,指挥员难以及时掌握战场瞬息万变的情况,难以及时展开军事行动,就会贻误战机,造成严重的后果。以洲际导弹为例,从发射到命中几千 km 以外的目标约 30min,预警系统从发现识别目标,到反导弹拦截系统启动,部队的展开,都依赖于快速、准确的通信保障。

通信网的时效性在技术上体现为：通信有效覆盖范围，从陆地、水面、水下、天空到外层空间；通信速率和容量，实现高速宽带传输；传输内容包括电话、数据、传真和图像等；通信高质量，实现低误码率和低失真传输。

2）机动性

现代战争空间广阔，体现在协同合成作战式样的多元化、作战行动的高度机动和武器破坏杀伤力巨大。这种作战方式的空间性和动态性决定着军事通信网应具有高度机动性和应变能力。军事通信网配置较多的移动通信设备，如移动卫星地球站、无线接力设备、散射通信设备、节点交换设备、双工无线电电台和飞机中继通信设备等。无论是战略通信网还是战术（役）通信网，在网络的结构形式上，要根据战场情况的发展变化，用辐射式、地域栅格式和分布式等不同结构灵活组网。在通信组织形式上，把逐级保障、越级保障、区域保障和机动保障等方法有机结合起来使用。

军事通信网机动性在技术上要解决野战复杂地形情况下，部队高速运动中的通信问题，合同作战中协同单位的互通问题，通信设备快速拆装、开通和转移问题，以及机动的战术（役）通信网与相对固定的战略通信网、国家信息基础的互连问题。

3）安全保密性

秘密、迅速、坚决、干脆是作战的基本原则，保守秘密在军事行动中占有重要的地位。在现代信息社会中，战争形式从武器能量较量逐渐向信息作战方面转化。由于现代通信网基本由计算机系统组成，作战中敌方情报机关和军事信息侦察人员通过信息网络、电子侦察等各种渠道收集、窃取秘密信息。如截取破译传输中的机密信息；靠近通信枢纽，截收分析计算机、交换机和其他终端设备辐射出的电磁信号，获取机密信息；反复测试获取军事信息网入网口令；统计分析通信线路的通信流量、分组包，判断军事企图和指挥机关位置；派遣特工和策反人员，在计算机信息系统中窃取机密信息、删改信息和程序、设置病毒，使通信网中断或彻底瘫痪。所以通信网的安全保密不仅是对传输中军事通信内容的安全保护，而且还包括对军事通信网内部信息（网络配置信息和设备技术信息）、通信设施和军事通信组织的安全保护。后者甚至比通信内容安全更重要，通信设施位置和军事通信组织反映军队指挥关系、军事部署和战争（役）企图，通信网设施被破坏将彻底丧失作战的指挥控制。

军事通信网安全主要依靠严格的保密制度、密码技术和严密的通信组织管理。建立完善的通信和密码一体化保密通信网体系，安全完整的密钥产生分发管理体系，是现代军事通信网实现安全传递信息的基础。安全的军事通信网应解决信息传输保密、用户鉴别、访问控制和计算机病毒防治等主要安全问题。

4）通信电子防御

军事通信电子防御，通常也称通信抗干扰，是保障通信电子设备和系统正常工作的措施和行为，是信息战的重要组成部分。电子战（电子对抗）已经是现代战争的新型作战领域，成为影响战争进程乃至战争胜负的重要因素。由于战时主要依赖无线电通信系统，通信电子防御主要指电磁频谱反截收、反侦察和反干扰，是所有通信电子设备的共同任务。

现代电子技术的发展，电子侦察卫星、飞机、船、地面侦听站、投掷式侦察设备、个人侦察窃听设备等，构成立体化、大区域、全天候和高精度的侦察体系。电子干扰威力空前提高，干扰频率已可覆盖通信全部频段，干扰对象从通信系统扩大到整个 C^4I（指挥、通信、计算、控制和情报）系统的电子设备，干扰功率强度可达几十千瓦，干扰跟踪速度为毫秒级，干扰精度达千赫。这些都将使军事通信网的抗干扰面临十分复杂的局面。

军事通信电子防御涉及通信组织管理和通信技术,管理的原则通常有:

(1) 在保障正常通信的前提下,严格控制电磁辐射,减少通信设备开机的数量、种类、次数和时间,必要时实施无线电静默。

(2) 隐蔽频率,控制发射方向和尽量减小辐射功率。

(3) 采用通信辐射欺骗,随机改变呼号,布置电子反射物和假通信目标等反侦察措施。

(4) 将不同种类的通信设备混合编制成网,增加通信网整体抗干扰能力。

(5) 设置备用(隐蔽)通信网(台站),增强最坏条件下的应急通信能力。

(6) 积极主动摧毁和压制敌干扰设备。

在技术措施上,采用抗干扰能力强的通信技术体制,抗干扰电路设计,以加强通信设备的自身抗干扰性能。如采用扩频通信、猝发通信,减小信号被截获概率;采用快速跳频电台、多频分集接收、自适应天线和增加发射功率等方法,增强通信抗干扰能力;研制使用新频段通信装备。

5) 抗毁性

军事通信网的抗毁性,主要是指通信网对抗摧毁性攻击或永久性破坏的能力,抗毁性是任何一个军事通信网必须考虑的问题。对通信网的主动性攻击主要有火力摧毁打击、高能量激光和电磁脉冲攻击、计算机病毒攻击和人为的破坏;通信网被动性破坏主要是自然灾害、系统和设备故障。通信网火力摧毁是武器能量对通信枢纽、网络节点和通信设施的物理破坏;高能量激光和电磁脉冲攻击,是通过高能量激光和电磁脉冲在电路中产生强电流,烧毁设备芯片和器件;计算机病毒攻击是在敌方的计算机系统传播病毒,摧毁计算机系统软件和各种信息。

现代战争中,对通信设施和军事电子系统的攻击通常是战争的序幕。以叙贝卡谷地之战、英阿马岛之战,都是从电子战开始的。特别是海湾战争,多国部队经过几个月的侦察,在战争开始,首先进行了多次长时间的电子干扰,接着通过反辐射导弹、巡航导弹、智能炸弹和航空轰炸,集中攻击伊拉克的防空雷达系统、国家电信大楼、十大通信设施和指挥控制系统,使伊军80%的指挥控制系统被毁,95%的雷达系统无法运转,从而使多国部队完全掌握了战争信息主导权。

通信网的抗毁性也依赖通信组织管理和通信网技术。抗毁的通信组织管理原则主要有:隐蔽通信网主要枢纽、通信节点和设备,以防止侦察隐蔽求存;把通信网主要枢纽、通信节点和设备部署在坚固工事之中,实行中心机房和发射系统分离,以保护通信网主要设施;移动通信设施机动配置,变换阵地机动求存;部署假通信网台站和辐射源,以假护真;增加通信节点、传输信道的备份和冗余,提高抗毁性;加强内部各个环节安全管理,防止敌特破坏;主动打击敌人侦察、控制和火力目标。通信网抗毁的技术手段上主要有:采用有较强抗毁能力的通信网络结构设计,通信机房电磁屏蔽和热辐射屏蔽,使用有源无源诱饵干扰敌精确攻击,反侦察天线技术,计算机防病毒技术,通信网部分被毁下自动重组织技术,故障检测和诊断技术等。

6) 互通性

军事通信网的互通性是指不同通信网或通信设施之间的互连互通能力。主要包含战略、战术(役)通信网和国家信息基础设施的互通能力,系统的各部分的互通能力,合成部队中各军兵种和友军的互通能力,以及作战部队和后勤支援系统的互通能力。现代战争是一体化多兵种的立体战争,信息战涉及 C^4I 的各部分,如果各自的通信网和信息处理系统不能有效地解决互连互通问题,就不能把各军兵种、各武器装备凝结成一个整体,实现一致和协调的行动,难以形成强大的战斗力或贻误战机。美军在 20 世纪 70 年代以前,各军种独立建设各自的通信指挥系统,使用的设备和技术解决方案各自为政,如计算机语言、报文格式、数据交换通信协议等均不统一,造成各系统不能互通,严重地妨碍全军自动化指挥的发展,以致在 70 年代以后不得不花大气力整顿解决。

解决通信网的互通性问题,首先要求国家和军队建立权威的、统一的管理协调机构,统一规划国家信息基础设施和军队 C^4I 的建设,实现军地通信网的融合,及和平时期和战时功能相互转化;统一全军的通信体制,实现通信装备的系列化和通用化;制定有关军事通信设备、计算机和通信网的接口、协议和规程等标准;解决通信网互通前提下情报信息的共享问题;完善通信网互连互通的技术组织和管理。

4.8.2 典型军事专用网

1. 美国战略通信网

美军战略通信的主要职责是保障美军最高指挥当局(总统和国防部长)与参联会、各军种部、九大联合司令部、情报机关、核战略部队、各大军事基地和各战区部队之间通信联络的畅通,以确保最高指挥当局对全球美军的指挥和控制。

美军的战略通信系统主要由国防通信系统、国防卫星通信系统、最低限度应急通信网等组成。

1) 国防通信系统

国防通信系统由国防通信局管理,主要采用有线通信、无线电通信、卫星通信和光纤通信等多种手段,覆盖五大洲 80 多个国家和 100 个地区的多个军事指挥所和工作站。国防通信系统的一个重要组成部分是国防数据网,该网把部署在全球各地美军各军兵种的数据网联成了一体,使得美军各军兵种部队之间可以轻易完成语音、图像、传真和数据通信等通信业务。

2) 国防卫星通信系统

国防卫星通信系统(DSCSIII)是美国战略远程通信的支柱,该系统由位于赤道上空地球同步轨道上的 14 颗卫星组成(如图 4-29 所示),主要工作在超高频波段(后 4 颗卫星上增设了特高频通信)。系统可为东太平洋、西大西洋、东大西洋、印度洋和西太平洋等五个区域的美国陆、海、空三军提供加密且可靠的全球通信服务。

图 4-29　DSCSIII 卫星示意图

3）最低限度应急通信网

最低限度应急通信网（MEECN）则专供美国总统在核战条件下与陆、海、空三军核部队的通信与指挥。该系统由空军卫星通信系统、海军陆基甚低频电台广播网、海军"塔卡木"机载甚低频对潜通信系统、海军极低频对潜通信系统和陆军"地波应急网"等若干专用通信系统组成。

（1）空军卫星通信系统是空军和国防部指挥空军战略部队传递紧急文件的主要通信手段，其地面终端为AN/ARC-171（V）特高频卫星通信机，美国空军的战略轰炸机和加油机均安装此类终端。海军陆基甚低频电台广播网在其本土、日、英、澳、巴拿马等地架设了约11个500kW以上的大功率甚低频电台，每个电台的天线阵有7～26个铁塔，该网可在危机时刻向地处全球各大洋的美军核潜艇传达紧急命令。

（2）海军"塔卡木"机载甚低频对潜通信系统是美国海军对潜通信最主要的抗毁手段，该系统使用E-6B飞机，其甚低频天线采用一长一短的双拖曳天线，能有效地保障最高指挥当局与战略核潜艇部队之间的通信联络。

（3）海军极低频对潜通信系统，无线电波对海水的穿透能力与其波长有正相关性，30～300Hz的极低频波长较长，对海水的穿透能力可达100m以上。因此，依靠该系统美国海军能与潜航在80m以下数千km之外的战略核潜艇建立通信联络。

（4）陆军"地波应急网"在美国建有约400座高299m的铁塔，其频率范围为150～175kHz。该网的抗毁性能很强，即使其中的200个中继节点被摧毁也不会影响该网的整体效能。因此，陆军"地波应急网"能有效地保障美军最高指挥当局在遭受核袭击后仍然可以向战略核部队下达核报复的作战指令。

2．美国战术通信网

战术通信系统一般是指集团军以下的各级通信系统，其主要作用是为作战部队提供保障战役或战斗顺利进行所必须的通信联络。

战术通信系统主要由基本通信工具、平台通信系统和野战地域通信网构成，其中基本通信工具主要有无线电台、数据链、通信卫星、电话、传真等基础设施；平台通信系统主要指飞机、坦克、水面舰船和潜艇等作战平台以及指挥所的通信设施；野战地域通信网是指在一定的作战地域内开设若干个干线节点或通信中心，通过电缆、光缆、微波中继线路、卫星通信线路和机载中继线路以及数据链路等方式互连，形成一个栅格状可移动的公用干线网，而各级指挥所、各种作战平台以及其他移动用户要想传输或获取话音、视频和数据等战场战术信息，都必须通过其入口节点入网才能实现。美军的战术通信系统主要有以下几种。

1）"猎鹰"（Falcon）战术无线电台

其型号主要有"猎鹰Ⅱ"和"猎鹰Ⅲ"系列产品。其中，"猎鹰Ⅱ"AN/PRC-150（C）背负式/车载式高频无线电台，频率覆盖范围为1.6～60MHz，传输速度为9.6kb/s，可兼备地对地和地对空通信，能为处在偏远地区和被崎岖地形包围的美军提供远程超视距保密的语音和数据等态势感知信息。"猎鹰Ⅲ"AN/PRC-152（C）手持式多频段无线电台，是一种具有可编程加密和波形升级能力的软件无线电系统，可为美军提供绝密级的语音和数据通信，其中包括特高频（UHF）地对地视距通信、近距离空中支援和战术卫星通信服务。"猎鹰Ⅲ"AN/PRC-117G宽带便携式无线电台（如图4-30所示），也是一种软件定义可升级的无线电台，具有较强的宽带联网能力。该电台工作在VHF/UHF频段，可为美军提供保密的移动语音、视频和数据传输服务。

此外,"猎鹰"系列产品中还有其他多种型号,如"猎鹰Ⅱ"RF-5800M 多频带无线电台、RF-5800V 超高频无线电台和"猎鹰Ⅲ"RF-7800W 大容量视距无线电台、RF-7800V 甚高频战网无线电台等。

2)单信道地面与机载无线电系统(SINCGARS 即"辛嘎斯"电台)

"辛嘎斯"电台是一种甚高频/调频系列无线电台(如图 4-31 所示),型号有背负式、车载式和机载式,采用了微处理机、扩频、跳频、反电子干扰和模块化结构等技术,可发送加密的语音、模拟或数字数据,主要为美军旅、营及其低层次单位作战提供视距通信服务,十分适宜于执行战役战术任务的坦克、步战车、直升机、火炮或者排、班、组等小部队使用。

图 4-30 "猎鹰Ⅲ"AN/PRC-117G 示意图

图 4-31 "辛嘎斯"电台示意图

3)联合战术无线电系统(JTRS)

联合战术无线电系统(JTRS)是美军对通信系统进行数字化项目改造中的一个重要项目,用于逐步取代美军各军兵种的 20 多个系列约 125 种以上型号的 75 万部电台。联合战术无线电系统(JTRS)工作频率范围(2MHz~3GHz)极宽,基本覆盖了高频/甚高频/特高频波段,型号有手持式、背负式、车载式、机载式、舰载式和固定式等,其主要特点为多频段多模式多信道、可网络互联,这使得 JTRS 各种型号的电台在复杂的战场环境下不仅能做到相互之间兼容互通,而且还可通过其跨频段、跨时空的横向和纵向网络,为分布在广阔战区内不同地域的美国陆、海、空和海军陆战队提供远程超视距且安全可靠的语音、数据、图像和视频通信。

4)通用数据链 Link16

美军数据链系统主要有通用数据链 Link4、Link11、Link16 和 Link22 以及一些专用数据链,如用于情报、监视与侦查等数据传输的 ISR 数据链,以及弹药数据链和网络数据链等。其中 Link16 占据主导地位,该数据链工作在特高频波段,是美军三军通用的具有加密、扩频、跳频抗干扰能力的一种战术数据链,可以为美军提供近实时的数据通信、导航和敌我识别等多种服务。其第一代终端设备 JTIDS(联合战术信息分发系统)共有 17 种型号,最大通信距高为 800km(使用卫星可全球通信);其第二代终端设备 MIDS(多功能信息分发系统)不仅具备了更强的抗干扰、数字化语音与数据保密通信功能,而且还可以通过自动中继技术实现超视距通信。

Link16 广泛配备给美军的舰艇(如海军的航母、巡洋舰、驱逐舰和两栖攻击舰等)、预警机(如空军的 E-3A"哨兵"预警机、海军的 E-2C"鹰眼"预警机等)、战斗机(如空军的 F-15、F-16,海军的 F/A-18A 和 F-14 舰载战斗机等)、轰炸机(B-1、B-2 和 B-52 战略轰炸机)、侦察机和指挥控制飞机(如空军的 RC-135 战略电子侦察机、E-8 联合监视与目标攻击雷达系统飞机、EC-130机载战场指挥控制中心,海军的P-3侦察巡逻机等)以及陆军的地面指挥控制中心、"爱国者"导弹防御系统等。

Link16数据链在美军战术体系中的作用十分重要,它可以把卫星、侦察机和预警机等各种探测系统获得的战术信息汇集起来,分发到战区内的美军各军兵种部队,使各级指挥员都能够同步近实时地感知战场态势,为美军在大规模三军协同联合作战中快速实施指挥决策、战术机动和战术控制等创造了必要条件。

5) 战术卫星通信系统

在现代战场上,美军的高速机动性往往突破了其地面战术通信网的保障范围,此时卫星就成了美军最重要的通信手段,因为卫星覆盖面广,三颗地球同步卫星就可以覆盖全球,几乎不存在通信盲点。美军的战术通信卫星体系十分庞大,种类繁多,其中有国防卫星通信系统(DSCSIII)、特高频后继星卫星通信系统(UFO)、军事星系统(Milstar)以及广播系统(GBS)。同时,美军逐步以"宽带全球卫星通信系统(WGS)"取代"国防卫星通信系统(DSCSIII)",以"移动用户目标系统(MUOS)"接替"特高频后继星卫星通信系统(UFO)",以"先进极高频系统(AEHF)"替换"军事星系统(Milstar)"等,这些新一代卫星通信系统的带宽、数据传输速率和信道数量将呈指数级增长,而保密性、抗干扰性、低截获率和波束覆盖范围等其他性能指标也将得到全面提升,如一颗"宽带全球卫星通信"卫星的信息传输能力是一颗"国防卫星通信系统"卫星的10倍;一颗"先进极高频"卫星的容量是一颗"军事星"卫星的12倍;一颗"移动用户目标系统"卫星比一颗"特高频后继星"卫星的信息传输能力提高10倍,容量提高15倍等。

6) 机载通信系统

美军机载通信系统通常包括无线电通信电台、卫星通信终端设备以及Link16数据链(即联合战术信息分发系统JTIDS)等。包括ARC-210型甚高频/特高频电台,ARC-231型甚高频/特高频电台,战斗轨道Ⅱ(Combat Track Ⅱ)机载卫星通信系统等。美军现役机载无线电通信电台和卫星终端还有SRT-470(高频)、ARC-310(高频)、ARC-190(高频)、ARC-171(超高频)、ARC-164(甚高频)、ARC-222、SINCGARS"辛嘎斯"和KY-58保密话音通信系统以及ARC-171(V)特高频卫星通信机、ASC-19卫星终端等。而Link16数据链则可安装在美军大部分战机上,其功能除了视距通信外,还可通过卫星中继实现全球通信。

同时,"联合战术无线电系统"(JTRS)和"多功能信息分发系统"(MIDS)两种系统的使用较为广泛,以适应美军从"平台中心战"向"网络中心战"的转型。

7) 舰载通信系统

美军舰载通信系统主要有数据链、卫星通信系统和无线电台等。

(1) 舰载数据链:美国海军战术数据链实质上是一种舰载自动化通信系统,其主要型号有4A号链、11号链、14号链和16号链等,主要用于解决舰船与舰载机之间、舰与舰之间、舰与岸之间以及机与机之间的通信问题,包括数据、数字语音、图形、图像、文本等各种格式信息的传输。

(2) 舰载卫星通信系统:美军舰队超视距通信主要依靠卫星通信系统,如"特高频后继星卫星通信系统"(UFO)、超高频"国防卫星通信系统"(DSCSIII)和极高频"军事星"(Milstar)卫星通信系统等,这些系统通常安装在美国海军"尼米兹"级航空母舰、"提康德罗加"级导弹巡洋舰、"伯克"级导弹驱逐舰、"佩里"级导弹护卫舰和"黄蜂"级两栖攻击舰等大中小型舰船上,可充分保障美军舰队对数据、语音、图像、文本等大量战术信息的实时需求。美军研制的"先进极高频"(AEHF)卫星海军多波段终端(NMT),可以将美军卫星系统链接起来,使得美军的舰船可以使用同一种天线就能与不同的卫星之间进行通信,确保了信息的无缝链接、全球覆盖,提升美国海军在世界各大洋展开战略和战术行动的能力。

(3) 舰载无线电台(HF/VHF/UHF):当通信卫星受到严重干扰时,舰载高频无线电台(HF 2~30MHz)就可接替卫星成为美军舰队超视距通信最重要的手段。为此,美军提出高频改进规划、建立高频无线电多媒体通信系统,在大部分水面舰艇上安装舰载高频宽带无线电通信系统,满足海军多种平台对远程通信的需求。

此外,甚高频/特高频无线电台(VHF/UHF 30MHz~3GHz)在支持美国海军舰对舰、舰对岸和舰对空视距通信方面也可起到重要作用,其中,30~80MHz电台可用于两栖作战的舰对岸通信,225~400MHz电台则主要用于战术视距通信等。

8) 潜艇通信系统

美国海军对潜艇的通信主要依赖其陆基、机载、卫星和舰(潜)对潜通信系统。

(1) 陆基对潜通信系统,主要有海军陆基甚低频电台广播网和海军陆基极低频对潜通信系统,它们发射的无线电波长分别为甚长波和极长波,对海水的穿透能力分别可达数十米和上百米,作用距离可达几千 km 到上万 km。通过在核潜艇上安装甚低频和极低频接收机,如"海狼"级攻击型核潜艇就安装了 WRR-7 低频、甚低频接收机以及极低频通信设备,它们都能在深海接受外界发射的甚低频和极低频信号,从而完成岸对潜通信。

(2) 机载对潜通信系统,即"塔卡木"机载甚低频对潜通信系统,这是把甚低频对潜通信系统搬到 E-6B 飞机上,从空中实现对潜艇单向通信的系统。这种系统在地面对潜通信设备被摧毁的情况下,仍可支持美国海军对潜艇部队的指挥。

(3) 卫星对潜通信系统,即在核潜艇上安装卫星通信终端,其天线安装在潜艇的潜望镜上,当需要通信的时候,潜艇可上浮到潜望镜深度并升起天线至水面,与通信卫星进行话音和数据等信息的双向传输,如"俄亥俄"级战略核潜艇、"洛杉矶"级和"海狼"级攻击型核潜艇装备 AN/WSC-3 卫星终端,可与"特高频后继星卫星通信系统"进行通信;"弗吉尼亚"级攻击型核潜艇利用潜艇高数据率(Sub HDR)多波段卫星通信(SATCOM)系统,可同时工作在超高频和极高频波段,能与"国防卫星通信""军事星"和"全球广播系统"卫星链接,进行保密的宽带多媒体、话音和数据的双向通信等。

(4) 舰对潜、岸对潜双向通信系统,一般情况下,为了隐蔽,潜艇只收不发,属于一种单向通信,但必要时,使用舰载、岸基和潜艇的 HF/VHF/UHF(即高频、甚高频和特高频)电台即可实现舰对潜和岸对潜的远程或视距双向通信。

此外,在对潜通信系统中,美军还可利用通信浮标进行潜对岸、潜对舰、潜对飞机和潜对潜甚至潜对卫星的双向通信,如"洛杉矶"级攻击型核潜艇就安装了 AN/BRT-1/2、AN/CRC-1、AN/BRT-6 等多种无线电通信浮标;而"俄亥俄"级战略核潜艇配备的 AN/BQS-5 拖曳浮标和 AS-2629A/BRR 浮力电缆天线系统可接收中频、高频和极低频信号。因此,潜艇可在不必因上浮而暴露位置的情况下,就能通过各种不同类型的通信浮标向舰、岸、飞机、潜艇甚至卫星发射和接收信息。

9) 三军联合战术通信(TRI-TAC)系统

主要供军以上单位使用,用于美陆军、海军、空军、海军陆战队之间以及盟国部队之间协同通信。该系统主要由交换设备、传输设备、用户终端和接口设备以及控制设备等组成,其中的交换设备 AN/TTC-39 移动式数字信息交换机,能与国防通信系统等美军战略通信系统互通,使战区内美军可同时与战区内外进行通信联络;传输设备主要有 AN/TRC-170 数字式对流层散射设备,最大传输距离为 240km;而其用户终端中的传真设备 AN/UXC-7 型轻便数字传真机,可与北约设备通信。

10) 移动用户设备(MSE)

一种移动、全数字、保密、自动交换的军、师级战术通信网。在军一级,该系统直接与三军联合战术通信(TRI-TAC)系统互连,其覆盖范围为 $150 \times 250 km^2$ 的军作战区域,可为 8100 个用户(其中有线用户 6200 个,移动用户 1900 个)提供通信服务。移动用户设备(MSE)系统由干线节点(42 个节点中心)、入口节点(9 个大型有线用户入口节点、224 个小型有线用户入口节点和 92 个无线电入口单元车)和终端(电台、电话机、电传打字机、传真机、数据终端和打印机)等要素组成,每个节点中心由交换机车、无线电接力机车、无线电入口单元车等数台车辆组成,节点之间用无线电接力机互连形成栅格状网络;军、师级指挥所通过 9 个大型入口节点入网,旅、营级指挥所通过 224 个小型入口节点入网,而移动用户(电台)则通过 92 个无线电入口单元车(被称为中心台)入网。而且,移动用户(电台)之间也可不必经过中心台而直接进行通信。

11) 战术互联网

战术互联网是按互联网协议互联的一组战术(数字)无线电台、路由器、计算机硬件和软件的集合。美国陆军旅及旅以下战术互联网主要由三部分组成,即①改进型"辛嘎斯"电台(SINCGARS-SIP),这是一种具有声音加密和数据传输特性的甚高频(30~88MHz)无线电台,可通过外部配装的互联网控制器来接入(无线)战术互联网,通常配备到班一级;②增强型定位报告系统(EPLRS),一种特高频(420~450MHz)宽带数据无线电台,通常配备到连一级,可为部队提供自动实时数据转发和数据通信(如目标的识别、位置等信息);③旅和旅以下作战指挥系统(FBCB2)由一组计算机硬件、操作系统与应用软件以及安装工具组成,其计算机彩色屏幕能将敌我双方坦克、步战车以及部队位置等实时战场态势以图像形式显示出来。战术互联网的基本工作方式:班一级搜集到的战术信息被"辛嘎斯"电台发往连级的 EPLRS 电台,然后被自动转发到 FBCB2 系统,通过 FBCB2 系统综合分析处理后获得当前战场态势图再分发给各级使用 FBCB2 终端、EPLRS 电台和"辛嘎斯"电台的部队,而且,FBCB2 系统还可利用卫星或其他手段获得输入信息或向各部队分发处理后的信息,使参战人员能够随时得到更新了的战场态势图。此外,战术互联网也可通过移动用户设备(MSE)与军/师级战术通信网相连。

12) 战术级作战人员信息网(WIN-T)

WIN-T 是美国陆军一种移动、高速、大容量的宽频主干网通信网络,可支持陆军全频谱作战,其地域覆盖范围上至战区级单位下至连级单位,如图 4-32 所示。该网络也是以节点(包括机载通信节点)为中心的系统,主要节点有广域网络节点(WN)和用户节点(SN),其中广域网络节点之间的连接是依靠地面宽带无线电中继系统、卫星通信、对流层散射通信、无人机通信或

图 4-32　美军 WIN-T 设备

光纤电缆等方式实现的,这些相互连接的广域网节点就形成了 WIN-T 网络的主干;而用户节点则为战术用户接入该网络提供了入口。

战术级作战人员信息网(WIN-T)将广泛使用联合战术无线电系统(JTRS)和机载通信节点(ACN),以解决互通、带宽、速度、入口等问题,实现美军各军兵种部队对战场实时态势的全面感知。

13) 全球信息栅格(GIG)

美军传统的地基、海基、空基和天基信息系统大部分都是一些专用系统,彼此之间难以兼容互通。这种信息不能及时共享的状况大大地制约了美军三军联合作战效能的提升。因此,美军提出"全球信息栅格(GIG)"计划(如图 4-33 所示),通过整合现有各种信息资源,建立起一个供美国陆、海、空三军通用的全球通信网络,并以此为中介,把美军散布在全球范围

图 4-33　全球信息栅格(GIG)示意图

内的传感器网、计算机网和武器平台网联为一体,最终形成一个全时、全维、全频谱和全球性的用于信息化作战的立体互联网,为美军实现互联、互通、互操作奠定基础。

全球信息栅格(GIG)可以使高度分散的美军作战单元在多维空间进行协同作战,其主要构成有传感器栅格、通信网络栅格、计算机网络栅格和武器平台栅格等,几乎涉及美军所有的作战资源。

(1) 传感器栅格由互联的地基、海基、空基和天基侦察设备组成,主要有侦察卫星、侦察飞机、预警机、无人机、雷达、声纳等,利用传感器栅格,美军可以实时掌握战场信息,及时地发现各个方向、各个区域的各种威胁,为美军把握最佳战机创造了先决条件。简而言之,传感器栅格的作用就是发现信息以实现战场单向透明。

(2) 通信网络栅格由互联的各种通信卫星、通信飞机、数据传输链路、微波中继站、地面光缆、无线电台、作战地域网等通信基础设施组成,利用通信网络栅格,美军可以做到"在恰当的时间、恰当的地点,将恰当的信息以恰当的形式交给恰当的接收者",从而确保美军的绝对信息优势。简言之,通信网络栅格的作用就是传输信息以实现全球信息的无缝链接和信息共享。

(3) 计算机网络栅格由各种计算机、存储器、网格软件平台、数据库、地理信息系统等计算信息设施组成。海量的信息往往使参战人员无所适从、难以决策,计算机网络栅格的作用就是对搜集到的信息进行筛选、分析、处理,区分轻、重、缓、急,并综合成实时或近实时的战场态势图。利用计算机网络栅格,美军还可计算出最佳路线,选择最恰当的作战目标,采取最有效的作战方法和手段,动用最合适的力量,最大限度地打击敌人、减少己方损失。因此,计算机网络栅格的作用就是处理信息以获取决策优势。

(4) 武器平台栅格由各种信息化的武器平台(如飞机、坦克、导弹、火炮、军舰等)组成,其主要作用就是运用信息,以使武器平台对敌目标实施(超视距)精确打击。

全球信息栅格(GIG)建设的重点是通信基础设施的建设,其中包括基于光纤技术的地面段建设,如 GIG 带宽扩展(GIG-BE)计划;基于可编程、模块化的联合战术无线电系统(JTRS)的无线电段建设;以及基于(激光技术的)宽带通信卫星的空基段建设。全球信息栅格(GIG)已经实现了与美国导弹防御系统的对接,这使得美国导弹防御系统不仅大大地

强化了自身一体化的建设,而且还通过与美军其他武器系统或信息系统的互联互通而大幅地提升了其整体作战效能。

4.9　小结

本章详细介绍了各类信息网络应用网,包括计算机互联网、公共电话网、移动通信网、广播电视网、无线传感网、物联网以及军事专用网等。计算机互联网的节点设备是功能强大的计算机,因此计算机互联网具备丰富的功能和应用,其代表性网络为因特网。公用电话网是一种以模拟技术为基础的电路交换网络,可通过调制解调器以及 xDSL 设备接入因特网。移动通信网以蜂窝移动通信系统为代表性系统,经过第一代模拟系统、第二代数字话音系统,已经发展至第三代宽带数字系统以及第四代极高速数据速率系统。广播电视网即为传统有线电视网,经过数字化改造和双向改造,电视网可承载更加丰富的业务种类。无线传感器网络由多个无线传感器节点和少数汇聚节点构成。物联网可看作智能物件互联的信息网络,其特征可归纳为"感知、传输、智能、控制",可应用到智能电网、智能交通、环境监控、精准农业、生物与医疗、智能物流和公共安全等各个领域。军事专用网用于军事目的并保障作战指挥,和民用通信网相比具备更突出的时效性、机动灵活性、安全保密性、通信电子防御能力、抗毁性和互通性。

4.10　习题

1. 计算机互联网可以给用户提供哪些服务?
2. 小写和大写开头的英文 internet 和 Internet 有什么区别?
3. 互联网的发展大致分为哪几个阶段?请简述这些发展阶段的主要特点。
4. 简述互联网标准制定的几个阶段。
5. 简述公共电话网的体系结构及其发展变迁过程。
6. 为什么在 ADSL 技术中,在不到 1MHz 的带宽传输速度可以高达几个 MHz?
7. 广播电视网的发展分为几个阶段?各自有什么特点?
8. 什么是 CM 接入方案?什么是 EPON 技术?
9. 基于 EPON 技术的广播电视网接入方案有哪些?请分别描述。
10. 试分析比较 ADSL、HFC 以及 FTTx 接入技术的优缺点。
11. 请简述三网融合的概念和技术基础。
12. 请简述传感网络与无线自组网络的共同点和不同点。
13. 什么是物联网?它与互联网、无线传感器网络有什么区别和联系?
14. 什么是军事专用网?其特点是什么?
15. 军事专用网可分为哪些种类?并分别举例说明。

第 5 章

信息网络通信协议

5.1 引言

为了保证信息网络数据交换的稳定有序,各通信节点必须遵守一些事先的约定。信息网络为实现数据交换而建立的规则、标准或约定就称为网络协议(network protocol)。本章将首先介绍网络协议相关基本概念,进而介绍 ATM、TCP/IP、IP over X、移动通信协议和无线传感网协议等常见信息网络通信协议。

5.2 网络协议简介

5.2.1 网络协议分层结构

这里以网络上的两台计算机要互相传送文件为例,说明网络协议的意义。

首先,在这两台计算机之间必须有一条传送数据的通路。但这还远远不够,至少还有以下几件工作需要完成:

(1) 发起通信的计算机必须将数据通信的通路进行激活(activate)。所谓"激活",就是要发出一些信令,保证要传送的计算机数据能在这条通路上正确发送和接收。

(2) 要告诉网络如何识别接收数据的计算机。

(3) 发起通信的计算机必须查明对方计算机是否已开机,并且与网络连接正常。

(4) 发起通信的计算机中的应用程序必须清楚,在对方计算机中的文件管理程序是否已做好文件接收和存储文件的准备工作。

(5) 若计算机的文件格式不兼容,则至少其中的一个计算机应完成格式转换功能。

(6) 对出现的各种差错和意外事故,如数据传送错误、重复或丢失,网络中某个节点交换机出故障等,应当有可靠的措施保证对方计算机最终能够收到正确的文件。

由此可见,相互通信的两个计算机系统必须高度协调工作,而这种"协调"是相当复杂的。为了设计这样复杂的网络,可以考虑采用分层的方法来将庞大而复杂的问题转化为若干较小的局部问题,而这些较小的局部问题就比较易于研究和处理。分层的优势如下。

(1) 各层之间是独立的。某一层并不需要知道它的下一层是如何实现的,而仅仅需要知道该层通过层间的接口(即界面)所提供的服务。由于每一层只实现一种相对独立的功能,因而可将一个难以处理的复杂问题分解为若干个较容易处理的更小一些的问题,从而降低整个问题的复杂度。

(2) 灵活性好。当任何一层发生变化时(例如由于技术的变化),只要层间接口关系保持不变,则在这层以上或以下各层均不受影响。此外,对某一层提供的服务还可进行修改。当某层提供的服务不再需要时,甚至可以将这层取消。

(3) 结构上可分隔。各层都可以采用最合适的技术来实现。

(4) 易于实现和维护。这种结构使得实现和调试一个庞大而又复杂的系统变得易于处理,因为整个系统已被分解为若干个相对独立的子系统。

(5) 能促进标准化工作。因为每一层的功能及其所提供的服务都已有了精确的说明。分层时应注意使每一层的功能非常明确。若层数太少,就会使每一层的协议太复杂。但层数太多又会在描述和综合各层功能的系统工程任务时遇到较多困难。

通常各层所要完成的功能主要有以下方面(可以只包括一种,也可以包括多种):

(1) 差错控制,使得和网络对等端的相应层次的通信更加可靠。

(2) 流量控制,使得发送端的发送速率不要太快,要使接收端及时接收。

(3) 分段和重装,发送端将要发送的数据块划分为更小的单位,在接收端将其还原。

(4) 复用和分用,发送端几个高层会话复用一条低层的连接,在接收端再进行分用。

(5) 连接建立和释放,交换数据前先建立一条逻辑连接,数据传送结束后释放连接。

分层当然也有一些缺点,例如,有些功能会在不同的层次中重复出现,因而产生了额外开销。

网络的各层及其协议的集合,称为网络的体系结构(architecture)。注意这些功能究竟是用何种硬件或软件完成的,则属于遵循这种体系结构的实现(implementation)的问题。体系结构的英文名词 architecture 的原意是建筑学或建筑的设计和风格,它和具体建筑物的概念很不相同。例如,一个明代的建筑物是具体的,而一个明代的建筑风格则是抽象的。同理,一个具体的信息网络也不能称为一个抽象的网络体系结构。总之,体系结构是抽象的,而实现则是具体的,是真正在运行的硬件和软件。

5.2.2　参考模型

开放系统互连(open systems interconnection,OSI)参考模型(如图 5-1 所示,未包含物理介质层),是国际标准化组织(international standards organization,ISO)提出的,作为各层协议迈向国际标准化的参考模型,简称为 OSI 模型。虽然 OSI 模型相关的协议没有被任何人所用,但该模型对讨论网络体系结构中每一层的功能有重要指导意义。注意,OSI 模型本身并不是网络体系结构,因为它并没有定义每一层的服务和所用的协议,OSI 模型的意义在于指明了每层应该做些什么事。

OSI 模型有 7 层,构建 OSI 层次结构的基本原则如下:

(1) 如果需要一个抽象体则创建一层。

(2) 每一层都应该执行一个明确定义的功能。

(3) 每一层功能的选择应该与定义国际标准化协议的目标一致。

(4) 层与层边界的选择应该使跨越接口的信息流最小。

(5) 层数应该足够多,保证不同的功能不会被混杂在同一层中,但同时层数又不能太

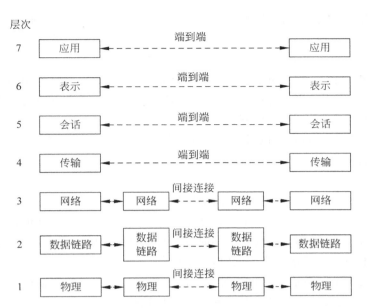

图 5-1 OSI 参考模型

多，以免体系结构变得过于庞大。

下面从底层开始，介绍每一层的具体内容。

1）物理层

物理层（physical layer）关注在一条通信信道上传输原始比特。设计时必须确保当一方发送了比特 1 时，另一方收到的也是比特 1，而不是比特 0。这里存在的问题包括用什么电子信号来表示 1 和 0、一个比特持续多少纳秒、是否可以在两个方向上同时进行传输、初始连接如何建立、当双方结束之后如何撤销连接、网络连接器有多少针以及每针的用途是什么等。这些设计问题主要涉及机械、电子和时序接口，以及物理层之下的物理传输介质等。

2）数据链路层

数据链路层（data link layer）的主要任务是将原始的传输设施转变成一条没有漏检传输错误的线路。数据链路层完成这项任务的做法是将真实的错误掩盖起来，使得网络层看不到。为此，发送方将输入的数据拆分成数据帧（data frame），然后顺序发送这些数据帧。一个数据帧通常为几十或者几千个字节长。如果服务是可靠的，则接收方必须确认正确收到的每一帧，即给发送方发回一个确认帧（acknowledgement frame）。

数据链路层（和大多数高层都存在）的另一个问题是如何避免一个快速发送方用数据"淹没"一个慢速接收方。所以，往往需要流量调节机制，以便让发送方知道接收方何时可以接收更多的数据。

广播式网络的数据链路层还存在另一个问题：如何控制对共享信道的访问。数据链路层的一个特殊子层，即介质访问控制子层，就是用来处理这个问题的。这部分内容在前面已有详细介绍，此处不再赘述。

3）网络层

网络层（network layer）的主要功能是控制子网的运行。其面临的关键设计问题是如何将数据报从源端路由（routing）到接收端。路由可以建立在静态表基础上，也可以自动更新以避免网络故障等情况。路由还可以是高度动态的,针对每个数据报都重新确定路径,以便反映网络当前负载情况。

网络层面临的另一个关键问题是如何将异构的网络连接起来。当一个数据报必须从一个子网传输到另一个子网时,可能会发生很多问题。例如,两个网络所用的寻址方案可能不同;第二个网络可能因为数据报太大而无法接收;或者两个网络所使用的协议也可能不同等。网络层需要考虑解决所有这些问题。

网络层还需要考虑的问题包括拥塞控制以及服务质量的保证,这些服务往往也会和高层联合起来一起完成。

4) 传输层

传输层(transport layer)的基本功能是接收来自上一层的数据,在必要的时候把这些数据分割成较小的单元,然后把数据单元传递给网络层,并确保这些数据单元正确地到达另一端。而且,所有这些工作都必须高效率同时以一种上下隔离的方式完成,即随着时间的推移当底层硬件技术不可避免地发生改变时,对上面各层是透明的。

传输层还决定了向会话层提供哪种类型的服务。最为常见的传输连接应是一个完全无错的点到点信道,此信道按照原始发送的顺序来传输报文或者字节数据。还有其他类型的传输服务,例如传输独立的报文但不保证传送的顺序,将报文广播给多个目标节点等。服务的类型是在开始连接时就确定下来的。

传输层是典型的端到端的层,源机器的一个程序利用报文首部和控制信息与目标机器的一个类似程序进行会话。也就是说,在传输层的两端必然是源机器和目标机器。而之前讨论的位于传输层下面的各层,每个协议涉及的是一台机器和它的邻居,而不一定是源机器和目标机器,即源机器和目标机器可能被多个中间路由器隔离。也就是说,第 1~3 层是链式连接的,而第 4~7 层是端到端的。

5) 会话层

会话层(session layer)允许不同机器的用户建立会话。会话通常提供各种服务,包括对话控制(dialog control)(记录该由谁来传递数据)、令牌管理(token management)(禁止双方同时执行一个关键操作),以及同步功能(synchronization)(在一个长传输过程中设置一些断点,以便在系统崩溃之后还能恢复到崩溃前的状态继续运行)。

6) 表示层

表示层(presentation layer)以下的各层最关注的是如何传递数据位,而表示层关注的是所传递信息的语法和语义。不同的计算机可能有不同的内部数据表示法,为了让这些计算机能够进行通信,它们所交换的数据结构必须以一种抽象的方式来定义,同时还应该定义一种"线上"使用的标准编码方法。表示层管理这些抽象的数据结构,并允许定义和交换更高层的数据结构。

7) 应用层

应用层(application layer)包含了用户通常需要的各种协议。例如,广泛使用的超文本传输协议(hyper text transfer protocol,HTTP),它是万维网(world wide web,WWW)的基础。当浏览器需要一个 Web 页面时,它通过 HTTP 将所要页面的名字发送给服务器,然后服务器将页面发回给浏览器。还有其他一些用于文件传输、电子邮件以及网络新闻的应用协议。

5.3　TCP/IP

5.3.1　TCP/IP 基本概念

传输控制协议(transmission control protocol,TCP)和网际协议(Internet protocol,IP)是指以 TCP/IP 为基础的一个协议集,而不仅仅是指 TCP 和 IP 两个协议。大多计算机、通信设备等硬、软件生产厂商和公司的网络产品都支持 TCP/IP 协议,特别是因特网出现以后,TCP/IP 的应用范围得到了大幅拓展,从而使得 TCP/IP 成为事实上的国际标准和工业标准。

TCP/IP 协议具有如下的基本特性:

(1) 网间互连特性。自从其运行以来,实现了采用多种技术组建网络的互连,如卫星网、局域网、分组网等的互连,因此它基本能适应多种不同类型的网络的大规模互连。

(2) 可靠的端-端协议。IP 协议的出现使得网络从可靠的面向连接的服务改变为提供不一定可靠的无连接服务。将提高可靠性的机制放在传输层,并且相应地制定传输控制协议(TCP),实现一种可靠的端-端信息传递。TCP 可有效解决数据报丢失、损坏、重复等异常情况。

(3) UNIX 系统的通信协议。TCP/IP 和 UNIX 操作系统相结合,大大增强了操作系统的网络能力,也使 UNIX 成为应用极广的网络操作系统;并且 UNIX 的可操作性更高,更加有利于 TCP/IP 的应用,进而促进其进一步完善和提高。

5.3.2　TCP/IP 体系结构

从协议分层模型方面来讲,TCP/IP 由四个层次组成:网络接口层、网络层、传输层、应用层。

1. 网络接口层

网络接口层也称为子网层或者网络访问层。它对应 OSI 互连层次模型的数据链路层和物理层,常称为"物理网"。网络接口层主要任务是接收 IP 数据报并通过特定的网络进行传输或者接收物理帧,抽出 IP 数据报交给网络层。TCP/IP 协议并没有真正描述这一部分,只是指出主机必须使用某种协议与网络连接,并定义 TCP/IP 与各种物理网络之间的接口。

2. 网络层

网络层也称为网间层或者互联网层,与 OSI 互连层次模型的第三层相对应。该层主要处理分组在网络之间的路由问题和拥塞控制。该层的主要功能是将传输层的数据封装入 IP 数据报,组装数据报,选择到目的主机的路由,将数据报发往适当的网络接口;对从网络接口收到的数据报进行转发或者去掉报文首部上交传输层;处理网际差错与控制,进行流量和拥塞控制。

网络层提供一个尽最大努力但是无连接的分组传输。网络层包含四个重要的协议,即 IP、ICMP、ARP 和 RARP 协议。

(1) IP(Internet protocol)为传输层提供网际传送服务,也就是提供端到端的分组发送功能和建立局域网之间的互连。IP 层还为主机定义一个全球独一无二的 IP 地址。IP 地址是一种逻辑地址。IPv4 由 32 位二进制数组成,IPv6 则由 128 位二进制数组成。

(2) ICMP(Internet control message protocol)用于通知其他主机关于 IP 服务的状况,报告差错和传送控制信息,它是 IP 协议的一部分,包含在每一个 IP 实现中。

(3) ARP(address resolution protocol)提供 IP 数据报文在传送中发生差错的情况,还将 IP 地址转换成物理地址。

(4) RAPR(reverse ARP)将物理地址转换成 IP 地址。

3. 传输层

与 OSI 互连层次模型的第四层即传输层相对应。传输层提供了两个主要的服务功能:由传输控制协议提供的面向连接的可靠传输服务(reliable connection-oriented transfer)以及由用户数据报协议提供的尽力而为的无连接服务(besteffort connectionless transfer)。该层包含的主要协议有:

(1) TCP(transmission control protocol),提供基于连接的、可靠的字节流传送服务。

(2) UDP(user datagram protocol),提供数据报传送服务。

(3) RSVP(resource reservation protocol,RSVP),用来保证各类 QoS(quality of service)需求。

4. 应用层

对应于 OSI 模型的应用层、表示层和会话层三个层次,可称为"应用软件系统"。它也是为应用程序提供服务,包括远程登录、邮件服务、网页浏览、文件传输、网络管理等方面的协议。该层包括的主要协议有:

(1) SMTP(simple mail transfer protocol),提供简单的电子邮件服务。

(2) DNS(domain name service),提供主机名到 IP 地址的转换服务。

(3) Telnet(telecommunication network),提供虚终端服务。

(4) FTP(file transfer protocol),提供文件传送服务。

(5) HTTP(hyper text transfer protocol),提供发布和接收 HTML 页面的服务。

TCP/IP 协议并不完全符合 OSI 的 7 层参考模型,而是采用了 4 层的层级结构,每一层都呼叫它的下一层所提供的网络来完成自己的需求。由于 ARPANET 的设计者注重的是网络互联,允许通信子网(网络接口层)采用已有的或是将来有的各种协议,所以这个层次中没有提供专门的协议。实际上,TCP/IP 协议可以通过网络接口层连接到任何网络上,如 X.25 交换网或 IEEE 802 局域网。

5.3.3　网际协议

网际协议(IP)是 TCP/IP 体系中两个最主要的协议之一,也是最重要的因特网标准协议之一。与 IP 协议配套使用的还有 4 个协议:

(1) 地址解析协议(address resolution protocol,ARP)。

(2) 逆地址解析协议(reverse address resolution protocol,RARP)。

(3) 网际控制报文协议(Internet control message protocol,ICMP)。

(4) 网际组管理协议(Internet group management protocol,IGMP)。

图 5-2 给出了这四个协议和网际协议(IP)的关系。在这一层中,ARP 和 RARP 位于 IP 协议的下方,表示这两个协议会被 IP 协议使用。ICMP 和 IGMP 位于 IP 协议的上方,表示

这两个协议会使用 IP 协议。

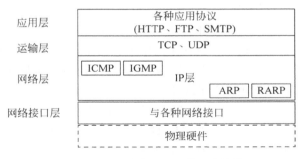

图 5-2　网际协议(IP)及其配套协议

1. 异构网络互联

实际中,由于用户的需求是多种多样的,没有一种单一的网络能够适应所有用户的需求。要求大家只使用一种网络,显然是不行的。另外,网络技术是不断发展的,网络的制造厂家也要经常推出新的网络,在竞争中求生存。因此在市场上总是有很多种不同性能、不同网络协议的网络,供不同的用户选用。这样为了将不同结构的网络相互连接起来,就需要建立同一种大家都遵守的规范。TCP/IP 体系就是在网络层(即 IP 层)采用了标准化协议,将异构的网络相互连接起来。

图 5-3(a)表示有许多计算机网络通过一些路由器进行互连。由于参加互连的计算机网络都使用相同的网际协议(IP),因此可以把互连以后的计算机网络看成如图 5-3(b)所示的一个虚拟互连网络。所谓虚拟互连网络,也就是逻辑互连网络,互连起来的各种物理网络的异构性本来是客观存在的,利用 IP 协议就可以使这些性能各异的网络在网络层上看起来就像是一个统一的网络。这种使用 IP 协议的虚拟互连网络可简称为 IP 网(IP 网是虚拟的,但平常不必每次都强调“虚拟”二字)。使用 IP 网的好处是:当 IP 网上的主机进行通信时,就好像在一个单个网络上通信一样,看不见互连的各网络的具体异构细节(如具体的编址方案、路由选择协议等)。

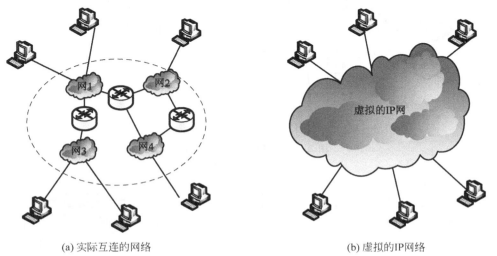

(a) 实际互连的网络　　　　　　　　　　　　(b) 虚拟的IP网络

图 5-3　IP 网的概念

　　当很多异构网络通过路由器互连起来时,如果所有的网络都使用相同的 IP 协议,那么在网络层讨论问题就显得很方便。下面举例说明。

　　在图 5-4 所示的互联网中的源主机 H_1 要把一个 IP 数据报发送给目的主机 H_2,首先要查找自己的路由表,看目的主机是否就在本网络上。如是,则不需要经过任何路由器而是直接交付,任务就完成了。如不是,则必须把 IP 数据报发送给某个路由器(图中的 R_1)。R_1 在查找了自己的转发表后,知道应当把数据报转发给 R_2 进行间接交付。这样一直转发下去,最后由路由器 R_5 知道自己是和 H_2 连接在同一个网络上,不需要再使用其他路由器转发了,于是就把数据报直接交付给目的主机 H_2。图中画出了源主机、目的主机以及各路由器的协议栈。注意,主机的协议栈共有五层,但路由器的协议栈只有下三层。图中还画出了数据在各协议栈中流动的方向。同时,还可注意到,在 R_4 和 R_5 之间使用了卫星链路,而 R_5 所连接的是一个无线局域网。在 R_1 到 R_4 之间的三个网络则可以是任意类型的网络。总之,互联网可以由多种异构网络互连组成。如果只从网络层考虑问题,那么 IP 数据报就可以想象是在网络层中传送,而不必画出许多完整的协议栈(如图 5-5 所示),使问题的讨论更加简单。

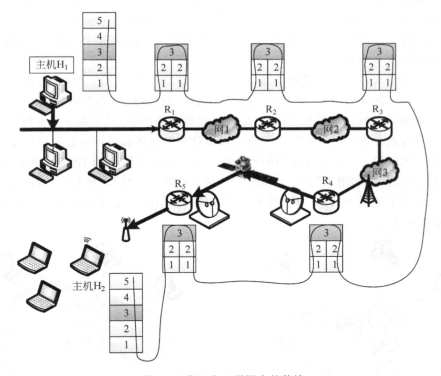

图 5-4　分组在互联网中的传输

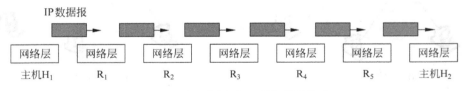

图 5-5　从网络层看 IP 数据报的传送

2. IP 地址

利用 IP 协议,整个因特网就是一个单一的、抽象的网络。IP 地址就是给因特网上的每一个主机(或路由器)的每一个接口分配一个在全世界范围内唯一的 32 位的标识符。IP 地址由因特网名字与号码指派公司(Internet corporation for assigned names and numbers, ICANN)进行分配。

对主机或路由器来说,IP 地址都是 32 位的二进制代码。为了提高可读性,常常把 32 位的 IP 地址中的每 8 位用其等效的十进制数字表示,并且在这些数字之间加上一个点。这就叫做点分十进制记法(dotted decimal notation),如图 5-6 所示。显然,128.11.3.31 比 10000000 00001011 00000011 00011111 更具有可读性。

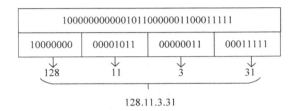

图 5-6　IP 地址的点分十进制记法

IP 地址的编址方法共经过了三个历史阶段。这三个阶段是:

(1) 分类的 IP 地址。这是最基本的编址方法,在 1981 年通过了相应的标准协议。

(2) 子网的划分。这是对最基本的编址方法的改进,在 1985 年通过了相应的标准协议。

(3) 无分类编址。这是主流的因特网编址方法。1993 年提出后很快就得到推广应用。

下面首先讨论最基本的分类 IP 地址。

1) 分类 IP 地址

所谓"分类的 IP 地址",就是将 IP 地址划分为若干个固定类,每一类地址都由两个固定长度的字段组成,其中第一个字段是网络号(net-id),它标志主机(或路由器)所连接到的网络。一个网络号在整个因特网范围内必须是唯一的。第二个字段是主机号(host-id),它标志当前主机(或路由器)。一个主机号在它前面的网络号所指明的网络范围内必须是唯一的。由此可见,一个 IP 地址在整个因特网范围内是唯一的。

这种两级的 IP 地址可以记为:

IP 地址::={<网络号>,<主机号>}

上式中的符号"::="表示"定义为"。图 5-7 给出了各种 IP 地址的网络号字段和主机号字段,这里 A 类、B 类和 C 类地址都是单播地址(一对一通信),是最常用的。

从图 5-7 中可以看出:

(1) A 类、B 类和 C 类地址的网络号字段(在图中这个字段是灰色的)分别为 1、2 和 3 字节长,而在网络号字段的最前面有 1~3 位的类别位,其数值分别规定为 0、10 和 110。A 类、B 类和 C 类地址的主机号字段分别为 3 个、2 个和 1 个字节长。

(2) D 类地址(前 4 位是 1110)用于多播(一对多通信)。

(3) E 类地址(前 4 位是 1111)保留为以后用。

从 IP 地址的结构来看,IP 地址并不仅仅指明一个主机,而且还指明了主机所连接到的网络。

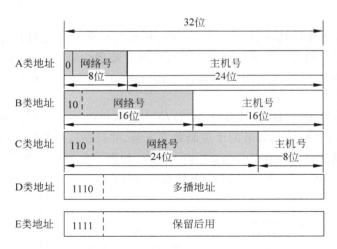

图 5-7　分类编址中的网络号和主机号字段

A 类地址的网络号字段占一个字节,只有 7 位可供使用(该字段的第二位已固定为 0),但可指派的网络号是 126 个(即 2^7-2)。减 2 的原因是:①IP 地址中的全 0 表示"本网络";②网络号为 127(即 01111111)保留作为本地软件环回测试(loopback test),即用于本地主机进程之间的通信。若主机发送一个目的地址为环回地址(如 127.0.0.1)的 IP 数据报,则本主机中的协议软件就处理数据报中的数据,而不会把数据报发送到任何网络。目的地址为环回地址的 IP 数据报不会出现在任何网络上,因为网络号为 127 的地址根本不是一个网络地址。

A 类地址的主机号占 3 字节,因此每一个 A 类网络中的最大主机数是 $2^{24}-2$,即 16 777 214。这里减 2 的原因是:①全 0 的主机号字段表示该 IP 地址是"本主机"所连接到的单个网络地址(例如,一主机的 IP 地址为 5.6.7.8,则该主机所在的网络地址就是 5.0.0.0);②全 1 的主机号表示"该网络上的所有主机"。IP 地址空间共有 2^{32}(即 4 294 967 296)个地址。整个 A 类地址空间共有约 2^{31} 个地址,占整个 IP 地址空间的 50%。

B 类地址的网络号字段有 2 字节,但前面两位(10)已经固定了,只剩下 14 位可以进行分配。因为网络号字段后面的 14 位无论怎样取值也不可能使整个 2 字节的网络号字段成为全 0 或全 1,因此这里不存在网络总数减 2 的问题。但实际上 B 类网络地址 128.0.0.0 是不指派的,可以指派的 B 类最小网络地址是 128.1.0.0。因此 B 类地址可指派的网络数为 $2^{14}-1$,即 16 383。B 类地址的每一个网络上的最大主机数是 $2^{16}-2$,即 65 534。这里需要减 2 是因为要扣除全 0 和全 1 的主机号。整个 B 类地址空间共约有 2^{30} 个地址,占整个 IP 地址空间的 25%。

C 类地址有 3 个字节的网络号字段,最前面的 3 位是(110),还有 21 位可以进行分配。C 类网络地址 192.0.0.0 也是不指派的,可以指派的 C 类最小网络地址是 192.0.1.0,因此 C 类地址可指派的网络总数是 $2^{21}-1$,即 2 097 151。每一个 C 类地址的最大主机数是 2^8-2,即 254。整个 C 类地址空间共约有 2^{29} 个地址,占整个 IP 地址空间的 12.5%。

这样,就可得出 IP 地址的指派范围,如表 5-1 所示。表 5-2 给出了一般不使用的 IP 地址,这些地址只能在特定的情况下使用。

表 5-1 分类 IP 地址各自的范围

类 别	最大可指派的 网络数	第一个可指派的 网络号	最后一个可指派的 网络号	每个网络中的 最大主机数
A	$126(2^7-2)$	1	126	16 777 214
B	$16\ 383(2^{14}-1)$	128.1	191.255	65 534
C	$2\ 097\ 151(2^{21}-1)$	192.0.1	223.255.255	254

表 5-2 一般不使用的 IP 地址

网 络 号	主 机 号	源地址使用	目的地址使用	含 义
0	0	可以	不可	在本网络上的本主机
0	host-id	可以	不可	在本网络上的某个主机 host-id
全 1	全 1	不可	可以	只在本网络上进行广播(各路由器均不转发)
net-id	全 1	不可	可以	对 net-id 上的所有主机进行广播
127	非全 0 或全 1 的任何数	可以	可以	用作本地软件环回测试

2)划分子网

分类地址编码方法理论上非常合理,但在实际应用中,存在如下问题:

(1)IP 地址的利用率较低。每个 A 类地址网络可连接的主机数超过 1000 万,而每一个 B 类地址网络可连接的主机数也超过 6 万。然而有些网络对连接在网络上的计算机数目有限制,根本达不到这样大的数值。例如,10Base-T 以太网规定其最大节点数只有 1024个。这样的以太网若使用一个 B 类地址就浪费 6 万多个 IP 地址,地址空间的利用率还不到 2%,而其他单位的主机无法使用这些被浪费的地址。有的单位申请到了一个 B 类地址网络,但所连接的主机数并不多,可是又不愿意申请一个足够使用的 C 类地址,理由是考虑到今后可能的发展。IP 地址的浪费,会使 IP 地址空间的资源过早地被用完。

(2)给每一个物理网络分配一个网络号会使路由表变得太大而使网络性能变差。每一个路由器都应当能够从路由表查出应怎样到达其他网络的下一跳路由器。因此,互联网中的网络数越多,路由器的路由表的项目数也就越多。这样,即使拥有足够多的 IP 地址资源可以给每一个物理网络分配一个网络号,也会导致路由器中的路由表中的项目数过多。这不仅增加了路由器的成本(需要更多的存储空间),而且使查找路由耗费更多的时间,同时也使路由器之间定期交换的路由信息急剧增加,因而使路由器和整个因特网的性能都下降了。

(3)两级 IP 地址不够灵活。有时情况紧急,一个单位需要在新的地点立即开通一个新的网络。但是在申请到一个新的 IP 地址之前,新增加的网络是不可能连接到因特网上工作的。为解决上述问题,1985 年起在 IP 地址中又增加了一个"子网号字段",使两级 IP 地址变成为三级 IP 地址,它能够较好地解决上述问题,并且使用起来也很灵活。这种做法叫作划分子网(subnetting),或子网寻址或子网路由选择。划分子网已成为因特网的正式标准协议。

划分子网的基本思路如下:一个拥有许多物理网络的单位,可将所属的物理网络划分为若干个子网(subnet)。划分子网纯属一个单位内部的事情。本单位以外的网络看不见这个网络是由多少个子网组成,因为这个单位对外仍然表现为一个网络。划分子网的方法是从网络的主机号借用若干位作为子网号 subnet-id,当然主机号也就相应减少了同样的位数。于是两级 IP 地址在本单位内部就变为三级 IP 地址:网络号、子网号和主机号,其记法如下:

IP 地址::={<网络号>,<子网号>,<主机号>}

凡是从其他网络发送给本单位某个主机的 IP 数据报,仍然是根据 IP 数据报的目的网络号找到连接在本单位网络上的路由器。但此路由器在收到 IP 数据报后,再按目的网络号和子网号找到目的子网,把 IP 数据报交付给目的主机。

当没有划分子网时,IP 地址是两级结构。划分子网后 IP 地址变成了三级结构。划分子网只是把 IP 地址的主机号 host-id 这部分进行再划分,而不改变 IP 地址原来的网络号。

下面进一步说明在已知数据报目的地址(假定为 145.13.3.10)时,路由器如何把它转发到子网 145.13.3.0。由于 IP 地址本身以及 IP 数据报本身都没有包含任何有关子网划分的信息,因此必须另外想办法,即使用子网掩码(subnet mask)。

图 5-8(a)所示是 IP 地址为 145.13.3.10 的主机本来的两级 IP 地址结构。图 5-8(b)所示是同一主机的三级 IP 地址的结构,也就是说,从原来 16 位的主机号中拿出 8 位作为子网号 subnet-id,而主机号减少到 8 位。注意,子网号为 3 的网络的网络地址是 145.13.3.0(既不是原来的网络地址 145.13.0.0,也不是子网号 3)。为了使路由器能够很方便地从数据报中的目的 IP 地址中提取出所要找的子网的网络地址,路由器需使用子网掩码。图 5-8(c)所示是子网掩码,它也是 32 位,由一串 1 和跟随的一串 0 组成。子网掩码中的 1 对应于 IP 地址中原来的 net-id 加上 subnet-id,而子网掩码中的 0 对应于 host-id。一般而言,建议在子网掩码中选用连续的 1,以免出现差错。图 5-8(d)表示路由器把子网掩码和收到的数据报的目的 IP 地址 145.13.3.10 逐位相"与"(AND),得出了所要找的子网的网络地址 145.13.3.0。

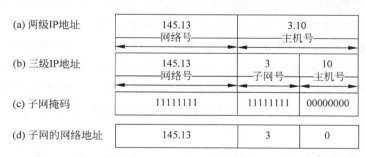

图 5-8　IP 地址各字段以及子网掩码

　3) 无分类地址

划分子网在一定程度上缓解了因特网在发展中遇到的困难。然而在 1992 年因特网仍然面临三个必须尽早解决的问题:

(1) B 类地址在 1992 年已分配了近一半,眼看很快就将全部分配完毕。

(2) 因特网主干网上的路由表中的项目数急剧增长(从几千个增长到几万个)。

（3）整个 IPv4 的地址空间最终将全部耗尽。

因此 IETF 在 1993 年发布了无分类域间路由选择（classless inter-domain routing，CIDR，读音是 sider）的 RFC 文档：RFC 1517～1519 和 1520。并且，专门成立 IPv6 工作组负责研究新版本 IP 协议用以彻底解决 IPv4 地址即将耗尽的问题。有关 RFC 文档的相关介绍请参考前面介绍的计算机互联网部分。

1）CIDR 编址

CIDR 把 32 位的 IP 地址划分为两个部分。前面的部分是"网络前缀"（network-prefix）（或简称为"前缀"），用来指明网络，后面的部分则用来指明主机。因此 CIDR 使 IP 地址从三级编址（使用子网掩码）又回到了两级编址，但这已是无分类的两级编址。它的记法是：

IP 地址::=｛<网络前缀>，<主机号>｝

CIDR 还使用"斜线记法"（slash notation），或称为 CIDR 记法，即在 IP 地址后面加上斜线"/"，然后写上网络前缀所占的位数。例如，/20 表示该 IP 地址的地址掩码是 11111111 11111111 11110000 00000000（255.255.240.0）。斜线记法中，斜线后面的数字就是地址掩码中 1 的个数。

与划分子网的编址类似，CIDR 编址也需要与 IP 地址配合使用 32 位的地址掩码。计算网络地址的方法仍然是将地址掩码与 IP 地址逐位相与（AND）。

CIDR 中把网络前缀都相同的连续 IP 地址组成一个"CIDR 地址块"。只要知道 CIDR 地址块中的任何一个地址，就可以知道这个地址块的起始地址（即最小地址）和最大地址，以及地址块中的地址数。例如，已知 128.14.35.7/20 是某 CIDR 地址块中的一个 IP 地址。把它写成二进制表示，其中的前 20 位是网络前缀，而后 12 位是主机号：

128.14.35.7/20 = **10000000 00001110 0010**0011 00000111

这个地址所在的地址块中的最小地址和最大地址可以很方便地得出：

最小地址　128.14.32.0　　**10000000 00001110 0010**0000 00000000
最大地址　128.14.47.255　**10000000 00001110 0010**1111 11111111

当然，这两个主机号是全 0 和全 1 的地址一般并不使用。通常只使用在这两个地址之间的地址。不难看出，这个地址块共有 2^{12} 个地址。可以用地址块中的最小地址和网络前缀的位数指明这个地址块。例如，上面的地址块可记为 128.14.32.0/20。在不需要指出地址块的起始地址时，也可把这样的地址块简称为"/20 地址块"。

注意，"CIDR 不使用子网"是指 CIDR 并没有在 32 位地址中指明若干位作为子网字段（subnet-id）。但分配到一个 CIDR 地址块的组织，仍然可以在本组织内根据需要划分出一些子网。这些子网也都只有一个网络前缀和一个主机号字段，但子网的网络前缀比整个组织的网络前缀要长些。例如，某组织分配到地址块/20，就可以再继续划分为 8 个子网（即需要从主机号中借用 3 位来划分子网）。这时每一个子网的网络前缀就变成 23 位（原来的 20 位加上从主机号借来的 3 位），比该组织的网络前缀长 3 位。使用 CIDR 的一个好处就是可以更加有效地分配 IPv4 的地址空间，可根据客户的需要分配适当大小的 CIDR 地址块。然而在分类编址中，向一个组织分配 IP 地址，就只能以/8、/16 或/24 为单位来分配，不够灵活。

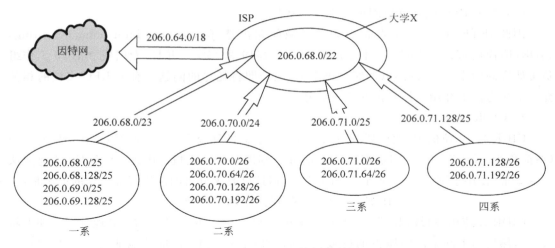

图 5-9   CIDR 地址块划分举例

表 5-3   图 5-9 中 CIDR 地址块划分

单 位	地 址 块	二进制表示	地 址 数
ISP	206.0.64.0/18	11001110.00000000.01 *	16 384
大学	206.0.68.0/22	11001110.00000000.010001 *	1024
一系	206.0.68.0/23	11001110.00000000.0100010 *	512
二系	206.0.70.0/24	11001110.00000000.01000110. *	256
三系	206.0.71.0/25	11001110.00000000.01000111.0 *	128
四系	206.0.71.128/25	11001110.00000000.01000111.1 *	128

图 5-9 给出的是 CIDR 地址块分配的例子。假定某 ISP 已拥有地址块 206.0.64.0/18（相当于有 64 个 C 类网络）。某大学需要 800 个 IP 地址。ISP 可以给该大学分配一个地址块 206.0.68.0/22，它包括 1024（即 2^{10}）个 IP 地址，相当于 4 个连续的 C 类/24 地址块，占该 ISP 拥有的地址空间的 1/16。这个大学就可自由地对本校的各系分配地址块，而各系还可再划分本系的地址块。

2）路由聚合及最长前缀匹配

下面基于图 5-9 介绍路由聚合的概念。路由聚合又称为地址聚合，是指将路由表中的某些路由相同的表项合并为一个。例如图 5-9 中 ISP 共拥有 64 个 C 类网络。如果不采用 CIDR 技术，则在与该 ISP 的路由器交换路由信息的每一个路由器的路由表中，就需要有 64 个项目。但采用地址聚合后，就只需路由聚合后的一个项目 206.0.64.0/18 就能找到该 ISP。同理，这个大学共有 4 个系。在 ISP 内的路由器的路由表中，也只需 206.0.68.0/22 这一个项目。从表 5-3 中的二进制地址可以看出，把四个系的路由聚合为大学的一个路由，是将网络前缀缩短。网络前缀越短，其地址块所包含的地址数就越多。

在使用 CIDR 时，由于采用了网络前缀这种记法，IP 地址由网络前缀和主机号这两个部分组成，因此在路由表中的项目也要有相应的改变。这时，每个项目由"网络前缀"和"下一跳地址"组成。

此时，查找路由表可能会得到不止一个匹配结果。这样就带来一个问题：如何从这些匹配结果中选择合适的路由呢？正确的答案是应当从匹配结果中选择具有最长网络前缀的路由。这叫作最长前缀匹配（longest-prefix matching），这是因为网络前缀越长，其地址块就越小，因而路由就越具体（more specific）。最长前缀匹配又称为最长匹配或最佳匹配。为了说明最长前缀匹配的概念，仍以前面的例子来讨论。

假定大学下属的四系希望 ISP 把转发给四系的数据报直接发到四系而不要经过大学的路由器，但又不愿意改变自己使用的 IP 地址块。因此，在 ISP 路由器的路由表中，至少要有以下两个项目，即 206.0.68.0/22（大学）和 206.0.71.128/25（四系）。假定 ISP 收到一个数据报，其目的 IP 地址为 D=206.0.71.130。把 D 分别和路由表中这两个项目的掩码逐位相"与"（AND 操作）。将所得的逐位 AND 操作的结果按顺序写在下面。

  D 和 11111111 11111111 11111100 00000000 逐位相"与"=206.0.68.0/22 匹配

  D 和 11111111 11111111 11111111 10000000 逐位相"与"=206.0.71.128/25 匹配

不难看出，同一个 IP 地址 D 可以在路由表中找到两个目的网络（大学和四系）和该地址相匹配。根据最长前缀匹配的原理，应当选择后者，把收到的数据报转发到后一个目的网络（四系），即选择两个匹配的地址中更具体的一个。

3. IP 数据报

IP 数据报的格式能够说明 IP 协议都具有什么功能。在 TCP/IP 的标准中，各种数据格式常常以 32 位（即 4 字节）为单位来描述。图 5-10 所示是 IP 数据报的完整格式。

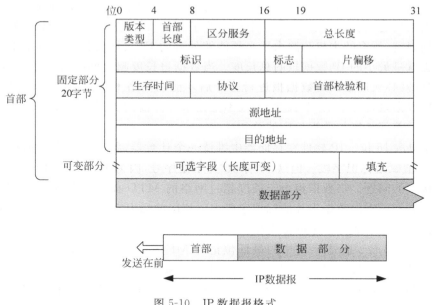

图 5-10　IP 数据报格式

从图 5-10 中可看出，一个 IP 数据报由首部和数据两部分组成。首部的前一部分是固定长度，共 20 个字节，是所有 IP 数据报必须具有的。在首部固定部分的后面是一些可选字段，其长度是可变的。下面介绍首部各字段的意义。

1）IP 数据报首部的固定部分中的各字段

（1）版本类型占 4 位，指 IP 协议的版本。通信双方使用的 IP 协议的版本必须一致。广泛使用的 IP 协议版本号为 4（即 IPv4）。关于以后要使用的 IPv6（即版本 6 的 IP 协议），将在后面讨论。

（2）首部长度占 4 位,可表示的最大十进制数值是 15。注意,这个字段所表示数的单位是 32 位字(1 个 32 位字长是 4 字节),因此,当 IP 的首部长度为 1111 时(即十进制的 15),首部长度就达到最大值 60 字节。当 IP 分组的首部长度不是 4 字节的整数倍时,必须利用最后的填充字段加以填充。因此数据部分永远在 4 字节的整数倍时开始,这样在实现 IP 协议时较为方便。首部长度限制为 60 字节的缺点是有时可能不够用。但这样做是希望用户尽量减少开销。最常用的首部长度就是 20 字节(即首部长度为 0101),这时不使用任何选项。

（3）区分服务占 8 位,用来获得更好的服务。这个字段在旧标准中叫作服务类型,但实际上一直没有被使用过。1998 年,这个字段被改名为区分服务(differentiated services,DS)。只有在使用区分服务时,这个字段才起作用。

（4）总长度占 16 位,总长度指首部和数据之和的长度,单位为字节,数据报的最大长度为 65 535($2^{16}-1$)字节。

在 IP 层下面的每一种数据链路层都有其自己的帧格式,其中包括帧格式中的数据字段的最大长度,这称为最大传送单元(maximum transfer unit,MTU)。当一个 IP 数据报封装成链路层的帧时,此数据报的总长度(即首部加上数据部分)一定不能超过下面的数据链路层的 MTU 值。

虽然使用尽可能长的数据报会使传输效率提高,但由于以太网的普遍应用,所以实际上使用的数据报长度很少有超过 1500 字节的。为了不使 IP 数据报的传输效率降低,有关 IP 的标准文档规定,所有的主机和路由器必须能够处理的 IP 数据报长度不得小于 576 字节。这个数值也就是最小的 IP 数据报的总长度。当数据报长度超过网络所容许的最大传送单元 MTU 时,就必须把过长的数据报进行分片后才能在网络上传送(见后面的“片偏移”字段)。这时,数据报首部中的“总长度”字段不是指未分片前的数据报长度,而是指分片后的每一个分片的首部长度与数据长度的总和。

（5）标识占 16 位。IP 软件在存储器中维持一个计数器,每产生一个数据报,计数器就加 1,并将此值赋给标识字段。但这个“标识”并不是序号,因为 IP 是无连接服务,数据报不存在按序接收的问题。当数据报由于长度超过网络的 MTU 而必须分片时,这个标识字段的值就被复制到所有的数据报片的标识字段中。相同的标识字段的值使分片后的各数据报片最后能正确地重装成为原来的数据报。

（6）标志占 3 位。标志字段中的最低位记为 MF(more fragment)。MF＝1 即表示后面“还有分片”的数据报。MF＝0 表示这已是若干数据报片中的最后一个。标志字段中间的一位记为 DF(Don't fragment),意思是“不能分片”。只有当 DF＝0 时才允许分片。

（7）片偏移占 13 位。片偏移指出:较长的分组在分片后某片在原分组中的相对位置。也就是说,相对于用户数据字段的起点,该片从何处开始。片偏移以 8 个字节为偏移单位。这就是说,每个分片的长度一定是 8 字节(64 位)的整数倍。

下面举例说明。若数据报的总长度为 3820 字节,其数据部分为 3800 字节长(使用固定首部),需要分片为长度不超过 1420 字节的数据报片。因固定首部长度为 20 字节,因此每个数据报片的数据部分长度不能超过 1400 字节。于是分为 3 个数据报片,其数据部分的长度分别为 1400、1400 和 1000 字节。原始数据报首部被复制为各数据报片的首部,但必须修改有关字段的值。图 5-11 给出了分片后的结果(注意片偏移的数值)。

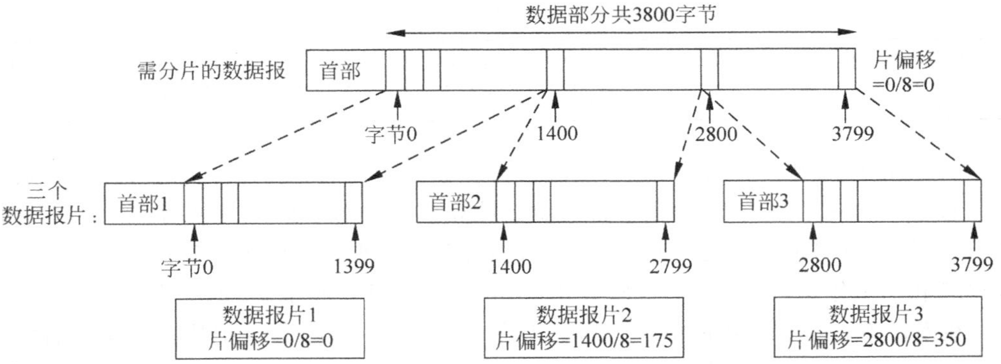

图 5-11　数据报分片举例

表 5-4 所示是本例中数据报首部与分片有关的字段中的数值,其中标识字段的值是任意给定的(12345)。具有相同标识的数据报片在目的站就可无误地重装成原来的数据报。

表 5-4　IP 数据报首部中与分片有关的字段的值

	总　长　度	标　　　识	MF	DF	片　偏　移
原始数据报	3820	12345	0	0	0
数据报片 1	1420	12345	1	0	0
数据报片 2	1420	12345	1	0	175
数据报片 3	1020	12345	0	0	350

假定数据报片 2 经过某个网络时还需要再进行分片,即划分为数据报片 2-1(携带数据 800 字节)和数据报片 2-2(携带数据 600 字节)。那么这两个数据报片的总长度、标识、MF、DF 和片偏移分别为 820、12345、1、0、175;620、12345、1、0、275。

(8) 生存时间占 8 位。生存时间字段常用的英文缩写是 TTL(time to live),表明数据报在网络中的寿命。由发出数据报的源点设置这个字段。其目的是防止无法交付的数据报无限制地在因特网中兜圈子(例如从路由器 R1 转发到 R2,再转发到 R3,然后又转发到 R1),因而白白消耗网络资源。最初的设计是以秒(s)作为 TTL 值的单位。每经过一个路由器时,就把 TTL 减去数据报在路由器所消耗掉的一段时间。若数据报在路由器消耗的时间小于 1s,就把 TTL 值减 1。当 TTL 值减为零时,就丢弃这个数据报。

然而随着技术的进步,路由器处理数据报所需的时间不断在缩短,一般都远远小于 1s,后来就把 TTL 字段的功能改为"跳数限制"(但名称不变)。路由器在转发数据报之前就把 TTL 值减 1。若 TTL 值减小到零,就丢弃这个数据报,不再转发。因此,TTL 的单位不再是秒,而是跳数。TTL 的意义是指明数据报在因特网中至多可经过多少个路由器。显然,数据报能在因特网中经过的路由器的最大数值是 255。若把 TTL 的初始值设置为 1,就表示这个数据报只能在本局域网中传送。因为这个数据报一传送到局域网上的某个路由器,在被转发之前 TTL 值就减小到零,因而就会被这个路由器丢弃。

(9) 协议占 8 位。协议字段指出此数据报携带的数据是使用何种协议,以便使目的主机的 IP 层知道应将数据部分上交给哪个处理过程。

常用的一些协议和相应的协议字段值如表 5-5 所示。

表 5-5　协议名称与相应字段的值

协　议　名	ICMP	IGMP	TCP	EGP	IGP	UDP	IPv6	OSPF
协议字段值	1	2	6	8	9	17	41	89

(10) 首部检验和占 16 位。这个字段只检验数据报的首部，不包括数据部分。这是因为数据报每经过一个路由器，路由器都要重新计算一下首部检验和(一些字段，如生存时间、标志、片偏移等都可能发生变化)。不检验数据部分可减少计算的工作量。为了进一步减小计算检验和的工作量，IP 首部的检验和不采用复杂的 CRC 检验码而采用下面的简单计算方法：在发送方，先把 IP 数据报首部划分为许多 16 位字的序列，并把检验和字段置零。用反码算术运算把所有 16 位字相加后，将得到的和的反码写入检验和字段。接收方收到数据报后，将首部的所有 16 位字再使用反码算术运算相加一次。将得到的和取反码，即得出接收方检验和的计算结果。若首部未发生任何变化，则此结果必为 0，于是就保留这个数据报。否则即认为出差错，并将此数据报丢弃。

(11) 源地址占 32 位。

(12) 目的地址占 32 位。

2) IP 数据报首部的可变部分

IP 数据报首部的可变部分是选项字段。选项字段用来支持排错、测量以及安全等措施，内容很丰富。此字段的长度可变，从 1 个字节到 40 个字节不等，取决于所选择的项。某些选项项目只需要 1 个字节，它只包括 1 个字节的选项代码。但还有些选项需要多个字节，这些选项一个个拼接起来，中间不需要有分隔符，最后用全 0 的填充字段补齐成为 4 字节的整数倍。

增加首部的可变部分是为了增加 IP 数据报的功能，但这同时也使得 IP 数据报的首部长度成为可变的。这就增加了每一个路由器处理数据报的开销。实际上这些选项很少被使用。新的 IP 版本 IPv6 就把 IP 数据报的首部长度做成固定的。因此这里不再继续讨论这些选项的细节。

4. ARP/RARP 协议

IP 网络是虚拟网络，IP 地址也是逻辑地址。在实际的网络通信中已经知道一个机器(主机或路由器)的 IP 地址，还需要找出其相应的物理地址；或反过来，已经知道了物理地址，需要找出相应的 IP 地址。地址解析协议(ARP)和逆地址解析协议(RARP)就是用来解决这样的问题。

逆地址解析协议(RARP)的作用是只知道自己硬件地址的主机能够通过 RARP 找出其 IP 地址。但 DHCP(动态主机配置协议)已经包含了 RARP 的功能。下面主要介绍 ARP，不再详细介绍 RARP。

网络层使用的是 IP 地址，但在实际网络的链路上传送数据帧时，最终还是必须使用该网络的硬件地址。但 IP 地址和下面的网络的硬件地址之间由于格式不同而不存在简单的映射关系(例如，IP 地址有 32 位，而局域网的硬件地址是 48 位)。此外，在一个网络上可能经常会有新的主机加入进来，或撤走一些主机。更换网络适配器也会使主机的硬件地址改变。地址解析协议(ARP)解决这个问题的方法是在主机 ARP 高速缓存中存放一个从 IP

地址到硬件地址的映射表,并且这个映射表还经常动态更新(新增或超时删除)。

　　每一个主机都设有一个 ARP 高速缓存(ARP cache),里面有本局域网上的各主机和路由器的 IP 地址到硬件地址的映射表,这些都是该主机当前知道的一些地址。那么主机是怎样知道这些地址呢? 下面以图 5-12 所示的例子来说明。

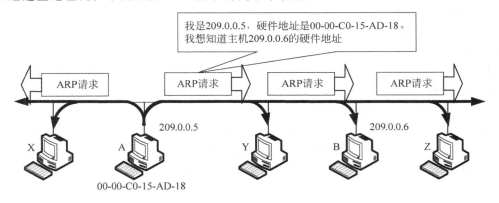

(a) 主机A广播发送ARP请求分组

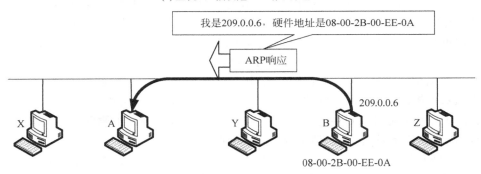

(b) 主机B向A发送ARP响应分组

图 5-12　ARP 工作原理

　　当主机 A 要向本局域网上的某个主机 B 发送 IP 数据报时,就先在其 ARP 高速缓存中查看有无主机 B 的 IP 地址。如有,就在 ARP 高速缓存中查出其对应的硬件地址,再把这个硬件地址写入 MAC 帧,然后通过局域网把该 MAC 帧发往此硬件地址。

　　也有可能查不到主机 B 的 IP 地址。这可能是主机 B 才入网,也可能是主机 A 刚刚加电,其高速缓存还是空的。在这种情况下,主机 A 就自动运行 ARP,然后按以下步骤找出主机 B 的硬件地址。

　　(1) ARP 进程在本局域网上广播发送一个 ARP 请求分组。主机 A 广播发送 ARP 请求分组的示意图如图 5-12(a)所示。ARP 请求分组的主要内容是表明:"我的 IP 地址是209.0.0.5,硬件地址是 00-00-C0-15-AD-18。我想知道 IP 地址为 209.0.0.6 的主机的硬件地址。"

　　(2) 在本局域网上的所有主机上运行的 ARP 进程都收到此 ARP 请求分组。

　　(3) 主机 B 在 ARP 请求分组中见到自己的 IP 地址,就向主机 A 发送 ARP 响应分组,并写入自己的硬件地址。其余的所有主机都不理睬这个 ARP 请求分组。ARP 响应分组的主要内容是表明："我的 IP 地址是 209.0.0.6,我的硬件地址是 08-00-2B-00-EE-0A。"注意:虽然 ARP 请求分组是广播发送的,但 ARP 响应分组是普通的单播,即从一个源地址发送到一个目的地址。

（4）主机 A 收到主机 B 的 ARP 响应分组后,就在其 ARP 高速缓存中写入主机 B 的 IP 地址到硬件地址的映射。

当主机 A 向 B 发送数据报时,很可能不久以后主机 B 还要向 A 发送数据报,因而主机 B 也可能要向 A 发送 ARP 请求分组。为了减少网络上的通信量,主机 A 在发送其 ARP 请求分组时,就把自己的 IP 地址到硬件地址的映射写入 ARP 请求分组。当主机 B 收到 A 的 ARP 请求分组时,就把主机 A 的这一地址映射写入主机 B 自己的 ARP 高速缓存中。以后主机 B 向 A 发送数据报时就很方便了。

可见 ARP 高速缓存非常有用。如果不使用 ARP 高速缓存,那么任何一个主机只要进行一次通信,就必须在网络上用广播方式发送 ARP 请求分组,这就使网络上的通信量大大增加。ARP 把已经得到的地址映射保存在高速缓存中,这样就使得该主机下次再和具有同样目的地址的主机通信时,可以直接从高速缓存中找到所需的硬件地址而不必再用广播方式发送 ARP 请求分组。

ARP 给保存在高速缓存中的每一个映射地址项目都设置生存时间（例如,10～20min）,凡超过生存时间的项目就从高速缓存中删除掉。设置这种地址映射项目的生存时间是很重要的。设想有一种情况:主机 A 和 B 通信,A 的 ARP 高速缓存里保存有 B 的物理地址。但 B 的网络适配器突然坏了,B 立即更换了一块,因此 B 的硬件地址就改变了。假定 A 还要和 B 继续通信。A 在其 ARP 高速缓存中查找到 B 原先的硬件地址,并使用该硬件地址向 B 发送数据帧。但 B 原先的硬件地址已经失效了,因此 A 无法找到主机 B。但是一段时间之后由于该映射地址项目生存时间已到,A 的 ARP 高速缓存中删除了 B 原先的硬件地址,于是 A 重新广播发送 ARP 请求分组,又找到了 B。

注意,ARP 是解决同一个局域网上的主机或路由器的 IP 地址和硬件地址的映射问题。如果所要找的主机和源主机不在同一个局域网上,主机就无法解析出硬件地址。实际上,主机也不需要知道远程主机的硬件地址,只需要知道与本机相连的且可以到达该远程主机的路由器硬件地址即可。

下面归纳出使用 ARP 的四种典型情况。

（1）发送方是主机,要把 IP 数据报发送到本网络上的另一个主机。这时用 ARP 找到目的主机的硬件地址。

（2）发送方是主机,要把 IP 数据报发送到另一个网络上的一个主机。这时用 ARP 找到本网络上的一个路由器的硬件地址,剩下的工作由这个路由器来完成。

（3）发送方是路由器,要把 IP 数据报转发到本网络上的一个主机。这时用 ARP 找到目的主机的硬件地址。

（4）发送方是路由器,要把 IP 数据报转发到另一个网络上的一个主机。这时用 ARP 找到本网络上的一个路由器的硬件地址,剩下的工作由这个路由器来完成。

在许多情况下需要多次使用 ARP,但这只是以上几种情况的反复使用而已。

5. 分组转发流程

前面介绍了 IP 地址和 IP 地址到 MAC 地址的映射,下面用一个简单例子来说明路由器是如何转发 IP 分组数据的。图 5-13(a)示例了一个简单的网络拓扑,有四个 A 类网络通过三个路由器连接在一起,每一个网络上都可能有成千上万个主机。可以想象,若按目的主机号来制作路由表,则所得出的路由表就会过于庞大(如果每一个网络有 1 万台主机,四个网络就有 4 万台主机,因而每一个路由表就有 4 万个项目)。因此,一般按主机所在的网络地址来制作路由表,这样每一个路由器中的路由表就只包含 4 个项目(即只有 4 行,每一行对应于一个网络)。以路由器 R_2 的路由表(如表 5-6 所示)为例,由于 R_2 同时连接在网络 2 和网络 3 上,因此只要目的站在这两个网络上,都可通过接口 0 或 1 由路由器 R_2 直接交付(当然还要利用地址解析协议 ARP 才能找到这些主机相应的硬件地址)。若目的主机在网络 1 中,则下一跳路由器应为 R_1,其 IP 地址为 20.0.0.7。路由器 R_2 和 R_1 由于同时连接在网络 2 上,因此从路由器 R_2 把分组转发到路由器 R_1 是很容易的。同理,若目的主机在网络 4 中,则路由器 R_2 应把分组转发给 IP 地址为 30.0.0.1 的路由器 R_3。

表 5-6　路由器 R_2 的路由表

目的网络地址	掩码	下一跳地址
20.0.0.0	255.0.0.0	直接交付,接口 0
30.0.0.0	255.0.0.0	直接交付,接口 1
10.0.0.0	255.0.0.0	20.0.0.7
40.0.0.0	255.0.0.0	30.0.0.1

可以把整个的网络拓扑简化,如图 5-13(b)所示。在简化图中,网络变成了一条链路,但每一个路由器旁边都注明其 IP 地址。这样的简化图强调了在互联网上转发分组时,是从一个路由器转发到下一个路由器,而并不关心某个网络内部的具体拓扑以及连接在该网络上有多少台计算机。

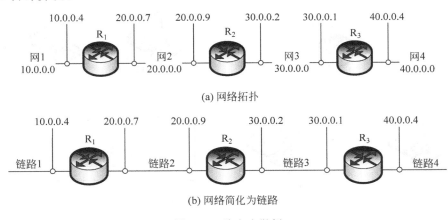

(a) 网络拓扑

(b) 网络简化为链路

图 5-13　路由表举例

下面具体描述一个路由器收到一个分组后的转发算法。

(1) 从数据报的首部提取目的主机的 IP 地址 D。

(2) 首先判断是否符合直接交付的要求。对与此路由器直接相连的网络逐个检查:用各网络的掩码与 D 逐位相"与"(AND 操作),看是否和相应的网络地址相匹配,若匹配则进行直接交付,不需要再经过其他的路由器,直接把数据报交付给目的主机;否则就是间接交付,执行(3)。

（3）对路由表中的每一行（目的网络地址,子网掩码,下一跳路由器,接口），用其中的子网掩码和 D 逐位相"与"（AND 操作），其结果为 N。若 N 与该行的目的网络地址匹配，则把数据报传送给该行指明的下一跳路由器；否则,执行（4）。

（4）若路由表中有一个默认路由，则把数据报传送给路由表中所指明的默认路由器；否则,执行（5）。

（5）报告转发分组出错。

下面用一个具体示例说明 IP 层的分组转发流程。假定网络拓扑结构如图 5-14 所示，其中主机 H_1 发送一个目的地址为 128.30.33.138 的数据报；路由器 R_1 的路由表如表 5-7 所示。下面分析路由器 R_1 收到此数据报后查找路由表的过程。

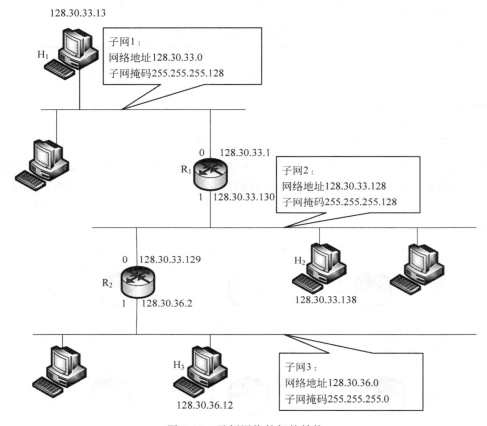

图 5-14　示例网络的拓扑结构

表 5-7　R_1 的路由表（未给出默认路由器）

目的网络地址	子网掩码	下　一　跳
128.30.33.0	255.255.255.128	接口 0
128.30.33.128	255.255.255.128	接口 1
128.30.36.0	255.255.255.0	R_2

从图 5-14 中可以看出该分组的目的地址是 H_2 的 IP 地址 128.30.33.138。下面详细介绍该分组的转发流程。首先发送方主机 H_1 要用本子网的子网掩码 255.255.255.128 与

IP 地址 128.30.33.138 逐位相"与",得出 128.30.33.128。可以看出,结果并不等于 H_1 的网络地址(128.30.33.0),这说明 H_1 与该分组的目的地址即 H_2 不在同一个子网上。因此 H_1 不能把分组直接交付给 H_2,而必须交给子网上的默认路由器 R_1,由 R_1 来转发。

　　由于 IP 数据报本身只包含源地址和目的地址,没有位置用来指明下一跳路由地址,因此需要路由器在收到该分组后在自己的路由表中逐行进行匹配。具体过程如下,R_1 先找路由表中的第一行,用这一行(子网 1)的子网掩码 255.255.255.128 和收到的分组的目的地址 128.30.33.138 逐位相"与",看看这一行的网络地址和收到的分组的网络地址是否匹配。逐位相与之后得出 128.30.33.128,和这一行给出的目的网络地址进行比较,发现结果并不匹配。于是,就用同样方法继续往下找第二行。同理,用第二行的"子网掩码 255.255.255.128"和该分组的目的地址逐位相"与",结果也是 128.30.33.128。但这个结果和第二行的目的网络地址相匹配,说明第二行的网络(即子网 2)就是收到的分组所要寻找的目的网络。由于路由器 R_1 和主机 H_2 都在子网 2 上,于是不需要再进行匹配就可以把分组从接口 1 直接交付给主机 H_2。具体交付时,还需要利用上一节介绍的 ARP 协议将 IP 地址转化为物理地址,并将此物理地址放在数据链路层的 MAC 帧首部,依据这个物理地址找到主机 H_2。

6. ICMP 协议

　　为了更有效地转发 IP 数据报和提高交付成功的机会,在网际层使用了网际控制报文协议(ICMP)。ICMP 允许主机或路由器报告差错情况和提供有关异常情况的报告。需要注意的是,ICMP 报文是作为 IP 层数据报的数据部分,加上 IP 数据报的首部,组成 IP 数据报发送出去。ICMP 报文格式如图 5-15 所示。

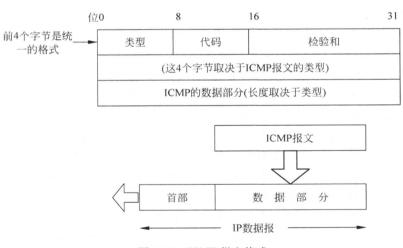

图 5-15　ICMP 报文格式

　　1) ICMP 报文的种类

　　ICMP 报文的种类有两种,即 ICMP 差错报告报文和 ICMP 询问报文。

　　ICMP 报文的前 4 个字节是统一的格式,共有三个字段,即类型、代码和检验和。接着的 4 个字节的内容与 ICMP 的类型有关。最后面是数据字段,其长度取决于 ICMP 的类型。表 5-8 给出了几种常用的 ICMP 报文类型。

表 5-8   几种常用的 ICMP 报文类型

ICMP 报文种类	类型的值	ICMP 报文的类型
差错报告报文	3	终点不可达
	4	源点抑制(source quench)
	11	时间超过
	12	参数问题
	5	改变路由(redirect)
询问报文	8 或 0	回送(echo)请求或问答
	13 或 14	时间戳(timestamp)请求或问答

ICMP 报文的代码字段是为了进一步区分某种类型中的几种不同情况。检验和字段用来检验整个 ICMP 报文。由于 IP 数据报首部的检验和并不检验 IP 数据报的内容,因此不能保证经过传输的 ICMP 报文不产生差错。

ICMP 差错报告报文共有以下 5 种。

(1) 终点不可达:当路由器或主机不能交付数据报时就向源点发送终点不可达报文。

(2) 源点抑制:当路由器或主机由于拥塞而丢弃数据报时,就向源点发送源点抑制报文,使源点知道应当把数据报的发送速率放慢。

(3) 时间超过:当路由器收到生存时间为零的数据报时,除丢弃该数据报外,还要向源点发送时间超过报文。当终点在预先规定的时间内不能收到一个数据报的全部数据片时,就把已收到的数据报片都丢弃,并向源点发送时间超过报文。

(4) 参数问题:当路由器或目的主机收到的数据报的首部中有的字段的值不正确时,就丢弃该数据报,并向源点发送参数问题报文。

(5) 改变路由(重定向):路由器把改变路由报文发送给主机,让主机知道下次应将数据报发送给另外的路由器(可通过更好的路由)。

下面对改变路由报文进行简短的解释。在因特网的主机中也要有一个路由表。当主机要发送数据报时,首先是查找主机自己的路由表,看应当从哪一个接口把数据报发送出去。在因特网中主机的数量远大于路由器的数量,出于效率的考虑,这些主机不和连接在网络上的路由器定期交换路由信息。在主机刚开始工作时,一般都在路由表中设置一个默认路由器的 IP 地址。不管数据报要发送到哪个目的地址,都一律先将数据报传送给网络上的这个默认路由器,而这个默认路由器知道到每一个目的网络的最佳路由(通过和其他路由器交换路由信息)。如果默认路由器发现主机发往某个目的地址的数据报的最佳路由不应当经过默认路由器而是应当经过网络上的另一个路由器 R 时,就用改变路由报文把这个情况告诉主机。于是,该主机就在其路由表中增加一个项目:到某某目的地址应经过路由器 R(而不是默认路由器)。

所有的 ICMP 差错报告报文中的数据字段都具有同样的格式,如图 5-16 所示。把收到的需要进行差错报告的 IP 数据报的首部和数据字段的前 8 个字节提取出来,作为 ICMP 报文的数据字段。再加上相应的 ICMP 差错报告报文的前 8 个字节,就构成了 ICMP 差错报告报文。提取收到 IP 数据报数据字段的前 8 个字节是为了得到运输层的端口号(对于 TCP 和 UDP)以及运输层报文的发送序号(对于 TCP)。这些信息对源点通知高层协议是有用的(端口的作用将后面介绍)。整个 ICMP 报文作为 IP 数据报的数据字段发送给源点。

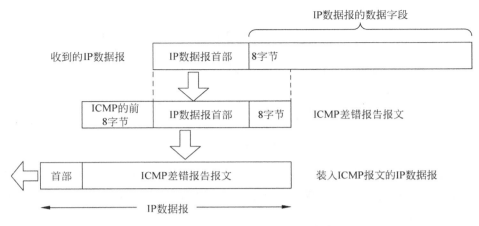

图 5-16　ICMP 差错报告报文的数据

下面是不应发送 ICMP 差错报告报文的几种情况。

(1) 对 ICMP 差错报告报文不再发送 ICMP 差错报告报文。

(2) 对第一个分片的数据报片的所有后续数据报片都不发送 ICMP 差错报告报文。

(3) 对具有多播地址的数据报都不发送 ICMP 差错报告报文。

(4) 对具有特殊地址(如 127.0.0.0 或 0.0.0.0)的数据报不发送 ICMP 差错报告报文。

常用的 ICMP 询问报文有以下两种。

(1) 回送请求和回答。ICMP 回送请求报文是由主机或路由器向一个特定的目的主机发出的询问。收到此报文的主机必须给源主机或路由器发送 ICMP 回送回答报文。这种询问报文用来测试目的站是否可达以及了解其有关状态。

(2) 时间戳请求和回答。ICMP 时间戳请求报文是请某个主机或路由器回答当前的日期和时间。在 ICMP 时间戳回答报文中有一个 32 位的字段,其中写入的整数代表从 1900 年 1 月 1 日起到当前时刻一共有多少秒。时间戳请求与回答可用来进行时钟同步和测量时间。

2) ICMP 的应用举例

ICMP 的一个重要应用就是分组网间探测 PING 命令(packet Internet groper),用来测试两个主机之间的连通性。PING 使用了 ICMP 回送请求与回送回答报文。PING 是应用层直接使用网络层 ICMP 的一个例子。它没有通过运输层的 TCP 或 UDP。

Windows 操作系统的用户可在接入因特网后转入 MS DOS(选择"开始"→"运行",再输入 cmd)。看见屏幕上的提示符后,就输入 ping hostname(这里的 hostname 是要测试连通性的主机名或它的 IP 地址),按 Enter 键后就可看到结果。

图 5-17 给出了从北京的一台 PC 到网易网的邮件服务器 mail.163.com 的连通性的测试结果。PC 一连发出四个 ICMP 回送请求报文。如果邮件服务器 mail.163.com 正常工作而且响应这个 ICMP 回送请求报文(有的主机为了防止恶意攻击就不理睬外界发送过来的这种报文),那么它就发回 ICMP 回送回答报文。由于往返的 ICMP 报文上都有时间戳,因此很容易得出往返时间。最后显示出的是统计结果:发送到哪个机器(IP 地址),发送的、收到的和丢失的分组数(但不给出分组丢失的原因);往返时间的最小值、最大值和平均值。

```
C:\Users\WuZT>ping mail.163.com

正在 Ping mail163.ntes53.netease.com [220.181.12.208] 具有 32 字节的数据:
来自 220.181.12.208 的回复: 字节=32 时间=3ms TTL=55
来自 220.181.12.208 的回复: 字节=32 时间=2ms TTL=55
来自 220.181.12.208 的回复: 字节=32 时间=2ms TTL=55
来自 220.181.12.208 的回复: 字节=32 时间=2ms TTL=55

220.181.12.208 的 Ping 统计信息:
    数据包: 已发送 = 4, 已接收 = 4, 丢失 = 0 (0% 丢失),
往返行程的估计时间(以毫秒为单位):
    最短 = 2ms, 最长 = 3ms, 平均 = 2ms
```

图 5-17　用 PING 测试主机连通性

另一个非常有用的应用是 traceroute(这是 UNIX 操作系统中的名字),它用来跟踪一个分组从源点到终点的路径。在 Windows 操作系统中这个命令是 tracert。下面简单介绍这个程序的工作原理。

traceroute 从源主机向目的主机发送一连串的 IP 数据报,数据报中封装的是无法交付的 UDP 用户数据报。第一个数据报 P_1 的生存时间 TTL 设置为 1。当 P_1 到达路径上的第一个路由器 R_1 时,路由器 R_1 先收下它,接着把 TTL 的值减 1。由于 TTL 等于 0,R_1 就把 P_1 丢弃了,并向源主机发送一个 ICMP 时间超过差错报告报文。

源主机接着发送第二个数据报 P_2,并把 TTL 设置为 2。P_2 先到达路由器 R_1,R_1 收下后把 TTL 减 1 再转发给路由器 R_2。R_2 收到 P_2 时,TTL 为 1,但减 1 后 TTL 变为 0。R_2 就丢弃 P_2,并向源主机发送一个 ICMP 时间超过差错报告报文。这样一直继续下去。当最后一个数据报刚刚到达目的主机时,数据报的 TTL 是 1。主机不转发数据报,也不把 TTL 值减 1。但因 IP 数据报中封装的是无法交付的运输层的 UDP 用户数据报,因此目的主机要向源主机发送 ICMP 终点不可达差错报告报文。

这样,源主机达到了自己的目的,因为这些路由器和最后目的主机发来的 ICMP 报文正好给出了源主机想知道的路由信息——到达目的主机所经过的路由器的 IP 地址,以及到达其中的每一个路由器的往返时间。图 5-18 所示是从北京某 PC 向新浪网的邮件服务器 mail.sina.com.cn 发出的 tracert 命令后所获得的结果。图中每一行有三个时间出现,是因为对应于每一个 TTL 值,源主机要发送三次同样的 IP 数据报。其中,"请求超时"的项表示该路由器并不回应相应 PING,仅转发数据。

```
C:\Users\WuZT>tracert mail.sina.com.cn

通过最多 30 个跃点跟踪
到 common7.dpool.sina.com.cn [180.149.138.196] 的路由:

 1    <1 毫秒    <1 毫秒    <1 毫秒  192.168.0.1
 2     *          *          *       请求超时。
 3     1 ms       1 ms       1 ms    192.168.8.65
 4     1 ms       1 ms       1 ms    192.168.2.2
 5     2 ms       2 ms       2 ms    bt-205-233.bta.net.cn [202.106.205.233]
 6     2 ms       2 ms       2 ms    61.148.7.101
 7     5 ms       3 ms       3 ms    124.65.62.245
 8     4 ms       7 ms       7 ms    124.65.194.97
 9     5 ms       3 ms       3 ms    219.158.6.42
10     *          *          4 ms    219.158.38.166
11     *          *          *       请求超时。
12     5 ms       *          *       180.149.128.10
13     7 ms       6 ms      12 ms    180.149.128.190
14     5 ms       5 ms       5 ms    180.149.129.182
15     4 ms       4 ms       4 ms    180.149.138.196

跟踪完成。
```

图 5-18　用 tracert 命令获取到达目的主机的路由信息

5.3.4　路由选择协议

一个路由器在转发收到的 IP 数据报时,需要将目的地址和自身的路由表逐项匹配才能找到转发接口,那么这个路由表是怎么得到的呢? 路由选择协议的核心就是路由选择,即利用算法获得路由表中的各项。

1. 路由协议分类

1) 理想的路由算法

一个理想的路由算法应具有如下的一些特点:

(1) 算法必须是正确的和完整的。这里"正确"的含义是: 沿着各路由表所指引的路由,分组最终一定能够到达目的网络和目的主机。

(2) 算法在计算上应简单。路由选择的计算不应使网络通信量增加太多的额外开销。

(3) 算法应能适应通信量和网络拓扑的变化,即有自适应性(或鲁棒性,robustness)。当网络中的通信量发生变化时,算法能自适应地改变路由以均衡各链路的负载。当某个或某些节点、链路发生故障不能工作,或者修理好了再投入运行时,算法也能及时地改变路由。

(4) 算法应具有稳定性。在网络通信量和网络拓扑相对稳定的情况下,路由算法应收敛于一个可以接受的解,而不应使得出的路由不停地变化。

(5) 算法应是公平的。路由选择算法应对所有用户(除对少数优先级高的用户)都是平等的。例如,若仅仅使某一对用户的端到端时延为最小,但却不考虑其他的广大用户,这就明显地不符合公平性的要求。

(6) 算法应是最佳的。路由选择算法应当能够找出最好的路由,使得分组平均时延最小而网络的吞吐量最大。虽然设计者希望得到"最佳"的算法,但这并不总是最重要的。对于某些网络,网络的可靠性有时要比最小的分组平均时延或最大吞吐量更加重要。因此,所谓"最佳"只能是相对于某一种特定要求下得出的较为合理的选择而已。

一个实际的路由选择算法,应尽可能接近于理想的算法。在不同的应用条件下,对以上提出的六个方面也可有不同的侧重。

应当指出,路由选择是一个非常复杂的问题,因为它是网络中的所有节点共同协调工作的结果。其次,路由选择的环境往往是不断变化的,而这种变化有时无法事先知道,例如,网络中出了某些故障。此外,当网络发生拥塞时,就特别需要有能缓解这种拥塞的路由选择策略,但恰好在这种条件下,很难从网络中的各节点获得所需的路由选择信息。

2) 路由选择协议分类

因特网采用的路由选择协议主要是自适应的(即动态的)、分布式路由选择协议。由于以下两个原因,因特网采用分层次的路由选择协议:

(1) 因特网的规模非常大,如果让所有的路由器知道所有的网络应怎样到达,则这种路由表将非常大,处理起来也太花时间。而所有这些路由器之间交换路由信息所需的带宽就会使因特网的通信链路饱和。

(2) 许多单位不愿意外界了解自己单位网络的布局细节和本部门所采用的路由选择协议,但同时还希望连接到因特网上。

为此,因特网将整个互联网划分为许多较小的自治系统(autonomous system,AS)。所谓自治系统(AS)是强调下面的事实: 尽管一个 AS 使用了多种内部路由选择协议和度量,但重要的是一个 AS 对其他 AS 表现出的是一个单一的和一致的路由选择策略。

按照路由选择协议与自治系统的关系，可划分为两大类。

（1）内部网关协议（interior gateway protocol，IGP）：在一个自治系统内部使用的路由选择协议，而这与在互联网中的其他自治系统选用什么路由选择协议无关。内部网关大多采用 RIP 和 OSPF 协议。

（2）外部网关协议（external gateway protocol，EGP）：若源主机和目的主机处在不同的自治系统中（这两个自治系统可能使用不同的内部网关协议），当数据报传到一个自治系统的边界时，就需要使用一种协议将路由选择信息传递到另一个自治系统中。这样的协议就是外部网关协议（EGP）。外部网关大多采用的是 BGP 协议的第 4 版本（BGP-4）。

按照路由算法能否随网络的通信量或拓扑自适应地进行调整变化来划分，又可分为两大类，即静态路由选择策略与动态路由选择策略。

（1）静态路由选择也叫作非自适应路由选择，其特点是简单和开销较小，但不能及时适应网络状态的变化。对于很简单的小网络，完全可以采用静态路由选择，人工配置每一条路由。

（2）动态路由选择也叫作自适应路由选择，其特点是能较好地适应网络状态的变化，但实现起来较为复杂，开销也比较大。因此，动态路由选择适用于较复杂的大网络。对于因特网这样的大网络而言，就必须使用动态路由选择协议。经典的动态路由算法包括应用于 RIP 协议的距离向量路由算法、应用于 OSPF 的链路状态路由算法以及 BGP 使用的路径向量路由算法等。

2. 路由信息协议（RIP）

路由信息协议（RIP）是内部网关协议中广泛使用的协议。RIP 是一种分布式的基于距离向量路由算法的协议，是因特网的标准协议，其最大优点就是简单。

RIP 协议要求网络中的每一个路由器都要维护从它自己到其他每一个目的网络的距离记录（因此这是一组距离，故被称为"距离向量"）。RIP 协议中"距离"定义如下：从一个路由器到直接连接的网络的距离定义为1。从一个路由器到非直接连接的网络的距离定义为所经过的路由器数加1。"加1"是因为到达目的网络后就进行直接交付，而到直接连接的网络的距离已经定义为1。

RIP 协议的"距离"也称为"跳数"（hop count），因为每经过一个路由器，跳数就加1。RIP 认为好的路由就是它通过的路由器的数目少，即"距离短"。RIP 允许一条路径最多只能包含 15 个路由器。因此"距离"等于 16 时即相当于不可达。可见 RIP 只适用于小型互联网。需要注意的是，RIP 不能在两个网络之间同时使用多条路由。即使还存在另一条高速（低时延）但路由器较多的路由，RIP 也只会选择一条具有最少路由器的路由（即最短路由）。

这里讨论的 RIP 协议和接下来要讨论的 OSPF 协议都是分布式路由选择协议。它们的共同特点就是每一个路由器都要不断地和其他一些路由器交换路由信息。这种分布式路由协议需要解决以下三个关键问题，即和哪些路由器交换信息？交换什么信息？在什么时候交换信息？

1）RIP 协议的特点

RIP 协议的特点如下：

（1）仅和数目有限的相邻路由器交换信息。如果两个路由器之间的通信不需要经过另一个路由器,那么这两个路由器就是相邻的。RIP 协议规定,不相邻的路由器不交换信息。

(2) 路由器交换的信息是当前本路由器所知道的全部信息,即自己的路由表。也就是说,交换的信息是:“我到本自治系统中所有网络的(最短)距离,以及到每个网络应经过的下一跳路由器。”

(3) 按固定的时间间隔交换路由信息,例如,每隔 30s。然后路由器根据收到的路由信息更新路由表。当网络拓扑结构发生变化时,路由器也及时向相邻路由器通告拓扑变化后的路由信息。

这里要强调一点:路由器在刚刚开始工作时,只知道到直接连接的网络的距离(此距离定义为 1)。接着,每一个路由器也只和数目非常有限的相邻路由器交换并更新路由信息。经过若干次的更新后,最终所有的路由器都会知道到达本自治系统中任何一个网络的最短距离和下一跳路由器的地址。具体的路由表更新过程则是采用距离向量算法。下面详细介绍该算法。

2) 距离向量算法

对每一个相邻路由器发送过来的 RIP 报文,进行以下步骤:

(1) 对地址为 X 的相邻路由器发来的 RIP 报文,先修改此报文中的所有项目:把“下一跳”字段中的地址都改为 X,并把所有的“距离”字段的值加 1(见后面的解释 1)。每一个项目都有三个关键数据,即到目的网络 N,距离是 d,下一跳路由器是 X。

(2) 对修改后的 RIP 报文中的每一个项目,进行以下步骤:

① 查看该项目的目的网络地址是否存在,若原来的路由表中没有目的网络 N,则把该项目添加到路由表中(见解释 2),若原来的路由表中已经有目的网络 N,则执行下一步。

② 查看该项目的下一跳路由器地址,若下一跳地址是 X,则用收到的项目替换原路由表中的项目(见解释 3)。若下一跳地址不是 X,则执行下一步。

③ 查看该项目的距离,若距离 d 小于原路由表中的距离,则进行更新(见解释 4),否则什么也不做。(见解释 5)

(3) 若 3min 还没有收到相邻路由器的更新路由表,则把此相邻路由器记为不可达的路由器,即把距离置为 16(距离为 16 表示不可达)。

(4) 返回。

上面给出的距离向量算法的基础就是 Bellman-Ford 算法(或 Ford-Fulkerson 算法)。这种算法的要点是:设 X 是节点 A 到 B 的最短路径上的一个节点。若把路径 A—B 拆成两段路径 A—X 和 X—B,则每一段路径 A—X 和 X—B 也都分别是节点 A 到 X 和节点 X 到 B 的最短路径。

下面是对上述距离向量算法的五点解释。

解释 1:这样做是为了便于进行本路由表的更新。假设从位于地址 X 的相邻路由器发来的 RIP 报文的某一个项目是“Net2,3,Y”,意思是“我经过路由器 Y 到网络 Net2 的距离是 3”,那么本路由器就可推断出:“我经过 X 到网络 Net2 的距离应为 3+1=4”。于是,本路由器就把收到的 RIP 报文的这一个项目修改为“Net2,4,X”,作为下一步和路由表中原有项目进行比较时使用(只有比较后才能知道是否需要更新)。注意,收到的项目中的 Y 对本路由器是没有用的,因为 Y 不是本路由器的下一跳路由器地址。

解释 2:表明这是新的目的网络,应当加入到路由表中。例如,本路由表中没有到目的网络 Net2 的路由,那么在路由表中就要加入新的项目"Net2,4,X"。

解释 3:为什么要替换呢?因为这是最新的消息,到目的网络的距离有可能增大或减小,但也可能没有改变,要以最新的消息为准。例如,不管原来路由表中的项目是"Net2,3,X"还是"Net2,5,X",都要更新为现在的"Net2,4,X"。

解释 4:例如,若路由表中已有项目"Net2,5,P",就要更新为"Net2,4,X"。因为到网络 Net2 的距离原来是 5,现在减到 4,更短了。

解释 5:若距离更大了,显然不应更新。若距离不变,更新后得不到好处,因此也不更新。

下面用一个例子详细解释距离向量算法的具体操作。已知路由器 R_6 有表 5-9 所示的路由表。现在收到相邻路由器 R_4 发来的 RIP 报文,如表 5-10 所示。试更新路由器 R_6 的路由表。

<table>
<tr><td colspan="3" align="center">表 5-9　R_6 路由表</td></tr>
<tr><td>目 的 网 络</td><td>距　　离</td><td>下一跳路由器</td></tr>
<tr><td>Net2</td><td>3</td><td>R_4</td></tr>
<tr><td>Net3</td><td>4</td><td>R_5</td></tr>
<tr><td>…</td><td>…</td><td>…</td></tr>
</table>

<table>
<tr><td colspan="3" align="center">表 5-10　R_4 发来的路由信息</td></tr>
<tr><td>目 的 网 络</td><td>距　　离</td><td>下一跳路由器</td></tr>
<tr><td>Net1</td><td>3</td><td>R_1</td></tr>
<tr><td>Net2</td><td>4</td><td>R_2</td></tr>
<tr><td>Net3</td><td>1</td><td>直接交付</td></tr>
</table>

按照前面介绍的路由更新算法,首先将 RIP 报文中的所有项目距离都加 1,得到表 5-11。把这个表的每一行和表 5-9 进行比较。

第一行在表 5-9 中没有,因此要把这一行添加到表 5-9 中。

第二行的 Net2 在表 5-9 中有,且下一跳路由器也是 R_4,因此要更新(最新的状态是距离增大了)。

第三行的 Net3 在表 5-9 中有,但下一跳路由器不同。于是就要比较距离。新的路由信息的距离是 2,小于原来表中的 4,因此要更新。

这样,得出更新后的路由表如表 5-12 所示。

<table>
<tr><td colspan="3" align="center">表 5-11　修改 RIP 报文中所有项</td></tr>
<tr><td>目 的 网 络</td><td>距　　离</td><td>下一跳路由器</td></tr>
<tr><td>Net1</td><td>4</td><td>R_4</td></tr>
<tr><td>Net2</td><td>5</td><td>R_4</td></tr>
<tr><td>Net3</td><td>2</td><td>R_4</td></tr>
</table>

<table>
<tr><td colspan="3" align="center">表 5-12　更新后 R_6 的路由表</td></tr>
<tr><td>目 的 网 络</td><td>距　　离</td><td>下一跳路由器</td></tr>
<tr><td>Net1</td><td>4</td><td>R_4</td></tr>
<tr><td>Net2</td><td>5</td><td>R_4</td></tr>
<tr><td>Net3</td><td>2</td><td>R_4</td></tr>
<tr><td>…</td><td>…</td><td>…</td></tr>
</table>

RIP 协议让一个自治系统中的所有路由器都和自己的相邻路由器定期交换路由信息,并不断更新其路由表,使得从每一个路由器到每一个目的网络的路由都是最短的(即跳数最少)。这里还应注意:虽然所有的路由器最终都拥有了整个自治系统的全局路由信息,但由于每一个路由器的位置不同,它们的路由表当然也应当是不同的。

3) RIP 协议报文格式

图 5-19 所示是 RIP2(即 RIP 协议第 2 版)的报文格式,可以看出 RIP 协议使用运输层的用户数据报(UDP)进行传送(关于 UDP 的相关内容参考下文)。RIP 报文由首部和路由部分组成。

RIP 的首部占 4 个字节,其中的命令字段指出报文的意义。例如,1 表示请求路由信

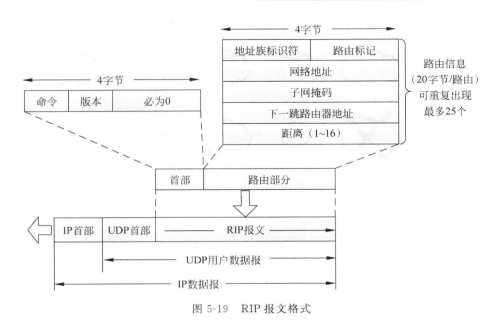

图 5-19 RIP 报文格式

息,2 表示对请求路由信息的响应或未被请求而发出的路由更新报文。首部后面的"必为 0"是为了 4 字节字的对齐。

RIP2 报文中的路由部分由若干个路由信息组成。每个路由信息需要用 20 个字节。地址族标识符(又称为地址类别)字段用来标志所使用的地址协议。如采用 IP 地址就令这个字段的值为 2(原来考虑 RIP 也可用于其他非 TCP/IP 协议的情况)。路由标记填入自治系统号(autonomous system number,ASN),这是考虑到 RIP 有可能收到本自治系统以外的路由选择信息。后面字段指出某个网络地址、该网络的子网掩码、下一跳路由器地址以及到此网络的距离。一个 RIP 报文最多可包括 25 个路由,因而 RIP 报文的最大长度是 504 字节。若超过,则必须再用一个 RIP 报文来传送。

4) RIP 协议存在的问题

RIP 存在的一个问题是当网络出现故障时,要经过比较长的时间才能将此信息传送到所有的路由器,可以用图 5-20 所示的简单例子来说明。设三个网络通过两个路由器互连起来,并且都已建立了各自的路由表。图中路由器交换的信息只给出了一行与当前交付相关的内容。路由器 R_1 中的"1,1,直接"表示"到网 1 的距离是 1,直接交付"。路由器 R_2 中的"1,2,R_1"表示"到网 1 的距离是 2,下一跳经过 R_1"。

假定路由器 R_1 到网 1 的链路出了故障,R_1 无法到达网 1。于是路由器 R_1 把到网 1 的距离改为 16(表示到网 1 不可达),因而在它的路由表中的相应项目变为"1,16,直接"。但是,很可能要经过 30s 后 R_1 才把更新信息发送给 R_2。然而 R_2 可能已经先把自己的路由表发送给了 R_1,其中有"1,2,R_1"这一项。R_1 收到 R_2 的更新报文后,误认为可经过 R_2 到达网 1,于是把收到的路由信息"1,2,R_1"修改为"1,3,R_2",表明"我到网 1 的距离是 3,下一跳经过 R_2",并把更新后的信息发送给 R_2。

同理,R_2 接着又更新自己的路由表为"1,4,R_1",以为"我到网 1 距离是 4,下一跳经过 R_1"。

这样的更新一直继续下去,直到 R_1 和 R_2 到网 1 的距离都增大到 16 时,R_1 和 R_2 才知

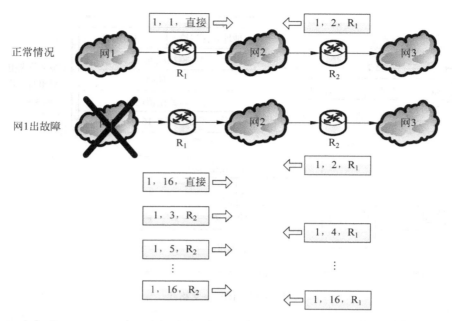

图 5-20 RIP 协议存在的问题

道原来网 1 是不可达的。RIP 协议的这一特点叫作：好消息传播得快，而坏消息传播得慢。网络出故障的传播时间往往需要较长的时间（例如数分钟）。这是 RIP 的一个主要缺点。但如果一个路由器发现了更短的路由，那么这种更新信息就传播得很快。

为了使坏消息传播得更快些，可以采取多种措施。例如，让路由器记录收到某特定路由信息的接口，而不让同一路由信息再通过此接口向反方向传送。尽管出现了多种改进措施，但实际效果并不理想。这是由于距离矢量算法的核心问题在于当 X 告诉 Y 一条通往某个网络的路径时，Y 并不知道自己是否已在这条路径上。

总之，RIP 协议最大的优点就是实现简单，开销较小。但 RIP 协议的缺点也较多。首先，RIP 限制了网络的规模，它能使用的最大距离为 15（16 表示不可达）。其次，路由器之间交换的路由信息是路由器中的完整路由表，因而随着网络规模的扩大，开销也就增加。最后，"坏消息传播得慢"，使更新过程的收敛时间过长。因此，对于规模较大的网络就应当使用下面所述的 OSPF 协议。

3. 开放最短路径优先（OSPF）协议

开放最短路径优先协议（OSPF）是为克服 RIP 的缺点在 1989 年开发出来的。OSPF 的原理很简单，但实现起来却较复杂。"开放"表明 OSPF 协议不是受某一家厂商控制，而是公开发表的。"最短路径优先"是因为使用了 Dijkstra 提出的最短路径算法 SPF。OSPF 的第 2 个版本 OSPF2 已成为因特网标准协议。

注意，OSPF 只是一个协议的名字，它并不表示其他的路由选择协议不是"最短路径优先"。实际上，所有在自治系统内部使用的路由选择协议（包括 RIP 协议）都是要寻找一条最短的路径。

1）OSPF 的特点

与 RIP 一样，OSPF 也是分布式路由选择协议。因此下面仍从"和哪些路由器交换信息？交换什么信息？在什么时候交换信息？"等三方面说明 OSPF 的特点。

（1）向本自治系统中所有路由器发送信息。路由器通过所有输出端口向所有相邻的路由器发送信息。而每一个相邻路由器又再将此信息发往其所有的相邻路由器（但不再发送给刚刚发来信息的那个路由器）。这样，最终整个区域中所有的路由器都得到了这个信息的一个副本。相应地，RIP 协议是仅仅向数目有限的几个相邻的路由器发送信息。

（2）发送的信息是与本路由器相邻的所有路由器的链路状态。所谓"链路状态"，是指本路由器都和哪些路由器相邻以及该链路的"度量"（metric）。OSPF 中"度量"可以表示费用、距离、时延、带宽等，较为灵活。有时为了方便就称这个度量为"代价"。相应地，RIP 协议发送的信息则是"到所有网络的距离和下一跳路由器"。

（3）只有当链路状态发生变化时，路由器才向所有路由器用洪泛法发送此信息。而不像 RIP 那样，不管网络拓扑有无发生变化，路由器之间都要定期交换路由表的信息。

由于各路由器之间频繁地交换链路状态信息，因此所有的路由器最终都能建立一个链路状态数据库（link-state database），这个数据库实际上就是全网的拓扑结构图。这个拓扑结构图在全网范围内是一致的（这称为链路状态数据库的同步）。因此，每一个路由器都知道全网共有多少个路由器，以及哪些路由器是相连的，其代价是多少，等等。每一个路由器使用链路状态数据库中的数据，构造出自己的路由表（例如，使用 Dijkstra 的最短路径路由算法）。而 RIP 协议的每一个路由器虽然知道到所有的网络的距离以及下一跳路由器，但却不知道全网的拓扑结构（只有到了下一跳路由器，才能知道再下一跳应当怎样走）。

OSPF 的链路状态数据库能较快地进行更新，使各个路由器能及时更新其路由表。OSPF 的更新过程收敛得快是其重要优点。

为了使 OSPF 能够用于规模很大的网络，OSPF 将一个自治系统再划分为若干个更小的范围，叫作区域（area）。图 5-21 就表示一个自治系统划分为四个区域。每一个区域都有一个 32 位的区域标识符（用点分十进制表示）。当然，一个区域也不能太大，在一个区域内的路由器最好不超过 200 个。

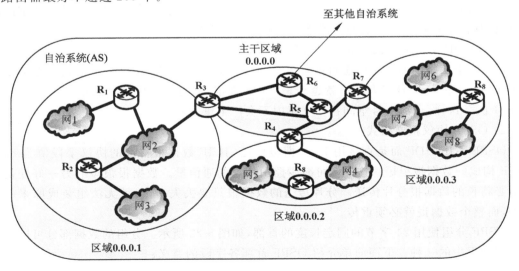

图 5-21 OSPF 中的区域划分

划分区域的好处就是把利用洪泛法（flooding，一种快速散布路由更新信息到整个大型网络每个节点的方法）交换链路状态信息的范围局限于每一个区域而不是整个的自治系统，这就减少了整个网络上的通信量。在一个区域内部的路由器只知道本区域的完整网络拓扑，而不知道其他区域的网络拓扑的情况。为了使每一个区域能够和本区域以外的区域进行通信，OSPF 使用层次结构的区域划分。在上层的区域叫作主干区域（backbone area）。主干区域的标识符规定为 0.0.0.0。主干区域的作用是连通其他在下层的区域。从其他区域传来的信息都由区域边界路由器（area border router）进行概括。在图 5-21 中，路由器 R_3、R_4 和 R_7 都是区域边界路由器。每一个区域至少应当有一个区域边界路由器。在主干区域内的路由器叫作主干路由器（backbone router），如 R_3、R_4、R_5、R_6 和 R_7。一个主干路由器可以同时是区域边界路由器，如 R_3、R_4 和 R_7。在主干区域内还要有一个路由器专门和本自治系统外的其他自治系统交换路由信息。这样的路由器叫作自治系统边界路由器（如图中的 R_6）。

采用分层次划分区域的方法虽然使交换信息的种类增多了，同时也使 OSPF 协议更加复杂了。但这样做却能使每一个区域内部交换路由信息的通信量大大减小，因而使 OSPF 协议能够用于规模很大的自治系统中。这里再一次验证了划分层次在网络设计中的重要性。

除了以上的几个基本特点外，OSPF 还具有下列一些特点：

（1）OSPF 允许管理员给每条路由指派不同的代价。例如，高带宽的卫星链路对于非实时的业务可设置为较低的代价，但对于时延敏感的业务就可设置为非常高的代价。因此，OSPF 对于不同类型的业务可计算出不同的路由。链路的代价可以是 1～65 535 中的任何一个无量纲的数，因此十分灵活。商用的 OSPF 实现通常是根据链路带宽来计算链路的代价。这种灵活性是 RIP 所没有的。

（2）如果到同一个目的网络有多条相同代价的路径，那么可以将通信量均衡分配给这几条路径，这叫作多路径间的负载平衡（load balancing）。在代价相同的多条路径上分配通信量是通信量工程中的简单形式。而 RIP 只能找出到某个网络的一条路径。

（3）所有在 OSPF 路由器之间交换的分组（例如，链路状态更新分组）都具有鉴别的功能，因而保证了仅在可信赖的路由器之间交换链路状态信息。

（4）OSPF 支持可变长度的子网划分和无分类的编址 CIDR。

（5）由于网络中的链路状态可能经常发生变化，因此 OSPF 让每一个链路状态都带上一个 32 位的序号，序号越大状态就越新。OSPF 规定，链路状态序号增长的速率不得超过每 5s 1 次。这样，全部序号空间在 600 年内不会产生重复号。

2）OSPF 协议报文格式

OSPF 不用 UDP 而是直接用 IP 数据报传送（其 IP 数据报首部的协议字段值为 89）。OSPF 构成的数据报很短。这样做可减少路由信息的通信量。数据报很短的另一好处是可以不必将长的数据报分片传送。分片传送的数据报只要丢失一个，就无法组装成原来的数据报，而整个数据报就必须重传。

OSPF 分组使用 24 字节的固定长度的首部，如图 5-22 所示。分组的数据部分可以是五种类型分组中的一种。下面简单介绍 OSPF 首部各字段的意义：

（1）版本当前的版本号是 2。

（2）类型可以是五种类型分组中的一种。

（3）分组长度包括 OSPF 首部在内的分组长度，以字节为单位。

（4）路由器标识符标志发送该分组的路由器接口的 IP 地址。

（5）区域标识符分组属于区域的标识符。

（6）检验和用来检测分组中的差错。

（7）鉴别类型有两种，即 0（不用）和 1（口令）。鉴别类型为 0 时就填入 0，鉴别类型为 1 时则填入 8 个字符的口令。

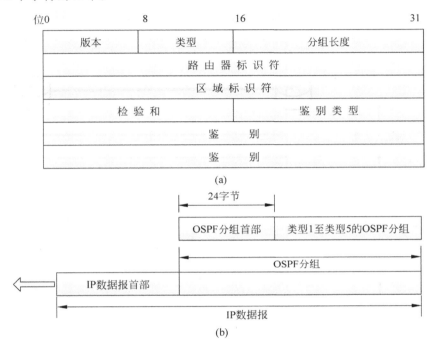

图 5-22　用 IP 数据报传输 OSPF 分组

OSPF 共有以下五种分组类型。

（1）类型 1：问候（hello）分组，用来发现和维持邻站的可达性。

（2）类型 2：数据库描述（database description）分组，向邻站给出自己的链路状态数据库中的所有链路状态项目的摘要信息。

（3）类型 3：链路状态请求（link state request）分组，向对方请求发送某些链路状态项目的详细信息。

（4）类型 4：链路状态更新（link state update）分组，用洪泛法对全网更新链路状态。这种分组是最复杂的，也是 OSPF 协议最核心的部分。路由器使用这种分组将其链路状态通知给邻站。

（5）类型 5：链路状态确认（link state acknowledgment）分组，对链路更新分组的确认。

OSPF 规定，每两个相邻路由器每隔 10s 要交换一次问候分组。这样就能确知哪些邻站是可达的。对相邻路由器来说，"可达"是最基本的要求，因为只有可达邻站的链路状态信息才存入链路状态数据库（路由表就是根据链路状态数据库计算出来的）。在正常情况下，网络中传送的绝大多数 OSPF 分组都是问候分组。若有 40s 没有收到某个相邻路由器发来的问候分组,则可认为该相邻路由器是不可达的,应立即修改链路状态数据库,并重新计算路由表。其他的四种分组都是用来进行链路状态数据库的同步。

当一个路由器刚开始工作时,它是如何获得全网的链路状态的呢? OSPF 让每一个路由器用数据库描述分组和相邻路由器交换本数据库中已有的链路状态摘要信息。摘要信息主要就是指出有哪些路由器的链路状态信息(以及其序号)已经写入了数据库。经过与相邻路由器交换数据库描述分组后,路由器就使用链路状态请求分组,请求对方发送自己所缺少的某些链路状态项目的详细信息。通过一系列的这种分组交换,全网同步的链路数据库就建立了。图 5-23 给出了 OSPF 的基本操作,说明了两个路由器需要交换的各种类型的分组。

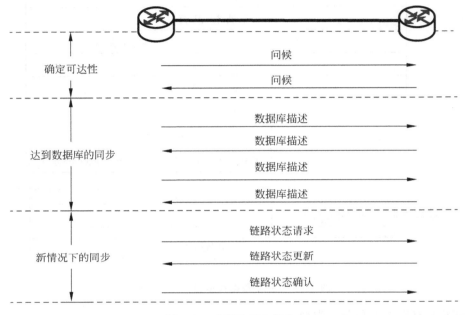

图 5-23　OSPF 基本操作

在网络运行的过程中,只要一个路由器的链路状态发生变化,该路由器就要使用链路状态更新分组,用洪泛法向全网更新链路状态。OSPF 使用的是可靠的洪泛法,其要点如图 5-24 所示。设路由器 R 用洪泛法发出链路状态更新分组。图中用一些小的箭头表示更新分组。第一次先发给相邻的三个路由器。这三个路由器将收到的分组再进行转发时,要将其上游路由器除外。可靠的洪泛法是在收到更新分组后要发送确认(收到重复的更新分组只需要发送一次确认)。图中的空心箭头表示确认分组。

为了确保链路状态数据库与全网的状态保持一致,OSPF 还规定每隔一段时间,如 30min,要刷新一次数据库中的链路状态。

由于一个路由器的链路状态只涉及与相邻路由器的连通状态,因而与整个互联网的规模并无直接关系。因此当互联网规模很大时,OSPF 协议要比距离向量协议(RIP)好得多。

若 N 个路由器连接在一个以太网上,则每个路由器要向其他 $(N-1)$ 个路由器发送链路状态信息,因而共有 $(N-1)^2$ 个链路状态要在这个以太网上传送。OSPF 协议对这种多点接入的局域网采用了指定的路由器(designated router)的方法,使广播的信息量大大减

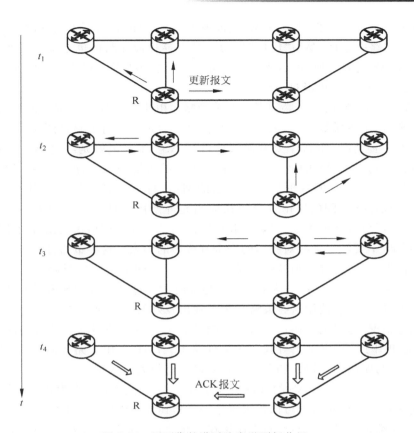

图 5-24 用可靠的洪泛法发送更新分组

少。指定的路由器代表该局域网上所有的链路向连接到该网络上的各路由器发送状态信息。

4. 边界网关协议(BGP)

因特网将整个互联网划分为许多较小的自治系统(AS),上面介绍了 AS 内部的常用路由选择协议,这里将继续介绍 AS 系统之间的路由选择协议。BGP 就是一种常用的在不同 AS 之间交换路由信息的协议。

首先应当弄清,不同 AS 之间的路由选择为什么不能使用前面讨论过的内部网关协议,如 RIP 或 OSPF? 内部网关协议主要是设法使数据报在一个 AS 中尽可能有效地从源站传送到目的站。在一个 AS 内部也不需要考虑其他方面的策略。然而 BGP 使用的环境却不同。这主要是因为以下的两个原因:

第一,因特网的规模太大,使得 AS 之间路由选择非常困难。连接在因特网主干网上的路由器,对任何有效的 IP 地址必须都能在路由表中找到匹配的目的网络。在因特网的主干网路由器中,一个路由表的项目数早已超过了 5 万个网络前缀。如果使用链路状态协议,则每一个路由器必须维持一个很大的链路状态数据库。并且,对于这样大的主干网用 Dijkstra 算法计算最短路径时花费的时间也太长。另外,由于 AS 各自运行自己选定的内部路由选择协议,并使用本 AS 指明的路径度量,因此,当一条路径通过几个不同 AS 时,要想对这样的路径计算出有意义的代价是不太可能的。例如,对某 AS 来说,代价为 1000 可能表示一条比较长的路由。但对另一 AS 代价为 1000 却可能表示不可接受的坏路由。因此，对于 AS 之间的路由选择，要用"代价"作为度量来寻找最佳路由也是很不现实的。比较合理的做法是在 AS 之间交换"可达性"信息（即"可到达"或"不可到达"）。例如，告诉相邻路由器："到达目的网络 N 可经过 AS_x。"

第二，AS 之间的路由选择必须考虑有关策略。由于相互连接的网络的性能相差很大，根据最短距离（即最少跳数）找出来的路径可能并不合适。也有的路径的使用代价很高或很不安全。还有一种情况，如 AS_1 要发送数据报给 AS_2，本来最好是经过 AS_3。但 AS_3 不愿意让这些数据报通过本 AS 的网络，因为"这是他们的事情，和我们没有关系。"但另一方面，AS_3 愿意让某些相邻 AS 的数据报通过自己的网络，特别是对那些付了服务费的某些 AS 更是如此。因此，AS 之间的路由选择协议应当允许使用多种路由选择策略。这些策略包括政治、安全或经济方面的考虑。例如，我国国内的站点在互相传送数据报时不应经过国外兜圈子，特别是，不要经过某些对我国的安全有威胁的国家。这些策略都是由网络管理人员对每一个路由器进行设置的，但这些策略并不是 AS 之间的路由选择协议本身。还可举出一些策略的例子，例如："仅在到达下列这些地址时才经过 AS_x"，"AS_x 和 AS_y 相比时应优先通过 AS_x"，等等。显然，使用这些策略是为了找出较好的路径而不是最佳路径。

由于上述情况，边界网关协议（BGP）只能是力求寻找一条能够到达目的网络且比较好的路由（不能兜圈子），而并非要寻找一条最佳路由。BGP 采用了路径向量（path vector）路由选择协议，它与距离向量协议和链路状态协议都有很大的区别。

在配置 BGP 时，每一个 AS 的管理员要选择至少一个路由器作为该 AS 的"BGP 发言人"（BGP speaker，即该路由器可以代表整个 AS 和其他 AS 交换路由信息）。一般来说，两个 BGP 发言人都是通过一个共享网络连接在一起的，而 BGP 发言人往往就是 BGP 边界路由器，但也可以不是 BGP 边界路由器。

一个 BGP 发言人若要与其他 AS 的 BGP 发言人交换路由信息，就要先建立 TCP 连接（端口号为 179），然后在此连接上交换 BGP 报文以建立 BGP 会话（session），利用 BGP 会话交换路由信息，如增加了新的路由，或撤销过时的路由，以及报告出差错的情况等。使用 TCP 连接能提供可靠的服务，也简化了路由选择协议。使用 TCP 连接交换路由信息的两个 BGP 发言人，彼此成为对方的邻站（neighbor）或对等站（peer）。

图 5-25 表示 BGP 发言人和 AS 的关系的示意图。在图中画出了三个 AS 中的五个 BGP 发言人。每一个 BGP 发言人除了必须运行 BGP 协议外，还必须运行该 AS 所使用的内部网关协议，如 OSPF 或 RIP。

各个 BGP 发言人所交换的网络可达性信息就是要到达某个网络所要经过的一系列 AS。当 BGP 发言人互相交换了网络可达性的信息后，各 BGP 发言人就根据所采用的策略从收到的路由信息中找出到达各 AS 的较好路由。图 5-26 表示从图 5-25 的 AS_1 上的一个 BGP 发言人构造出的 AS 连通图，它是树状结构，不存在回路。

下面举例说明 BGP 路由协议是如何交换路径向量的，如图 5-27 所示。自治系统 AS_2 的 BGP 发言人通知主干网的 BGP 发言人"要到达网络 N_1、N_2、N_3 和 N_4 可经过 AS_2"。主干网在收到这个通知后，就发出通知："要到达网络 N_1、N_2、N_3 和 N_4 可沿路径（AS_1，AS_2）。"同理，主干网还可发出通知："要到达网络 N_5、N_6 和 N_7 可沿路径（AS_1，AS_3）。"

从上面的讨论可看出，BGP 协议交换路由信息的节点数量级是自治系统 AS 数的量级，

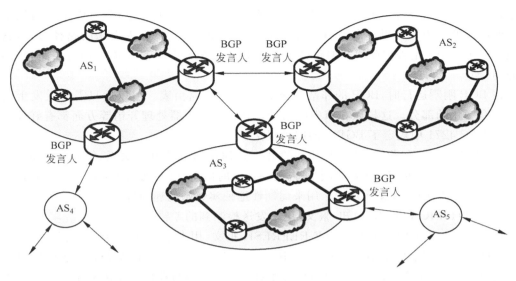

图 5-25 BGP 发言人和 AS 的关系

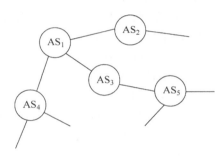

图 5-26 AS 连通图举例

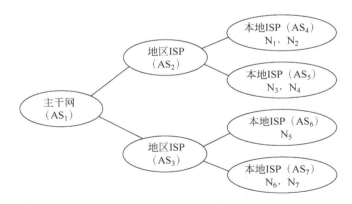

图 5-27 BGP 发言人交换路径向量的例子

这要比这些 AS 中的网络数少很多。要在许多 AS 之间寻找一条较好的路径,就是要寻找正确的 BGP 发言人(或边界路由器),而在每一个 AS 中 BGP 发言人(或边界路由器)的数目是很少的。这样就使得 AS 之间的路由选择不致过分复杂。

BGP 支持 CIDR,因此 BGP 的路由表也就应当包括目的网络前缀、下一跳路由器,以及到达该目的网络所要经过的 AS 序列。由于使用了路径向量的信息，就可以很容易地避免产生兜圈子的路由。如果一个 BGP 发言人收到了其他 BGP 发言人发来的路径通知，它就要检查一下本 AS 是否在此通知的路径中。如果在这条路径中，就不能采用这条路径（因为会兜圈子）。

在 BGP 刚刚运行时，BGP 的邻站将交换整个 BGP 路由表。但以后只需要在发生变化时更新有变化的部分。这样做在节省网络带宽和减少路由器处理开销等方面都有好处。

在 RFC 4271 中规定了 BGP-4 的四种报文：

（1）OPEN（打开）报文，用来与相邻的另一个 BGP 发言人建立关系，使通信初始化。

（2）UPDATE（更新）报文，用来通告某一路由的信息，以及列出要撤销的多条路由。

（3）KEEPALIVE（保活）报文，用来周期性地证实邻站的连通性。

（4）NOTIFICATION（通知）报文，用来发送检测到的差错。

在 RFC 2918 中增加了 ROUTE-REFRESH 报文，用来请求对等端重新通告。

若两个邻站属于两个不同 AS，而其中一个邻站打算和另一个邻站定期地交换路由信息，这就应当有一个商谈的过程（因为很可能对方路由器的负荷已很重因而不愿意再加重负担）。因此，一开始向邻站进行商谈时就必须发送 OPEN 报文。如果邻站接受这种邻站关系，就用 KEEPALIVE 报文响应。这样，两个 BGP 发言人的邻站关系就建立了。

一旦邻站关系建立了，就要继续维持这种关系。双方中的每一方都需要确信对方是存在的，且一直在保持这种邻站关系。为此，这两个 BGP 发言人彼此要周期性地交换 KEEPALIVE 报文（一般每隔 30s）。KEEPALIVE 报文只有 19 字节长（只用 BGP 报文的通用首部），因此不会造成网络上太大的开销。

UPDATE 报文是 BGP 协议的核心内容。BGP 发言人可以用 UPDATE 报文撤销它以前曾经通知过的路由，也可以宣布增加新的路由。撤销路由可以一次撤销许多条，但增加新路由时，每个更新报文只能增加一条。

BGP 可以很容易地解决距离向量路由选择算法中的"坏消息传播得慢"这一问题。当某个路由器或链路出故障时，由于 BGP 发言人可以从不止一个邻站获得路由信息，因此很容易选择出新的路由。距离向量算法往往不能给出正确的选择，这是因为这些算法不能指出哪些邻站到目的站的路由是独立的。

图 5-28 给出了 BGP 报文的格式。四种类型的 BGP 报文具有同样的通用首部，其长度为 19 字节。通用首部分为三个字段。标记（marker）字段为 16 字节长，用来鉴别收到的 BGP 报文。当不使用鉴别时，标记字段要置为全 1。长度字段指出包括通用首部在内的整个 BGP 报文以字节为单位的长度，最小值是 19，最大值是 4096。类型字段的值为 1～4，分别对应于上述四种 BGP 报文中的一种。

OPEN 报文共有 6 个字段，即版本（1 字节，现在的值是 4）、本自治系统号（2 字节，使用全球唯一的 16 位自治系统号，由 ICANN 地区登记机构分配）、保持时间（2 字节，以秒计算的保持为邻站关系的时间）、BGP 标识符（4 字节，通常就是该路由器的 IP 地址）、可选参数长度（1 字节）和可选参数。

UPDATE 报文共有 5 个字段，即不可行路由长度（2 字节，指明下一个字段的长度）、撤销的路由（列出所有要撤销的路由）、路径属性总长度（2 字节，指明下一个字段的长度）、路径属性（定义在这个报文中增加的路径的属性）和网络层可达性信息（network layer

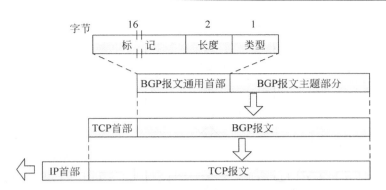

图 5-28　BGP 报文的格式

reachability information，NLRI)。最后这个字段定义发出此报文的网络，包括网络前缀的位数、IP 地址前缀。

KEEPALIVE 报文只有 BGP 的 19 字节长的通用首部。

NOTIFICATION 报文有 3 个字段，即差错代码(1 字节)、差错子代码(1 字节)和差错数据(给出有关差错的诊断信息)。

RFC 2918 增加了 ROUTE-REFRESH 报文用来请求对方重新通号。只有 4 字节长，不采用图 5-28 所示的 BGP 报文格式。

5. 路由器的工作原理

前面讨论了多种路由选择协议，下面介绍为了实现这些协议，路由器应具备何种路由器的系统结构和物理实现。

1) 路由器的系统结构

路由器是一种具有多个输入端口和多个输出端口的专用计算机，其任务是转发分组。从路由器从某个输入端口收到分组，按照分组要去的目的地(即目的网络)，把该分组从路由器的某个合适的输出端口转发给下一跳路由器。下一跳路由器也按照这种方法处理分组，直到该分组到达终点为止。按照网络分层体系结构，路由器工作在网络层。

图 5-29 给出了一种典型的路由器的构成框图。从图中可以看出，整个的路由器结构可划分为两大部分：路由选择部分和分组转发部分。路由选择部分也叫作控制部分，其核心构件是路由选择处理机。路由选择处理机的任务是根据所选定的路由选择协议构造出路由表，同时经常或定期地和相邻路由器交换路由信息而不断地更新和维护路由表。

分组转发部分由三部分组成，包括交换结构、一组输入接口和一组输出接口。注意"转发"和"路由选择"是有区别的。在互联网中，"转发"就是路由器根据转发表把收到的 IP 数据报从路由器合适的端口转发出去。"转发"仅仅涉及一个路由器。但"路由选择"则涉及很多路由器，路由表则是许多路由器协同工作的结果。这些路由器按照复杂的路由算法，得出整个网络的拓扑变化情况，因而能够动态地改变所选择的路由，并由此构造出整个的路由表。路由表一般仅包含从目的网络到下一跳(用 IP 地址表示)的映射，而转发表是从路由表得出的。转发表必须包含完成转发功能所必须的信息。这就是说，在转发表的每一行必须包含从要到达的目的网络到输出端口和某些 MAC 地址信息(如下一跳的以太网地址)的映射。将转发表和路由表用不同的数据结构实现会带来一些好处，这是因为在转发分组时，转发表的结构应当使查找过程最优化，但路由表则需要对网络拓扑变化的计算最优化。路由

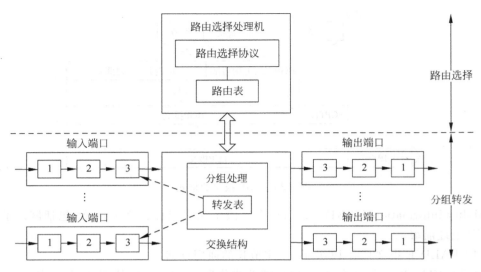

图 5-29 典型的路由器结构

表总是用软件实现的,但转发表则甚至可用特殊的硬件来实现。注意,在讨论路由选择的原理时,往往不去区分转发表和路由表的区别,而可以笼统地都使用路由表这一名词。

下面详细介绍路由器分组转发部分的物理实现。

2) 路由器的分组转发

分组转发部分包括交换结构、一组输入端口和一组输出端口。

交换结构(switching fabric)又称为交换组织,它的作用就是根据转发表(forwarding table)对分组进行处理,将某个输入端口进入的分组从一个合适的输出端口转发出去。交换结构本身就是一种网络,但这种网络完全包含在路由器之中,因此交换结构可看成是"在路由器中的网络"。

交换结构是路由器的关键构件。正是这个交换结构将分组从一个输入端口转移到某个合适的输出端口。

为了将输入端口 I_1 收到的分组转发到输出端口 O_2,图 5-30 给出了三种常用的交换方法。下面将简单介绍它们的特点。

第一种方式是通过存储器进行交换,如图 5-30(a)所示。最早使用的路由器就是利用普通的计算机,用计算机的 CPU 作为路由器的路由选择处理机。路由器的输入和输出端口的功能与传统的操作系统中的 I/O 设备一样。当路由器的某个输入端口收到一个分组时,就用中断方式通知路由选择处理机。然后分组就从输入端口复制到存储器中。路由器处理机从分组首部提取目的地址,查找路由表,再将分组复制到合适的输出端口的缓存中。若存储器的带宽(读或写)为每秒 M 个分组,那么路由器的交换速率(即分组从输入端口传送到输出端口的速率)一定小于 $M/2$。这是因为存储器对分组的读和写需要花费的时间是同一个数量级。许多现代的路由器也通过存储器进行交换。与早期路由器的区别就是,目的地址的查找和分组在存储器中的缓存都是在输入端口中进行的。

图 5-30(b)所示是通过总线进行交换的示意图。采用这种方式时,数据报从输入端口通过共享的总线直接传送到合适的输出端口,而不需要路由选择处理机的干预。但是,由于

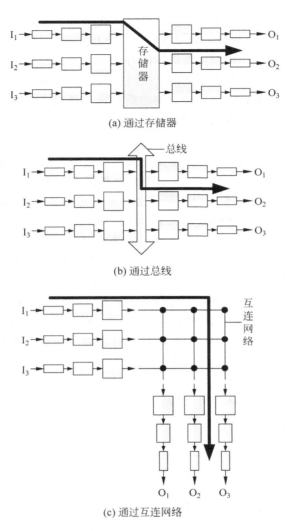

(a) 通过存储器

(b) 通过总线

(c) 通过互连网络

图 5-30　三种常用的交换方法

总线是共享的,因此在同一时间只能有一个分组在总线上传送。当分组到达输入端口时若发现总线忙(因为总线正在传送另一个分组),则被阻塞而不能通过交换结构,并在输入端口排队等待。因为每一个要转发的分组都要通过这一条总线,因此路由器的转发带宽就受总线速率的限制。现代的技术已经可以将总线的带宽提高到每秒吉比特的速率,因此许多的路由器产品都采用这种通过总线的交换方式。

图 5-30(c)所示是通过纵横交换结构(crossbar switch fabric)进行交换。这种交换机构常称为互连网络(interconnection network),它有 $2N$ 条总线,可以使 N 个输入端口和 N 个输出端口相连接,连接状态取决于相应的交叉节点是使水平总线和垂直总线接通还是断开。当输入端口收到一个分组时,就将它发送到与该输入端口相连的水平总线上。若通向所要转发的输出端口的垂直总线是空闲的,则在这个节点将垂直总线与水平总线接通,然后将该分组转发到这个输出端口。但若该垂直总线已被占用(有另一个分组正在转发到同一个输出端口),则后到达的分组就被阻塞,必须在输入端口排队。

在图 5-29 中,路由器的输入和输出端口里面都各有三个方框,用方框中的 1、2 和 3 分别代表物理层、数据链路层和网络层的处理模块。物理层进行比特的接收。数据链路层则按照链路层协议接收传送分组的帧。在把帧的首部和尾部剥去后,分组就被送入网络层的处理模块。若接收到的分组是路由器之间交换路由信息的分组(如 RIP 或 OSPF 分组等),则把这种分组送交路由器的路由选择部分中的路由选择处理机。若接收到的是数据分组,则按照分组首部中的目的地址查找转发表,根据得出的结果,分组就经过交换结构到达合适的输出端口。一个路由器的输入端口和输出端口就做在路由器的线路接口卡上。

输入端口中的查找和转发功能在路由器的交换功能中是最重要的。为了使交换功能分散化,往往把复制的转发表放在每一个输入端口中(如图 5-29 中的虚线箭头所示)。路由选择处理机负责对各转发表的副本进行更新。这些副本常称为"影子副本"(shadow copy)。分散化交换可以避免在路由器中的某一点上出现瓶颈。

以上介绍的查找转发表和转发分组的概念虽然并不复杂,但在具体的实现中还是会遇到不少困难。问题就在于路由器必须以很高的速率转发分组。最理想的情况是输入端口的处理速率能够跟上线路把分组传送到路由器的速率。这种速率称为线速(line speed 或 wire speed)。可以粗略地估算一下。设线路是 OC-48 链路,即 2.5 Gb/s。若分组长度为 256 字节,那么线速就应当达到每秒能够处理 100 万以上的分组。常用 Mpps(百万分组每秒)为单位来说明一个路由器对收到的分组的处理速率有多高。在路由器的设计中,怎样提高查找转发表的速率是一个十分重要的研究课题。

当一个分组正在查找转发表时,后面又紧跟着从这个输入端口收到另一个分组。这个后到的分组就必须在队列中排队等待,因而产生了一定的时延。图 5-31 给出了在输入端口的队列中排队的分组的示意图。

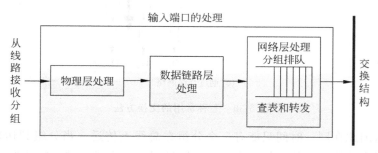

图 5-31 输入端口对分组的处理

再来观察在输出端口上的情况,如图 5-32 所示。输出端口从交换结构接收分组,然后把它们发送到路由器外面的线路上。在网络层的处理模块中设有一个缓冲区,实际上它就是一个队列。当交换结构传送过来的分组的速率超过输出链路的发送速率时,来不及发送的分组就必须暂时存放这个队列中。数据链路层处理模块把分组加上链路层的首部和尾部,交给物理层后发送到外部线路。

从以上的讨论可以看出,分组在路由器的输入端口和输出端口都可能会在队列中排队等候处理。若分组处理的速率小于分组进入队列的速率,则队列的存储空间最终必定减少到零,这就使后面再进入队列的分组由于没有存储空间而只能被丢弃。前面提到过的分组丢失,就是发生在路由器中的输入或输出队列产生溢出的时候。当然,设备或线路出故障也可能使分组丢失。

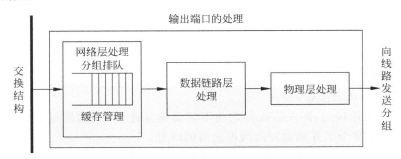

图 5-32 输出端口对分组的处理

5.3.5 用户数据报协议

前面介绍了 IP 协议是如何将 IP 数据报从源主机发送到目的主机,然而对于主机而言,真正利用这些数据报的是主机上正在运行的一些进程。严格地说,两个主机进行通信实际上是两个主机中的应用进程在相互通信。TCP/IP 协议中,完成进程通信的协议包括无连接的用户数据报协议(UDP)以及面向连接的、可靠的传输控制协议(TCP)协议。本节介绍无连接的 UDP 协议。

1. UDP 简介

IP 协议是主机之间的无连接通信,而 UDP 协议则是主机进程之间的无连接通信。因此,UDP 协议只是在 IP 服务的基础上增加端口功能,以完成进程间的通信。

1) 端口

下面详细介绍什么是端口。通常一台主机上会运行多个应用进程,为了让这些进程可以同时使用运输层协议将数据传送到 IP 层,并且在 IP 层获得数据报后可以交付给指定的应用进程,需要给每个应用进程赋予一个明确的标识。在 TCP/IP 协议中,定义了与操作系统无关的协议端口号(protocol port number),简称端口号,作为应用进程的标志。需要注意的是,端口号只具有本地意义。不同计算机,端口号的定义可能不同,相同的端口号没有必然联系,并且 TCP 数据报包含的端口号和 UDP 数据报包含的端口号也没有必然联系。

端口号一共 16 位,即可以允许 65 535 个端口。一般而言,一个计算机运行的应用进程数应该小于 65 535,端口号应该是够用的。端口号共分为三类,下面分别叙述。

(1) 熟知端口(well-known port number),又叫作系统端口,数值为 0~1023。这些数值可在网址 www.iana.org 查到。IANA 把这些端口号指派给 TCP/IP 最重要的一些应用程序,让所有的用户都知道。表 5-13 给出了一些常用的熟知端口号。

表 5-13 常用的熟知端口号

应用程序	FTP	TELNET	SMTP	DNS	TFTP	HTTP	SNMP	SNMP(trap)
熟知端口号	21	23	25	53	69	80	161	162

(2) 登记端口号,数值为 1024~49151。这类端口号是为没有熟知端口号的应用程序使用的。使用这类端口号必须在 IANA 按照规定的手续登记,以防止重复。

（3）动态端口号，数值为 49152～65535。这类端口号是临时端口号，留给客户进程暂时使用的。当服务器进程收到客户进程的报文时，就知道了客户进程所使用的动态端口号，并因而可以把相应数据发送回客户进程。通信结束后，会释放该动态端口号以便其他客户进程使用。

2）UDP 的特点

UDP 具有以下几项特点：

（1）UDP 是无连接的，即发送数据之前不需要建立连接（当然发送数据结束时也没有连接可释放），因此减少了开销和发送数据之前的时延。

（2）UDP 使用尽最大努力交付，即不保证可靠交付，因此主机不需要维持复杂的连接状态表。

（3）UDP 没有拥塞控制，因此网络出现的拥塞不会使源主机的发送速率降低。这对某些实时应用是很重要的。很多的实时应用（如 IP 电话、实时视频会议等）要求源主机以恒定的速率发送数据，并且允许在网络发生拥塞时丢失一些数据，但却不允许数据有太大的时延。UDP 正好符合这种要求。

（4）UDP 是面向报文的，即 UDP 一次交付一个完整的报文。UDP 对应用层交下来的报文或者网络层上传的报文，既不合并也不拆分，而是保留这些报文的边界。发送方的 UDP 对应用程序交下来的报文，在添加首部后就向下交付给 IP 层。接收方的 UDP 对 IP 层交上来的 UDP 用户数据报，在去除首部后就原封不动地交付给上层的应用进程。由于 UDP 不对报文进行处理，报文的长短则必须由应用程序控制。若报文太长，IP 层在传送时可能要进行分片，这会降低 IP 层的效率。反之，若报文太短，会使 IP 数据报的首部的相对长度太大，这也降低了 IP 层的效率。

（5）UDP 支持一对一、一对多、多对一和多对多的交互通信。

（6）UDP 的首部开销小，只有 8 个字节，比 TCP 的 20 个字节的首部要短。

2. UDP 报文的格式

UDP 数据报包括首部和数据两部分，如图 5-33 所示。首部字段很简单，只有 8 个字节，由 4 个字段组成，每个字段的长度都是 2 个字节。各字段意义如下：

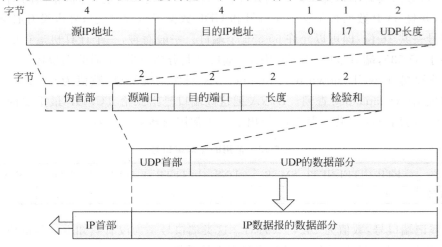

图 5-33　UDP 数据报格式

(1) 源端口,源端口号。在需要对方回信时选用。不需要时可用全0。

(2) 目的端口,目的端口号。

(3) 长度,UDP数据报长度。

(4) 检验和,差错检验码,防止UDP数据报在传输中出错。

传输层将上层应用进程的端口号和数据填入UDP数据报,并交给IP层传送;同时,从IP层收取UDP数据报,根据首部中的目的端口,将数据上交给相应的应用进程。UDP通过二元组(目的IP地址,目的端口号)来标识一个接收方应用进程,用二元组(源IP地址,源端口号)来标识一个发送方进程。二元组(IP地址,端口号)被称为套接字(socket)地址。

如果接收方UDP发现收到的报文中的目的端口号不正确(即不存在对应于该端口号的应用进程),就丢弃该报文,并由ICMP发送"端口不可达"差错报文给发送方。前面讨论traceroute时,就是让发送的UDP用户数据报故意使用一个非法的UDP端口,结果ICMP就返回"端口不可达"差错报文,因而达到了测试的目的。

UDP用户数据报首部中检验和的计算方法有些特殊。在计算检验和时,要在UDP用户数据报之前增加12个字节的伪首部。所谓"伪首部",是因为这种伪首部并不是UDP用户数据报真正的首部。只是在计算检验和时,临时添加在UDP用户数据报前面,得到一个临时的UDP用户数据报。检验和就是按照这个临时的UDP用户数据报来计算的。伪首部既不向下传送也不向上递交,而仅仅是为了计算检验和。图5-33的最上面给出了伪首部各字段的内容。

UDP计算检验和的方法和计算IP数据报首部检验和的方法相似。但不同的是IP数据报的检验和只检验IP数据报的首部,而UDP的检验和是把首部和数据部分一起都检验。在发送方,首先是把全零放入检验和字段,再把伪首部以及UDP用户数据报看成是由许多16位的字串接起来。若UDP用户数据报的数据部分不是偶数个字节,则要填入一个全零字节(但此字节不发送)。然后按二进制反码计算出这些16位字的和。将此和的二进制反码写入检验和字段后,就发送这样的UDP用户数据报。在接收方,把收到的UDP用户数据报连同伪首部(以及可能的填充全零字节)一起,按二进制反码求这些16位字的和。当无差错时其结果应为全1。否则就表明有差错出现,接收方就应丢弃这个UDP用户数据报(也可以上交给应用层,但会附上出现差错的警告)。这种简单的差错检验方法的检错能力并不强,其优势在于简单,处理速度较快。

伪首部的第3字段是全0,第4字段是IP首部中的协议字段的值。对于UDP,此协议字段值为17。第5字段是UDP用户数据报的长度。因此,这样的检验和,既检查了UDP用户数据报的源端口号和目的端口号以及UDP用户数据报的数据部分,又检查了IP数据报的源IP地址和目的地址。

5.3.6　传输控制协议

TCP/IP协议中,完成进程通信的协议包括上一节介绍的UDP协议和传输控制协议(TCP)。TCP协议提供面向连接的、可靠的服务,并且具备流量控制和拥塞控制的功能。下面详细介绍该协议。

1. TCP的特点

TCP是TCP/IP体系中非常复杂的一个协议。下面简要介绍TCP主要的特点。

(1) TCP 是面向连接的运输层协议。这就是说,应用程序在使用 TCP 协议之前,必须先建立 TCP 连接。在传送数据完毕后,必须释放已经建立的 TCP 连接。

(2) 每一条 TCP 连接只能有两个端点(end point),每一条 TCP 连接只能是点对点的(一对一)。

(3) TCP 提供可靠交付的服务。也就是说,通过 TCP 连接传送的数据,无差错、不丢失、不重复,并且按序到达。

(4) TCP 提供全双工通信。TCP 允许通信双方的应用进程在任何时候都能发送数据。TCP 连接的两端都设有发送缓存和接收缓存,用来临时存放双向通信的数据。在发送时,应用程序只负责把数据传送给 TCP 的缓存,而 TCP 负责在合适的时候把数据发送出去。在接收时,TCP 把收到的数据放入缓存,上层的应用进程在合适的时候读取缓存中的数据。

(5) 面向字节流。TCP 中的"流"(stream)指的是流入到进程或从进程流出的字节序列。"面向字节流"的含义是:虽然应用程序和 TCP 的交互是一次一个数据块(大小不等),但 TCP 将这些数据都看成是一连串的无结构的字节流。TCP 并不关心所传送的字节流的含义,也不保证接收方应用程序所收到的数据块和发送方应用程序所发出的数据块的大小对应关系(例如,发送方应用程序交给发送方的 TCP 共 10 个数据块,但接收方的 TCP 可能只用了 4 个数据块就把收到的字节流交付给了上层的应用程序)。但接收方应用程序收到的字节流必须和发送方应用程序发出的字节流完全一样。当然,接收方的应用程序必须有能力识别收到的字节流,把它还原成有意义的应用层数据。

图 5-34 所示是"面向字节流"概念的示意图。为了突出示意图的要点,只画出了一个方向的数据流。但注意,在实际的网络中,一个 TCP 报文段包含上千个字节是很常见的,而图中的各部分都只画出了几个字节,这仅仅是为了更方便地说明"面向字节流"的概念。还需要注意的是,图 5-34 中的 TCP 连接是一条虚连接而不是一条真正的物理连接。TCP 报文段先要传送到 IP 层,加上 IP 首部后,再传送到数据链路层。再加上数据链路层的首部和尾部后,才离开主机发送到物理链路。

从图 5-34 可以看出,TCP 和 UDP 在发送报文时所采用的方式完全不同。TCP 会根据对方给出的窗口值和当前网络拥塞的程度来决定一个报文段应包含多少个字节,TCP 并不关心应用进程一次把多长的报文发下来(UDP 发送的报文长度则是应用进程指定的)。如果应用进程传送到 TCP 缓存的数据块太长,TCP 就可以把它划分短一些再传送。如果应用进程一次只发来一个字节,TCP 也可以等待积累有足够多的字节后再构成报文段发送出去。

2. TCP 数据报格式

TCP 虽然是面向字节流的,但 TCP 传送的数据单元仍然是报文段。一个 TCP 报文分为首部和数据两部分,而 TCP 的全部功能都体现在它首部中各字段的作用。因此,只有弄清 TCP 首部各字段的作用才能掌握 TCP 的工作原理。下面就讨论 TCP 报文段的首部格式。

TCP 报文段首部的前 20 个字节是固定的(如图 5-35 所示),后面有 $4N$ 个字节是根据需要而增加的选项。因此 TCP 首部的最小长度是 20 字节。

首部固定部分各字段的意义如下:

(1) 源端口和目的端口。各占 2 个字节,分别写入源端口号和目的端口号。与 UDP 协议一样,TCP 协议也是应用层和网络层之间的接口,需要通过端口号确定进程和 IP 数据报的关系。

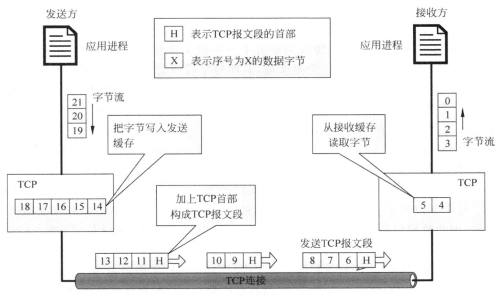

图 5-34　TCP 面向流的概念

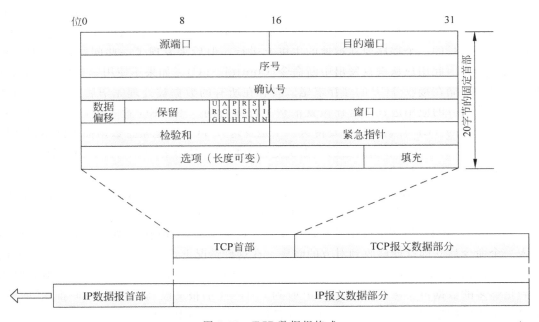

图 5-35　TCP 数据报格式

(2) 序号。占 4 字节,序号范围是 0~$2^{32}-1$,共 2^{32}(即 4 294 967 296)个序号。序号增加到 $2^{32}-1$ 后,下一个序号就又回到 0。也就是说,序号使用 mod 2^{32} 运算。TCP 是面向字节流的。在一个 TCP 连接中传送的字节流中的每一个字节都按顺序编号。整个要传送的字节流的起始序号必须在连接建立时设置。首部中的序号字段值则指的是本报文段所发送的数据的第一个字节的序号。例如,一报文段的序号字段值是 301,而携带的数据共有 100字节。这就表明:本报文段的数据的第一个字节的序号是 301,最后一个字节的序号是

400。显然,下一个报文段(如果还有)的数据序号应当从 401 开始,即下一个报文段的序号字段值应为 401。这个字段的名称也叫作"报文段序号"。

(3)确认号:占 4 字节,是期望收到对方下一个报文段的第一个数据字节的序号。例如,B 正确收到了 A 发送过来的一个报文段,其序号字段值是 501,而数据长度是 200 字节(序号 501~700),这表明 B 正确收到了 A 发送的到序号 700 为止的数据。因此,B 期望收到 A 的下一个数据序号是 701,于是 B 在发送给 A 的确认报文段中把确认号置为 701,也就意味着到序号 700 为止的所有数据都已正确收到。

由于序号字段有 32 位长,可对 4GB 数据进行编号。在一般情况下可保证当序号重复使用时,旧序号的数据早已通过网络到达终点了。

(4)数据偏移。占 4 位,它指出 TCP 报文段的数据起始处距离 TCP 报文段的起始处有多远。这个字段实际上是指出 TCP 报文段的首部长度。由于首部中还有长度不确定的选项字段,因此数据偏移字段是必要的。注意,"数据偏移"的单位是 32 位字(即以 4 字节长的字为计算单位)。由于 4 位二进制数能够表示的最大十进制数字是 15,因此数据偏移的最大值是 60 字节,这也是 TCP 首部的最大长度(即选项长度不能超过 40 字节)。

(5)保留。占 6 位,保留为今后使用,但目前应置为 0。下面有 6 个控制位说明本报文段的性质,它们的意义见下面的(6)~(11)。

(6)紧急 URG。当 URG = 1 时,表明紧急指针字段有效。它告诉系统此报文段中有紧急数据,应尽快传送(相当于高优先级的数据),而不要按原来的排队顺序来传送。例如,已经发送了很长的一个程序要在远地的主机上运行。但后来发现了一些问题,需要取消该程序的运行。因此用户从键盘发出中断命令(Control + C)。如果不使用紧急数据,那么这两个字符将存储在接收 TCP 的缓存末尾。只有在所有的数据被处理完毕后这两个字符才被交付到接收方的应用进程。这样做就浪费了许多时间。当 URG 置 1 时,发送应用进程就告诉发送方的 TCP 有紧急数据要传送。于是发送方 TCP 就把紧急数据插入到本报文段数据的最前面,而在紧急数据后面的数据仍是普通数据。这时要与后面的紧急指针(urgent pointer)字段配合使用。

(7)确认 ACK。仅当 ACK=1 时确认号字段才有效。当 ACK=0 时,确认号无效。TCP 规定,在连接建立后所有传送的报文段都必须把 ACK 置 1。

(8)推送 PSH。当两个应用进程进行交互式的通信时,有时在一端的应用进程希望在输入一个命令后立即就能够收到对方的响应。在这种情况下,应用程序可以通知 TCP 使用推送操作。这时,发送方 TCP 把 PSH 置 1,并立即创建一个报文段发送出去,而不需要积累到足够多的数据再发送。接收方 TCP 收到 PSH=1 的报文段,就尽快地(即"推送"向前)交付给接收应用进程,而不再等到整个缓存都填满了后再向上交付。

(9)复位 RST。当 RST = 1 时,表明 TCP 连接中出现严重差错(如由于主机崩溃或其他原因),必须释放连接,然后再重新建立运输连接。RST 置 1 还用来拒绝一个非法的报文段或拒绝打开一个连接。RST 也可称为重建位或重置位。

(10)同步 SYN。在连接建立时用来同步序号。当 SYN = 1 而 ACK = 0 时,表明这是一个连接请求报文段。对方若同意建立连接,则应在响应的报文段中使 SYN = 1 和 ACK = 1。因此,SYN 置为 1 就表示这是一个连接请求或连接接收报文。关于连接的建立和释放,在后面还要进行详细讨论。

（11）终止 FIN。用来释放一个连接。当 FIN＝1 时，表明此报文段的发送方的数据已发送完毕，并要求释放运输连接。

（12）窗口。占 2 字节，窗口值是 $0\sim2^{16}-1$ 的整数。窗口指的是发送方预期的接收窗口（注意，不是本次发送的数据窗口）。因为数据缓存空间是有限的，因此发送方用窗口值告诉对方：从本报文段首部中的确认号算起，当前允许对方发送的数据量。例如，设确认号是701，窗口字段是 1000。这就表明，从 701 号算起，发送方还有接收 1000 个字节数据（字节序号是 701～1700）的接收缓存空间。

（13）检验和。占 2 字节，检验和字段检验的范围包括首部和数据两部分。和 UDP 用户数据报一样，在计算检验和时，要在 TCP 报文段的前面加上 12 字节的伪首部。伪首部的格式与 UDP 用户数据报的伪首部一样。但应把伪首部第 4 个字段中的 17 改为 6（TCP 的协议号是 6），把第 5 字段中的 UDP 长度改为 TCP 长度。接收方收到此报文段后，仍要加上这个伪首部来计算检验和。若使用 IPv6，则相应的伪首部也要改变。

（14）紧急指针。占 2 字节。紧急指针仅在 URG＝1 时才有意义，它指出本报文段中的紧急数据共有多少字节，也就是确定了紧急数据的末尾在报文段中的位置。由于紧急数据结束后就是普通数据，利用该指针就可以确定处理完紧急数据后，应用程序应恢复到正常操作的时机。值得注意的是，即使窗口为零时也可发送紧急数据。

（15）选项。长度可变，最长可达 40 字节。

常见的 TCP 选项为最大报文段长度（maximum segment size，MSS），表示每一个 TCP 报文段中的数据字段的最大长度。最优的 MSS 是难以得到的。TCP 报文段的数据部分，至少要加上 40 字节的首部（TCP 首部 20 字节和 IP 首部 20 字节，这里都还没有考虑首部中的选项部分），才能组装成一个 IP 数据报。若选择较小的 MSS 长度，网络的利用率就降低。但反过来，若 TCP 报文段非常长，那么在 IP 层传输时就有可能要分解成多个短数据报片。在终点要把收到的各个短数据报片装配成原来的 TCP 报文段。当传输出错时还要进行重传。这些也都会使开销增大。

一般而言，MSS 应尽可能大些，只要在 IP 层传输时不需要再分片就行。由于 IP 数据报所经历的路径是动态变化的，因此在这条路径上不需要分片的 MSS，如果改走另一条路径就可能需要进行分片，因此最佳的 MSS 是很难确定的。在连接建立的过程中，双方都把自己能够支持的 MSS 写入这一字段，并取两者的较小值进行传输。MSS 的默认值是 536 字节长。因此，所有因特网主机都应能接收的 TCP 报文段长度是 536＋20（固定首部长度）＝556 字节。

随着因特网的发展，又陆续增加了几个选项，如窗口扩大选项、时间戳选项等。之后又增加了有关选择确认（SACK）选项。

窗口扩大选项是为了扩大窗口。TCP 首部中窗口字段长度是 16 位，因此最大的窗口大小为 64KB。虽然这对早期的网络是足够用的，但对于包含卫星信道的网络，传播时延和带宽都很大，高的吞吐率要求更大的窗口。

窗口扩大选项占 3 字节，其中有一个字节表示移位值 S。新的窗口值等于 TCP 首部中的窗口位数从 16 增大到 16＋S，这相当于把窗口值向左移动 S 位后获得实际的窗口大小。移位值允许使用的最大值是 14，相当于窗口最大值增大到 $2^{(16+14)}-1=2^{30}-1$。

窗口扩大选项可以在双方初始建立 TCP 连接时进行协商。如果连接的某一端实现了窗口扩大，当它不再需要扩大其窗口时，可发送 S＝0 的选项，使窗口大小回到 16。

时间戳选项占 10 字节,其中最主要的字段是时间戳值字段(4 字节)和时间戳回送回答字段(4 字节)。时间戳选项有以下两个功能:

第一,用来计算往返时间 RTT。发送方在发送报文段时把当前时钟的时间值放入时间戳字段,接收方在确认该报文段时把时间戳字段值复制到时间戳回送回答字段。因此,发送方在收到确认报文后,可以准确地计算出 RTT 来。

第二,用于处理 TCP 序号超过 2^{32} 的情况,这又称为防止序号绕回(protect against wrapped sequence numbers,PAWS)。由于序号只有 32 位,而每增加 2^{32} 个序号就会重复使用原来用过的序号。当使用高速网络时,在一次 TCP 连接的数据传送中序号很可能会被重复使用。例如,若用 1Gb/s 的速率发送报文段,则不到 4.3s 钟数据字节的序号就会重复。为了使接收方能够把新的报文段和迟到很久的报文段区分开,可以在报文段中加上这种时间戳。

3. TCP 连接机制

TCP 是面向连接的协议。TCP 连接的建立和释放是每一次面向连接的通信中必不可少的过程。因此,TCP 连接就包括三个阶段,即连接建立、数据传送和连接释放。

1) 连接建立

在 TCP 连接建立过程中要解决以下 3 个问题:

(1) 要使每一方能够确知对方的存在。

(2) 要允许双方协商一些参数(如最大窗口值、是否使用窗口扩大选项和时间戳选项以及服务质量等)。

(3) 能够对运输实体资源(如缓存大小、连接表中的项目等)进行分配。

TCP 连接的建立采用客户/服务器方式。主动发起连接建立的应用进程叫作客户(client),而被动等待连接建立的应用进程叫作服务器(server)。

图 5-36 画出了 TCP 建立连接的过程。假定主机 A 运行的是 TCP 客户程序,而 B 运行 TCP 服务器程序。最初两端的 TCP 进程都处于 CLOSED(关闭)状态。图中在主机下面的方框分别是 TCP 进程所处的状态。注意,A 主动打开连接,而 B 被动打开连接。

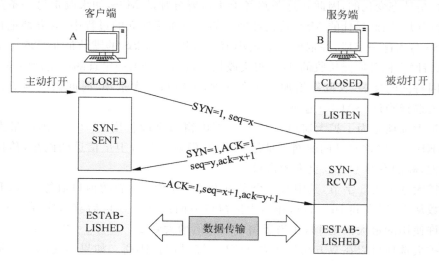

图 5-36 TCP 建立连接的过程

B 的 TCP 服务器进程先创建传输控制块 TCB,准备接受客户进程的连接请求。然后服务器进程就处于 LISTEN(收听)状态,等待客户的连接请求。如有,即做出响应。

A 的 TCP 客户进程也是首先创建传输控制模块 TCB,然后向 B 发出连接请求报文段,这时首部中的同步位 SYN = 1,同时选择一个初始序号 seq = x。TCP 规定,SYN 报文段(即 SYN=1 的报文段)不能携带数据,但要消耗掉一个序号。这时,TCP 客户进程进入 SYN-SENT(同步已发送)状态。

B 收到连接请求报文段后,如同意建立连接,则向 A 发送确认。在确认报文段中应把 SYN 位和 ACK 位都置 1,确认号是 ack=x+1,同时也为自己选择一个初始序号 seq=y。注意,这个报文段也不能携带数据,但同样要消耗掉一个序号。这时 TCP 服务器进程进入 SYN-RCVD(同步收到)状态。

TCP 客户进程收到 B 的确认后,还要向 B 发出确认。确认报文段的 ACK 置 1,确认号 ack=y+1,而自己的序号 seq=x+1。TCP 的标准规定,ACK 报文段可以携带数据。但如果不携带数据则不消耗序号,在这种情况下,下一个数据报文段的序号仍是 seq=x+1。这时,TCP 连接已经建立,A 进入 ESTABLISHED(已建立连接)状态。

当 B 收到 A 的确认后,也进入 ESTABLISHED 状态。

上面给出的连接建立过程叫作三次握手(three-way handshake),或三次联络。为什么 A 还要发送一次确认呢? 这主要是为了防止已失效的连接请求报文段突然又传送到了 B,因而产生错误。

所谓"已失效的连接请求报文段"是这样产生的:考虑一种正常情况,A 发出连接请求,但因连接请求报文丢失而未收到确认。于是 A 再重传一次连接请求。后来收到了确认,建立了连接。数据传输完毕后,就释放了连接。A 共发送了两个连接请求报文段,其中第一个丢失,第二个到达了 B,没有"已失效的连接请求报文段"。

现假定出现一种异常情况,即 A 发出的第一个连接请求报文段并没有丢失,而是在某些网络节点长时间滞留了,以致延误到连接释放以后的某个时间才到达 B。本来这是一个早已失效的报文段。但 B 收到此失效的连接请求报文段后,就误认为是 A 又发出一次新的连接请求,于是就向 A 发出确认报文段,同意建立连接。假定不采用三次握手,那么只要 B 发出确认,新的连接就建立了。

由于 A 并没有发出建立连接的请求,因此不会理睬 B 的确认,也不会向 B 发送数据。但 B 却以为新的运输连接已经建立了,并一直等待 A 发来数据。B 的许多资源就这样白白浪费了。

采用三次握手的办法可以防止上述现象的发生。例如在刚才的情况下,A 不会向 B 的确认发出确认。B 由于收不到确认,就知道 A 并没有要求建立连接。

2) 连接释放

数据传输结束后,通信的双方都可释放连接,具体过程如图 5-37 所示。A 和 B 都处于 ESTABLISHED 状态,A 的应用进程先向其 TCP 发出连接释放报文段,并停止再发送数据,主动关闭 TCP 连接。A 把连接释放报文段首部的 FIN 置 1,其序号 seq=u,它等于前面已传送过的数据的最后一个字节的序号加 1。这时 A 进入 FIN-WAIT-1(终止等待 1)状态,等待 B 的确认。注意,TCP 规定,FIN 报文段即使不携带数据,它也消耗掉一个序号。

B 收到连接释放报文段后即发出确认,确认号是 ack = u+1,而这个报文段自己的序

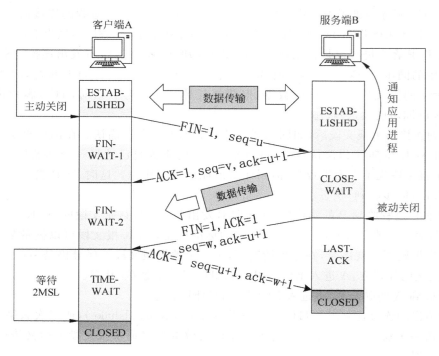

图 5-37 TCP 释放连接的过程

号是 v,等于 B 前面已传送过的数据的最后一个字节的序号加 1。然后 B 就进入 CLOSE-WAIT(关闭等待)状态。同时,TCP 服务器进程应通知高层应用进程,进而从 A 到 B 这个方向的连接就释放了,这时的 TCP 连接处于半关闭(half-close)状态,即 A 已经没有数据要发送了,但 B 若发送数据,A 仍要接收。也就是说,从 B 到 A 这个方向的连接并未关闭。这个状态可能会持续一些时间。A 收到来自 B 的确认后,就进入 FIN-WAIT-2(终止等待 2)状态,等待 B 发出的连接释放报文段。

若 B 已经没有要向 A 发送的数据,其应用进程就通知 TCP 释放连接。这时 B 发出的连接释放报文段必须使 FIN=1。现假定 B 的序号为 w(在半关闭状态 B 可能又发送了一些数据)。B 还必须重复上次已发送过的确认号 ack=u+1。这时 B 就进入 LAST-ACK(最后确认)状态,等待 A 的确认。

A 在收到 B 的连接释放报文段后,必须对此发出确认。在确认报文段中把 ACK 置 1,确认号 ack=w+1,而自己的序号是 seq=u+1(根据 TCP 标准,前面发送过的 FIN 报文段要消耗一个序号)。然后进入到 TIME-WAIT(时间等待)状态。注意,现在 TCP 连接还没有释放掉。必须经过时间等待计时器(TIME-WAIT timer)设置的时间后,A 才进入到 CLOSED 状态。时间 MSL 叫作最长报文段寿命(maximum segment lifetime),RFC793 建议设为 2min。但这完全是从工程上来考虑,随着网速的发展 TCP 允许不同的实现可根据具体情况使用更小的 MSL 值。因此,从 A 进入到 TIME-WAIT 状态后,要经过 4min 才能进入到 CLOSED 状态,才能开始建立下一个新的连接。当 A 撤销相应的传输控制块 TCB 后,就结束了这次的 TCP 连接。

上述的 TCP 连接释放过程是四次握手,但也可以看成是两个二次握手。

3）TCP 的有限状态机

为了更清晰地看出 TCP 连接的各种状态之间的关系，图 5-38 给出了 TCP 的有限状态机。图中每一个方框即 TCP 可能具有的状态。每个方框中的大写英文字符串是 TCP 标准所使用的 TCP 连接状态名。状态之间的箭头表示可能发生的状态变迁。箭头旁边的字，表明引起这种变迁的原因，或表明发生状态变迁后又出现什么动作。注意图中有三种不同的箭头。粗实线箭头表示对客户进程的正常变迁。粗虚线箭头表示对服务器进程的正常变迁。另一种细线箭头表示异常变迁。

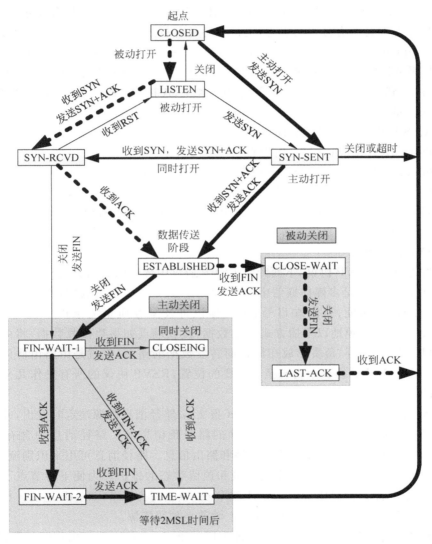

图 5-38　TCP 的有限状态机

可以把图 5-38 和前面的图 5-36、图 5-37 对照起来看。在图 5-36 和图 5-37 中左边客户进程从上到下的状态变迁，就是图 5-38 中粗实线箭头所指的状态变迁。而在图 5-36 和图 5-37 右边服务器进程从上到下的状态变迁，就是图 5-38 中粗虚线箭头所指的状态变迁。

5.3.7 资源预留协议

1. 服务质量与资源预留协议

传统的因特网仅提供尽力而为(best-effort service)的传送服务,随着网络多媒体技术的飞速发展,因特网上的多媒体应用层出不穷,如 IP 电话、视频会议、视频点播(VoD)、远程教育等多媒体实时业务等。因特网已逐步从单一的数据传送网向数据、语音、图像等多媒体信息的综合传输网演化。

与 Web 应用或 E-mail 等应用不同,多媒体应用往往需要更高的服务质量,因而有必要改变因特网平等对待所有分组的思想,使得对时延有较严格要求的实时任务能够获得更好的服务质量(quality of service,QoS)。根据 ITU-T 在建议书 E.800 中给出的定义,服务质量(QoS)是服务性能的总效果,此效果决定了一个用户对服务的满意程度。具体而言,QoS 常用可用性、差错率、响应时间、吞吐量、分组丢失率、连接建立时间、故障检测和修正时间等性能指标来衡量。

通常 QoS 提供以下三种服务模型:

(1) Best-Effort service(尽力而为服务模型)。

(2) Integrated service(综合服务模型,简称 Int-Serv)。

(3) Differentiated service(区分服务模型,简称 Diff-Serv)。

其中,Int-Serv 服务模型就是使用资源预留协议(resource reservation protocol,RSVP)作为 Int-Serv 的信令协议来保证各类 QoS 需求。

2. RSVP 传输类型

为更好地理解 RSVP 协议,下面介绍 RSVP 协议中传输的数据类型。

(1) 流(flow):流是多媒体通信中的一个常用名词,一般定义为"具有相同源 IP 地址、源端口号、目的 IP 地址、目的端口号、协议标识符及服务质量需求的一连串分组"。在 RSVP 协议中,源端简单地以多播方式传送数据,接收端点如果要接收数据,将由网络路由协议系统(IGMP 协议等)负责形成在源宿间转发数据的路由,也就是由路由协议配合形成数据码流。流在 RSVP 协议中占有至关重要的位置,RSVP 协议的所有操作几乎都是围绕流而进行的。

(2) 路径消息(path message,即 PATH 报文):路径消息由源端定时发出,并沿流的方向传输。路径消息主要是用来保证沿正确的路径预留资源。路径消息中含有一个 flow spec(流规约)对象,用来描述流的传输属性和路由信息。路径消息可用来识别流,并使节点了解流的必要信息,以配合预留请求的决策和预留状态的维护。为使下游节点了解流的来源,上游节点需将路径消息中 last hop(上级节点)域改写为该节点的 IP 地址。预留消息正是利用路径消息中 last hop 来实现逐级向上游节点预留资源。

(3) 预留消息(reservation message,即 RESV 报文):预留消息由接收端定时发出,并沿路径消息建立的路由反向传输。预留消息主要目的是接收端为保障通信服务质量请求各级节点预留资源。预留消息主要由 flowspec 及 filterspec(流过滤方式)对象组成。flowspec 是预留消息的核心内容,它用来描述流过滤后所需通信路径的属性(如资源属性)。filterspec 则指定了能够使用预约资源的数据分组。

由 RSVP 传递的内容可以看出,RSVP 并不携带应用数据,因而 RSVP 协议不是运输

层协议而是网络层的控制协议。

3. RSVP 报文格式

RSVP 报文由 RSVP 首部、RSVP 对象段、对象内容三部分组成。

1) RSVP 首部

RSVP 报文首部格式如图 5-39 所示。

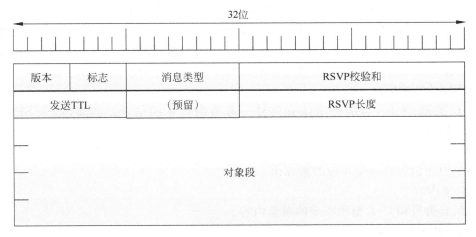

图 5-39 RSVP 报文首部格式

（1）版本：4 位，表示协议的版本号（当前版本为 1）。

（2）标志：4 位，尚未明确定义。

（3）类型：8 位，表示消息的类型。表 5-14 所示是 RSVP 消息类型与其相对应的值。

表 5-14 RSVP 消息类型与其相对应的值

值	消 息 类 型
1	路径
2	资源预定请求
3	路径错误
4	资源预定请求错误
5	路径断开
6	资源预定断开
7	资源预定请求确认

（4）校验和：16 位，表示基于 RSVP 消息的内容上标准 TCP/UDP 校验和。

（5）发送 TTL：8 位，表示消息发送的 IP 生存期。

（6）预留：8 位，保留字段。

（7）长度：16 位，表示 RSVP 包的长度，以字节为单位，包括公共头和随后的可变长度对象。

2) RSVP 对象段

RSVP 对象段包括长度、分类号和 C-类型三部分。

（1）长度：16 位，包含以字节计的总对象长度（必须是 4 的倍数，至少是 4）。

（2）分类号：8 位，表示对象类型，每个对象类型都有一个名称。RSVP 程序必须可识别分类，如没有识别出对象分类号，分类号高位决定节点采用什么行动。RSVP 共定义 19 类消息类型，包括：0＝Null（空信令），1＝Session（会话信令），2＝Session_group（会话组信令），3＝RSVP_HOP（具有 RSVP 能力的节点），4＝Integrity（加密信令），5＝Time_value（信令报文的刷新周期），6＝Error_spec（错误类型），7＝Scope（指定范围），8＝Style（预约风格），9＝FLOWSPEC（QoS 描述信令，后定义），10 ＝FILTER_SPEC（具有期望 QoS 的数据报子集），11＝SENDER_TEMPLATE（识别发送端信令），12＝SENDER_TSPEC（发送端流量特性描述），13＝ADSPEC（路由用），14 ＝POLICY_DATA （管理用），15＝CONFIRM（要求证实接收者信令），30 ＝DIAGNOSTIC（诊断信令），31＝ROUTE（记录路径），32＝DIAG_RESPONSE（诊断响应）。

（3）C-类型：8 位，与前一字段分类号一起指明具体的信令。例如，信令 SENDER_TEMPLATE 的 C-Type＝1 时，表示该信令的发送端地址为 IPv4 地址；C-Type＝2 时，表示该信令的发送端地址为 IPv6 地址；C-Type＝3 时，则表示除了发送端地址为 IPv6 地址之外，信令中还包含有一个相应的流标识。

3）对象内容

长度、分类号和 C-类型段指定的对象内容。

4. RSVP 工作原理

下面简单介绍 RSVP 的服务流程，说明 RSVP 是如何保证服务质量的。一个会话必须首先声明它所需的服务质量，以便使路由器能够确定是否有足够的资源来满足该会话的需求。资源预留协议（RSVP）在进行资源预留时采用了多播树的方式。发送端发送 PATH 报文给所有的接收端指明通信量的特性。每个中间的路由器都要转发 PATH 报文，而接收端用 RESV 报文进行响应。路径上的每个路由器对 RESV 报文的请求都可以拒绝或接受。当请求被某个路由器拒绝时，路由器就发送 1 个差错报文给接收端，从而终止了这一信令过程。当请求被接受时，链路带宽和缓存空间就被分配给这个分组流，而相关的流（flow）状态信息就保留在路由器中。

图 5-40 用一个简单例子说明 RSVP 协议的要点。设主机 H_1 要向互联网上的四台主机 $H_2 \sim H_5$ 发送多播视频节目，在图中这四台主机右边标注的数据率就是这些主机打算以这样的数据率来接收 H_1 发送的视频节目。这个视频节目可使用不同的数据率来接收。用较低数据率接收时，图像和声音的质量也就较差。

主机 H_1 先以多播方式从源点 H_1 向下游方向发送 PATH 报文，如图 5-40（a）所示。PATH 报文传送到多播路径终点的四台主机（即叶节点）时，每一台主机就向多播路径的上游发送 RESV 报文，指明在接收该多播节目时所需的服务质量等级。路由器若无法预留 RESV 报文所请求的资源，就返回差错报文。若能预留，则把下游传来的 RESV 报文合并构成新的 RESV 报文，传送给自己的上游路由器，最后传送到源点主机 H_1。这些情况如图 5-40（b）所示。因此，RSVP 协议是面向终点的。

需要注意的是，路由器合并下游的 RESV 报文并不是把下游提出的预留数据率简单地相加而是取其中较大的数值。例如，路由器 R_4 收到两个预留 3Mb/s 的 RESV 报文，但 R_4 向 R_2 发送的 RESV 报文只要求预留 3Mb/s 而不是 6Mb/s（因为向下游方向发送数据是采用可以节省带宽的多播技术）。同理，R_3 向 R_2 发送的 RESV 报文要求预留 100kb/s 而不是

150kb/s。最后，R_1 向源点 H_1 发送的 RESV 报文要求预留 3Mb/s。当 H_1 收到返回的 RESV 报文后，就开始发送视频数据报文。

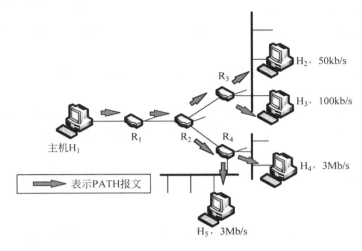

(a) 源点用多播的方式发送PATH报文

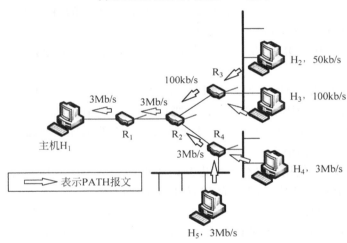

(b) 各终点向源点返回RESV报文

图 5-40　RSVP 工作原理

5.3.8　IPv6 协议

IP 是因特网的核心协议。IPv4 是 20 世纪 70 年代末设计，经过几十年的飞速发展，在 2011 年 2 月 IPv4 已经全部耗尽，ISP 已经不能申请到新的地址块了。1992 年 IETF 提出制定下一代 IP，即 IPv6。用更大地址空间的新版本 IP 来彻底解决 IP 地址耗尽的问题。

1. IPv6 的变化

与 IPv4 相比，IPv6 的主要变化如下：

（1）更大的地址空间。IPv6 的地址空间为 128 位，在可以预见的将来应该是不会用完的。

（2）扩展的地址层次结构。由于 IPv6 的地址空间增大，因此可以划分成更多的层次，便于反映因特网的层次和寻址。

（3）灵活的首部格式。IPv6 数据报与 IPv4 数据报的并不兼容，这是因为 IPv6 定义了许多可选的扩展首部，不仅可提供比 IPv4 更多的功能，还能提高路由器处理效率（因为路由器不处理扩展首部）。

（4）改进的选项。IPv6 允许数据报包含有选项的控制信息，不像 IPv4 规定的选项是固定不变的。

（5）允许协议继续扩充。IPv6 允许协议继续扩充，而 IPv4 的功能则是固定不变的。

（6）支持即插即用（即自动配置）。IPv6 支持主机自动配置 IP 地址、路由器地址以及其他网络配置参数。

（7）支持资源的预分配。IPv6 能为实时音视频等要求保证一定带宽和时延的应用提供更好的服务质量。

2. IPv6 地址

一般而言，一个 IPv6 数据报的目的地址可以是以下 3 种基本类型之一：

（1）单播。单播就是传统的点对点通信。

（2）多播。一点对多点通信，数据报交付到一组计算机中的每一个。IPv6 没有采用广播的术语，而是将广播看作多播的一个特例。

（3）任播。这是 IPv6 增加的一种类型，将数据报交付给一组计算机中的一个，通常是距离最近的一个。

IPv6 中每个地址占用 16 个字节，即 128 位，地址空间大于 3.4×10^{38}。如果整个地球表面都覆盖着计算机，那么 IPv6 允许每平方米拥有 7×10^{23} 个 IP 地址。如果地址分配速率是每微秒分配 100 万个地址，则需要 10^{19} 年才能将所有可能的地址分配完毕。因此，在可见的将来，IPv6 地址应该是够用的。

与 IPv4 不同，IPv6 使用冒号十六进制记法更加简洁一些。16 个字节被分成 8 组来书写，每一组 4 个十六进制数字，组之间用冒号隔开，如下所示：

$$8000:0000:0000:0000:0123:4567:89AB:CDEF$$

由于在使用初期，IPv6 地址的使用率不会很高，地址内部可能有很多个 0，所以 IPv6 允许三种优化表示方法保证地址的简洁性。

（1）可以省略前导 0。例如，0123 可以写成 123。

（2）16 个 0 构成的一个或多个组可以用一对冒号来代替，因此，上面的地址可以写成 8000::123:4567:89AB:CDEF。

（3）IPv4 地址可以写成一对冒号再加上老式的点分十进制数，如::192.31.20.46。

IPv6 和 IPv4 的不同之处还体现在单播地址的划分策略上。前面采用 CIDR 的 IPv4 将地址分为两级，即网络前缀和主机号。IPv6 延续该策略，并且为了便于路由器在如此大量的地址中更快地查找路由，将地址分为三个等级。

（1）全球路由选择前缀，第一级地址，占 48 位，分配给各公司机构，相当于 IPv4 中的网络号。

（2）子网标识符，第二级地址，占 16 位，用于各公司机构创建自己的子网。

（3）接口标识符，第三级地址，占 64 位，指明主机或路由器的单个网络接口。

同时,注意到 IPv6 的主机号有 64 位之多,远超过 48 位 MAC 地址,因而可以将各种接口的硬件地址直接编码。这样,IPv6 就可以直接从 IP 地址中提取出硬件地址而不需要用 ARP 协议进行地址解析。

3. IPv6 帧格式

IPv6 的数据报格式如图 5-41 所示。IPv6 的首部分为基本首部和扩展首部。IPv6 数据报允许在基本首部之后增加零个或者多个扩展首部,再之后是数据部分。但是需要注意的是,所有的扩展首部并不属于数据报首部(路由器并不处理这部分数据),所有扩展首部和数据部分合起来叫作数据报的有效载荷(payload)。

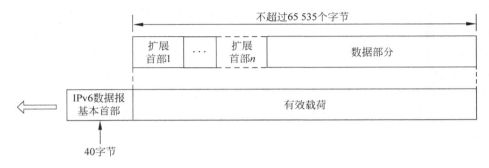

图 5-41　IPv6 数据报的一般形式

1) 基本首部

IPv6 的基本首部固定为 40 字节,如图 5-42 所示。IPv6 的首部将 IPv4 中不必要的功能例如检验和字段取消了,这样可以加速路由器的处理。下面详细描述 IPv6 基本首部中各字段的功能。

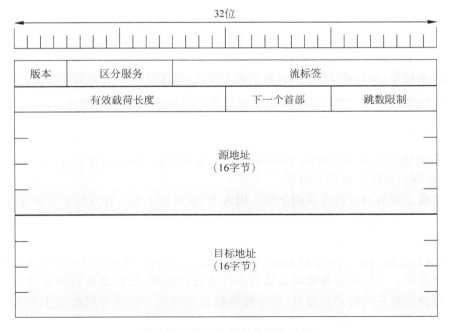

图 5-42　IPv6 数据报的固定首部

（1）版本（version），总是 6。对于 IPv4，该字段总是 4。在从 IPv4 到 IPv6 的迁移过程中，路由器通过检查该字段来确定数据报的类型。

（2）区分服务（differentiated services，最初称为流量类别），用途是区分数据报的服务类别或者优先级。与 IPv4 的 TOS 类似。

（3）流标签（flow label），用途是为源端和接收方提供了一种建立伪连接的方式，即源端和接收方把一组具有同样需求并希望得到网络同等对待的数据报打上标记。例如，从某台特定主机上一个进程到另一台特定主机上一个进程之间的数据报流可能有严格的延迟要求，因此需要预留带宽。这时可以提前设置一个流（flow），并分配一个标识符。当一个流标签字段非 0 的数据报出现时，所有的路由器都在自己的内部表中查找该流标签值，看它要求哪种特殊的待遇。实际上，这样的流是为了结合数据报网络的灵活性和虚电路网络的保障性而做出的一种尝试。为了保障服务质量，每个流由源地址、目标地址和流编号来指定。这意味着在给定的一对 IP 地址之间，可以同时有 2^{20} 个活跃的流。而且还意味着来自不同主机的两个流即使有相同的流标签，当它们通过同一台路由器时，路由器也能够根据源地址和目标地址将它们区分开。流标签的选取最好随机，而不是从 1 开始顺序分配，这样路由器可对它们进行哈希处理。

（4）有效载荷长度（payload length），用于指明紧跟在基本首部之后还有多少字节数。在 IPv4 中该字段的名字为总长度（total length），之所以改成现在的名字是因为含义略有不同：40 字节的头不再像以前那样算作长度中的一部分。

（5）下一个首部（next header），该字段是显示 IPv6 与众不同的关键之处，IPv6 首部得以简化的原因在于它可以有额外的（可选）扩展首部。该字段指明了当前首部之后还有哪种扩展首部，如果当前的首部是最后一个首部，那么该字段则用于指明该数据报将被传递给哪个传输协议处理（如 TCP、UDP）。

（6）跳数限制（hop limit），用来避免出现数据报无限期存在的情形。实际上，它与 IPv4 中的 TTL（time to live）字段是一样的，也就是说，每经过一个路由器的转发，该字段中的值都要被减 1。理论上，IPv4 中的 TTL 是一个以秒为单位的时间值，但是所有的路由器都不按照时间值来操作，所以在 IPv6 中将名字做了修改，以便反映出它的实际用法。

（7）源地址（source address），128 位，指明数据报发送站的 IP 地址。

（8）目标地址（destination address），128 位，指明数据报接收站的 IP 地址。

下面比较 IPv4 与 IPv6 的首部。与 IPv4 相比，IPv6 首先省略了首部长度字段，因为 IPv6 的首部有固定的长度。协议（protocol）字段也被省略了，因为下一个首部字段指明了最后的 IP 首部后面跟的是什么协议。

其次省略了所有与分段有关的字段。因为 IPv6 采用了另一种方法来实现分段。首先，所有遵从 IPv6 的主机都应该能够动态地确定将要使用的数据报长度。当主机发送了一个非常大的 IPv6 数据报时，如果路由器不能转发这么大的数据报，它并不对该数据报进行分段，而是向发送主机返回一条报错消息。这条消息告诉主机，所有将来发送给该目标地址的数据报都要分段。主机从一开始就发送大小合适的数据报，比让沿途路由器动态地对每个数据报进行分段要有效得多。而且，最小数据报长度也从 576 字节增加到 1280 字节，以便容纳 1024 字节的数据和许多个首部。

最后，校验和（checksum）字段也被去掉了，因为计算校验和会极大地降低性能。现在使用的大多是可靠网络,而且数据链路层和传输层通常有它们自己的校验和,所以在网络层再使用校验和,相比它所付出的性能代价是不值得的。去掉了所有这些特性之后得到的是一个精简的网络层协议。因此,这份数据报设计方案满足了 IPv6 的目标,即一个快速,但灵活,并且具有足够大地址空间的协议。

2) 扩展首部

那些被省略掉的 IPv4 字段偶尔还会有用,所以,IPv6 引入了(可选的)扩展首部(extension header)这一概念。这些扩展首部可以用来提供这些额外的信息,但是它们以一种更有效的方式编码。定义了 6 种扩展首部,如表 5-15 所示。每一种扩展首部都是可选的,但是如果有多个扩展首部出现,那么它们必须直接跟在固定首部的后面,而且最好使用表中列出的顺序。

表 5-15　IPv6 扩展首部

扩　　　展	描　　　述
逐跳选项	路由器的混杂信息
目标选项	给目的地的额外信息
路由	必须访问的松散路由器列表
分段	管理数据报分段
认证	验证发送方的身份
加密安全有效载荷	有关加密内容的信息

(1) 逐跳首部(hop-by-hop header)用来存放沿途所有路由器必须要检查的信息。例如,用于巨型数据报(即超过 64KB 的数据报)的逐跳首部,该首部的格式如图 5-43 所示。使用这种扩展首部时,固定首部中的有效载荷长度字段要设置为 0。

下一个首部	0	194	4
巨型有效载荷长度			

图 5-43　IPv6 用于巨型报的扩展首部——逐跳首部

与所有的扩展首部一样,逐跳扩展首部的起始字节也指定了接下去是哪一种首部。该字节之后的字节指示了当前逐跳扩展首部有多少个字节,其中不包括起始的 8 个字节,因为这 8 个字节是强制的,所有的扩展首部都是以这种方式开始。

接下去的两个字节表明该选项定义了数据报的长度(代码 194),长度值以 4 字节计数。最后 4 个字节给出了数据报的长度。对于巨型数据报而言,小于 65 535 的长度值是不允许的,第一台路由器将会丢弃这样的数据报,并且返回一个 ICMP 错误消息。对于那些必须要通过因特网传输千兆字节数据的超级计算机应用来说,巨型数据报的使用是非常重要的。

(2) 目标选项扩展首部(destination options header),用于那些只需被目标主机翻译的字段。在 IPv6 的初始版本中,唯一定义的选项是空选项(null option)。利用空选项可以将当前首部拉长到 8 字节的倍数,所以它最初没有被使用。之所以设这个选项是为了以防万一,也许某天有人会想到一种新的目标选项,这样就能确保新的路由软件和主机软件可以对它进行处理。

（3）路由扩展首部，列出了在通向目的地的途中必须要经过的一台或者多台路由器。首先是下一个首部（next header）和扩展首部长度（header extension length）字段。之后是路由类型（routing type）字段，给出了该扩展首部剩余部分的格式。类型 0 表示在第一个字后面是一个保留的 32 位字，然后是一定数量的 IPv6 地址。根据需要还可以发明其他的类型。最后，剩余段数（segments left）字段记录了在地址列表中还有多少个地址尚未被访问到。每当一个地址被访问时，该字段的数值就减 1。当它被减到 0 的时候，该数据报就不再需要遵循既定的路由路径，通常到这个时候它离目标已经非常接近，所以最佳路径也较易确定。

（4）分段扩展首部（fragment header）涉及与分段有关的事项，其处理方法与 IPv4 的做法非常类似。该扩展首部保存了数据报的标识符、分段号，并指明了后面是否还有更多段的标志位。然而，与 IPv4 不同的是，在 IPv6 中，只有源主机才可以将一个数据报进行分段，而沿途的路由器可能不会进行分段。这一改变是对原始 IP 的重大突破，且符合 IPv4 的现行做法；而且它简化了路由器的工作，使得路由过程更快。正如上面所提到的，如果路由器面临一个太大的数据报，那么它可以丢弃该数据报并且向源主机发回一个 ICMP 包。这一信息允许源主机使用本扩展首部把数据报分割成小的片段，然后再试着重新发送。

（5）认证扩展首部（authentication header）提供了一种让数据报接收方确定发送方身份的机制。

（6）加密安全有效载荷扩展首部（encrypted security payload header）对数据报的内容进行加密，只有真正的接收方才可以读取数据报内容。

后面两个扩展首部使用密码学技术来完成它们的任务。

4. IPv4 向 IPv6 过渡

由于整个因特网上使用 IPv4 的路由器数量巨大，所以硬性要求所有路由器在某个日期必须改用 IPv6 不太现实。主流做法是，采用逐步演进的方法从 IPv4 向 IPv6 过渡，同时要求新安装的 IPv6 能够兼容 IPv4。

下面介绍两种过渡策略，即双协议栈技术和隧道技术。

1）IPv4/IPv6 双协议栈技术

双协议栈技术是 IPv4 向 IPv6 过渡的一种有效技术。网络中的节点同时支持 IPv4 和 IPv6 协议栈，源节点根据目的节点的不同选用不同的协议栈，而网络设备根据报文的协议类型选择不同的协议栈进行处理和转发。双栈可以在一个单一的设备实现，也可以是一个双栈骨干网。双协议栈技术是 IPv4 向 IPv6 过渡技术中应用最广泛的一种过渡技术，同时也是所有其他过渡技术的基础。

2）隧道技术

隧道（tunnel）是指将一种协议报文封装到另一种协议报文中，这样，一种协议就可以通过另一种协议的封装进行通信。IPv6 隧道是将 IPv6 报文封装在 IPv4 报文中。这样，IPv6 协议报文就可以穿越 IPv4 网络进行通信。对于采用隧道技术的设备来说，在起始端（隧道入口处），将 IPv6 的数据报文封装到 IPv4，IPv4 报文的源地址和目的地址分别是隧道入口和出口的 IPv4 地址。在隧道的出口处，再将 IPv6 的报文取出转发给目的站点。隧道技术只要求在隧道的入口和出口处进行修改，对其他部分没有要求，因此很容易实现，但是隧道技术不能实现 IPv4 主机和 IPv6 主机的直接通信。

5.4　ATM

5.4.1　ATM 的基本概念

在第 2.4 节介绍了通信系统的两种交换方式：电路交换和分组交换。这两种交换方式在实现宽带高速的交换任务时，都有一些缺点。对于电路交换，当数据的传输速率及其突发性变化非常大时，交换的控制就变得十分复杂；而对于分组交换，当数据传输速率很高时，协议数据单元在各层的处理成为很大的开销，无法满足实时性很强的业务的时延要求。为了融合电路交换实时性和服务质量很好的优点，以及分组交换较高灵活性的优点，产生了 ATM 技术。

异步传递方式(asynchronous transfer mode，ATM)是建立在电路交换和分组交换的基础上的一种面向连接的快速分组交换技术。它采用定长分组作为传输和交换的单位即为 ATM 信元。首先解释一下 ATM 名词中"异步"的含义。在高速数字通信系统中，网络各链路上的比特流都是受同一个非常精确的主时钟的控制，即比特流是同步的。这些比特流被划分为一个个固定长度的帧。当用户需要发送 ATM 信元，可以插入到一个帧中任意位置(只要有空即可)，而不是周期性地使用每一个帧中固定相对位置的时隙，即 ATM 信元是异步的。这样，当用户有很多信元要发送，只要数据帧有空位置，就可以接连不断地发送出去。

ATM 技术促进了宽带综合业务数字网 B-ISDN 的迅速发展。虽然在今天看来 B-ISDN 并没有成功，但 ATM 技术还是在因特网的发展中起到了重要的作用。

ATM 的主要优点如下：

(1) 选择固定长度的短信元作为信息传输的单位，有利于宽带高速交换。信元长度为 53 字节，其首部为 5 字节。长度固定的首部可使 ATM 交换机的功能尽量简化，只用硬件电路就可对信元进行处理，因而缩短了每一个信元的处理时间。在传输实时话音或视频业务时，短的信元有利于减小时延，也节约了节点交换机为存储信元所需的存储空间。

(2) 能支持不同速率的各种业务。ATM 允许终端有足够多比特时就去利用信道，从而取得灵活的带宽共享。来自各终端的数字流在链路控制器中形成完整的信元后，即按先到先服务的规则，经统计复用器，以统一的传输速率将信元插入一个空闲时隙内。链路控制器调节信息源进网的速率。不同类型的服务都可复用在一起。高速率信源就占有较多的时隙，交换设备需按网络最大速率来设置，它与用户设备的特性无关。

(3) 所有信息在底层是以面向连接的方式传送，保持了电路交换在保证实时性和服务质量方面的优点。但对用户来说，ATM 既可以工作于确定方式(即承载某种业务的信元基本上周期性地出现)，以支持实时型业务；也可以工作于统计方式(即信元不规则地出现)，以支持突发型业务。

(4) ATM 的传输媒质通常是光纤。由于光纤信道的误码率极低，且容量很大，因此在 ATM 网内不必在数据链路层进行差错控制和流量控制(放在高层处理)，因而明显地提高了信元在网络中的传送速率。

ATM 的一个缺点是信元首部的开销太大，即 5 字节的信元首部在整个 53 字节的信元中所占的比例相当大。

由于 ATM 具有上述的许多优点，因此在 ATM 技术出现后，不少人曾认为 ATM 必然成为宽带综合业务数字网 B-ISDN 的基础。但实际上,ATM 的发展不如当初预期的那样顺利。这是因为 ATM 的技术复杂且价格较高,同时 ATM 能够直接支持的应用不多。与此同时,无连接的因特网发展非常快,各种应用与因特网的衔接非常好,快速以太网、吉比特和 10 吉比特以太网推向市场后,进一步削弱了 ATM 在因特网高速主干网领域的竞争能力。

5.4.2　ATM 体系结构

下面介绍 ATM 的协议参考模型(如图 5-44 所示),该模型包括物理层、ATM 层和 ATM 适配层三层。

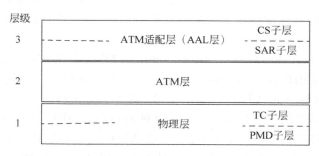

图 5-44　ATM 协议参考模型

1. 物理层

物理层又分为两个子层。下面的一层是物理媒体相关(physical medium dependent)子层,即 PMD 子层。上面一层是传输汇聚(transmission convergence)子层,即 TC 子层。

(1) PMD 子层负责在物理媒体上正确传输和接收比特流。它只完成和媒体相关的功能,如线路编码和解码、比特定时以及光电转换等。对不同的传输媒体 PMD 子层是不同的。铜线(UTP 或 STP)、同轴电缆、光纤(单模或多模)或无线信道等均可以用作 ATM 的传输介质,通常采用光纤传输来保证较高的传输速率。

(2) TC 子层实现信元流和比特流的转换,包括速率适配(空闲信元的插入)、信元定界与同步、传输帧的产生与恢复等。在发送时,TC 子层将上面的 ATM 层交下来的信元流转换成比特流,再交给下面的 PMD 子层。在接收时,TC 子层将 PMD 子层交上来的比特流转换成信元流,标记出每一个信元的开始和结束,并交给 ATM 层。TC 子层的存在使得 ATM 层实现了与下面的传输媒体完全无关。典型的 TC 子层就是 SONET/SDH(光同步数字传输网)。

2. ATM 层

每一个 ATM 连接都用信元首部中的两级标号来识别。第一级标号是虚通路标识符(virtual channel identifier,VCI),第二级标号是虚通道标识符(virtual path identifier,VPI)。一个虚通路 VC 是在两个或两个以上的端点之间的一个运送 ATM 信元的通信通路。一个虚通道 VP 包含有许多相同端点的虚通路,而这许多虚通路都使用同一个虚通道标识符 VPI。在一个给定的接口,复用在一条链路上的许多不同的虚通道,用它们的虚通道标识符 VPI 来识别。而复用在一个虚通道 VP 中的不同的虚通路,用它们的虚通路标识符 VCI 来识别。

在一个给定的接口上,属于两个不同的 VP 的两个 VC,可以具有相同的 VCI。不同的虚通道 VP 可以使用相同的虚通路标识符 VCx 或 VCy。因此,要同时使用 VPI 和 VCI 这两个参数才能完全识别一个虚通路 VC。注意,一个给定的 VCI 值没有端到端的意义。VP 在经过集中器或交换机时,其 VPI 也会改变。

ATM 层的功能如下:

(1) 信元的复用与分用。

(2) 信元的 VPI/VCI 转换(就是将一个入信元的 VPI/VCI 转换成新的数值)。

(3) 信元首部的产生与提取。

(4) 流量控制。

3. ATM 适配层

ATM 传送和交换的是 53 字节固定长度的信元。但是上层的应用程序向下层传递的并不是 53 字节长的信元。因此为了利用 ATM 网传输上层传下来的长度不一的数据报就需要有一个接口,它能够将数据装入一个个 ATM 信元,然后在 ATM 网络中传送。这个接口就是在 ATM 层上面的 ATM 适配层,记为 AAL(ATM adaptation layer)。

AAL 的作用就是增强 ATM 层所提供的服务,并向上面高层提供各种不同的服务。不同的信号源发出的信号(话音、视频、数据等)通过 AAL 层后都变成了固定长度的信元(53 字节长),然后再交给 ATM 层。

ITU-T 的 I.362 规定了 AAL 向上提供的服务如下:

(1) 将用户的应用数据单元 ADU 划分为信元或将信元重装为应用数据单元 ADU。

(2) 对比特差错进行检测和处理。

(3) 处理丢失和错误交付的信元。

(4) 流量控制和定时控制。

为了方便,AAL 层又划分为两个子层,即 CS 子层和 SAR 子层,CS 子层在上面。

(1) 汇聚子层(convergence sublayer,CS)使 ATM 系统可以对不同的应用(如文件传送、点播视频等)提供不同的服务。每个 AAL 用户通过相应的服务访问点应用程序的地址(SAP)接入到 AAL 层。在 CS 子层形成的协议数据单元叫作 CS-PDU。

(2) 拆装子层(segmentation and reassembly sublayer,SAR)在发送时,将 CS 子层传来的协议数据单元 CS-PDU 划分成为长度为 48 字节的单元,交给 ATM 层作为信元的有效载荷。在接收时,SAR 子层进行相反的操作,将 ATM 层交上来的 48 字节长的有效载荷装配成 CS-PDU。这样,SAR 子层就使得 ATM 层与上面的应用无关。

需要强调的是,AAL 层的功能只能驻留在 ATM 端点之中,而在 ATM 交换机中只有物理层和 ATM 层。

5.4.3　ATM 的信元结构

ATM 信元采用固定长度的分组,它由 5 个字节的首部和 48 字节的信息字段组成。信元首部包含着信元在 ATM 网络中传递所需的信息。图 5-45 所示为 ATM 信元的结构。

ATM 信元有两种不同首部,分别是用户到网络接口(user-to-network interface,UNI)和网络到网络接口(network-to-network interface,NNI)。在这两种接口上的 ATM 信元首部仅仅是前两个字段不同,后面的字段全都一样。

下面介绍 ATM 信元首部中各字段的作用。

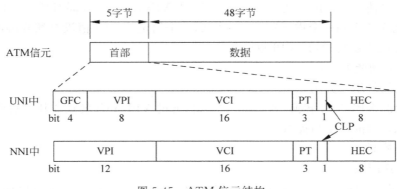

图 5-45 ATM 信元结构

(1) 通用流量控制(generic flow control,GFC),4bit 字段,通常置为 0。根据 ITU-T 标准,当利用共享信道接入时,GFC 用来进行流量控制,而在点到点传输信道上则不需要这一字段。GFC 字段完成的是类似局域网 MAC 子层的功能,与 ATM 层的处理无关。

(2) VPI/VCI,即路由字段,总共 24 bit。对于用户到网络接口 UNI,VPI/VCI 字段中的虚通道标识符 VPI 占 8bit,而虚通路标识符 VCI 占 16bit。因此理论上一个主机最多可建立 256 个虚通道,而每一个虚通道所包含的虚通路数最多可达 65 536。对于网络到网络接口 NNI,VPI/VCI 字段中的 VPI 和 VCI 各占 12bit。需要注意的是,许多 VPI/VCI 取值组合已经被定义了特定的功能,如 VPI=0,VCI=5,用来作为点到点连接和一点到多点连接的默认的信令。顺便指出,使用 VPI 和 VCI 信息的交换机称为 ATM 交换机,而仅使用 VPI 信息的就是 ATM 交连机(cross connect switch),它是一种特殊的 ATM 交换机。

(3) 有效载荷类型(payload type,PT),3 bit 字段,用来区分该信元是用户信息还是非用户信息。此字段又称为有效载荷类型指示 PTI(I 表示 Indicator)。第一个比特为 0 表示是用户数据信元,第二个比特表示有无遭受到拥塞(该比特由网络的 ATM 交换机填写),第三个比特用来区分服务数据单元 SDU 的类型。

(4) 信元丢失优先级(cell loss priority,CLP),1bit 字段,用来指示信元的丢失优先级。当网络负荷很重时,ATM 交换机首先丢弃 CLP=1 的信元以缓解网络可能出现的拥塞。除端系统可直接指定 CLP 值之外,网络还可能将违反通信量合约(contract)的信元的 CLP 从 0 改为 1,这个过程称为"打标记"(tagging)。

(5) 首部差错控制(header error control,HEC),8bit 字段。HEC 是首部的第 5 个字节。HEC 只对首部的前 4 个字节(但不包括有效载荷部分)进行循环冗余检验,并将检验的结果放在 HEC 字段中。HEC 可进行多个比特的检错和单个比特的纠错。值得注意的是,HEC 虽然位于 ATM 信元首部,却是由物理层产生和进行检验的。

在 ATM 的各字段中,GFC 字段涉及 MAC 子层(选项);VPI 和 VCI 字段、PT 字段以及 CLP 字段涉及 ATM 层;HEC 字段涉及物理层;有效载荷字段涉及 AAL 层。

5.4.4 ATM 的逻辑连接机制

在 ATM 中使用的虚通路是一种逻辑连接。虚通路是 ATM 网络中的一个基本交换单元。两个端用户要进行通信,首先必须建立虚通路连接,然后才能在这个端到端连接上以固定信元长度和可变速率进行全双工的通信。数据传送完毕后再释放连接。

1. 逻辑连接的建立和释放

下面以图 5-46 中简单 ATM 网络为例来说明逻辑连接建立和释放的大致过程,如图 5-47 所示。ATM 用于连接建立和连接释放的主要信令报文(signaling message)的意义如表 5-16 所示。需要指出的是,每一种报文可以用一个或多个信元来传送。报文的内容包括报文类型、长度以及一些参数(如 ATM 地址,在每一个方向所需的带宽和服务质量,以及对该连接所指派的 VPI/VCI 等)。

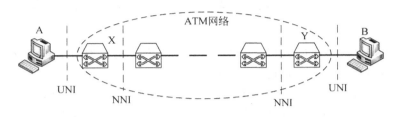

图 5-46 ATM 网络示意图

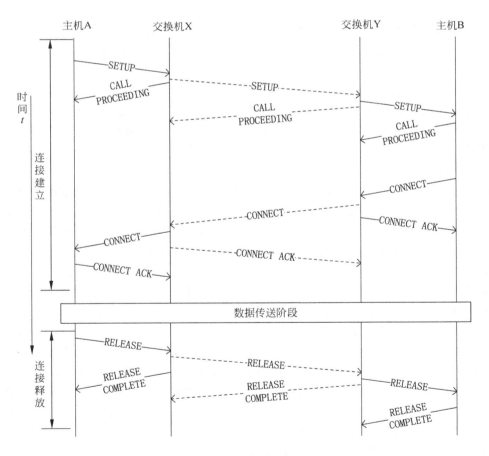

图 5-47 ATM 连接的建立和释放过程

表 5-16　ATM 主要信令报文的含义

报 文 类 型	主机端发送时的意义	网络端发送时的意义
SETUP	请求建立连接	有一个连接建立请求
CALL PROCEEDING	收到连接建立请求	正在处理建立连接的请求
CONNECT	接收连接建立请求	连接建立请求已被接受
CONNECT ACK	对 CONNECT 报文的确认	对 CONNECT 报文的确认
RELEASE	请求释放连接	一个端点发出了连接释放请求
RELEASE COMPLETE	对 RELEASE 的确认	对 RELEASE 的确认

这里需要解释几点：

（1）一个连接可能要通过 ATM 网络中的许多个交换机。为简单起见，在图 5-46 中表示报文传送过程的虚线代表逻辑连接中可能要经过很多个交换机。

（2）与端点 A 相连接的 ATM 交换机 X 使用 UNI 协议对信令报文进行处理，并完成呼叫准许控制（call admission control，CAC）功能。交换机 X 与 ATM 网络中的其他交换机则使用 NNI 协议进行协同工作，以确定网络是否能够提供可用带宽和其他资源来支持此连接。

（3）若 ATM 网络能够提供连接所需的资源，则从 A 到 B 的一条物理路由才能确定下来。这时，与端点 B 直接相连的交换机 Y 就向端点 B 发送 SETUP 报文，表示有一个"连接建立请求"到来。

（4）各 ATM 交换机或端点 B 在收到 SETUP 报文后所发送的 CALL PROCEEDING 报文不是必须的。该报文是在较大的 ATM 网络中防止主叫方因迟迟未能收到被叫方的应答而采取超时重发的措施。响应 CALL PROCEEDING 报文可使发送 SETUP 报文的节点耐心等待。被叫方若接受连接建立请求，则应响应 CONNECT 报文。

2. 虚通路标识符 VCI 和虚通道标识符 VPI 的转换

前面已经讲过，ATM 信元在 ATM 网络中传输时，一定是在某一个特定的虚连接上按序传送。因此，ATM 信元的首部一定要有这个虚连接的标识符 VPI/VCI，以便唯一地标识该信元属于哪一个虚通路。若 ATM 交换机收到一个信元但其标识符 VPI/VCI 与该交换机所知道的任何虚通道/虚通路标识符均无联系，则 ATM 交换机就丢弃此信元。

那么 ATM 信元是怎样得到其标识符 VPI/VCI 呢？

如图 5-48 所示，设端点 A 与端点 B 进行通信，它们之间建立了一条逻辑连接。端点 A 必须给新建立的连接指派一个标识符 VPI/VCI。显然，这个标识符 VPI/VCI 不能和端点 A 正在使用的其他标识符 VPI/VCI 重复。端点 B 可同时接收其他一些端点发来的信元，这些端点都是独立地选择自己的标识符 VPI/VCI 值。这样，端点 B 很可能收到来自不同端点的但具有相同 VPI/VCI 的信元，结果使端点 B 无法确定这些信元的源端点。

为了解决上述矛盾，最简单的方法就是使所有的 VPI/VCI 值只在每一段物理链路上具有唯一的值。当信元在 ATM 网络中传送时，每经过一段链路，其 VPI/VCI 值都可能改变。在图 5-48 所示的例子中，设从端点 A 经过 ATM 交换机 X、Y 和 Z，和端点 B 之间建立一条逻辑连接，图中用较粗的线表示信元通过的这条特定路径 A—X—Y—Z—B。

设端点 A 选择 VPI/VCI＝3/17（该记法表示 VPI＝3 而 VCI＝17）作为供信元从端点 A 到交换机 X 之间传送时使用的标识符，而信元从交换机 X 的端口 4 进入该交换机。假定

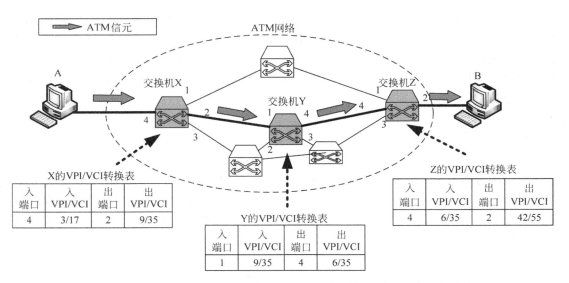

图 5-48　端点 A 通过 ATM 交换机 X、Y 和 Z 与端点 B 建立一条逻辑连接

交换机 X 再从其端口 2 向交换机 Y 转发此信元,并将 VPI/VCI 转换为交换机 X 未在使用的 VPI/VCI 号,如 9/35。交换机 Y 从自己的端口 1 收到此信元,再从端口 4 向交换机 Z 进行转发。假定 Y 是一个交连机,因此它只改变虚通道标识符 VPI 的数值而不改变虚通路标识符 VCI 的数值。因此通过交连机信元的 VPI/VCI 从 9/35 转换为 6/35。最后,交换机 Z 从其端口 4 收到信元,再从自己的另一个端口 2 向端点 B 进行转发,并将 VPI/VCI 从 6/35 转换为 42/55。这样,一个 ATM 信元从端点 A 经过交换机 X—Y—Z 最后到端点 B,其标识符 VPI/VCI 的数值所经历的变化是:3/17—9/35—6/35—42/55。

由此可见,在每一个交换机中都应当有一个 VPI/VCI 的转换表(这种转换表也称为信元的转发表),其中至少要有 4 个参数,即入端口号、入 VPI/VCUI 值、出端口号以及出 VPI/VCI 值。应当注意的是,在上述的 VPI/VCI 转换表中存放的是已经建立的虚连接的信元转发信息。但是在初次建立一个新的连接时,一个 ATM 交换机还需要先建立一个这样的 VPI/VCI 转换表来进行信元的转发。

上述这种 VPI/VCI 的指派和转换方法有两个好处。第一,能够解决 ATM 网络的可扩缩性(scalability)。由于给某一条链路指派一个 VPI/VCI 值并不需要网络的全局信息,因此每个交换机只要保证与它直接相连的链路具有唯一的 VPI/VCI 值即可。第二,使 VPI/VCI 值只具有局部意义可大大增加全网可供指派的 VPI/VCI 值的数目。否则当 ATM 网络的端点数增多时,每个端点所能分配到的 VPI/VCI 值的数目就会减少。

注意,端点 A 发出的信元的 VPI/VCI 值与端点 B 收到的信元的 VPI/VCI 值是不一样的。例如在上述例子中,端点 B 收到的信元的 VPI/VCI=42/55。但 B 并不知道,也不需要知道 A 发出的信元的 VPI/VCI=3/17。其实只要 B 收到 VPI/VCI=42/55 的信元就知道是从 A 经过这条连接传送过来的。只有网络中的交换机才清楚 VPI/VCI 的转换过程。

在一个较大的 ATM 网络中,通过 ATM 交换机的虚通路可能有几千条。在 VPI/VCI 转换表中每一条虚通路都要占据一行。当虚连接不断地建立和释放时,对交换机的内存和处理机来说都是相当大的负担。

ATM 在解决上述问题借鉴了公用电话网中采用的方法,采用了两级结构的标识符 VPI/VCI。假定有许多的 ATM 连接,它们的源点和终点在地理上都比较集中,那么这些连接就可以使用一个共同的虚通道标识符 VPI。这样,在 ATM 网络中的交换机就只需将 VPI 值进行转换,而不管每条连接的 VCI 值是多少。这样的 VPI 转换表要比 VPI/VCI 转换表简单得多。

5.5　IP over X

早期的分组数据传输技术分别从不同方面满足了运营商和客户的需求,因特网的迅速发展,也使得 IP 数据业务量急剧增加。为了将 IP 技术与分组传输技术相结合,同时保证 IP 业务的速率和安全性,产生了不同的组网方案,如图 5-49 中黑色箭头所示。这些方案可统称为 IP over X 组网方案。

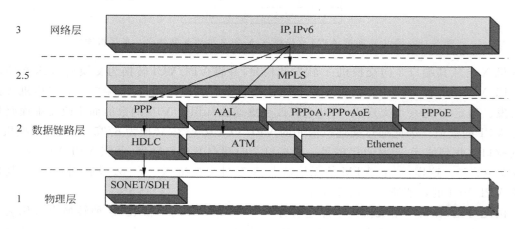

图 5-49　IP over X 组网方案

5.5.1　IP over ATM

ATM 是 B-ISDN 网络的最终解决方案。IP over ATM 工作方式如下:IP 数据报在经 ATM 交换机或 ATM 路由器交换中转时,首先经地址解析协议 ARP 解析 IP 数据报首部,确定下一跳的 ATM 地址。然后,通过信令交换,建立 ATM 连接,再将 AAL 层数据经 SAR(segmentation and reassembly)装入信元 Cell,并加入相应的业务服务等级和参数控制。最后,在已建立的连接基础之上实现数据的安全快速传递、转换。其实现过程如图 5-50 所示。

图 5-50　IP 封装入 ATM 的过程

IP over ATM 组网技术适用于多业务应用环境,能支持 QoS 要求较高的业务,并支持 VPN,但其最大问题是带宽利用率低,尤其是在信元不能完全填充时,利用率更低。另外,ATM 本身的技术复杂性也增加了组网的成本。

5.5.2　IP over SDH

1. SONET/SDH 简介

SONET/SDH 是定义有关光纤传输数字信号的帧结构、复用方式、传输速率等级、接口码型等特性的一系列标准。1985 年,美国国家标准协会(ANSI)通过了 Bellcore 提出的一系列有关 SONET(synchronous optical network,同步光纤网)的标准。1989 年,国际电报电话咨询委员会 CCITT 接受了 SONET 概念并制定了 SDH(synchronous digital hierarchy,同步数字系列)标准,使之成为不仅适于光纤也适于微波和卫星传输的通用技术体制。SONET 多用于北美和日本,SDH 多用于中国和欧洲。

SONET/SDH 通过标准化光接口实现了多家厂商的产品横向兼容,并利用丰富的开销比特提高了网络的操作、管理和维护能力,诸如故障检测、端到端性能监视等。另外,SDH 通过使用终端复用器(TM)、分插复用器(ADM)和数字交叉连接器(DXC)等网元,可非常方便灵活地组成线型、星形、环型等网络拓扑结构,保证网络的鲁棒性。

2. IP over SDH 简介

IP over SDH 的基本思想是把 IP 数据报先封装在 PPP(point-to-point protocol)协议帧中,再把 PPP 帧放入 SDH 的净荷中。即将 IP 数据报通过点到点(PPP)协议直接映射到 SDH 帧,避免使用复杂的 ATM 层,节约网络投资。

为了在 SONET/SDH 网络上传输 IP 分组,IP over SDH 通常采用 IP/PPP/HDLC 三层封装帧结构,如图 5-51 所示。具体做法是先把 IP 数据封装进 PPP 分组,然后再利用高层数据链路控制(high-level data link control,HDLC)协议封装,加上相应的标志位、地址位、控制字符及帧校验序列等,提供相应的帧差错控制功能,解决帧定界等问题。最后,将面向比特的 HDLC 按字节同步方式映射入 SDH 的 VC 中。

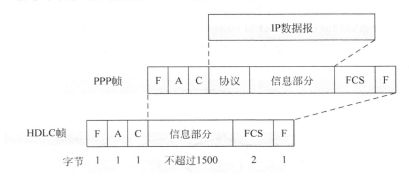

图 5-51　IP over SDH 的 IP/PPP/HDLC 三层封装帧结构

PPP 帧是由标志字段(flag)、地址字段(address)、控制字段(control)、协议字段(protocol)、信息部分和帧检验序列(FCS)组成。其中,标志字段包括开始的一个字节和结尾的一个字节,在一起组成 PPP 帧的定界符,表示一个帧的开始和结束。标志字段固定为 0x7E,若信息部分也出现了 0x7E 序列,则用 0x7d 0x5e 替代。地址字段固定为 0xFF。控制字段规定为 0x03。协议字段有两个字节,当协议字段为 0x0021 时,则表示信息部分是 IP 数据报。FCS 两个字节,是使用 CRC 的帧检验序列。HDLC 帧结构与 PPP 帧类似,由标志字段(flag)、地址字段(address)、控制字段(control)、信息部分和帧检验序列(FCS)组成。

经实践证明,IP over SDH 保留了因特网面向无连接的特征,简化了体系结构,提高了传输效率,降低了成本,但 IP over SDH 缺乏 QoS 支持能力,网络流量和拥塞控制能力较弱,且不支持 VPN。

5.5.3 IP over MPLS

多协议标记交换(multi-protocol label switching,MPLS)是在 IP over ATM 之后,经过模型重叠,模型集成演变过程,最终由 IETF 于 1997 年制定的标准,是 IP 网络的广泛应用与 ATM 组网技术成熟性相结合的产物。

MPLS 在 OSI 模型中位于 IP 层和数据链路层之间,属于 2.5 层技术,它根据网络层传递下来的 IP 数据报首部,将其归入相应的转发等价类(forwarding equivalence class,FEC),并加入相应的标记(label),凭此在第 2.5 层实现分组交换,从而实现快速有效的转发,其帧结构如图 5-52 所示。

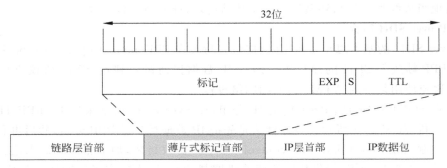

图 5-52 MPLS 帧结构

MPLS 实用价值在于它能够为 IP 这样面向无连接型网络提供面向连接的服务,其基本内核就是将 IP 业务加到面向连接的 ATM 或帧中继基础设施上,其网络结构如图 5-53 所示。

其中,AN 表示接入网;LER 表示标记边缘路由器;LSR 表示标记交换路由器;LDP 表示标记分发协议。

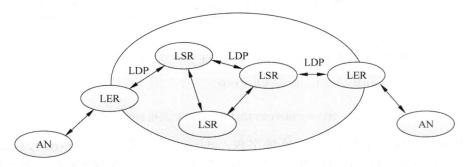

图 5-53 MPLS 网络结构

IP over MPLS 组网方案的核心设备是标记交换路由器(label switching router,LSR),LSR 依据标签索引,进行 IP 数据报的快速交换。

其中,LSR 的标签绑定工作既可采用捎带分发的方法来实现,也可通过(border gateway protocol,BGP)、(interior gateway protocol,IGP)、OSPF(开放最短路径优先)、

LDP 等协议实现标签分发。

由于 IP over MPLS 是在 IP over ATM 基础上提出的,ATM 交换机和 ATM 路由器只要通过简单的设备升级,即可实现 IP over MPLS 的功能。

5.6　移动通信协议

移动通信系统依据用途可分为专用移动通信系统和公用移动通信系统。本节主要介绍广泛应用的公用移动通信系统中的常见协议标准,即蜂窝移动通信协议。

第一代和第二代蜂窝移动通信系统主要提供语音服务,但是随着数字化进程的推进,固定网络的数据流量早已超过语音流量,电话、音视频播放、网页浏览等功能也被要求在移动无线终端上实现,因此从第三代系统开始,其设计目标不仅限于高质量的语音,还包括消息传输(包括电子邮件、传真、短信等)、多媒体传输(音乐、视频)以及因特网接入。为了实现这些功能,第三代、第四代系统的协议栈更丰富也更加复杂。下面首先以 WCDMA 系统为例,介绍第三代移动通信系统空中接口的协议栈。接着,再以 LTE/LTE-Advanced 系统为例,介绍第四代移动通信系统空中接口的协议栈。

5.6.1　3G 空中接口协议栈

以 WCDMA 系统为例来介绍 3G 空中接口的协议栈。WCDMA 系统无线接入网空中接口的设计原则是层间和平面间在逻辑上相互独立,其通用协议模型如图 5-54 所示。

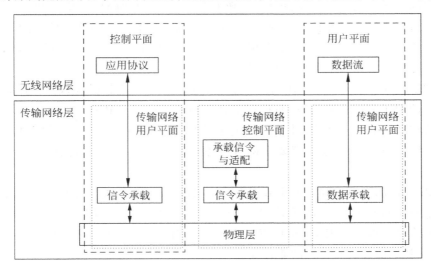

图 5-54　WCDMA 中 UTRAN 接口通用协议模型

从水平层面来看,协议结构主要包括两层:无线网络层和传输网络层。无线网络层主要处理与 UTRAN 相关的问题,传输网络层则只与 UTRAN 采用的标准化的传输技术有关,与 UTRAN 本身的功能无关。

从垂直层面来看,协议结构包括控制平面、用户平面、传输网络控制平面和传输网络用户平面。其中,控制平面包括无线网络层的应用协议以及用于传输应用协议消息的信令承载；用户平面包括数据流和用于传输数据流的数据承载；传输网络控制平面在控制平面和用户平面之间，只在传输网络层，不包含任何无线网络层信息；传输网络用户平面提供用户平面的数据承载和应用协议的数据承载。

下面介绍 WCDMA 具体的协议结构，如图 5-55 所示。它分为控制平面和用户平面。控制平面有物理层、媒体接入控制（MAC）层、无线链路控制（RLC）层和无线资源控制（RRC）层等子层组成。用户平面，在 RLC 层之上分为分组数据汇聚协议（PDCP）层和广播/组播控制协议（BMC）层。

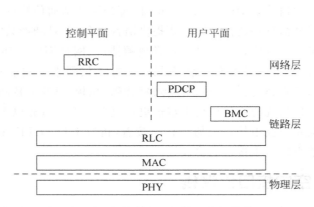

图 5-55　WCDMA 空中接口协议结构

物理层的功能包括 RF 处理、扩频、扰码和调制、编码和解码、功率控制和软切换执行等。物理信道位于物理层并且通过 RF 接口进行传输，一个特定的物理信道的定义包括频率、扰码、信道化码，在上行链路中还有相位。一些物理信道只用来纠正物理层的操作，其他物理信道用来传送去往或来自高层的信息。

如果高层要通过 RF 接口转送信息，就要通过媒体接入控制层 MAC 将信息传送到物理层，MAC 映射了逻辑传输信道，而物理层将传输信道映射到物理信道上。在 MAC 之上是无线链路控制层 RLC，RLC 提供的业务包括 RLC 连接的建立和释放、错误检测、通过确认来保证无错传输（如果上层协议要求确认服务）、按序传送、唯一传送、服务质量（QoS）管理等。

在 RLC 上面的一个协议是分组数据汇聚协议（PDCP）。PDCP 的主要目标是不管用户数据的类型和结构如何，需保证低层（RLC、MAC 和物理层）是可以公用的。例如，来自 UE 的分组数据传输可以使用 IPv4，也可以使用 IPv6。对于这些数据，RLC 和底层不会区别对待，并要求对新的协议具有良好的兼容性。

最后广播/组播控制（BMC）可处理穿越小区的用户消息广播。换句话说，BMC 支持小区广播功能，这类似于 GSM 中的小区广播功能。这使小区中的用户可以接收到广播信息，如交通警告和天气预报。

在空中接口协议中最重要的部分是无线电资源控制（RRC），RRC 可以认为是空中接口的全面管理者，决定哪些资源应该分配给某特定用户。从协议栈可以看出，所有来自或发往用户的控制信令都要通过 RRC。这样，来自用户或网络的请求信息才能正确分析，无线资源才能合理地分配，而且，在 RRC 和每一个其他层之间存在一个控制接口。由 RRC 执行或控制的部分功能包括系统信息广播、在 UE 和网络之间的最初信令连接建立、对 UE 的无线电承载的分配、测量报告、移动管理、服务质量控制等。WCDMA 的空中接口规范在 3GPP 中有详细的描述,这里不再赘述。

5.6.2 4G 空中接口协议栈

LTE/LTE-Advanced 为了减少网络处理节点从而减少相关处理时延,LTE 采用了更加扁平化的网络架构,其空中接口的协议架构如图 5-56 所示,分为 3 层 2 面。3 层是物理层、链路层和网络层,2 面是控制平面和用户平面。其中,用户平面支持物理层协议(PHY)和链路层各子层协议 MAC(媒体接入控制)、RLC(无线链路控制)、PDCP(分组数据汇聚);控制平面支持的协议除了物理层和链路层协议外,还有网络层协议 RRC(无线资源控制)和NAS(非接入控制)。

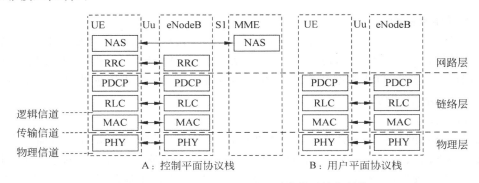

图 5-56 LTE/LTE-Advanced 空中接口协议结构

用户平面协议仅仅应用于 UE 和 eNB 之间,控制平面协议也只有 NAS 应用于 UE 和MME 之间(eNB 只起传递作用,不参与处理),因此从网络侧看 PHY、MAC、RLC、PDCP 和RRC 等协议都终止于 eNB,仅有 NAS 终止于 MME。

(1) PHY 协议:PHY 位于空中接口的底层,主要功能是为数据端设备提供传送数据的通道,目标是保证通过物理层的数据按位传送的正确性。PHY 对下通过物理信道为 UE 提供空中比特流传输服务,对上通过传输信道为数据链路层 MAC 子层提供信息传输服务。其中,物理信道描述了物理层为空中接口 Uu 终止的无线终端设备 UE 所传输的数据特征;传输信道描述了物理层为 MAC 子层及高层所传输的数据特征。

(2) MAC 协议:MAC 位于数据链路层协议栈中三个子层中的最下层,是为上层提供数据传输和无线资源分配服务的。MAC 子层实现的功能主要有 eNodeB 和 UE 中的 MAC 实体共有功能、eNodeB 中 MAC 实体特有的功能、UE 中 MAC 实体特有的功能。

(3) RLC 协议:RLC 子层为来自上层的用户数据和控制数据提供传输服务,其功能由RLC 实体实现。RLC 实体配置有透明模式、非确认模式和确认模式三种方式。

(4) PDCP 协议:PDCP 子层的作用是将网络层的传输技术与 E-UTRAN 的空中接口处理技术分开,从而使其上的各协议层无须考虑与空中接口相关的问题。PDCP 子层向上层提供用户平面和控制平面的数据传输功能。总之,链路层协议是在物理层提供服务的基础上向更高网络层提供服务。

(5) RRC 协议:RRC 子层位于网络层,可灵活分配和动态调整系统的可用资源,最大限度地提高无线频谱利用率,防止网络阻塞以及保持尽可能小的信令负荷,同时又为网络内部无线用户终端提供业务的服务质量(QoS)保证。其功能包括:系统信息广播和寻呼,RRC连接建立、维护和释放,安全功能密钥管理,资源块(resource block,RB)控制和管理,移动性管理,多媒体广播多播业务(multimedia broadcast multicast service,MBMS)服务承诺管理,QoS管理,UE测量报告和控制,NAS直传消息传输等。

(6) NAS协议:处理UE和MME之间信息的传输,传输的内容可以是用户信息或控制信息。其功能包括会话管理、用户管理、安全管理等。

5.7　其他协议

5.7.1　无线传感网络体系结构

1. 5层体系结构

前面已经介绍了7层OSI体系结构,相应地,无线传感网络也具有自己的层次结构模型。无线传感网络层次体系结构分为5层,包括物理层、数据链路层、网络层、传输层和应用层。前四层的设计和OSI模型基本相同,但是在传输层以上,无线传感网只有一个应用层。下面详细介绍各层的功能。

1) 物理层

无线传感器网络的传输介质可以是无线电波、红外、光波或者声波等。后面三者,由于自身通信条件的限制,仅适用于特定的无线传感网络应用环境。无线电波易于产生,且传播距离远,穿透力较强,能满足无线传感器网络在位置环境中自主通信的需求,因而是无线传感网络的主流传输介质。无线传感网推荐使用免许可证频段。

无线传感网络物理层设计目标是以尽可能少的能量获得较大的链路容量。物理层设计中面临的主要挑战包括如下两方面:

(1) 成本。低成本是无线传感器网络节点的基本要求。只有低成本,才能将节点大量布置到目标区域中,实现无线传感网络的功能。物理层的设计则直接影响到整个网络的硬件成本。节点最大限度的集成化设计、减少分立元件是降低成本的重要手段。

(2) 功耗。由于环境中信号传播特性,物理层的能耗是设计的另一关键问题。传感器网络的典型信道属于近地面信道,其传播损耗因子较大,并且天线高度距离地面越近,其损耗因子就越大,这是传感器网络物理层设计的不利因素。然而无线传感器网络的某些内在特征也有利于设计的方面。例如,高密度部署的无线传感器网络具有分集特性,可以用来克服阴影效应和路径损耗。

2) 数据链路层

数据链路层负责数据流的多路复用、数据帧检测、媒体接入和差错控制,数据链路层保证了传感器网络内点到点和点到多点的连接。数据链路层的两个主要任务是完成媒体访问控制和差错控制。

(1) 媒体访问控制。媒体访问控制主要完成如下两项任务:①媒体访问控制协议需要完成网络结构的建立,因为成千上万个传感器节点高密度地分布于待测地域,需要媒体访问控制层为数据传输提供有效的通信链路,并为无线通信的多跳传输和网络的自组织特性提供网络组织结构;②媒体访问控制协议需要为传感器节点有效、合理地分配资源。

（2）差错控制。数据链路层的另一个重要功能是传输数据的差错控制。由于自动重传请求（ARQ）的附加能耗和开销较少，无线传感器网络中多使用 ARQ 进行差错控制。

3）网络层

传感器网络节点高密度地分布于待测环境中，在传感器网络节点和接收器节点之间需要特殊的多跳无线路由协议。无线传感器网络为了增加路由可达度，同时考虑到传感器网络的节点并非很稳定，在传感器节点大多使用广播式通信，路由算法也基于广播方式进行优化。

此外，与传统的 Ad hoc 网络路由技术相比，无线传感器网络的路由算法在设计时需要特别考虑能耗的问题。常用的基于节能考虑的路由算法有：①最大有效功率（PA）路由算法，即选择总有效功率最大的路由，总有效功率可以通过累加路由上的有效功率得到；②最小能量路由算法，该算法选择从传感器节点到接收器传输数据消耗最小能量的路由；③基于最小跳数路由算法，在传感器节点和接收机之间选择最小跳数的节点；④基于最大/最小有效功率节点路由算法，即算法选择所有路由中最小有效功率最大的路由。

传感器网络的网络层的设计特色还体现在以数据为中心，在传感器网络中人们只关心区域内某个观测指标的值，而不会去关心具体是由哪个节点观测得到的。这种以数据为中心的特点要求传感器网络能够脱离传统网络的寻址过程，快速有效地组织起各个节点的信息并融合提取出有用信息直接传送给用户。

4）传输层

无线传感器网络的计算资源和存储资源都十分有限，互联网的传输控制协议（TCP）并不适应无线传感器网络环境。随着无线传感器网络的应用范围的增加，无线传感器网络上也出现了较大的数据流量，并且出现了包括音/视频数据在内的多种数据类型。因此，需要研究面向无线传感器网络的传输层协议，在多种类型数据传输任务的前提下保障各种数据的端到端的传输质量。

5）应用层

无线传感网络的应用层包括一系列基于监测任务的应用层软件。传感器管理协议，任务分配和数据广播管理协议，以及传感器查询和数据传播管理协议是传感器网络应用层需要解决的三个潜在问题。

总而言之，对无线传感器网络来说，其网络协议结构不同于传统的计算机互联网和通信网络。相对已有的有线网络协议栈和自组织网络协议栈，需要更为精巧和灵活的结构，用于支持节点的低功耗、高密度，提高网络的自组织能力、自动配置能力、可扩展能力和保证传感器数据的实时性。

2. IEEE 802.15.4

IEEE 802.15.4 由 IEEE 工作组制定，它具有数据率低、实现成本小、功耗低等诸多特点。下面将从 IEEE 802.15.4 的特点、拓扑结构和协议栈等方面来详细介绍。

1）IEEE 802.15.4 协议特点

IEEE 802.15.4 又称为 LR WPAN（low-rate wireless personal area networks），基本上不需要基础设施的支持，是一种能耗低、结构简单且容易实现的无线网络。IEEE 802.15.4 的物理层和 MAC 层需满足如下要求：

（1）在不同的载波频率下实现 20kb/s、40kb/s、100kb/s 以及 250kb/s 四种不同的传输速率。

（2）支持星状和点对点两种网络拓扑结构。

（3）在网络中使用两种地址格式，即16位和64位地址，16位地址由协调器分配，64位地址被用于全球唯一的扩展地址。

（4）采用可选的时隙保障（GTS）机制。

（5）采用冲突避免的载波多路侦听技术（CSMA/CA）。

（6）支持ACK反馈机制，确保数据的可靠传输。

2）IEEE 802.15.4 拓扑结构

IEEE 802.15.4 网络依据设备所具有的通信能力和硬件条件，可分为全功能设备（full-function device，FFD）和精简功能设备（reduced-function device，RFD）。FFD常直接接通电源，而RFD则使用电池。FFD可以与其他所有FFD和RFD设备进行通信，而RFD只能和与之相关联的FFD通信。在整个网络中，通常还需要选择一个FFD设备充当网络协调器（PAN coordinator）。网络协调器除了直接参与应用之外，还需要完成成员身份管理、链路状态信息管理以及分组转发等任务。

IEEE 802.15.4 的拓扑结构根据应用场景的不同可以分为两种，即星状网络和点对点网络，如图5-57所示。

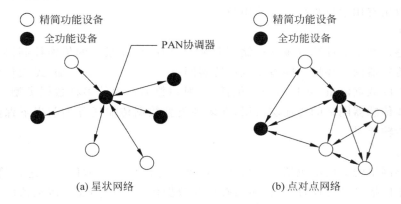

图5-57　IEEE 802.15.4 网络拓扑结构

在星状网络中，整个网络的数据传输都要经过网络协调器来进行控制，各个终端设备只能与网络协调器进行数据的交换。网络协调器首先负责为整个网络选择一个可用的通信信道和唯一的标识符，然后允许其他设备通过扫描、关联等一系列操作加入到自己的网络中，并为这些设备转发数据。星状网络一般适用于智能家居、个人健康护理等应用。

在点对点网络中，只要通信设备在对方的无线辐射范围内就可以与之通信。点对点网络中也存在网络协调器，主要负责管理链路状态、身份认证等，不再作为中心节点转发数据。根据点对点网络的特点，可以分为分簇网络、Mesh网络等。点对点网络是一种自组织和自修复的网络，一般应用于工业检测、货物库存等方面。

3）IEEE 协议栈

IEEE 802.15.4 网络协议栈是根据开放网络互联模型（OSI）来制定的，定义了物理层和MAC层的协议。物理层由射频收发器和底层控制模块组成，为通信提供无线物理信道。MAC层为高层提供了访问物理信道的服务接口，协议栈结构如图5-58所示。

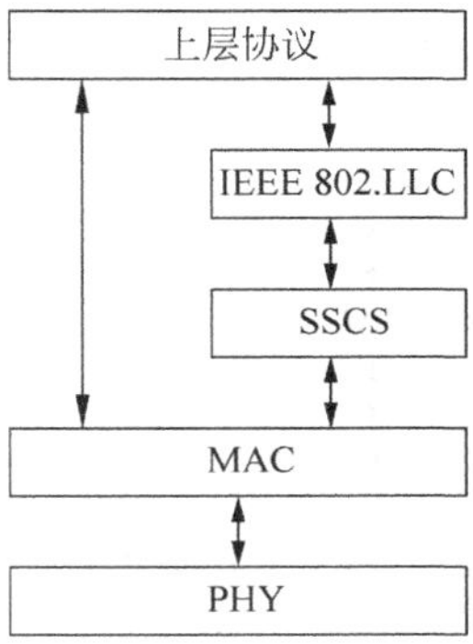

图 5-58　IEEE 802.15.4 协议栈

（1）物理层规范。IEEE 802.15.4 的物理层与 OSI 模型类似，主要负责信号的发送与接收，提供无线物理信道和 MAC 子层之间的接口等。它为链路层提供的服务包括物理连接的建立、维持与释放，物理服务数据单元的传输，物理层管理和数据编码。

（2）MAC 层规范。无线传感器网络同无线局域网一样，存在信道的竞争使用问题。为了解决该问题，IEEE 802.15.4 标准将无线传感器网络的数据链路分为两个子层，即逻辑链路控制子层（LLC）和介质访问控制子层（MAC）。MAC 子层主要负责解决共享信道问题，具体实现包括如下措施：

① 采用 CSMA/CA 机制来解决信道冲撞问题；

② 网络协调器产生并发送信标帧，用于协调整个网络；

③ 支持 PAN 网络的关联和取消关联操作；

④ 支持时隙保障（CTS）机制；

⑤ 支持不同设备的 MAC 层间可靠传输。

IEEE 802.15.4 标准根据网络配置的不同提供了两种信道访问机制：在无信标使能的网络中采用无时隙的 CSMA/CA 机制，在信标使能的网络中采用带时隙的 CSMA/CA 机制。CSMA/CA 在前面已经详细介绍，此处不再赘述。

3. ZigBee 标准

ZigBee 技术是一种面向自动化和无线控制的价格低廉、能耗小的无线网络协议。ZigBee 协议中定义了三种设备：ZigBee 协调器、ZigBee 路由器和 ZigBee 终端设备。每个网络都必须包括一台 ZigBee 协调器，负责建立并启动一个网络，包括选择合适的射频信道、唯一的网络标识符等操作。ZigBee 路由器作为远程设备之间的中继器来进行通信，能够拓展网络的范围，负责搜寻网络路径，并在任意两个设备之间建立端到端的传输。ZigBee 终端设备作为网络中的终端节点，负责数据的采集。

ZigBee 协议在 IEEE 802.15.4 协议基础上扩展了网络层和应用层，其协议如图 5-59 所示。下面详细介绍网络层和应用层的协议规范。

1）网络层规范

从功能上讲，网络层必须为 MAC 子层提供支持，并为应用层提供合适的服务接口。为了实现与应用层的接口，网络层从逻辑上被分为两个具有不同功能的服务实体：数据实体和管理实体。数据实体接口主要负责向上层提供所需的常规数据服务，管理实体接口主要

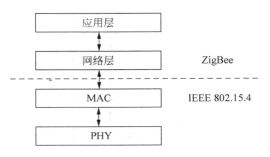

图 5-59　ZigBee 协议栈

负责向上层提供访问接口参数、配置和管理数据的机制,包括配置新的设备、建立新的网络、加入和离开网络、地址分配、邻居发现、路由发现、接收控制等功能。

(1) 网络建立。ZigBee 网络的建立是由某个未加入网络的协调器节点发起,协调器利用 MAC 子层提供的扫描功能,设定合适的信道和网络地址后,发送信标帧,以吸引其他节点加入到网络中。

(2) 设备的加入。处于激活状态的设备可以直接加入网络,也可以通过关联操作加入到网络中。网络层参考链路质量值(LQI)和网络深度两个指标来进行父设备的选择。LQI 值表征通信质量。网络深度表示该设备最少经过多少跳到达协调器。设备优先选择 LQI 值高、网络深度小的设备作为其父设备。确定好父设备后,设备向其父设备发送加入请求,通过父节点的同意后加入该网络。若父节点不接收该设备,则该设备重新选择一个父设备节点进行连接,直到最终加入网络。

(3) 设备段地址分配。设备加入到网络之后,网络就会为其分配网络地址,网络地址的分配主要依据三个参数:最多子设备数、最大网络深度和最大路由器个数。

(4) 设备的离开。设备节点的离开有两种不同的情况:第一种是子设备向父设备请求离开网络,第二种是父设备要求子设备离开网络。当一个设备接收到高层的离开网络的请求时,它首先请求其所有的子设备离开网络,所有子设备移出完毕后,最后通过取消关联操作向其父设备申请离开网络。

(5) 邻居列表的维护。邻居列表中包含传输范围内所有节点的信息,邻居列表的维护工作主要包括几个方面:

① 节点接入网络时,从收到的信标帧中获取周围节点的信息,并添加到邻居列表中;

② Router 和 Coordinator 将其子节点添加到邻居列表中;

③ 当检测到节点离开其一跳范围时,并不是将节点的信息从邻居列表中移除,而是把 Relationship 项设置为 0x03,表示和该节点没有关系。

2) 应用层规范

ZigBee 的应用层由三个部分组成:应用支持子层(APS)、应用层框架和 ZigBee 应用对象(ZDO)。

ZigBee 中的应用支持子层为网络层和应用层通过 ZigBee 设备对象与制造商定义的应用对象使用的一组服务提供了接口,该接口通过数据服务和管理服务两个实体提供。数据服务实体通过与之连接的服务接入点(即 APSDE. SAP)提供数据服务。管理服务实体通过与之连接的服务接入点(即 APSME. SAP)提供管理服务,并且维护一个管理实体数据库,即应用支持子层信息库(NIB)。

ZigBee 中的应用框架可为驻扎在 ZigBee 设备中的应用对象提供活动的环境。最多可以定义 240 个相对独立的应用程序对象,对象的端点编号为 1～240。还有两个附加的终端节点为 APSDE.SAP 的使用。端点号 0 的终端节点固定用于 ZDO 数据接口。端点号 255 的终端节点固定用于所有应用对象广播数据的数据接口功能。端点号 241～254 保留,用于扩展使用。

ZigBee 设备对象描述了一个基本的功能函数,这个功能在应用对象、设备(profile)和 APS 之间提供了一个接口。ZDO 位于应用框架和应用支持子层之间,可满足所有在 ZigBee 协议栈中应用操作的一般需要。ZDO 还有以下作用:

(1) 初始化应用支持子层、网络层(NWK)、安全服务规范(SSS)。

(2) 从终端应用中集合配置信息来确定和执行发现、安全管理、网络管理以及绑定管理。ZDO 描述了应用框架层应用对象的公用接口,以及控制设备和应用对象的网络功能。在端点号为 0 的终端节点,ZDO 提供了与协议栈中低一层相接的接口,如果是数据,就通过 APSDE.SAP;如果是控制信息,则通过 APSME.SAP。在 ZigBee 协议栈的应用框架中,ZDO 公用接口提供设备、发现、绑定以及安全等功能的地址管理。

4. 蓝牙技术

蓝牙(bluetooth)是一种支持设备短距离通信(一般在 10m 内)的无线电技术,能在包括移动电话、无线耳机、笔记本电脑、相关外设等之间进行无线信息交换。利用蓝牙技术,能够有效地简化移动通信终端设备之间的通信,也能够成功地简化设备与互联网之间的通信,从而让数据传输变得更加迅速高效,为无线通信拓宽道路。蓝牙采用分散式网络结构以及快跳频和短包技术,支持点对点及点对多点通信,工作在全球通用的 2.4GHz 频段,即 ISM(工业、科学、医学)频段。

1) 蓝牙协议栈

(1) 基带协议。基带和链路控制层确保网内各蓝牙设备之间的射频构成物理连接。蓝牙的射频系统是一个跳频系统,其任一分组在指定时隙、指定频率上发送,它使用查询和寻呼进程来使不同设备间的发送频率和时钟保持同步。基带数据分组提供面向连接(SCO)和无连接(ACL)两种物理连接方式,而且在同一射频上可以实现多路数据传送。ACL 适用于数据分组,SCO 适用于语音及数据/语音的组合。所有语音与数据分组都附有不同级别的前向纠错或循环冗余校验,还可进行加密。此外,不同数据类型(包括连接管理信息和控制信息)都被分配一个特殊通道。

(2) 链路管理协议。链路管理协议(LMP)负责蓝牙各设备间连接的建立和设置,它通过连接的发起、交换、核实来进行身份验证和加密,通过协商确定基带数据分组的大小,它还控制无线设备的节能模式和工作周期,以及网内设备的连接状态。

(3) 逻辑链路控制和适配协议。逻辑链路控制和适配协议(L2CAP)是基带的上层协议,可以认为它与 LMP 是并行工作的。它们的区别在于当业务数据不经过 LMP 时,L2CAP 为上层提供服务。L2CAP 向上层提供面向连接的和无连接的数据服务时,采用了多路复用技术、分段和重组技术及组概念。虽然基带协议提供了 SCO 和 ACL 两种连接类型,但 L2CAP 只支持 ACL。

(4) 服务搜索协议。服务搜索协议(SDP)在蓝牙技术框架中起到至关重要的作用,它是所有用户模式的基础。使用 SDP 可以查询到设备和服务类型,从而在蓝牙设备间建立相应的连接。

2) 蓝牙的优势

(1) 全球可用。蓝牙技术在 2.4 GHz 波段运行,该波段是一种无须申请许可证的工业、科学、医学(ISM)无线电波段。正因如此,使用蓝牙技术不需要支付任何费用。蓝牙无线技术可在全球范围内免费使用。许多行业的制造商都积极地在其产品中实现此技术,以减少使用零乱的电线,实现无缝连接、流传输立体声、传输数据或进行语音通信。

(2) 设备范围广。蓝牙技术得到了空前广泛的应用,集成该技术的产品从手机、汽车到医疗设备,使用该技术的用户从消费者、工业市场到企业等,不一而足。低功耗、小体积以及低成本的芯片解决方案使得蓝牙技术甚至可以应用于极微小的设备中。

(3) 易于使用。蓝牙技术是一项即时技术,它不要求固定的基础设施,且易于安装和设置。不需要电缆即可实现连接,外出时可以随身带上个人局域网(PAN),甚至可以与其他网络连接。

(4) 抗干扰能力强。由于蓝牙系统采用 GFSK 调制,同时应用快跳频和短包技术,因此抗信号衰落性能较好,还可以减少同频干扰,保证传输的可靠性。

(5) 可以同时传输语音和数据。蓝牙采用分组交换和电路交换相结合的技术,可以支持异步数据信道、三路语音信道以及异步数据与同步语音数据同时传输的信道。

5.7.2　物联网的体系结构

尽管物联网是一个形式多样、涉及社会和生活各个领域的复杂系统,但其仍是构建在互联网基础上的系统,因而其体系结构与计算机互联网系统的体系结构具有相似性。

借鉴计算机互联网体系结构模型的研究方法,将物联网系统组成部分按照功能分解成若干层次,由下(内)层部件为上(外)层部件提供服务,上(外)层部件可以对下(内)层部件进行控制。若从功能角度构建物联网体系结构,可划分为感知层、网络层和应用层三个层级。依照工程科学的观点,为使物联网系统的设计、实施与运行管理做到层次分明、功能清晰、有条不紊地实现,可将感知层细分成感知控制、数据融合两个子层,网络层细分成接入、汇聚和核心交换三个子层,应用层细分成智能处理、应用接口两个子层。考虑到物联网的一些共性功能需求,还应有贯穿各层的网络管理、服务质量和信息安全三个方面。常用的物联网体系结构模型如图 5-60 所示。

1. 感知层

在物联网体系结构模型中,感知层位于底层,是实现物联网的基础,是联系物理世界与虚拟世界的纽带。感知层的主要功能是信息感知、采集与控制。物联网采集的信息主要有:①传感信息,如温度、湿度、压力、气体浓度、生命体征等;②物件属性信息,如物件名称、型号、特性、价格等;③工作状态信息,如仪器仪表、设备的工作参数等;④地理位置信息,如物件所在的地理位置等。感知层可分为感知控制和数据融合两个子层。

1) 感知控制层

作为物联网的神经末梢,感知控制层的主要任务是全面感知与自动控制,即实现对物理世界各种参数(如环境温度、湿度、压力、气体浓度等)的采集与处理,并按照需要进行行为自动控制。感知控制层的设备主要分为两大类:①自动感知设备,这类设备能够自动感知

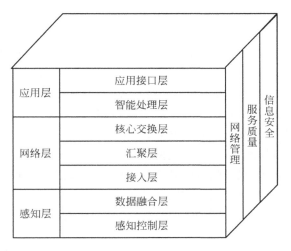

图 5-60 物联网体系结构模型

外部物理物件与物理环境信息,主要包括二维码标签和识读器、RFID 标签和读写器、传感器、GPS 以及智能家用电器、智能测控设备、智能机器人等;②人工生成信息的智能设备,包括智能手机、个人数字助理(PDA)、计算机视频摄像头/摄像机等。作为一个具有智能处理能力的感知节点或者说智能物件,必须具备感知能力、控制能力和执行能力,同时具备适应周边环境的运动能力。

2)数据融合层

在许多应用场合,由单个传感器获得的信息通常是不完整、不连续或不精确的,需要其他信息源的数据协同。数据融合层的任务就是将不同感知节点、不同模式、不同媒质、不同时间、不同表示的数据进行关联和融合,以获得对被感知对象的更精确的描述。融合处理的对象不止局限于接收到的初级数据,还包括对多源数据进行不同层次抽象处理后的信息。

总体来说,感知层的功能具有泛在化的特点,能够全面采集数据信息,使物联网建立在全面感知基础之上。

2. 网络层

网络层位于物联网体系结构的中间,为应用层提供数据传输服务,因此也可称为传输层。这是从应用系统体系结构的视角提出的,即将一个大型网络应用系统分为网络应用与传输两个部分,凡是提供数据传输服务的部分都作为"传输网"或"承载网"。按照这个设计思想,互联网(包括广域网、城域网、局域网与个人区域网)、无线通信网、移动通信网、电话交换网、广播电视网等都属于传输网范畴,并呈现出互联网、电信网与广播电视网融合发展的趋势。最终,将主要由融合化网络通信基础设施承担起物联网数据传输任务,因此也可将其称之为物联网数据通信网。

网络层的主要功能是利用各种通信网络,实现感知数据和控制信息的双向传递。物联网需要大规模的信息交互及无线传输,可以借助现有通信网设施,根据物联网特性加以优化和改造,承载各种信息的传输。也可开发利用一些新的网络技术,例如利用软件定义网络(SDN)承载物联网数据通信。因此,网络层的核心组成是传输网,由传输网承担感知层与应用层之间的数据通信任务。鉴于物联网的网络规模、传输技术的差异性,将网络层分为接入、汇聚和核心交换三个子层。

1）接入层

接入层是指直接面向用户连接或访问物联网的组成部分。接入层的主要任务是把感知层获取的数据信息通过各种网络技术进行汇总,将大范围内的信息整合到一起,以供传输与交换。接入层的重点是强调接入方式,一般由基站节点或汇聚节点(sink)和接入网关(access gateway)等组成,完成末梢各节点的组网控制,或完成向末梢节点下发控制信息的转发等功能。也就是在末梢节点完成组网后,如果末梢节点需要上传数据,则将数据发送给基站节点,基站节点收到数据后,通过接入网关完成和承载网的连接。当应用层需要下传数据时,接入网关收到承载网的数据后,由基站节点将数据发送给末梢节点,从而完成末梢节点与承载网之间的信息转发和交互。物联网网关作为接入子层的主要设备,起着现场网络管理的功能,并负责现场网络与各种网络层设备的信息转发。

2）汇聚层

汇聚层是位于接入层和核心交换层之间的部分。该层是区域性网络的信息汇聚点,为接入层提供数据汇聚、传输、管理和分发。汇聚层应能够处理来自接入层设备的所有通信量,并提供到核心交换层的上行链路。同时,汇聚层也可以提供接入层虚拟网之间的互联,控制和限制接入层对核心交换层的访问,保证核心交换层的安全。

汇聚层的具体功能是:①汇集接入层的用户流量,进行数据分组传输的汇聚、转发与交换;②根据接入层的用户流量进行本地路由、包过滤和排序、流量均衡与整形、地址转换以及安全控制等;③根据处理结果把用户流量转发到核心交换层,或者在本地重新路由;④在 VLAN 之间进行路由并支持其他工作组功能;⑤定义组播域和广播域等。

汇聚层的设备一般采用可管理的三层交换机或堆叠式交换机以达到带宽和传输性能的要求。其设备性能较好,但价格高于接入层设备,而且对环境的要求也较高,对电磁辐射、温度、湿度和空气洁净度等都有一定的要求。汇聚层设备之间以及汇聚层设备与核心交换层设备之间多采用光纤互连,以提高系统的传输性能和吞吐量。

一般来说,用户访问控制设置在接入层,也可以安排在汇聚层。在汇聚层实现安全控制、身份认证时,采用集中式管理模式。当网络规模较大时,可以设计综合安全管理策略,例如在接入层实现身份认证和 MAC 地址绑定,在汇聚层实现流量控制和访问权限约束。

3）核心交换层

核心交换层主要为物联网提供高速、安全、具有服务质量保障力的通信环境。一般将网络主干部分划归为核心交换层,主要目的是通过高速转发交换,提供优化、可靠的骨干传输网络结构。

传感器网络与移动通信技术、互联网技术相融合,完成物联网层与层之间的数据通信,实现更加广泛的互联功能,能够把感知到的信息无障碍、高可靠性、高安全性地进行传送。

3. 应用层

物联网应用层利用经过分析处理的感知数据,为用户提供不同类型的特定服务,主要功能是解决数据处理和人机交互问题。网络层传送过来的数据在这一层进入各类信息系统进行处理,并通过各种设备实现人机交互。应用层按功能可划分为智能处理、应用接口两子层。

1）智能处理层

以数据为中心的物联网的核心功能是对感知数据的智能处理,它包括对感知数据的存储、查询、分析、挖掘、理解，以及基于感知数据的决策和行为控制。物联网的价值主要体现在对于海量数据的智能处理与智能决策水平上。智能处理利用云计算(cloud computing)、数据挖掘(data mining)、中间件(middle ware)等实现感知数据的语义理解、推理、决策。智能处理层对下层网络层的网络资源进行认知，进而达到自适应传输的目的。对上层的应用接口层提供统一的接口与虚拟化支撑。虚拟化包括计算虚拟化和存储资源虚拟化等。智能决策支持系统是由模型库、数据仓库、联机分析处理、数据挖掘及交互接口集成在一起的。

2) 应用接口层

物联网应用涉及面广，涵盖业务需求多，其运营模式、应用系统、技术标准、信息需求、产品形态均不相同，需要统一规划和设计应用系统的业务体系结构，才能满足物联网全面实时感知、多业务目标、异构技术融合的需要。应用接口层的主要任务就是将智能处理层提供的数据信息，按照业务应用需求，采用软件工程方法，完成服务发现和服务呈现，包括对采集数据的汇聚、转换、分析，以及用户层呈现的适配和事件触发等。

应用接口层是物联网与用户(包括组织机构、应用系统、人及物件)的能力调用接口，包括物联网运营管理平台、行业应用接口、系统集成、专家系统等，用于支撑跨行业、跨应用、跨系统之间的信息协同、共享、互通。除此之外，应用接口层还可以包括各类用户设备(如PC、手机)、客户端、浏览器等，以实现物联网的智能应用。

应用层是物联网应用的体现。物联网的应用领域主要为绿色农业、工业监控、公共交通、公共安全、城市管理、远程医疗、智能家居、智能交通和环境监测等行业。物联网在这些应用领域均已有成功的尝试，并在某些行业已经积累了很好的应用案例。物联网应用系统的特点是多样化、规模化和行业化，为了保证应用接口层有条不紊地交换数据，需要制定一系列的信息交互协议。应用接口层的协议一般由语法、语义与时序组成。语法规定智能处理过程的数据与控制信息的结构及格式；语义规定需要发出什么样的控制信息，以及完成的动作与响应；时序规定事件实现的顺序。对不同的物联网应用系统制定不同的应用接口层协议。例如，智能电网的应用接口层的协议与智能交通应用接口层的协议不可能相同。通过应用接口层协议最终实现物联网的智能服务。

4. 支持物联网共性需求的功能面

物联网体系结构还应包括贯穿各层的网络管理、服务质量(QoS)、信息安全等共性需求的功能面，为用户提供各种具体的应用支持。

1) 网络管理

网络管理是指通过某种方式对网络进行管理，使网络能正常高效地运行。国际标准化组织(ISO)为网络管理定义了五个功能：配置管理、性能管理、日志管理、故障管理和安全管理。它认为，开放系统互连管理是指控制、协调、监视OSI环境下的一些资源，这些资源保证OSI环境下的通信。

2) 服务质量

物联网传输的信息既包含海量感知信息，又包括反馈的控制信息；既包括对安全性、可靠性要求较低的多媒体信息，也包括对安全性、可靠性与实时性要求很高的控制指令。网络资源总是有限的，只要存在网络资源的竞争使用，就会有QoS要求。QoS是相对网络业务而言的，在保证某类业务服务质量的同时，可能是在损害其他业务的服务质量。例如，在网络总带宽固定的情况下，若某类业务占用带宽较多，其他业务能使用的带宽就会减少。因此,需要根据业务的特点对网络资源进行合理规划、分配,以使网络资源得到高效利用。可以说,物联网对数据传输的 QoS 要求比互联网更复杂,需要贯穿于物联网体系结构的各个层级,通过协同工作的方式予以保障。

　　3）信息安全

　　物联网场景中的实体均具有一定的感知、计算和执行能力,这些感知设备将会对网络基础设施、社会和个人信息构成安全威胁。就无线传感网而言,其感知节点大多部署在无人监控的环境,具有能力脆弱、资源受限等特点。由于物联网是在现有网络基础上扩展了无线传感网和应用平台,互联网的安全措施已不足以提供可靠的安全保障,因此物联网的安全问题更具特殊性。物联网信息安全包括物理安全、信息采集安全、信息传输安全和信息处理安全,目标是确保信息的机密性、完整性、真实性和网络的容错性。因此,信息安全需要贯穿在物联网体系结构的各个层级。

5.8　小结

　　本章首先介绍了 OSI 参考模型,之后详细介绍了 TCP/IP、ATM、IP over X 协议、移动通信协议和无线传感网协议等网络协议。TCP/IP 包含网络接口层、网络层、传输层、应用层,具体包括 IP、ARP、RARP、ICMP、各类路由选择协议、UDP、TCP、RSVP 以及 IPv6 等,成为事实上的市场和工业标准。ATM 协议包含物理层、ATM 层和 ATM 适配层等三层,通过建立虚通路完成端到端连接并进行全双工的通信。随着因特网的迅速发展,IP 得到广泛应用,又相继出现了 IP over SDH、IP over ATM 和 IP over MPLS 等多种协议。

5.9　习题

　　1. 简述网络协议分层的优势,并思考可能存在的缺点。

　　2. 简述 OSI 参考模型每一层的功能。

　　3. 简述 ATM 体系结构每一层的功能。

　　4. 简述 ATM 信元结构,并分析采用固定长度的小信元有什么缺点。

　　5. 简述 TCP/IP 体系结构每一层的功能和包含的主要协议。

　　6. 为什么需要网络互联?在进行网络互联时都需要考虑哪些问题?

　　7. 对于 IP 地址的分类编址方式,请分别计算 A、B、C 类网络可容纳的主机数。

　　8. 因特网上某网络的子网掩码为 255.255.240.0,请问:它最多可容纳多少主机?

　　9. 简述 ARP 的作用,并说明为什么 ARP 查询用广播方式而应答用单播方式。

　　10. 试简述 RIP、OSPF 和 BGP 的主要特点。

　　11. 试分析 RIP 用 UDP、OSPF 用 IP 以及 BGP 用 TCP 的原因。

　　12. 请简述 RIP 坏消息传播慢的原因。

　　13. 一个路由器收到 IP 地址如下的分组:57.6.96.0/21、57.6.104.0/21、57.6.112.0/21 和 57.6.120.0/21。如果这些地址都适用同一条出境线路,请问:它们是否可以被聚合?如果不可以,为什么?如果可以,则被聚合到什么地址上?

　　14. TCP/IP 的网络层向上提供的服务有哪两种?试比较其优缺点。

15. 为什么 TCP 首部需要长度字段而 UDP 则不需要该字段?

16. 请对比分析 ATM 和 TCP 建立连接的过程有何不同,并说明为什么。

17. 图 5-38 中,在什么情况下会发生从状态 LISTEN 到状态 SYN-SENT,以及从状态 SYN-SENT 到状态 SYN-RCVD 的变迁?

18. 在 TCP 的连接释放过程中,主机 B 能否先不发送 ack=u+1 的确认?

19. 请简述从 IPv4 到 IPv6 常见的过渡方法。

20. IPv4 首部有协议字段,而 IPv6 却没有,为什么?

21. 请分别叙述 IP over ATM、IP over SDH 和 MPLS 的原理。

22. 请简述 IEEE 802.15.4、ZigBee 协议、蓝牙协议的体系结构并比较三者的异同。

第6章
CHAPTER 6

信息网络规律特征

6.1 引言

信息网络的发展具有其重要的规律,对其规律的研究将有助于信息网络的良性发展。在网络空间的快速发展下,逐步形成了基于信息网络的思维模式,这些思维模式有利于信息网络生态的充分利用。同时,信息网络生态的信息传播发生了很大的变化,如社交网络已影响人们的日常生活。

本章的主要内容包括复杂网络的特征量及其主要特征、信息网络的主要规律、信息网络思维模式、信息网络的部分模型等。

6.2 复杂网络的特征量

从数据抽象角度讲,所谓"网络"(networks),实际上就是节点(node)和连边(edge)的集合。如果节点对(i,j)与(j,i)对应为同一条边,那么该网络为无向网络(undirected networks),否则为有向网络(directed networks)。如果给每条边都赋予相应的权值,那么该网络就为加权网络(weighted networks),否则为无权网络(unweighted networks),如图 6-1 所示。

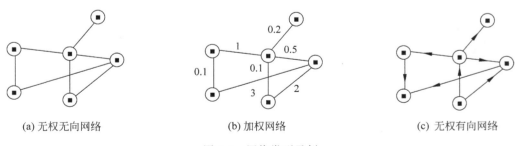

(a) 无权无向网络   (b) 加权网络   (c) 无权有向网络

图 6-1   网络类型示例

如果节点按照确定的规则连边,所得到的网络就称为"规则网络"(regular networks),如图 6-2 所示。如果节点按照完全随机的方式连边,所得到的网络就称为"随机网络"(random networks)。如果节点按照某种(自)组织原则的方式连边,将演化成各种不同的网络,称为"复杂网络"(complex networks)。

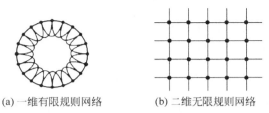

(a) 一维有限规则网络   (b) 二维无限规则网络

图 6-2 规则网络示例

描述复杂网络的基本特征量主要有平均路径长度(average path length)、簇系数(clustering efficient)、度分布(degree distribution)、介数(betweenness)等。下面介绍它们的定义。

1. 平均路径长度

定义网络中任何两个节点 i 和 j 之间的距离 l_{ij} 为从其中一个节点出发到达另一个节点所要经过的连边的最少数目。定义网络的直径(diameter)为网络中任意两个节点之间距离的最大值,即

$$D = \max_{i,j}\{l_{i,j}\} \tag{6.1}$$

定义网络的平均路径长度 L 为网络中所有节点对之间距离的平均值,即

$$L = \frac{2}{N(N-1)} \sum_{i=1}^{N-1} \sum_{j=i+1}^{N} l_{ij} \tag{6.2}$$

式中,N 为网络节点数,不考虑节点自身的距离。

网络的平均路径长度 L 又称为特征路径长度(characteristic path length)。

网络的平均路径长度 L 和直径 D 主要用来衡量网络的传输效率。

2. 簇系数

假设网络中的一个节点 i 有 k_i 条边将它与其他节点相连,这 k_i 个节点称为节点 i 的邻居节点,在这 k_i 个邻居节点之间最多可能有 $k_i(k_i-1)/2$ 条边。节点 i 的 k_i 个邻居节点之间实际存在的边数 N_i 和最多可能有的边数 $k_i(k_i-1)/2$ 之比就定义为节点 i 的簇系数或聚类系数,记为 C_i,即

$$C_i = \frac{2N_i}{k_i(k_i-1)} \tag{6.3}$$

整个网络的聚类系数定义为网络中所有节点 i 的聚类系数 C_i 的平均值,记为 C,即

$$C = \frac{1}{N} \sum_{i=1}^{N} C_i \tag{6.4}$$

显然,有 $0 \leqslant C \leqslant 1$。当 $C=0$ 时,说明网络中所有节点均为孤立节点,即没有任何连边。当 $C=1$ 时,说明网络中任意两个节点都直接相连,即网络是全局耦合网络。

3. 度分布

网络中某个节点 i 的度 k_i 定义为与该节点相连接的其他节点的数目,也就是该节点的邻居数。通常情况下,网络中不同节点的度并不相同,所有节点 i 的度 k_i 的平均值称为网络的(节点)平均度,记为 $<k>$,即

$$<k> = \frac{1}{N}\sum_{i=1}^{N} k_i \tag{6.5}$$

网络中节点的分布情况一般用度分布函数 $P(k)$ 来描述。度分布函数 $P(k)$ 表示在网络中任意选取一节点,该节点的度恰好为 k 的概率,即

$$P(k) = \frac{1}{N}\sum_{i=1}^{N} \delta(k-k_i) \tag{6.6}$$

通常,一个节点的度越大,意味着这个节点属于网络中的关键节点,在某种意义上也越"重要"。

4. 介数

节点 i 的介数定义为网络中所有的最短路径中,经过节点 i 的数量,用 B_i 表示,即

$$B_i = \sum_{m,n} \frac{g_{min}}{g_{mn}} \quad (m,n \neq i, m \neq n) \tag{6.7}$$

式中,g_{mn} 为节点 m 与节点 n 之间的最短路径数;g_{min} 为节点 m 与节点 n 之间经过节点 i 的最短路径数。

节点的介数反映了该节点在网络中的影响力。

6.3 复杂网络基本特征

6.3.1 度分布的幂律特性

复杂网络中节点的度是指该节点与其他节点的关联总数,是从个体的角度衡量一个节点与网络中其他节点的关联程度,而度分布表示的是网络中度为 k 的节点在网络规模中所占的比重,是从宏观上研究个体间关联的差异程度的一个指标。节点的度可以直观地反映出节点的一些信息,例如在社会网络中,若一个节点的度远大于网络中其他节点的度,则说明该节点在网络中的个人影响力较大。若用 $P(k)$ 表示度分布函数,对于规模为 N 的网络,它的度分布可以通过以下公式计算:

$$P(k) = \frac{1}{N}\sum_{i=1}^{N} \delta k - k_i \tag{6.8}$$

幂律分布特性是一种广泛存在于自然界与人类社会的性质,该特性表现为在对同一类事件进行统计时,一小部分事件的出现概率很大,而其余大部分事件的出现概率却很小。例如,中国的百家姓就是幂律分布的一个很好的例子,极个别的姓氏分布极广,而其他大部分的姓氏仅是在某一个或某几个特定的小区域内分布着。各个领域的学者已经发现的典型的符合幂律分布特性的现象包括地震规模大小的分布、月坑直径的分布、战争规模的分布和生物物种数量的分布等,其形式多种多样。若网络中节点的度分布函数 $P(k)$ 满足式(6.9)的度分布则该节点服从幂律分布。式(6.9)被称为幂律指数,服从幂律分布的度分布曲线,在双对数坐标系下,其分布形式会变为一条直线或近似直线的形式,而幂律指数 y 即为这条双对数坐标系下直线的斜率,如图 6-3 所示。

$$P(k) \sim k^y \tag{6.9}$$

在度分布服从幂律分布的网络中,网络的拓扑结构是与幂律指数 y 相关的,而与网络的规模大小无关,对应于不同的幂律指数 y,网络就会呈现出不同的拓扑结构。在学术界把

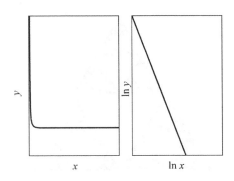

图 6-3 直角坐标系和对数坐标系下的幂函数曲线

度分布服从幂律分布的网络称为无标度网络,也有学者称为自由标度网络或无尺度网络等。

6.3.2 聚集特性

随着对网络拓扑研究的深入,学者们发现一个有趣的现象:具有相同幂律分布的网络却有着不同的拓扑结构,这一现象使得学者们意识到仅考虑网络中节点的度分布是不能全面有效地描述网络拓扑结构的。考虑到复杂网络通常具有集群结构这一特征,学者们将聚集特性加入网络拓扑建模中。聚集特性是反映网络节点关联性的一个主要特性,通常用聚类系数来刻画节点邻居之间的亲疏程度,公式如式(6.3)所示。

通过对复杂网络的实证研究,学者们发现真实网络通常都会呈现出较高的聚集特性,网络中节点的平均聚类系数值较大。

6.3.3 小世界特性

一个无权无向图中,两个节点之间的最短路径是这两个节点实现最快连通的路径。设节点 d_{ij} 表示节点 i 和节点 j 间最短路径的长度,当这两个节点之间无法连通时,d_{ij} 的值是无穷大。一个图的平均最短距离为

$$d = \frac{2}{n(n+1)} \sum_{i \neq j} d_{ij} \qquad (6.10)$$

若复杂网络的平均最短距离随着网络规模的增大而呈对数增长,且网络在局部结构上仍具有较明显的聚集特性,则认为该复杂网络能够体现出小世界现象。具有小世界特性的复杂网络通常具有特殊的动力学特性。社会网络是一类具有小世界特性的典型复杂网络。在社会网络中,信息及个人行为往往可以迅速传播。Milgram 通过一个有关信件传递的实验证明了在社会网络中的确存在着小世界现象。

6.3.4 自相似性

如图 6-4 所示的 Sierpinski 三角形,看上去有一个非常明显的特征,那就是该图形的部分和整体具有很明显相似的地方,这就是自相似性。自相似性就是局部与整体相似,局部中又有相似的局部,每一小局部中包含的细节并不比整体所包含的少,不断重复的无穷嵌套,形成了奇妙的分形图案,它不但包括严格的几何相似性,而且包括通过大量的统计而呈现出的自相似性。

图 6-4　Sierpinski 三角形

　　虽然小世界网络、无尺度网络比较准确地把握了现实世界中网络最基本的特性,但它们仍然存在一定的局限性。在现实世界中一些网络常常并不具有幂律特征,如指数中止、小变量饱和等。为了在微观层面更深入研究复杂网络的拓扑结构和演化规律,研究人员做了大量新的尝试和努力,使网络的演化与建模已经有了长足的进展,演化因素包括各种类型的择优连接、局域世界、适应度、竞争等。尽管众多的网络演化模型已经被用来分析和研究可能潜藏的演化规律,但这些研究仍然忽视了一些重要因素。例如计算机网络节点之间的连接,如果是按照择优连接,则新的节点会全部连接到同一个节点上,但现实网络并非如此,而是形成不同的集散节点。这个例子说明了网络节点之间的连接有可能是基于一些相似的性质,节点与节点之间有某种共性才相连。也就是说,一般的信息网络存在着自相似性。

　　为了证明复杂网络的自相似性,人们提出了相应的研究方法。和自相似性密切相关的一个概念是分数维,计算自相似分形的一种常用方法是盒计数法(box-counting method)。为了揭示复杂网络的自相似性,有人将分形几何中的盒子计数法引入到复杂网络研究中,指出对于许多复杂网络也存在类似于分数维的自相似指数,从而也具有某种内在的自相似性,进一步通过采用重整化过程(基于盒子的重整化过程),即把所有的节点都分配到盒子中之后,再把盒子用单个节点来表示,这些节点称为重整化节点。如果在两个未重整化盒子之间至少存在一条边,那么两个重整化节点之间就有一条边相连。这样就得到了一个新的重整化网络。图 6-5 显示了一盒包含 8 个节点的网络在不同 L_B 情形下的重整化。这种重整化网络可以一直进行下去,直到整个网络被归约为单个节点。该方法进一步揭示出复杂网络的自相似性和无标度的度分布在网络的所有粗粒化阶段都成立。

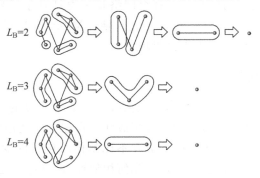

图 6-5　基于盒计数法的复杂网络重整化过程

6.3.5　网络拓扑特性

1. 幂律分布特性

网络拓扑结构中存在的幂律分布特性是 1999 年由 Faloutsos 三兄弟发现的。在网络拓扑结构中存在的幂律分布特性未被揭示之前网络一直被认为是一种随机网络,且网络节点度分布符合二项分布,即在满足 Np(其中,N 是节点个数,p 是连接概率)趋于定值的情形下,近似服从泊松分布。由于泊松分布下高度数节点存在的可能性呈指数级衰减,因此,可基本忽略高度数节点,而将网络拓扑近似看作一种均匀结构,即绝大多数节点的度数都分布在节点平均度附近;而网络中幂律分布特性的发现证明了网络的节点度分布应满足幂律分布,即节点度间实际上相差悬殊,在双对数图中应表现为一条斜率为负的直线,这一线性关系是判断给定的实例中随机变量是否满足幂律分布的依据。另外,由于幂函数具有标度不变性,因此,也把节点度服从幂律分布的网络称为无标度网络(scale-free network)。

Faloutsos 兄弟发现的幂律分布特性包括 3 条幂律及 1 条近似幂律。

幂律 1(秩指数 R):节点出度与该节点等级的 R 次幂成正比。

$$d_v \propto r_v^R \tag{6.11}$$

式中,d_v 表示节点 v 的出度,r_v 表示节点 v 在网路拓扑中按度降序排列的等级。

幂律 2(度指数 D):度大于 d 的节点在网络拓扑中所占百分比与节点出度 d 的 D 次幂成正比。

$$f_d \propto d^D \tag{6.12}$$

幂律 3(特征值 ε):特征值 λ_i 与其次序 i 的 ε 次幂成正比。

$$\lambda_i \propto i^\varepsilon \tag{6.13}$$

式中,λ_i 为网络对应连接矩阵特性值,i 为将特征值按降序排列时的序列号。

另外,幂律 2 还指出一条近似幂律(hop-plot 指数 H):h 跳内节点对(pairs of nodes)的数量与 h 的 H 次幂成比例。

幂律分布特性对于信息网络拓扑结构生成以及网络性能改进影响很大。例如,该特性可反映出网络拓扑结构与用户需求之间的明显联系,因此可以考虑能否在降低用户需求幂律指数,即分布式部署高度数节点的情况下,改善网络传输性能等。另外,网络拓扑结构的幂律分布特性对网络的动力学性质等也有深刻影响。以病毒传播为例,基于规则网络及随机网络的研究曾认为,病毒只有当传染强度大于某阈值时才能在网络中长期存活;而基于幂律分布特性的研究则表明,网络不存在类似的阈值,要想在无标度网络上彻底消灭病毒,即使是已知病毒也不太可能。

2. 富人俱乐部特性和异配性

信息网络中有少量的节点存在着大量的边,这些节点称为"富节点",它们倾向于彼此之间的相互连接,构成"富人俱乐部"。可以用富人俱乐部连通性 $\Phi(r/N)$ 来刻画这种现象,它表示的是网络中前 r 个度最大的节点之间,实际存在的边数 L 与这 r 个节点之间总的可能存在变数 $r(r-1)/2$ 的比值,即

$$\Phi(r/N) = \frac{2L}{r(r-1)} \tag{6.14}$$

如果 $\Phi(r/N)=1$,那么由前 r 个富人节点组成的富人俱乐部为一个完全连通的子图。

虽然信息网络中存在富人俱乐部特性,对于度数高的节点而言,其邻居节点的度分布情况却和它存在不同情况:一个节点的度越高,其邻居的平均度越低,称为异配性,之所以存在这个现象,是因为网络中一般存在极少量的高连接度的节点,而大多数节点的度比较低。

3. 社团特性

信息网络的结构具有明显的社团结构特性。也就是说,信息网络一般由若干个"群"或"团"组成。信息网络中的节点因各自不同的特性而被划分为不同的社团,从而使信息网络呈现块状分布,如图 6-6 所示。例如,WWW 可以看成是由大量的网站社团组成,每个社团内部多讨论的都是一些大家有共同兴趣的话题。类似地,在生物网络或者电路网络中,同样可以将各个节点根据其不同的性质划分为不同的社团。

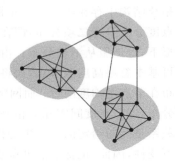

图 6-6 社团结构示意图

4. 鲁棒且脆弱性

鲁棒且脆弱特性是大规模因特网网络的基本特性之一,也是体现随机图网络和无标度网络之间存在显著差异的重要拓扑特性。与早期随机图网络不同,无标度网络中幂律分布特性的存在极大地提高了高度数节点存在的可能。因此,无标度网络同时显现出针对随机故障的鲁棒性和针对蓄意攻击的脆弱性。

鲁棒且脆弱性对网络容错和抗攻击能力有很大影响。研究表明,无标度网络具有很强的容错性,但是对基于节点度值的选择性攻击而言,其抗攻击能力相当差,高度数节点的存在极大地削弱了网络的鲁棒性,一个恶意攻击者只需选择攻击网络中数量很少的一部分高度数节点,就能使网络迅速瘫痪。另外,已有研究指出,网络路由器级拓扑表现出与自治域级拓扑所不同的鲁棒且脆弱性,并且其生成机理不能同样用无标度模型来加以刻画。

6.4 信息网络主要规律

6.4.1 基础定律

1. 梅特卡夫定律

梅特卡夫定律是 3Com 公司的创始人、计算机网络先驱罗伯特·梅特卡夫提出的。梅特卡夫(Metcalfe)法则是指网络价值以用户数量的平方的速度增长。网络外部性是梅特卡夫法则的本质,网络的外部性效果(Network Externally),是指使用者越多对原来的使用者而言,其效果不是人越多分享越少,而是其效用会越大。

梅特卡夫定律具体内容:如果一个网络中有 n 个人,那么网络对于每个人的价值与网络中其他人的数量成正比,这样网络对于所有人的总价值与 $n \times (n-1)$ 成正比。如果一个网络对网络中每个人价值是 1 元,那么规模为 10 倍的网络的总价值等于 100 元;规模为 100 倍的网络的总价值就等于 10 000 元。网络规模增长 10 倍,其价值就增长 100 倍。梅特卡夫法则揭示了互联网的价值随着用户数量的增长而呈算术级数增长或二次方程式的增长的规则。

20 世纪 90 年代以后,互联网络不仅呈现了这种超乎寻常的指数增长趋势,而且爆炸性地向经济和社会各个领域进行广泛的渗透和扩张。计算机网络的数目越多,它对经济和社会的影响就越大。换句话说就是,计算机网络的价值等于其节点数目的平方。

　　梅特卡夫定律决定了新科技推广的速度。新技术只有在有许多人使用它时才会变得有价值。使用网络的人越多,这些产品才变得越有价值,因而越能吸引更多的人来使用,最终提高整个网络的总价值。一部电话没有任何价值,几部电话的价值也非常有限,成千上万部电话组成的通信网络才把通信技术的价值极大化了。当一项技术已建立必要的用户规模,它的价值将会呈爆炸性增长。一项技术多快才能达到必要的用户规模,这取决于用户进入网络的代价,代价越低,达到必要用户规模的速度也越快。有趣的是,一旦形成必要用户规模,新技术开发者在理论上可以提高对用户的价格,因为这项技术的应用价值比以前增加了。进而衍生为某项商业产品的价值随使用人数而增加的定律。

2. 摩尔定律

　　摩尔定律是由英特尔(Intel)创始人之一戈登·摩尔(Gordon Moore)提出来的。其内容为:当价格不变时,集成电路上可容纳的晶体管数目,约每隔 18 个月便会增加一倍,性能也将提升一倍。换言之,每一美元所能买到的计算机性能,将每隔 18 个月翻一倍以上。这一定律揭示了信息技术进步的速度。

　　在摩尔定律应用过程中,计算机从神秘不可近的庞然大物变成多数人都不可或缺的工具,信息技术由实验室进入无数个普通家庭,因特网将全世界联系起来,多媒体视听设备丰富着每个人的生活。半导体芯片的集成化摩尔预测趋势,推动了整个信息技术产业的发展,进而给千家万户的生活带来变化。

3. 达维多定律

　　达维多定律是由曾任职于英特尔公司高级行销主管和副总裁威廉·H.达维多(William H Davidow)提出并以其名字命名的。达维多(Davidow,1992 年)认为,任何企业在本产业中必须不断更新自己的产品,一家企业如果要在市场上占据主导地位,就必须第一个开发出新一代产品。

　　如果被动地以第二或者第三家企业将新产品推进市场,那么获得的利益远不如第一家企业作为冒险者获得的利益,因为市场的第一代产品能够自动获得 50% 的市场份额。尽管可能当时的产品还不尽完善。例如,英特尔公司的微处理器并不总是性能最好、速度最快的,但是英特尔公司始终是新一代产品的开发者和倡导者。

4. 长尾理论

　　"长尾"实际上是统计学中幂律(Power Laws)和帕累托分布(Pareto distributions)特征的一个口语化表达,如图 6-7 所示。长尾(The Long Tail)这一概念是由《连线》杂志主编克里斯·安德森(Chris Anderson)在 2004 年 10 月的"长尾"一文中最早提出,用来描述诸如亚马逊和 Netflix 之类网站的商业和经济模式。

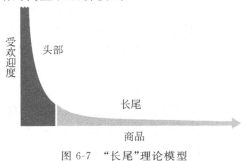

图 6-7 "长尾"理论模型

简单地说,长尾理论是指,只要产品的存储和流通的渠道足够大,需求不旺或销量不佳的产品所共同占据的市场份额可以和那些少数热销产品所占据的市场份额相匹敌其至更大,即众多小市场汇聚成可产生与主流相匹敌的市场能量。也就是说,企业的销售量不在于传统需求曲线上那个代表"畅销商品"的头部,而是那条代表"冷门商品"经常为人遗忘的长尾。举例来说,一家大型书店通常可摆放 10 万本书,但亚马逊网络书店的图书销售额中,有 1/4 来自排名 10 万以后的书籍。这些"冷门"书籍的销售比例正快速提高,预估未来可占整个书市的一半。这意味着消费者在面对无限的选择时,真正想要的东西和想要取得的渠道都出现了重大的变化,一套崭新的商业模式也跟着崛起。简而言之,长尾所涉及的冷门产品涵盖了几乎更多人的需求,当有了需求后,会有更多的人意识到这种需求,从而使冷门不再冷门。

过去人们只能关注重要的人或重要的事,如果用正态分布曲线来描绘这些人或事,人们只能关注曲线的"头部",而将处于曲线"尾部"、需要更多的精力和成本才能关注到的大多数人或事忽略。例如,在销售产品时,厂商关注的是少数几个所谓"VIP"客户,"无暇"顾及在人数上居于大多数的普通消费者。而在网络时代,由于关注的成本大大降低,人们有可能以很低的成本关注正态分布曲线的"尾部",关注"尾部"产生的总体效益甚至会超过"头部"。例如,某著名网站是世界上最大的网络广告商,它没有一个大客户,收入完全来自被其他广告商忽略的中小企业。安德森认为,网络时代是关注"长尾"、发挥"长尾"效益的时代。

举例来说,常用的汉字实际上不多,但因出现频次高,所以这些为数不多的汉字占据了图 6-7 左侧的深区;绝大部分的汉字难得一用,它们就属于长尾。

《长尾》在 2004 年 10 月号《连线》发表后,迅速成了这家杂志历史上被引用最多的一篇文章。特别是经过吸纳无边界智慧的博客平台,不断丰富着新的素材和案例。安德森沉浸其中不能自拔,终于打造出一本影响商业世界的畅销书《长尾理论》。

6.4.2 技术规律

信息网络化具有其客观的基本技术规律。

(1) 网络空间的幂结构规律:核心节点调控。基于已有的经验和理论成果,互联网是一种可扩展网络(scale-free network),如果定义 $P(k)$ 作为网络中一个节点与其他 k 个节点连通的概率,则互联网的连通性分布 $P(k)$ 呈幂数分布(power law)。其主要特征是网络中大多数节点的连接度都不高,少数节点的连接度很高。可以将这些少数节点看成中心节点。这类网络的连通性和可扩展性很好,而且非常健壮和可靠,即使有部分节点失效,也不会对整个网络造成过大的影响。但是,它的抗攻击性并不好。攻击者只需对连接度很高的少数节点攻击,就能造成网络的瘫痪。将连接度高的节点定义为核心节点,其能够影响、控制全网的内容传播和各种行为。例如,核心路由器承载着全网、全国和国际间的传输量,知名网站吸引着全国、全球用户的"眼球",重要邮件服务器拥有着大部分邮件用户,计费服务器几乎连接所有的网络用户等。而那些连接度低的节点则在互联网世界中显得微不足道。

(2) 网络空间的自主参与规律:开放与自治的辩证统一。互联网是一个开放的空间,用户可以自由进入,没有集中管理或控制,任何信息系统都可以自主参与其中。网络空间的物理形态由一系列具有不同拓扑结构的技术系统所表现,而将这些结构各异的技术系统结合在一起的是统一的通信协议、符合开放互连协议的操作系统、数据库等基础软件。在此基础上,反映人类社会各种活动的各类应用系统都可以参与到这个网络空间之中,全球数以亿计的个人或机构用户分属于不同层次的利益主体,都可以通过这个网络空间来使用相应的应用系统。开放性是信息化发展的特征,由于不同的利益主体在开放空间中形成了安全利益的冲突,使得网络空间的开放性成为信息安全风险的客观来源。因此,不同的社会主体要求具有相应的封闭性、自治性,这使得社会的封闭性与技术的开放性之间形成了冲突。一个典型的例子是企业既希望享受网络空间所带来的可共享资源,又必须建立封闭的企业网络以保障企业的自身利益,这就是开放与自治之间的辩证统一。

(3) 网络空间的冲突规律:攻防兼备。互联网中的安全利益的侵害与保护本身就是一个攻防统一体。从社会角度看,只有掌握有效的攻击能力才能更好地保护自己,而任何有效的保护都是建立在对攻击方式和手段的充分了解的基础之上。从技术角度看,安全技术是在攻与防的交替中不断发展的,如密码技术的应用与发展就是在编码加密和分析破译的攻防统一中实现的,信息系统漏洞技术的应用与发展也是在漏洞的发现、利用和修补的攻防统一中提升的。

(4) 网络空间安全的弱优先规律:整体保障。众所周知,信息安全符合木桶原理,即系统中最薄弱的环节决定了整个系统的安全性,从而体现出弱优先规律。信息安全涉及的是社会与技术的不同层面,任何层面的安全因素都不能偏废,必须同步整体发展,注重发现并解决信息安全的薄弱环节,形成整体的信息安全保障体系,以防止信息安全的问题因某个局部薄弱环节的存在而降低其系统整体的安全能力。

6.4.3　发展规律

1. 连接定律(law of connection)

互联网进化的连接定律就是指互联网接驳设备的进化不断延长大脑与互联网的连接,同时互联网使用者的心理也会对这种连接产生依赖性。

人类的进步就是一部包含了运动和感觉器官延长和连接的历史。同样互联网的发展不断延长人类大脑与互联网的接驳时间,从台式机、笔记本计算机到手机等移动设备表明这一定律正在发生作用。沿着规律的提示,下面描绘出一条完整的互联网连接进化路径:

(1) 人—服务器—互联网。

(2) 人—台式机—服务器—互联网。

(3) 人—可移动计算机(笔记本)—服务器—互联网。

(4) 人—手持移动设备(手机)—服务器—互联网。

(5) 人—眼镜式接驳设备—服务器—互联网。

(6) 人—晶状体接驳设备—服务器—互联网。

第 5 步的出现主要是由于手机等移动设备的屏幕尺寸和携带便利问题,眼镜式接驳设备将成为未来的主流,互联网的内容以三维形式投射到眼镜式接驳设备中。人们可以通过设备上的开关在现实和虚拟世界中快速切换。

随着医学技术的发展,人们已经可以将人造晶体植入到人的眼睛中,这一技术在未来也可能出现在连接进化的第 6 步中,即人们将微小电子设备植入到人的眼睛,这个微小电子设备可以连接互联网,在人的眼睛中投射互联网三维信息。从逻辑上讲,连接进化定律并不会导致互联网直接接入到大脑中,这就像计算机之间的联网不需要连接到 CPU 上,只需要连通网络接口一样,人类的眼睛(晶状体)就是这个最终的网络接口。

虽然互联网接驳设备的发展不断延长人类大脑与互联网的接驳时间,但互联网用户是不是接受仍然是一个问题,调查发现互联网用户在心理上对互联网也存在加强连接的倾向性。2008 年,www.witkey.com 网站上进行了"互联网用户上网习惯调查",共有 13 627 名互联网用户参与调查。地域分布主要在中国 32 个省份,年龄阶段从 18 岁以上到 60 岁以下均有用户参与,男女性别比例为 8:5,职业分布从学生到企业高层人员均有参与。通过对这 13 627 名用户的调查,认为自己完全不受互联网影响的占 15.1%,如果一段时间不上网,会有点挂念互联网的轻度上瘾用户占 57.3%,会经常想着上网,但如果有其他活动会暂时忘掉互联网的中度上瘾用户占 25.6%,基本上对其他活动不感兴趣,希望不停上网的重度上瘾用户占 2%。对于网站提出的"您认为未来上网有瘾的人会不会越来越多",有 80.3%的用户回答"会有越来越多的人未来上网有瘾"。因此,可以认为互联网用户在心理上对互联网也存在加强连接的倾向性。

2. 映射定律(law of mapping)

互联网进化的映射定律就是指在互联网的进化过程中,人脑的功能被逐步映射到互联网中形成以个人空间为代表的大脑映射,用这种形式实现人脑与互联网的间接联网。

在连接进化定律中,互联网进化的目标是可以使人类的大脑充分联网,但是目前互联网不可能通过物理手段直接将线路和信号接驳到人的大脑中。互联网进化到这一阶段产生的解决办法是用大脑映射(brain mapping)作为缓冲,即将人脑的功能映射到互联网中,如图 6-8 所示。

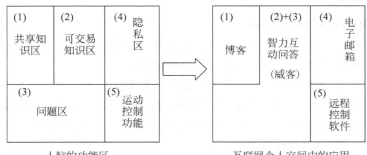

图 6-8   大脑映射示意图

互联网中的大脑映射区并不是从开始就是完整的,它同样存在一个进化过程。一条完整互联网映射进化链可描述如下:

(1) 个人隐私信息区映射到互联网—电子邮箱—个人空间=电子邮箱。

(2) 个人共享知识区映射到互联网—博客—个人空间=电子邮箱+博客。

(3) 可交易知识和问题区映射到互联网—威客—个人空间=电子邮箱+博客+威客。

(4) 运动控制功能映射到互联网—个人空间=电子邮箱+博客+威客+个人网络软件。

(5) 互联网大脑映射同步人脑的三维属性—二维个人空间—三维个人空间。

3. 信用定律(law of credit)

互联网进化的信用定律是指为了保证互联网虚拟世界有序和安全的运转,互联网用户在互联网虚拟空间中的身份验证将会越来越严格,互联网的信用体系将会越来越完善。

随着互联网进化的连接定律和映射定律不断发生作用,互联网对人类的生活影响越来越大,新闻、娱乐、交友、购物、学习、工作,甚至是政治活动,越来越多的现实生活被搬到互联网虚拟世界里。为了保证互联网虚拟世界有序和安全的运转,互联网中的信用就成为一个重要的问题。互联网目前已经从完全没有信用体系发展到网络实名制。沿着这一定律的提示,一条完整互联网信用进化路径可描述如下:

(1) 科研人员直接登录到互联网服务器中—进入互联网。

(2) 互联网服务器管理员分配用户名和密码—进入互联网。

(3) 互联网用户自由注册用户信息—进入互联网。

(4) 互联网用户自由注册用户信息,管理员审核通过—进入互联网。

(5) 互联网用户实名注册,通过权威身份验证机构审核—进入互联网。

(6) 互联网用户用指纹或瞳孔识别技术通过身份审核—进入互联网。

(7) 互联网用户用 DNA 技术通过身份审核—进入互联网。

互联网信用进化到用 DNA 技术验证身份,这一点将和前面提到的晶状体接驳设备产生关联,即晶状体接驳设备将具备检测 DNA 的功能,并通过无线通信与互联网进行验证和连接。互联网信用体系的发展对人类社会的影响将会十分深远,商业活动、政治参与、犯罪预防、科研活动等领域都会得到巨大帮助。

4. 仿真定律(law of simulation)

互联网进化的仿真定律就是指互联网将会按照人类大脑结构的组织方式进行进化,但这种仿真并不是人类主动的规划,而是一种自然推动的仿真,在这个现象发现之前,互联网已经自然进化出虚拟神经元,虚拟视觉、听觉、感觉等系统。

人类的大脑结构并不是古已有之,它是从鱼的大脑进化到爬行动物的大脑,再进化到哺乳动物的大脑,最后进化到人类的大脑。如果解剖人脑,可以清晰地看到类鱼、类爬行动物、类哺乳动物的结构在人脑中泾渭分明。

同时人类从受精卵发育成异常复杂的大脑结构时,存在一种叫作靶细胞的组织,没有人类有意识的干预,数以亿计的脑细胞沿着复杂但又精确的路径,有序地朝着靶细胞发展。通过这种有方向的发育,大脑的各种组织逐渐清晰成熟。

种种互联网发展迹象表明互联网正在向着与人类大脑结构类似的方向进化,从 IPv4 到 IPv6,电话线到光纤,电子公告牌的功能分离,搜索引擎的崛起,云计算的萌发以及互联网网站之间的兼并,从表面上看是人类在经济利益驱动下的成果,但事实是整个互联网正在从一个结构分散的、功能不成熟的组织架构向着与成熟人脑结构非常类似的方向进行着仿真进化,如图 6-9 所示。

目前互联网已经初步进化出虚拟运动神经系统、虚拟视觉神经系统、虚拟躯体感觉神经系统、虚拟听觉神经系统、虚拟记忆系统。随着时间的推移,互联网对人脑结构的仿真进化将会更加明显。这种现象对于互联网和人脑的研究都会产生推动作用,在未来的几十年里有可能可以同时了解双方的特点,用已经了解的人类大脑结构可以预测互联网下一步的发展动向。同样,随着时间的推移,由于互联网进化速度异常快速,可以对比发现越来越多人脑的秘密,目前已经可以断言人脑中应存在地址编码系统、搜索引擎系统,希望看到神经学科学家在这方面的进展。

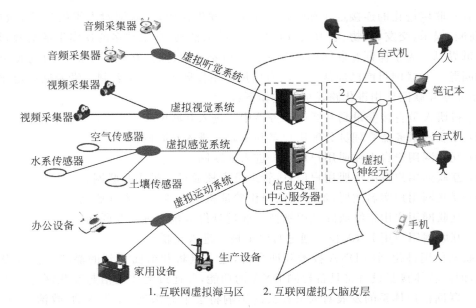

图 6-9　互联网虚拟大脑结构图

5. 统一定律(law of integration)

互联网进化的统一定律就是指互联网将会从软件基础、硬件基础、商业应用等各个层面从分裂走向统一,互联网的统一定律也是在为互联网进化成一个唯一的虚拟大脑结构做好准备。

由于互联网的技术和组织架构还很不完善,分裂现象目前在互联网中大量存在,网络协议、计算机操作系统、数据库应用都还存在不同版本,在互联网应用方面,存在大量相互独立的互联网网站,这导致用户不得不登录不同的网站接受服务。例如,希望开设博客向更多的人展示自己的思想,就需要在多个博客网站进行注册。由于不同网站的信息相互割断,更新博客内容的过程就会变得非常复杂和烦琐。互联网的分裂现象增加了建设互联网的成本,降低了信息沟通的效率,浪费了互联网用户使用互联网的时间。同时这种分裂现象也会阻碍新商业模式的出现,如信用体系的建立、互联网用户虚拟社交圈子的建立等。为了解决这些问题,互联网的进化必然做出反应,于是从分裂到统一将形成一条新的进化链条。具体表述如下:

(1) 网络协议、计算机操作系统、数据库、网络编程语言应用会逐步进行规范和统一。

(2) 互联网服务器将会逐步减少,越来越多的软件系统会统一到巨型服务器中。

(3) 互联网商业运营商将会通过联合、兼并等形式实现提供内容和服务的统一。

6. 维度定律(law of dimensionality)

互联网进化的维度定律就是指互联网信息的输入输出形式不断丰富,它将从一维内容表现为主的初级阶段进化到三维内容表现为主的高级阶段,如图 6-10 所示。

虽然互联网中的信息一直以二进制的形式进行储存和传输,但互联网的内容通过终端表现给用户的结果却经历了从低维到高维的进化。从 20 世纪 60 年代科研人员使用打孔机阅读计算机输出的二进制信息,到人们开始通过互联网应用体验完整的三维虚拟世界。因此一条完整互联网的维度进化路径可描述如下:

(1) 互联网信息以二进制进行存储、传输和输出展示。这是互联网一维初级阶段。

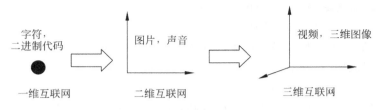

图 6-10 互联网维度进化图

（2）互联网信息的输入输出以文字符号为主。这是互联网一维高级阶段。

（3）互联网信息的输入输出展示除了文字符号，也开始出现大量图片。这是互联网二维阶段。

（4）互联网信息的输入输出内容开始出现视频和声音。这是互联网的三维初级阶段。

（5）互联网的网络游戏、部分软件应用开始出现三维化界面。这是互联网的三维中级阶段。

（6）互联网的操作系统界面、浏览器界面、软件应用全面三维化，同时文字、图片、视频、声音融入到这些三维应用中。互联网进入三维的高级阶段。

7. 互联网的膨胀定律（law of expansion）

互联网的膨胀定律就是指互联网中的数据，硬件设备和连接的人脑数量在高速膨胀，其中数据增速最快，硬件设备次之，互联网使用人数增速最慢，如图 6-11 所示。

我们知道互联网诞生于 1969 年，由美国国防部高级研究计划局实现四台计算机的联网，此后整个互联网就从这四台计算机开始膨胀到几百万台服务器和种类繁多的互联网应用。应该注意到，互联网各部分膨胀的速度并不均衡。可以粗略估计一下。

假定 1969 年互联网硬件设备是 9 个（4 台计算机，4 条线路，1 台交换机，星形结构），到 2009 年，估计个人终端、服务器、交换机、路由器、网络线路的总数量是 20 亿个，40 年里，互联网硬件膨胀了 2 亿倍。

假定 1969 年互联网硬件设备平均数据容量是 10MB，到 2009 年硬件设备平均容量是 1GB，于是在 40 年里，互联网数据膨胀了 20 亿×1GB/9×10MB＝200 亿倍。

假定 1969 年使用互联网的科研和军事人员 100 人，到 2009 年全世界使用互联网的人数超过 15 亿，在 40 年里，互联网连接的人脑数量膨胀了 1500 万倍。

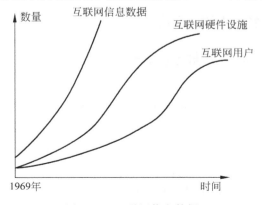

图 6-11 互联网信息数据

8. 互联网的加速定律(law of speeded-up)

在互联网的进化过程中,加速规律是指其硬件设备和连接的人脑都会不断增加其运算速度。

一方面是互联网的硬件设备速度不断加快,即随着集成电路的数量增加,电子设备的运行速度也在成倍提高。这一点与摩尔定律有一定关联。互联网信息显示从一维、二维时代迈入三维时代就是加速定律的结果。

另一方面是指作为互联网组成部分的人脑,其运算速度也会不断增强。通俗地说,互联网时代的人类将会变得越来越聪明。纵观人类进化史,对人类影响最大的有两个事件。第一是数百万年前语言的出现,它导致人脑容量急剧扩大,使人类从生物界中脱颖而出(引自澳大利亚 John C. Eccles《脑的进化》)。第二是互联网的发明,由此产生信息爆炸将使人类大脑皮层再次膨胀。其结果必然是人类智慧的飞跃,即人脑的运算速度将大为提高。

9. 方向定律(law of direction)

互联网进化的方向定律就是指互联网的发展并不是无序和混乱的,而是具有很强的方向性,它将遵循连接定律、信用定律、映射定律、仿真定律、统一定律、维度定律、膨胀定律和加速定律从一个原始的、不完善、相对分裂的网络进化成一个统一的、与人类大脑结构高度相似的组织结构,同时互联网用户将以更加紧密的方式连接到互联网中,如图 6-12 所示。

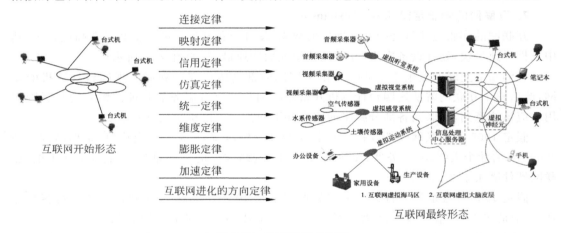

图 6-12　互联网进化方向

6.5　信息网络思维模式

6.5.1　人类几种主要思维模式

1. 系统思维

系统是一个概念,反映了人们对事物的一种认识论,即系统是由两个或两个以上的元素相结合的有机整体,系统的整体不等于其局部的简单相加。这一概念揭示了客观世界的某种本质属性,有无限丰富的内涵和外延,其内容就是系统论或系统学。系统论作为一种普遍的方法论是迄今为止人类所掌握的最高级思维模式。

系统思维是指以系统论为思维基本模式的思维形态,它不同于创造思维或形象思维等本能思维形态。系统思维能极大地简化人们对事物的认知,给出整体全面的观点。

　　按照历史时期来划分,可以把系统思维方式的演变区分为四个不同的发展阶段:古代整体系统思维方式、近代机械系统思维方式、辩证系统思维方式、现代复杂系统思维方式。

　　主要方法:

　　(1) 整体法。整体法是在分析和处理问题的过程中,始终从整体来考虑,把整体放在第一位,而不是让任何部分的东西凌驾于整体之上。整体法要求把思考问题的方向对准全局和整体,从全局和整体出发。如果在应该运用整体思维进行思维的时候,不用整体思维法,那么无论在宏观或微观方面,都会受到损害。

　　(2) 结构法。用结构法进行系统思维时,注意系统内部结构的合理性。系统由各部分组成,部分与部分之间组合是否合理,对系统有很大影响。这就是系统中的结构问题。好的结构,是指组成系统的各部分间组织合理,是有机的联系。

　　(3) 要素法。每一个系统都由各种各样的因素构成,其中相对具有重要意义的因素称为构成要素。要使整个系统正常运转并发挥最好的作用或处于最佳状态,必须对各要素考察周全和充分,充分发挥各要素的作用。

　　(4) 功能法。功能法是指为了使一个系统呈现出最佳态势,从大局出发来调整或改变系统内部各部分的功能与作用。在此过程中,可能是使所有部分都向更好的方面改变,从而使系统状态更佳,也可能为了求得系统的全局利益,以降低系统某部分的功能为代价。

2. 辩证思维

　　辩证思维是指以变化发展视角认识事物的思维方式,通常被认为是与逻辑思维相对立的一种思维方式。在逻辑思维中,事物一般是"非此即彼""非真即假",而在辩证思维中,事物可以在同一时间里"亦此亦彼""亦真亦假"而无碍思维活动的正常进行。

　　辩证思维模式要求观察问题和分析问题时,以动态发展的眼光来看问题。辩证思维是唯物辩证法在思维中的运用,唯物辩证法的范畴、观点、规律完全适用于辩证思维。辩证思维是客观辩证法在思维中的反映,联系、发展的观点也是辩证思维的基本观点。对立统一规律、质量互变规律和否定之否定规律是唯物辩证法的基本规律,也是辩证思维的基本规律,即对立统一思维法、质量互变思维法和否定之否定思维法。

　　主要方法:

　　(1) 联系。就是运用普遍联系的观点来考察思维对象的一种观点方法,是从空间上来考察思维对象的横向联系的一种观点。

　　(2) 发展。就是运用辩证思维的发展观来考察思维对象的一种观点方法,是从时间上来考察思维对象的过去、现在和将来的纵向发展过程的一种观点方式。

　　(3) 全面。就是运用全面的观点去考察思维对象的一种观点方法,即从时空整体上全面地考察思维对象的横向联系和纵向发展过程。换言之,就是对思维对象作多方面、多角度、多侧面、多方位考察的一种观点方法。

3. 逻辑思维

　　逻辑思维是指符合某种人为制定的思维规则和思维形式的思维方式,所谓逻辑思维主要指遵循传统形式逻辑规则的思维方式。常称它为"抽象思维"或"闭上眼睛的思维"。

　　逻辑思维是人脑的一种理性活动,思维主体把感性认识阶段获得的对于事物认识的信息材料抽象成概念,运用概念进行判断,并按一定逻辑关系进行推理,从而产生新的认识。逻辑思维具有规范、严密、确定和可重复的特点。

1）主要特征

（1）概念的特征：内涵和外延。

（2）判断的特征：一是判断必须对事物有所断定；二是判断总有真假。

（3）推理的特征。演绎推理的逻辑特征是：如果前提真，那么结论一定真，是必然性推理。非演绎推理的逻辑特征是：虽然前提是真的，但不能保证结论是真的，是或然性推理。

2）主要方法

（1）定义：是揭示概念内涵的逻辑方式。是用简洁的语词揭示概念反映对象的特有属性和本质属性。定义的基本方法是"种差"加最邻近的"属"概念。定义的规则：一是定义概念与被定义概念的外延相同；二是定义不能用否定形式；三是定义不能用比喻；四是不能循环定义。

（2）划分：是明确概念全部外延的逻辑方法，是将"属"概念按一定标准分为若干种概念。划分的逻辑规则：一是子项外延之和等于母项的外延；二是一个划分过程只能有一个标准；三是划分出的子项必须全部列出；四是划分必须按属种关系分层逐级进行，不可以越级。

4. 发散思维

发散思维是指大脑在思维时呈现的一种扩散状态的思维模式，比较常见，它表现为思维视野广阔，思维呈现出多维发散状。

发散思维又称辐射思维、放射思维、扩散思维或求异思维。

1）主要特征

（1）流畅性。就是观念的自由发挥。指在尽可能短的时间内生成并表达出尽可能多的思维观念以及较快地适应、消化新的思想观念。机智与流畅性密切相关。流畅性反映的是发散思维的速度和数量特征。

（2）变通性。就是克服人们头脑中某种自己设置的僵化的思维框架，按照某一新的方向来思索问题的过程。变通性需要借助横向类比、跨域转化、触类旁通，使发散思维沿着不同的方面和方向扩散，表现出极其丰富的多样性和多面性。

（3）独特性。指人们在发散思维中做出不同寻常的异于他人的新奇反应的能力。独特性是发散思维的最高目标。

（4）多感官性。发散性思维不仅运用视觉思维和听觉思维，而且也充分利用其他感官接收信息并进行加工。发散思维还与情感有密切关系。如果思维者能够想办法激发兴趣，产生激情，把信息情绪化，赋予信息以感情色彩，会提高发散思维的速度与效果。

2）主要方法

（1）一般方法。①材料发散法——以某个物品尽可能多的"材料"，以其为发散点，设想它的多种用途；②功能发散法——从某事物的功能出发，构想出获得该功能的各种可能性；③结构发散法——以某事物的结构为发散点，设想出利用该结构的各种可能性；④形态发散法——以事物的形态为发散点，设想出利用某种形态的各种可能性；⑤组合发散法——以某事物为发散点，尽可能多地把它与别的事物进行组合成新事物；⑥方法发散法——以某种方法为发散点，设想出利用方法的各种可能性；⑦因果发散法——以某个事物发展的结果为发散点，推测出造成该结果的各种原因，或者由原因推测出可能产生的各种结果。

（2）假设推测法。假设的问题不论是任意选取的，还是有所限定的，所涉及的都应当是与事实相反的情况,是暂时不可能的或是现实不存在的事物对象和状态。由假设推测法得出的观念可能大多是不切实际的、荒谬的、不可行的,这并不重要,重要的是有些观念在经过转换后,可以成为合理的、有用的思想。

(3) 集体发散思维。发散思维不仅需要用上全部大脑,有时候还需要用上无限资源,集思广益。集体发散思维可以采取不同的形式,如常常戏称的"诸葛亮会"。

5. 形象思维

形象思维是指以具体的形象或图像为思维内容的思维形态,是人的一种本能思维,人一出生就会无师自通地以形象思维方式考虑问题。

形象思维内在的逻辑机制是形象观念间的类属关系。抽象思维是以一般的属性表现着个别的事物,而形象思维则要通过独具个性的特殊形象来表现事物的本质。因此说,形象观念作为形象思维逻辑起点,其内涵就是蕴含在具体形象中的某类事物的本质。

形象思维是反映和认识世界的重要思维形式,是培养人、教育人的有力工具,在科学研究中,科学家除了使用抽象思维以外,也经常使用形象思维。在企业经营中,高度发达的形象思维,是企业家在激烈而又复杂的市场竞争中取胜不可缺少的重要条件。高层管理者离开了形象信息,他所得到的信息就可能只是间接的、过时的、甚至不确切的,因此也就难以做出正确的决策。

1) 主要特性

形象性、想象性、直接性、敏捷性、创造性、思维结果的可描述性、情感性等。

2) 主要方法

(1) 模仿法。以某种模仿原型为参照,在此基础之上加以变化产生新事物的方法。很多发明创造都建立在对前人或自然界的模仿的基础上,如模仿鸟发明了飞机,模仿鱼发明了潜水艇,模仿蝙蝠发明了雷达。

(2) 想象法。在脑中抛开某事物的实际情况,而构成深刻反映该事物本质的简单化、理想化的形象。直接想象是现代科学研究中广泛运用的进行思想实验的主要手段。

(3) 组合法。从两种或两种以上事物或产品中抽取合适的要素重新组合,构成新的事物或新的产品的创造技法。常见的组合技法一般有同物组合、异物组合、主体附加组合、重组组合四种。

(4) 移植法。将一个领域中的原理、方法、结构、材料、用途等移植到另一个领域中去,从而产生新事物的方法。主要有原理移植、方法移植、功能移植、结构移植等类型。

6. 逆向思维

逆向思维是一种比较特殊的思维方式,它的思维取向总是与常人的思维取向相反,如人弃我取、人进我退、人动我静、人刚我柔等。这个世界上不存在绝对的逆向思维模式,当一种公认的逆向思维模式被大多数人掌握并应用时,它也就变成了正向思维模式。逆向思维并不是主张人们在思考时违逆常规,不受限制地胡思乱想,而是训练一种小概率思维模式,即在思维活动中关注小概率可能性的思维。

逆向思维是发现问题、分析问题和解决问题的重要手段,有助于克服思维定势的局限性,是决策思维的重要方式。

1) 主要特征

(1) 反向性。反向性是逆向思维的重要特点,也是逆向思维的出发点,逆向思维离开了它也就不存在。

（2）异常性。逆向思维总是采取特殊的方式来解决问题，这是它的异常性。

（3）悖论。反向性和异常性的存在，使得逆向思维在实践中常给人"悖论"的特性。牛顿的物理学、相对论和量子力学，其中就包含了对立物共存和互相作用的逆向思维观念。

2）主要类别

（1）反向思维。通常对普遍接受的信念或做法进行质疑，然后察看它的反面是什么。如果对立面是有道理的，那么就朝对立面方向进行。在如下情况下，可以进行反向思维：一是考虑要做某种相反的事情；二是考虑用其对立面来取某物；三是如果意识到别人是错的，而你是正确的，但你仍然认为对方错误的观点中也有值得肯定的地方。

（2）雅努斯式思维。在人的大脑里构想或引入事物的正反两个方面，并使它们同时并存于大脑里，考虑它们之间的关系，如相似之处、正与反、相互作用等，然后创造出新事物。这种双面思维相当艰难，因为它要求保持两个对立面并存在你的大脑中，是一种大脑技能。

（3）黑格尔式思维。采取一种观念，容纳它的反面，然后试着把两者融合成第三种观念，即变成一种独立的新观念。这种辩证的过程需要三个连续的步骤：论题、反题以及合题。

3）主要方法

（1）怀疑法。有一种敢于怀疑的精神，打破习惯，反过来想一下，这种精神越强烈越好。习惯性做法并不总是对的，对一切事物都报有怀疑之心是逆向思维所需要的。

（2）对立互补法。以把握思维对象的对立统一为目标。要求人们在处理问题时既要看到事物之间的差异，也要看到事物之间因差异的存在而带来的互补性。

（3）悖论法。就是对一个概念、一个假设或一种学说，积极主动从正反两方面进行思考，以求找出其中的悖论之处。

（4）批判法。对言论、行为进行分辩、评断、剖析，以见正理。以批判法来进行逆向思维仍然需要以一般性的思维技能为基础，如比较、分类、分析、综合、抽象和概括等。

（5）反事实法。在心理上对已经发生了的事件进行否定并表征其原本可能出现而实际未出现的结果的心理活动，是人类意识的一个重要特征。这就是反事实思维。主要有加法式、减法式、替代式三种类型。

7. 灵感思维

灵感直觉思维活动本质上就是一种潜意识与显意识之间相互作用、相互贯通的理性思维认识的整体性创造过程。

灵感直觉思维作为高级复杂的创造性思维理性活动形式，它不是一种简单逻辑或非逻辑的单向思维运动，而是逻辑性与非逻辑性相统一的理性思维整体过程。

1）主要特点

（1）突发性和模糊性。由于是没有在显意识领域单纯地遵循常规逻辑过程所形成，所以灵感直觉思维产生的程序、规则以及思维的要素与过程等都不是被自我意识能清晰地意识到的，而是模糊不清、"只可意会不可言传"的。

（2）独创性。独创性是定义灵感思维的必要特征。不具有独创性，就不能叫灵感思维。

（3）非自觉性。其他的思维活动，都是一种自觉的思维活动，灵感直觉思维的突出性，必然带来它的非自觉性。

（4）思维灵活活动的意象性。在灵感直觉思维活动过程中，潜意识领域或显意识领域总伴有思维意象运动的存在。没有意象的暗示与启迪就没有思维的顿悟。

（5）思维高度灵活的互补综合性。思维高度灵活的综合互补性是其思维的重要特征，如潜意识与显意识的互补综合、逻辑与非逻辑的互补综合、抽象与形象的互补综合等。

2）主要方法

（1）久思而至。指思维主体在长期思考的情况下，暂将课题搁置，转而进行与该研究无关的活动。恰好是在这个"不思索"的过程中，无意中找到答案或线索，完成久思未决的研究项目。

（2）梦中惊成。梦是以被动的想象和意念表现出来的思维主体对客体现实的特殊反映，是大脑皮层整体抑制状态中，少数神经细胞兴奋进行随机活动而形成的戏剧性结果。并不是所有人的梦都具有创造性的内容。梦中惊成，同样只留给那些"有准备的科学头脑"。

（3）自由遐想。科学上的自由遐想是研究者自觉放弃僵化的、保守的思维习惯，围绕科研主题，依照一定的随机程序对自身内存的大量信息进行自由组合与任意拼接。经过数次，乃至数月、数年的意境驰骋和间或的逻辑推理，完成一项或一系列课题的研究。

（4）急中生智。利用此种方法的例子，在社会活动中数不胜数。即情急之中做出了一些行为，结果证明，这种行为是正确的。

（5）另辟蹊径。思维主体在科学研究过程中，课题内容与兴奋中心都没有发生变化，但寻解定势却由于研究者灵机一动而转移到与原来解题思路相异的方向。

（6）原型启示。在触发因素与研究对象的构造或外形几乎完全一致的情况下，已经有充分准备的研究者一旦接触到这些事物，就能产生联想，直接从客观原型推导出新发明的设计构型。

（7）触类旁通。人们偶然从其他领域的既有事实中受到启发，进行类比、联想、辩证升华而获得成功。他山之石，可以攻玉。触类旁通往往需要思维主体具有更深刻的洞察能力，能把表面上看起来完全不相干的两件事情沟通起来，进行内在功能或机制上的类比分析。

（8）豁然开朗。这种顿悟的诱因来自外界的思想点化。主要是通过语言表达的一些明示或隐喻获得。豁然开朗这种方法中的思想点化，一般来说要有这样几个条件：一是"有求"，二是"存心"，三是"善点"，四是"巧破"。

（9）见微知著。从别人不觉得稀奇的平常小事上，敏锐地发现新生事物的苗头，并且深究下去，直到做出一定创建为止。见微知著必须独具慧眼，也就是用眼睛看的同时，配合敏捷的思维。

（10）巧遇新迹。由灵感而得到的创新成果与预想目标不一致，属意外所得。许多研究者把这种意外所得看作是"天赐良机"，也有的称之为"正打歪着"或"歪打正着"。

6.5.2 信息网络思维基本含义

随着信息网络的日益普及和发展，信息网络思维这一概念日益深入人心。但是对于信息网络思维却没有标准定义。百度CEO李彦宏曾对互联网思维下过定义：互联网思维就是在（移动）互联网＋、大数据、云计算等科技不断发展的背景下，对市场、用户、产品、企业价值链乃至对整个商业生态进行重新审视的思考方式。

信息网络是一种比互联网更加广泛的网络。网络空间下的信息载体可以突破时间和空间的线性逻辑秩序,自由思维随意创造,可以任意增删新的想法和材料,随意组合不同部分的先后次序,因此思维可以与网络自由互动不受约束。由此可见,信息网络思维结构是一种由众多点相互连接起来的非平面、立体化、无中心的网状思维结构。信息网络思维就是充分利用信息网络的方法、规则和精神来进行思考创新的思维方式。

6.5.3　信息网络思维的主要模式

人类社会每次经历的大飞跃,最关键的并不是物质或技术的催化,而是思维工具的迭代。信息网络思维不是简单的技术思维,它是一种远远超越操作层面的思想方式。信息网络思维的特点主要体现在下面几点。

1. 简快思维

信息技术的不断进步和各种信息网络的不断发展,使信息网络的自身结构日趋复杂。然而,它却也使人们的生活越来越快捷便利。信息时代的全球信息联通与共享是人类历史上一次深刻而伟大的科学技术革命。它将把人类历史上的工业革命推向以自动化为主要标志的第三次工业革命,人们不管是在生活、学习还是工作上都享受着极大的便利。复杂而不符合人性化设计的任何产品将会被立刻淘汰清除,追求简单和快捷已经成为了信息时代下的大众思维模式。

2. 跨界思维

信息网络是一种黏合剂,模糊了传统事物的界限,使之走向融合。互联网是一种典型的信息网络实体,将"跨界融合"现象表现得淋漓尽致。随着互联网和新科技的发展,纯物理经济与纯虚拟经济开始融合,文化和科技、传统媒体和新媒体、线上和线下、全球化和本土文化等一系列事情开始融合,很多产业的边界变得模糊,互联网企业的触角已经延伸到生活的方方面面,如零售、制造、图书、金融、电信、娱乐、交通、媒体等。互联网企业的跨界颠覆,本质是高效率整合低效率,包括结构效率和运营效率。互联网所代表的跨界思维模式是一种普遍存在于信息网络中的思维模式。

3. 大数据思维:注重事物联系

伴随着信息技术的发展,我们同时也步入了大数据时代。在大数据时代下,我们逐步放弃了对事物因果关系的渴求,取而代之的是对相关关系的关注。也就是说对于普通事物,只需要知道"是什么",而不需要知道"为什么"。这颠覆了千百年来人类的思维习惯,对人类的认知和与世界的交流方式提出了全新的挑战。

4. 平等和民主化思维

平等和民主是信息网络的重要特征。信息网络思维是相对于工业化思维而言的。工业化时代资源稀缺,渠道垄断,尤其是媒介垄断;而信息网络时代公众成为媒介信息的生产者和传播者,垄断基础被消解。在这种环境下,各种信息变得透明公开,民主和公正成为一种常态。同时,把握公众需求成为一个不断反馈的过程,需求和人性相关联,所以信息时代追求互相交流基础上的情感诉求,提倡公众至上。

5. 创新思维

创新是信息网络鲜明的时代特征。信息网络技术的进步,其重要原因之一源于全球经济一体化的需要,反过来,信息网络技术又有力地促进了全球经济一体化的发展,导致了全球范围内信息、技术、资本、人才等生产要素的竞争更为激烈。同时,网络文化又是一种"速度文化"。根据著名的摩尔定律(Moore's law),计算机硅芯片的性能每 18 个月翻一番,而价格却以半数下降。该定律的作用从 20 世纪 60 年代以来已持续了几十年,它揭示了信息技术产业快速增长和持续变革的根源。由于经济和技术领域的变革,大大地增强了社会竞争,创新成为个体价值得以实现的关键,企业获得核心竞争能力的根本途径,国家和民族发展的根本动力,力求创新成为主体(无论个体还是群体)普遍的行为心理。

6.6 信息网络部分模型

网络空间的发展日趋复杂和多样。为了深入研究信息网络的各种特性,人们从各个方面对信息网络进行数学模型构建。建模的方向包括信息网络的结构拓扑特性、传播特性、相继故障特性和搜索特性等。下面简单介绍已有的典型信息网络的拓扑结构和信息网络传播特性模型。

6.6.1 拓扑结构典型模型

要理解网络结构与网络行为之间的关系,并进而考虑改善网络的行为。这就需要对实际的网络结构特征有很好的了解,并在此基础上建立合适的网络结构模型。在 Watts 和 Strogatz 关于小世界网络,以及 Barabási 和 Albert 关于无标度网络的开创性工作之后,人们对存在不同领域的大量网络的拓扑特性进行了广泛的实证性研究。在此基础上从不同的角度提出了各种各样的网络拓扑结构模型,包括规则网络、随机图、小世界网络、无标度网络、等级网络和局域世界演化网络等相关模型。典型的信息网络结构和其对应的模型如下。

1. 随机图:ER 随机图模型

现实网络具有复杂的拓扑结构和未知的组织原理,总是呈现出某种随机性。因此,用随机图作为网络的模型是最直接的一种选择。其中一个典型的模型是 Erdos 和 Renyi 提出的 ER 随机图模型。ER 随机图模型具有小世界效应,但是不存在聚类性、度相关性、也不存在社区结构。

随机图模型与现实网络的许多特征并不相符,因而很少用于现实复杂系统的建模,但可以对随机图模型进行各种扩展,度分布是网络最基本的拓扑特征,将现实网络的度分布与随机图模型相结合,就得到了配置模型(configuration model)。给定度序列,生成具有给定度序列的所有可能的网络,而且这些网络的权是相同的,这样的网络的系统就是配置模型。可以把配置模型作为一个空模型,如果观察到某个具体网络的某些特征对相应的配置模型存在偏差,往往预示着新的发现。

2. 小世界网络:WS 小世界

根据人们的经验,通常,许多现实网络如技术网络、生物网络和社会网络等,既不是完全规则的,也不是完全随机的,而是介于两者之间。Watts 和 Strogatz 基于这些观察,提出了 WS 模型,是指对一个具有 n 个节点的环格初始时每个节点有 k 个邻居,将每条边以概率 p 进行随机重绕的过程(如图 6-13 所示)。由于该模型生成的网络具有较短的特征路径,即网络具有小世界效应,故称为小世界网络,WS 模型也因此常称为小世界网络(模型)。

图 6-13 的构造过程有可能破坏网络的连通,因此 Newman 和 Watts 稍后提出了通过随机化加边的方法构造小世界网络的模型,即 NW 模型。此外还有许多改进的模型:加点、加

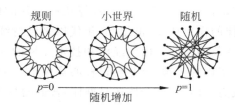

图 6-13　从规则环格到随机网络的随机重绕过程

边、去点、去边以及不同形式的交叉,产生多种形式的小世界模型。

小世界网络具有高的聚类系数,小世界网络的典型特征是平均最短路径满足对数标度,但是到目前为止,还没有精确的解析表达式。小世界网络的度分布与多数现实网络并不能很好匹配,对于 NW 模型和 WS 模型,其表达式都比较复杂。

3. 无标度网络:BA 模型

节点度服从幂律分布,是指具有某个特定度的节点数目与这个特定的度之间的关系可以用一个幂函数近似地表示,幂函数曲线是一条下降相对缓慢的曲线,这使得度很大的节点可以在网络中存在。对于随机网络和规则网络,度分布区间非常狭窄,几乎找不到偏离节点度均值较大的点,故其平均度可以被看作其节点度的一个特征标度。在这个意义上,把节点度服从幂律分布的网络叫作无标度网络。

1999 年,Barabási 和 Albert 受 WWW 形成的启发,提出了构造无标度网络的演化模型,常称为 BA 模型。该模型考虑了现实网络的两个重要特性:增长(growth)特性和择优连接(preferential attachment)特性。

6.6.2　信息网络传播模型

随着复杂网络结构研究的迅猛发展,人们逐渐认识了不同事物在真实系统中的传播现象。例如,通知在有效人群中的转达、学科新思想在科学家间的散播与改进、社会舆论对于某种思想的宣传、病毒在计算机网络上的蔓延、传染病在人群中的流行、谣言在社会中的扩散,甚至城市务工人员的流动等,都可以看作复杂网络上服从某种规律的传播行为。如何去描述这些事物的传播过程,揭示它们的传播特性,进而寻找出对这些行为进行有效控制的方法,一直是物理学家、数学家和社会学家共同关注的焦点,也是网络结构研究的最终目标之一。下面介绍三种信息网络传播模型。

1. 传染病模型

传染病模型的主要目的是研究传染病流行规律、预测流行趋势和风险范围,为发现、预防和控制传染病的流行提供理论依据。人们对流行病研究已有较长的历史,并根据不同的传播过程提出了多种传染病传播的基本数学模型,典型的主要有 SIR、SIS 等模型。这里以标准的 SIR 模型为例来阐述其基本思想,该模型可以用如下的微分方程描述:

$$\frac{\mathrm{d}s}{\mathrm{d}t} = -\beta S(t)I(t) \qquad (6.15)$$

$$\frac{\mathrm{d}I}{\mathrm{d}t} = \beta S(t)I(t) - \gamma I(t) \qquad (6.16)$$

$$\frac{\mathrm{d}s}{\mathrm{d}t} = -\gamma I(t) \qquad (6.17)$$

其基本的状态包括 S(susceptible)易感者(通常的健康状态)、I(infected)感染者(被感染状态)和 R(recovered)恢复者(免疫状态),其中 β、γ 分别代表感染者在单位时间内的有效接触率与感染者的恢复率。在社交网络中,一个人发布的消息会被其好友或关注的人看到,并以一定的概率分享、传播下去。同时,若其好友对此不感兴趣,则其不会传播信息,这与疾病传播模型类似。因此,只要知道信息传播的方式,并求出相关的传播率就可以进行分析、预测和控制。

2. 独立级联模型

IC 模型(independent cascade model)是基于相互粒子系统设计的一个信息扩散模型,可以描述为:在复杂网络 $G=(V,E)$ 中,对于 V 的每一个顶点 u 和它的邻居节点 v,有一条边 $e=(u,v)$ 存在。如果在时刻 t,u 是激活的状态,并且其邻居 v 是未激活的,那么 u 将尝试以概率 P_{uv} 去激活 v,P_{uv} 的取值是独立的。如果这个过程成功了,那么在 $t+1$ 时刻 v 就成了激活状态。但是不管成功与否,u 再也不能试图去激活 v。如果 v 在 t 时刻同时有多个邻居都处于激活状态,他们尝试激活 v 的顺序是任意的。系统从初始态开始传播,直到没有新的节点可以被激活为止。

3. 线性阈值模型

LT 模型(linear threshold model)是诸多阈值模型的核心,可以描述为:在复杂信息网络 $G=(V,E)$ 中,定义 $N(u)$ 为节点 u 的邻居节点集合。被激活的节点 u 对邻居节点 v 存在影响为 b_{uv},一个节点 u 的所有邻居节点对 u 的影响力总和小于等于 1,即

$$\sum_{v \in N(u)} b_{uv} \leqslant 1 \tag{6.18}$$

每个节点 u 有一个特定阈值 $\theta_u \in [0,1]$,如果 $\sum_{v \in N(u)} b_{uv} \geqslant \theta_u$,则 u 被激活。LT 模型中,当一个激活节点 u 尝试激活它的未激活邻居 v 没有成功时,节点 u 对节点 v 的影响力 b_{uv} 被积累起来,这样对后面其他邻居节点对 v 的激活是有贡献的,直到节点 v 被激活或传播过程结束。这就是 LT 模型的"影响积累"特性,这与 IC 模型是不同的。

6.6.3 社交网络模型实例

社交网络是一种建立在互联网之上的虚拟网络,是信息网络的具体实例化,和人们的生活息息相关,QQ、微信、微博、Facebook 都属于社交网络平台。对社交网络模型的研究主要体现在结构模型和传播模型上。

1. 结构模型

社交网络是一种典型的复杂信息网络实例,其中存在着复杂的用户群体互动行为。与交通网络、通信网络和生物网络等其他复杂网络相比较而言,社交网络包含了更加海量和多元化的信息。在这些信息中,网络的结构信息十分重要:首先,它直观地反映了用户间通过相互关注建立的朋友关系,构成了网络中信息来往沟通的物理基础;其次,面向网络结构的研究不但可以印证在其他领域所发现的人类社会行为特征,如"富人俱乐部现象"等,还可以帮助人们发现新的社会行为规律,如社交群体中的社团聚集现象等;最后,由于网络结构是社交网络个体间信息传播的载体,因而与用户发表并传播文本内容等行为相关的用户话题建模、文本信息检索、影响力最大化问题等研究极大地依赖于对网络结构的深刻认识。可以

说,社交网络的研究基础起始于对其网络结构的研究。

社交网络结构建模是在社交网络结构特性分析的基础上,对其形成机理和演化规律认识的验证和深化。常见的模型可分为两大类,一类是网络构造模型,通过显式地设定网络中节点的加入和边的形成过程来构建网络,这类模型的优点在于过程直观并可形象地模拟人类社交行为,缺点在于参数求解比较困难;另一类模型是采用统计建模方法的随机生成模型,将复杂的网络结构生成过程简化为若干基本概率步骤,并通过统计推断得到模型参数以还原这个生成过程,这类模型能够从宏观层面对网络结构的形成机制进行解释,然而却不如构造模型直观和具体。

2. 传播模型

在对社交网络的研究中,其信息传播模型也是一个研究热点。在目前的社交网络信息传播模型的研究中,通常通过设计合理的传播机制并建立信息传播模型,但建模的方式和侧重点却各有不同。由于医学中的传染病发展变化模式与现实中信息传播极其相似,所以在早期信息传播模型主要沿用传统的传染病模型,包括 SI(susceptible infective)、SIS(susceptible infective susceptible)、SIR(susceptible infective removal)模型。在后续的模型研究进程中,很多研究者将这些传统模型进行了改进,以此来更好地揭示信息在社交网络中的传播规律,而 SIR 模型是信息传播模型研究中应用最广泛的一种。

在 SIR 模型的基础上有人提出了网页论坛的话题传播模型,以此来评估一个话题的最大参与人数以及对整个论坛的传染力度;而后陆续提出了 event-driven SIR 模型,用论坛中帖子的影响力来分析事件的影响力度,并与 SIR 模型进行对比,结果表明文献提出的模型比起 SIR 模型更符合论坛中事件的热门程度。有人分析了无标度网络中的传染扩散机制,考虑了网络中节点的个人警觉性对感染概率的影响,提出了新的无标度网络传染模型。在 SIR 模型的基础上又有人提出了在线社交网络中的谣言传播模型 CSR(credulous spreader rationals),在考虑个人接受阈值对接受概率的影响上提出基于移动社交网络的谣言传播模型。社交网络传播的不断演化其实是一个不断逼近真实社交网络的过程。随着社交网络的不断发展,以后必然会衍生更多的传播模型。

6.7　小结

复杂网络的特征有幂律特征、聚集特征和小世界特征等。信息网络的基础规律包括梅特卡夫定律、达维多定律、长尾理论等,信息的思维模式主要包括简快、跨界、大数据、平等等,信息网络的拓扑结构有小世界网络、无标度网络等。

6.8　习题

1. 复杂网络有哪些主要特征量?
2. 复杂网络的基本特征有哪些?其内涵是什么?
3. 信息网络有哪些基础定律?其内涵是什么?
4. 信息网络有哪些主要技术规律?其内涵是什么?

5. 信息网络有哪些主要的发展规律？其内涵是什么？

6. 人类主要的思维模式有哪些？其内涵是什么？

7. 什么是信息网络思维？

8. 信息网络思维主要有哪些模式？各自的特点是什么？

9. 信息网络拓扑结构有哪些典型模型？其主要特点是什么？

10. 什么是社交网络？社交网络有哪些主要模型？其主要特征是什么？

第7章 信息网络文化基础

CHAPTER 7

信息网络文化基础

7.1 引言

网络文化是以网络信息技术为基础,在网络空间形成的文化活动、文化方式、文化产品、文化观念的集合。网络文化是现实社会文化的延伸和多样化的展现,同时也形成了其自身独特的文化行为特征、文化产品特色与价值观念和思维方式的特点。本章主要介绍网络文化的基本概念、主要功能、基本特征、社会影响及其法律法规等内容。

7.2 网络文化知识基础

7.2.1 文化的基本概念

据考证,"文化"是中国语言系统中古已有之的词汇。"文"的本义,指各色交错的纹理。"文"又有若干引申义。其一,为包括语言文字内的各种象征符号,进而具体化为文物典籍、礼乐制度。其二,由伦理之说导出彩画、装饰、人为修养之义,与"质""实"对称。其三,在前两层意义之上,更导出美、善、德行之义。"化",本义为改易、生成、造化,是指事物形态或性质的改变,同时"化"又引申为教行迁善之义。"文"与"化"并联使用,较早见之于战国末年儒生编辑的《易·贲卦·象传》:天文也。文明以止,人文也。观乎天文,以察时变;观乎人文,以化成天下。西汉以后,"文"与"化"方合成一个整词,如"圣人之治天下也,先文德而后武力。凡武之兴,为不服也。文化不改,然后加诛"(《说苑·指武》)。在汉语系统中,"文化"的本义就是"以文教化",它表示对人的性情的陶冶,品德的教养,本属精神领域之范畴。随着时间的流变和空间的差异,"文化"逐渐成为一个内涵丰富、外延宽广的多维概念,成为众多学科探究、阐发、争鸣的对象。

传统的观念认为:文化是人类在社会历史发展过程中所创造的物质财富和精神财富的总和。它包括物质文化、制度文化和心理文化三个方面。物质文化是指人类创造的物质文明,包括交通工具、服饰、日常用品等,它是一种可见的显性文化;制度文化和心理文化分别指生活制度、家庭制度、社会制度以及思维方式、宗教信仰、审美情趣,它们属于不可见的隐性文化,包括文学、哲学、政治等方面的内容。人类所创造的精神财富,包括宗教、信仰、风俗习惯、道德情操、学术思想、文学艺术、科学技术、各种制度等。

广义的文化,既着眼于人类与生命系统,又着眼于人类社会与自然界的本质区别。其涵盖面非常广泛,故又被称为大文化。随着人类科学技术的发展,人类认识世界的方法和观点也在发生着根本改变。对文化的界定也越来越趋于开放性和合理性。

狭义的文化是指社会的意识形态以及与之相适应的制度和组织机构。狭义的文化是指人们普遍的社会习惯,如衣食住行、风俗习惯、生活方式、行为规范等。1871年,英国文化学家泰勒在《原始文化》一书中提出了狭义文化的早期经典学说,即文化是包括知识、信仰、艺术、道德、法律、习俗和任何人作为一名社会成员而获得的能力和习惯在内的复杂整体。

文化,文就是"记录、表达和评述",化就是"分析、理解和包容",是人类所创造的物质财富与精神财富的总和。对个人而言,文化是广泛的知识面与根植于内心的修养。

人类由于共同生活的需要才创造出文化,文化在它所涵盖的范围内和不同的层面发挥着主要的功能和作用如下:

(1) 整合。文化的整合功能是指它对于协调群体成员的行动所发挥的作用,就像蚂蚁过江。社会群体中不同的成员都是独特的行动者,他们基于自己的需要、根据对情景的判断和理解采取行动。文化是他们之间沟通的中介,如果他们能够共享文化,那么他们就能够有效地沟通,消除隔阂、促成合作。

(2) 导向。文化的导向功能是指文化可以为人们的行动提供方向和可供选择的方式。通过共享文化,行动者可以知道自己的何种行为在对方看来是适宜的、可以引起积极回应的,并倾向于选择有效的行动。这就是文化对行为的导向作用。

(3) 维持秩序。文化是人们以往共同生活经验的积累,是人们通过比较和选择认为是合理并被普遍接受的东西。某种文化的形成和确立,就意味着某种价值观和行为规范的被认可和被遵从,这也意味着某种秩序的形成。而且只要这种文化在起作用,那么由这种文化所确立的社会秩序就会被维持下去。这就是文化维持社会秩序的功能。

(4) 传续。从世代的角度看,如果文化能向新的世代流传,即下一代也认同、共享上一代的文化,那么,文化就有了传续功能。

7.2.2 网络文化的概念

网络时代的到来,意味着蕴含其中的网络文化必将受到越来越多的关注。网络传播提供了一种开放的双向信息流通方式,传播者与受众或"网络人"之间可以直接交流信息,实现人际互动,其互联、互动性也使传播与交流不受时空、身份的限制。网络文化已经不同于传统意义上的大众文化,它不仅蕴含了原先的大众媒介传播模式,而且还蕴含了先进的网络电子传播方式。

网络文化的概念有多种定义。

概念1:网络文化是指以计算机技术和通信技术融合为物质基础,以发送和接收信息为核心的一种崭新文化。

概念2:网络文化是随着现代科学技术,特别是多媒体技术的发展而出现的一种现代层面的文化。就其所依附的载体来说,它是一种彻底理性化的文化。任何文化若想加盟网络文化,就必须改变自己的既有形态,即变革传统的非数字化文化形态。

概念3:从狭义的角度理解,网络文化是指以计算机互联网作为"第四媒体"所进行的教育、宣传、娱乐等各种文化活动；从广义的角度理解，网络文化是指包括借助计算机所从事的经济、政治和军事活动在内的各种社会文化现象。

概念4：一般来说，网络文化是指以网络技术广泛应用为主要标志的信息时代的文化，可以分为物质文化、精神文化和制度文化三个要素。物质文化是指以计算机、网络、虚拟现实等构成的网络环境；精神文化主要包括网络内容及其影响下的人们的价值取向、思维方式等，其范围较为广泛；制度文化包括与网络有关的各种规章制度、组织方式等。这些要素不是孤立存在，而是相互制约、相互影响、相互转换，显示出网络文化的特殊规律和特征。

广义的网络文化是指网络时代的人类文化，它是人类传统文化、传统道德的延伸和多样化的展现。

狭义的网络文化是指建立在计算机技术和信息网络技术以及网络经济基础上的精神创造活动及其成果，是人们在互联网这个特殊世界中，进行工作、学习、交往、沟通、休闲、娱乐等所形成的活动方式及其所反映的价值观念和社会心态等方面的总称，包含人的心理状态、思维方式、知识结构、道德修养、价值观念、审美情趣和行为方式等方面。

7.3 网络文化主要功能

1. 导向性功能

网络文化是一种开放、自由的互动文化。网络思想教育是伴随着网络技术日益提高和网络文化的深入发展而产生的一种新生事物，是一种新的认识工具与教育手段。它对于加强教育者与广大受众的互动教育具有引导性。网络文化传播的途径主要包括潜移默化的暗示、因势适时的导向和循规蹈矩的规范。在网络环境中，教育者和广大受众可知可感网络文化中散发的政治、经济、科技、文化等方面的气息，对人们的思想道德、价值观念、行为方式的形成与发展具有一定的导向作用。

网络文化导向功能：一是具有指向性。体现在内容指向是明确具体的，它反映在广大受众的理想信念、价值观念、奋斗目标、行为规范等领域上；价值指向是明确的，它反映在理想价值指向的标准、思想价值指向的标准、政治价值指向的标准、利益价值指向的标准，从而使受众以此标准认同价值的取向、规范自己的行为。二是具有目的性。托夫勒曾说："谁掌握了信息，控制了网络，谁就将拥有整个世界"。网络文化渗透是一种文化价值观冲击着另一种文化价值观。它告诉受众理想信念、价值观的目标和标准，并要求受众按照这些内容和标准去实践，从而使自我在实践中接受这些政治观和价值观。三是具有稳定性。稳定性是导向功能指向性与目的性，合乎逻辑的发展。一旦出现政治、经济、文化的理想、格局、思潮，便会成为人们理想的追求；一旦形成比较完善的价值形态，便会成为人们固守、推广或完善的理念。

2. 承传性功能

文化产生于人的社会生活和社会生产，又构成人类社会生产和社会生活的基础。网络对于文化的传播起着承上启下的作用。

（1）网络具有保存、传递文化的价值的功能。在人类历史上，生产工具的发展对社会起着重要的作用，它改变着人类的文明、推动文化的发展。印刷术的发明，促进了人类文明史上第一次信息技术革命，文字使人类信息的交流发生了质的飞跃。正如英国学者赫·乔·

韦尔斯所说:"随着文字的创造,人类的传统能够变得更加丰富、更加准确。……相隔千百英里的人们这时能相互沟通思想了。越来越多的人开始分享共同的书面知识和对过去及未来的共同之感。人类的思想变得能在广大的范围内发生作用,千百个头脑在不同的地点和不同的时代能相互引起反应,它成了一个更加持续不断、更加持久的过程。"文字使文化传递和保存功能更加系统、连贯,影响更为深远。这种飞跃对人类传统的一切方面产生了巨大的冲击力,改变了社会,改变了文化,改变了人类的历史进程,使人类社会从农业社会进入工业社会,进入了文明时代。人类进入 20 世纪以来,计算机与通信的结合、信息高速公路与多媒体技术的发展促进了第二次信息技术革命。计算机实现了信息数字化的突破,所有信息都可以用 0 和 1 这两个数字来表示,从而使信息的载体和传输介质发生了质的飞跃。电子信息交流的出现、网络化数字化信息环境的加速形成使人类社会从工业社会跃进到信息社会。"书面文字不仅不再是储存和传递信息的唯一方式,而且也不是最好的方式。目前计算机已经能够在较小的空间蓄存大量资料,能够比任何时代形式的印刷品更迅速、更可靠地传递资料。下一代计算机将更为迅速、更为轻便、成本更加低廉、可靠性更好。"这种前景和现状强化了文化的传递、保存功能。文化中的思想、道德、习俗和信仰等在人类社会的进步过程中日益丰富,完整地将其保存和传递下来,仅仅依靠人的大脑和行为已经不够,必须运用先进科技手段。应运而生的网络文化以其自身鲜明的特征,对传统的文化传播方式、语言表达方式和知识存储方式都产生了极大的冲击。

(2) 网络具有选择文化的价值。文化诞生伊始就呈多元分布,文化多元不仅表现在区域上,而且还表现在每一区域每一集团文化内部的主文化与亚文化之别上。各种文化在思想意识、道德观念和行为习惯上都有自己的特征。网络文化的形成和交流与其他文化一样,必须从其他文化中吸取一些成分,丰富和壮大自己。文化是随着人类物质资料生产的进步和文化保存手段的改进而发展和日益丰富的。文化中既有与时代要求一致并能推进时代进步的成分,也有由于时代的进步而变得陈腐的内容。即使是符合时代要求的文化成分,也是十分浩大和复杂的,是任何一个具体的个人都无法全部吸收和再现的。文化本身的性质和人类保存、传递文化的有限性,决定了人类保存和传递文化必然具有选择性。人们在网络文化中总是从自己的需要出发保存文化、传递文化和选择文化。选择的观点是以人的需要为基础的。网络文化的选择也意味着文化排斥,即排除陈旧的、过时的,或与时代要求相悖的、有害的文化要素,淘汰一切无用的内容,批判有害的文化要素,澄清文化方向。文化的选择功能具有优化文化保存、传递的功用。

(3) 网络具有创造新文化的价值。网络文化创造价值在于随着时代的发展、科技的进步所提出一定的新的思想观点和道德要求,丰富、完善一定的价值取向、信仰、民族风俗和行为习惯。网络文化是通过自己的活动表现文化的创造价值。网络文化的创造性和自主性密切相连。网络文化的自主性使用户的个性得到尽情的发挥以得到他人的肯定,从而推动创造性的发展,网络文化培育了一批创造文化的人才。在网络文化发展的过程中不是简单的复制,必然包含着一种文化的创新,促进文化的创造。

3. 渗透性功能

传统思想的教育由于是内塑型模式,因而强调的是直接的"灌输",明确而直接地将相关信息传播的教育目的传达给受教育者,明确地通过文字或语言告知受教育者应做什么,怎么做,不能做什么就是教育目的的明确性和方式的直接性。网络文化对用户思想的影响是潜移默化的。网络文化的价值体系是多元一体的。它可以包容世界各国、各民族、各地区乃至任何团体与个人的价值观、道德观。网络文化对价值观、人生观、道德观的渗透在客观上是没有任何等级和类别标记的。在网络环境里,用户可以在不知不觉中接受多方面的信息,甚至自觉地按照其要求加深自己的道德认识、放纵或约束自己的道德行为,认同或净化自己的道德情感。一方面网络信息一般并不明确、直接地表明其思想教育目的和该做什么、不该做什么,而常常以客观、公正,甚至科学、时尚、前卫的面目出现。另一方面,网络为人与人的交流提供技术平台,人们在网上交往隐蔽了性别、年龄、身份,隐瞒了交往的真实主体,为随意使用网络提供了方便。网络文化对用户的影响是隐蔽的、不公开的。网络文化中的价值观念、道德观念在不知不觉中渗透到用户的脑海中。

网络技术具有交互性和渗透性的特点,因而网络文化也就具有交互渗透的技术特征。表现在:一是交互渗透技术使网络文化的信息资源的共享性可以即时实现。交互渗透技术可以使网络文化的内容大量扩充。用户可以完全根据自己的兴趣和要求主动选择获取信息、反馈信息。同时,由于网络的隐匿性、平等性,用户可以放纵情感、平等讨论,使各种信息资源大量增加,从而扩充丰富了网络文化的内容。二是交互渗透技术使网络文化受众的趋同性得到显现。网络的开放性带来受众的趋异性。但在交互渗透技术的作用下,使受众的趋异性变成了它的对立物——趋同性。受众一旦认同对方时,趋异性就会逐渐减弱,趋同性就会得到强化。三是交互渗透技术使网络文化的影响力大大增强。网络文化可以借助于网络空间的开放体系,使其资源迅速扩容。同时,凭借网络技术的平台,用比特速度,实现时空的穿越,传播到世界各地。

4. 教育功能

从社会学的观点看,教育也是一种文化,它是社会赋予其成员以文化特质的过程,是主文化实现文化控制的一个有力的自组织系统。这个系统实现对文化的控制,是通过文化无意识地对社会成员灌输一定的文化思想和行为,而更主要的是通过文化无意识地对社会成员进行文化渗透。网络文化与教育的关系从整体上看是双向互动的关系。一方面教育具有传递、传播、选择和促进文化变迁的重要功能,网络文化知识只有通过教育才能得到承继与发扬;另一方面,教育本身也是一种文化存在的要求,教育必然集中体现网络文化的存在要求,教育的每一个环节都被打上了深深的网络文化的烙印。在网络文化背景下的教育具有广泛性与平等性、科学性和人文性、个性化和创新性、终身性和全息性、国际性和民族性。网络为受众提供了更大范围的群体环境,有助于受众广泛参与社会文化。网络文化全方位、自由、开放、多层次的信息传播,为受众提供了更方便且范围更大的社会交往机会,扩展了受众生活的社会环境。网络的方便快捷加快了受众对现代科学知识和生活经验的了解,极大地丰富了教育的内容,拓宽了教育的渠道。受众通过网络文化的传播了解世界各地的文化传统、最先进的科学文化知识、丰富多彩的文学艺术,接收到多元文化所组成的多元世界,潜移默化中接受新的价值观和文化模式。美国实用主义文化社会学家杜威在谈到教育的时候说:“一切教育都是通过个人参与人类社会意识而进行的。这个过程几乎是在人出生时就无意识地开始了。它不断地发展个人的能力,熏陶他的意识,形成他的习惯,锻炼他的思想,并激发他的感情和情绪。由于这种不知不觉的教育,个人便逐渐继承人类曾经积累下来的智慧和道德财富。他就成为了一个固有文化资本的继承者。”这种无意识的文化影响明显比有意识教育作用更大。

7.4　网络文化基本特征

　　网络文化是全方位的。有的学者认为,网络文化的基本特征是网络文化的开放性、虚拟性、互动性、渗透性、共享性。也有学者认为,网络文化具有虚拟性、开放性、集群性、共享性、多元性、平等性和交互性等特征。这些说法从各自侧面探索网络文化特征。但是作为基本的和本质的特征,应该具有一定的独特性,也就是网络文化所特别具有的,或者说在网络文化中反映最集中或最突出的,最能体现网络文化核心的特征。可以从技术性、文化精神性和主体性组成的三维度空间来表达网络文化的三维度 12 种特征模型,如图 7-1 所示。

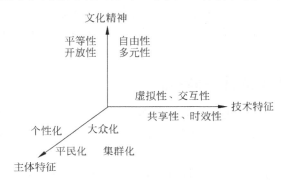

图 7-1　网络文化特征三维度模型

7.4.1　网络文化的技术特征

　　网络文化首先是一种技术文化,是信息技术和网络技术进步催生出的文化。每一次技术的革命性突破,都会推动网络文化新方式、新内涵的产生与扩展。可以说技术特征是网络文化最基本的属性,其他特征都是建立在此基础上的。从技术特征层面观察,网络文化的特性体现的是互联网的特性,最主要的是虚拟性、交互性、共享性和时效性。

　　1. 虚拟性

　　它产生并依赖于虚拟的"赛博空间"而存在。在网络产生以前,人们一直生活在实体空间。网络产生以后,人们的生存空间发生了变化,"赛博空间"是一个由无数符号组成的虚拟空间,在虚拟空间中每个人都可以尽情表现,许多在物理空间中难以寄托的梦想、行为可以在虚拟空间中得以实现。在物理空间里人们所建立起来的一整套的准则和习惯被打破,取而代之的是一个全新的网络虚拟世界。人的角色意识在两种不同的空间里进行转换,现实世界表现的有限性与内心世界倾泻的无限性冲突都会在网络行为中体现出来。

　　2. 交互性

　　交互性是指人们在网络活动中发送、传播和接收各种信息时表现为互动的操作方式。互联网作为一种崭新的传播媒体,区别于其他传统传播媒体的最本质特征就是交互性。在互联网出现以前,传播媒体的传播交流方式基本上是单向的,而互联网改变了这一切。互联网的交互式操作方式表现出多方向、大范围、深层次的特征,使人们的沟通交流方式面临深刻变革。在网络中,每一个网民都不仅是信息资源的消费者,同时又是信息资源的生产者和提供者。人们的信息获取方式由传统的被动式接受,变为主动参与,在沟通碰撞中相互引导,提高了信息的传播效果。

3. 共享性

信息和资源的高度共享性是网络文化的又一基本特征。互联网的并行能力很强,它允许在同一时间内对同一信息源进行同主题的多用户访问,基本实现了资源供给与需求的一致性原则,避免了信息资源的浪费,减少了重复建库的时间和经费浪费等问题。共享性使得网络文化在存在特点和表现形式上都具有极大的趋同性,将本属于个别文化区域的资源转变成了所有文化的共同资源。

4. 时效性

互联网的传播不受时间、地点和空间的限制,信息的收集、资料的查询变得更加快捷和有效。通过网络,人们可以几乎以面对面同步的速度传输文字、声音、图像、视频,且不受印刷、运输和发行等因素的限制,可以在瞬间将信息发送给千家万户,而且用户也可以随时方便、快捷地获取所需信息。

7.4.2　网络文化的精神特征

文化的精神属性体现了文化的价值取向和追求,标识着文化赖以生存发展的本质特征。从网络文化的精神属性观察,网络文化具有开放性、平等性、多元性和自由性。

1. 开放性

用户可以自由地访问网络上的各种资源,也可以发表各种言论,上传各种信息。在网络文化中,开放性得到了最深刻而具体的体现。互联网上的不同主题的网站、新闻组、论坛、聊天室和博客等,基本上都是开放的。任何人都可以根据自己的意愿和需要,获取自己想得到的信息,任意地与世界各地网民进行联络、交流,自由地访问各种信息资源。各种观点、思想、民族文化在这里都可以找到自己的位置,任何人在任何地点任何时间都可以自由表达其观点,突破了以前任何形态的文化的区域性局限。

2. 平等性

信息时代的网络文化,在参与上是垂直的,在交流上是平行的,在关系上是平等的,在选择上是自主的。因为网上交流可以是匿名的,甚至可随时更改或虚拟身份,所以它是一个没有上下级关系、没有等级障碍的平台和自由空间。人们在走过"法律面前人人平等""金钱面前人人平等"的艰难历程后,将随着网络的日益普及步入一个"网络面前人人平等"的新天地。

3. 多元性

信息来源的开放性带来了信息内容的多元化。网络上的文化产品没有数量限制,并且兼容各色各类的文化产品和价值理念。形形色色的文化样式、价值观念通过网络的高速传递呈现在大众面前,满足不同品位、不同心理需求人们的需要。多元性也反映在包容性上,网络文化使人群与人群之间的差异性、独立性、创新性、宽容性得到认同;同时,网络文化使不同文化完全冲破了地域限制和时间限制,不同文化之间得以相互了解和沟通。

4. 自由性

网络文化的自由特性体现在人们可以自由参与,自由发表言论,自由表达观点,自由选择行为方式和自由决定价值取向等方面。网络文化求同存异,具有很强的包容性和宽容度。由于网络突破了传统文化的各种限制,它为每一个上网的用户提供了一个广阔的自由对话的领域。网络文化不仅增强了不同地域文化和传统文化之间的接触与交流,而且扩大了不同文化背景下的个体之间的接触,为个体的异地远程联系提供了方便。人们在网上可以进行任意主题的、长时间的、多媒体形态的联络,这种文化联系的自由度是前所未有的。

7.4.3 网络文化的主体特征

文化的主体是参与其中的人,网络文化也不例外。从主体特征的角度看,网络文化具有个性化、大众化、平民化和集群化。

1. 个性化

文化主体个性化的特征,在网络空间里得到淋漓尽致的体现。由于网络是虚拟、匿名的,就给人们提供了充分展现自己个性的舞台。在网络空间,没有既定的价值标准,不存在统一的是非观念,没有强制的规范约束,只要不危及社会,不有意伤害他人,人们可以尽情展现自我。人们比从前任何时候更加容易接纳众多与众不同的观点,不论有些观点是多么奇异。"客文化"流行就是网络文化个性化特征酣畅淋漓的体现。几乎所有的门户网站、新闻网站和部分专业网站都为适应网民需要,搭建了博客、播客、掘客等平台,形成了千姿百态的客文化,如博客、播客、威客、炫客、闪客、维客、印客、拼客、黑客等。

2. 大众化

网络文化的大众化体现在覆盖范围的广泛性和参与受众的广泛性上。网络使用者不分阶层、民族、贫富、老幼、男女等,都可以上网访问。它是一种几乎没有门槛、没有限制的文化交流与沟通载体。每个网民既是文化的生产者、创造者,又是文化的传播者、消费者。对一种观点、一种说法,网民往往会从新的角度提出自己的看法。由于互联网的匿名性和互动性,在网络上淡化、模糊甚至消除了作家与读者、记者编辑与受众的区别和界限,使人人参与、人人是主角成为可能。例如《两只蝴蝶》等网络歌曲,没有经过任何电视台的宣传包装,而在一夜之间迅速唱遍大江南北,为群众所喜闻乐见,就足以说明网络文化在大众中的影响力。

3. 平民化

网络文化是"草根文化",有着很强的平民特征。在传统媒介上,普通民众缺少话语权。但在网络上,任何人都可以畅叙胸怀、指点江山,随意自由发表观点,表现出对传统的颠覆和对权威的挑战。人们不再仰视专家和学者,而是将他们的观点与自己掌握的知识进行比较分析,从新的角度提出自己的看法。对于社会热门话题,大到强国富民,小到菜篮民生,普通百姓都可以说三道四,评头论足。网络孕育了无数的"草根"名人。

4. 集群化

网络文化呈现出多群体化的文化结构,尤其是在互联网发展到 Web3.0 阶段,通过即时通信工具、博客圈、论坛等工具,在网络空间中建立群组极为方便。即使是某个人自己创建的个性栏目,都有可能会成为喜欢它的网民的一个群体文化的栖所与代表。网络文化的集群性还体现在多样和自由选择上,一个人自己可以建群营造部落,同时也可能参加其他栏目、群组的讨论,这时他就成为那个栏目上那些情趣相投的人群中的一员,即其他群体文化的一部分。

7.5　网络文化社会影响

7.5.1　网络文化的正价值

1. 促进人的全面发展

人的全面而自由发展的理论是马克思主义理论体系的归宿和最高价值目标。马克思主义认为,在私有制条件下,社会分工的片面性导致人的发展片面化,进而导致个人的畸形发展,进而产生人的异化。而人的发展应当是全面而自由的,人通过不断地认识世界和改造世界,掌握必然,获取自由,实现从必然王国向自由王国的跨越。同时,人的各个方面都获得全方位的发展。具体而言,人的全面而自由的发展包括相互联系的三个方面,即人的类特性的发展、人的社会性的发展和人的个性的发展。网络文化最大的正价值在于促进人的全面而自由的发展。

首先,网络文化促进人的类特性发展。所谓人的类特性,最突出表现在于人的自由自觉的活动,恩格斯说,"文化上的每一个进步,都是迈向自由的一步"。网络文化作为一种新兴的文化形态,其本身具有的开放性、自由性的特征,使得每一个个体都可以自由地进入或退出网络,自由地发表观点,自由地参与各种网络活动。与此同时,人在虚拟世界的活动也并不是盲目的,每个人都会根据自己的能力、兴趣以及价值取向自由地选择网络应用,从而为人自由自觉的活动创造有利条件。

其次,网络文化促进人的社会性的发展。马克思指出,人的本质不是单个人所固有的抽象物,在其现实性上,它是一切社会关系的总和。网络文化不仅拓展了人的社会关系的范围,使得人际交往不再受到地缘、业缘、血缘等因素的限制,而且调整了个体在各种社会关系中的地位,使得各个阶层、各种身份、各类职业的人处于同一起跑线上,社会关系更加平等。网络文化通过拓展人的社会关系,推动了人的社会性发展。

最后,网络文化促进人的个性的发展。个性一词有着丰富的内涵,网络文化对人的个性发展的促进作用集中体现在对人的智能的拓展方面,即推动人的学习能力、实践能力和创新能力的进一步发展。网络文化的多元性、多媒体性和快速性,使得信息的总量大为扩展,人类不仅拥有了庞大的信息数据库,而且知识和信息获取的便捷程度大大提高,使人类智能的延伸获得坚实的基础。

2. 加快知识经济的发展

网络文化作为一种新型的文化形式,属于上层建筑的范畴,上层建筑对经济基础具有能动的反作用,而网络文化以计算机和通信技术为基础,是高新技术发展的产物,是一种先进的文化形式,因此网络文化能够促进经济基础,进而促进生产力的发展。知识经济是未来生产力发展的方向,它以人的脑力劳动所创造的知识和信息为依托,以高新技术为表现形式,以持续的创新作为发展的主要渠道。网络文化对知识经济发展的积极作用体现在如下几方面。

首先,网络文化推动教育模式的转变。教育是知识传播和创造的基础,也是知识经济发展的根本要素。在网络文化背景下,教育者和受教育者都可以轻松访问庞大的网络信息数据库,实现对网络信息资源的共享。借助远程教育系统,受教育者不仅可以分享到全世界最优质的教育信息资源,还可以向最好的教师、专家咨询请教。同样,教育者可以通过这种全新的教育模式改善教学方法,提高教学质量。

其次,网络文化加快知识、技术的产业化步伐。网络文化的开放性和快速性,使得网络成为科研主体和生产主体进行技术交流和知识产权交易的平台。最新科技成果的供求双方已经不存在由于地域、媒介等因素限制而形成的信息屏障,科技成果将以最快的速度转化为现实生产力。

最后,网络文化促进经济发展方式的转变。在知识经济背景下的经济发展将不再是传统的粗放型发展,也不满足于一般程度的集约型发展,而是更高程度的集约型发展方式。网络文化的发展促进人、财、物、信息等资源在全球范围内更加便捷地共享和利用,这将有助于传统产业借鉴国内外发展经验,利用全球范围内的资源对自身进行技术升级和改造。与此同时,网络文化还将催生出网络产业、软件产业等一大批高新技术产业,使知识密集型产业取代资源密集型、资金密集型和劳动力密集型产业而成为未来的主导产业,国家的整体产业结构将得到更大程度的优化。

3. 推动政治民主化进程

公民权利平等、充分地实现是现代社会民主政治发展的必然要求。网络文化所具有的开放性、平等性等特征为公民权利在更大程度上得以实现奠定了前提条件。公民可以在网上行使其民主参与、批评建议、控告检举和监督检查等各项民主权利。在网络社会中,公民权利实现的渠道更为通畅,方式更加多样,效果更为显著。近年来,网络文化的发展对我国民主政治建设所起到的积极作用有目共睹。

首先,网络文化促进公民权利的进一步实现。我国公民已利用网络在一定程度上实现了解政府信息、参与政府决策、检举贪污腐败、控告渎职失职等公民权利,一系列具有较大影响力的事件(如"躲猫猫"事件)的出现,用事实证明了网络文化对民主政治建设所起到的推动作用。

其次,加快政府职能转变。公民权利的实现导致各种丑恶现象、不作为行为在网上被揭发,引起亿万网民的声讨与争论,给相关政府职能部门造成巨大的舆论压力和强烈的竞争感,促使政府职能朝着更加高效、廉洁、便民的方向转变。

再次,推动民主制度的完善。在外部压力和内部动力共同作用下,政府与网络的联合成为趋势和潮流,市长网络信箱、公民网络评议、政务网上公开等活动广泛开展,并逐步走向制度化。

由此可见,网络文化对我国民主政治的积极影响不仅是巨大的,而且其影响正在从浅层向深层转化,最终将推动我国民主政治思想的发展。

4. 有利于先进文化建设

网络文化是人类文明发展到网络时代的产物,不同民族、不同时代、不同层次的文化通过网络得以迅速传播和相互融合,并在碰撞中产生出新文化的火花。就我国而言,社会主义的先进文化包括马克思主义及其中国化的理论成果、经过扬弃的中华民族传统文化以及对外国文化的优秀成果的借鉴等三个部分。

网络文化的发展将首先有利于继承和发扬我国传统文化的精华。一方面,网络信息传播的快速性、广泛性和多媒体性扩大了传统文化的传播范围,提升了传播速度,增强了传统文化的趣味性,将更有利于公众接受。另一方面,随着公众对传统文化了解的加深,民族自豪感和自信心得以增强,更有利于公众民族精神的培育。

其次，网络文化的发展有利于宣传马克思主义及其中国化的理论成果，宣传社会主义伦理道德，为其提供崭新的、更广阔的宣传平台，为马克思主义及其中国化的理论成果武装人们的头脑开辟新的阵地。为提高公民道德素质和维护社会公平正义提供舆论导向，网络不仅能够宣传真、善、美，给公众以正面引导，更善于揭露社会的假、恶、丑，并将其无限放大，给损害社会公德、破坏公平正义的人和组织造成巨大的舆论压力，并起到警示他人的作用。

再次，网络文化的发展有利于广泛吸收世界各国文化的有益成果，丰富和拓展社会主义先进文化的内涵，同时，有利于外国文化与中华民族传统文化、马克思主义文化的融合与渗透，从而推动新文化、新思想的萌芽和发展。

7.5.2　网络文化的负价值

1. 网络文化对个人发展的消极影响

网络文化对推动个人全面而自由的发展起到不可磨灭的积极作用，但网络文化对个人发展的消极影响同样不可忽视。网络本身并不涉及价值判断，它无法权衡对人的利弊，而人作为价值主体，具有主观能动性，拥有价值判断的意愿和能力。但人性又是复杂的，一部分人创造着具有消极影响的网络文化，而另一部分人对这种消极影响视而不见，甘愿成为网络文化的牺牲品。

首先，网络文化影响个人身心健康。良好的身心素质是个体自由自觉活动的基础，是个性发展和社会关系拓展的前提。网络文化创造的丰富多彩的虚拟世界，对于人类具有强大的吸引力，使人陷入其中而不能自拔，网瘾已经成为当代社会的顽疾。一方面，长时间上网不仅会造成视力下降、精力损耗，而且意味着持续遭受计算机辐射的侵袭，引起人类大脑、脏器以及皮肤等的病变。另一方面，网络虚拟世界的开放性、自由性、平等性是现实世界所望尘莫及的，但无论人在虚拟世界中如何尽情驰骋，终归都要回到现实中来。这种虚拟和现实的冲突造成了人内心的挣扎与矛盾，长此以往，心理控制力减弱、心理承受能力降低、双重人格等心理亚健康状况将极大影响"网虫"们的生活与工作。

其次，网络文化扩大了个人与社会的隔离。同样是由于网络的虚拟性，人在虚拟世界中获得无尽满足感的同时，产生对现实世界的厌倦与逃避，出现了大量的"宅男""宅女"，他们的社会活动急剧减少，其社会关系更多地存在于虚拟世界当中，人的社会性并没有得以拓展，反而使个人与社会的关系越来越疏远。

最后，随着个人身心健康受损以及社会性的衰退，人的创造能力失去了社会生活这一灵感的源泉，学习能力和实践能力失去了健康身心的支撑，人的能力的降低已是不可避免的后果。

2. 网络文化对传统文化的冲击

美国社会学家奥格本将文化划分为物质文化和非物质文化两大部分，对我国传统文化的划分也可以按照奥格本的观点来进行。网络文化对传统文化的冲击主要体现在非物质文化层面，即精神文化层面。而文化在本质上是精神的，因此，网络文化对传统精神文化的冲击对于传统文化来说将是更深层次的打击。具体表现在以下两个方面：

其一，挤压传统文化的生存与发展空间。网络作为一种新型传播媒介，为传统文化的世界范围内传播带来机遇，但机遇并不等于现实。现实情况是西方文化，特别是美国文化借助本国的技术优势成为网络文化的主导,互联网上的英语信息占到了90%以上,正如尼葛洛庞帝所说:"在互联网上没有地域性和民族性,英语将成为标准。"传统文化的发展既受到语言和技术的限制,又受到西方强势文化的压制。与此同时,网络文化的发展呈现出文化一体化的趋势。比尔·盖茨曾说:"信息高速公路将打破国界,并有可能推动一种世界文化的发展。"长此以往,传统文化有可能淹没在以美国文化为主导的西方文化体系当中,民族文化的生存将受到极大的挑战。

其二,侵蚀中华民族的精神内核。中华民族五千年文明史,积累了深厚而宝贵的精神财富,其中有些内容是中华民族能够跨越历史沧桑、创造灿烂文明的基本精神,它们构成了中华民族的精神内核,概括起来即"刚健有为,贵和尚中,崇德利用,天人协调"。而网络"恶搞"文化的盛行,反对一切传统和经验,这些宝贵的民族精神也受到无情的嘲弄,其深厚的内涵被字面化理解甚至被毫无根据地曲解,成为公众特别是青少年理解和认同民族精神的阻碍。同时,西方文化也利用其在网络文化中的主导地位,向我国公众渗透其文化思想,对民族精神内核的消解起到推波助澜的作用。

3. 网络文化对社会主义核心价值体系的消解

胡锦涛同志指出,"社会主义核心价值体系是社会主义意识形态的本质体现"。它包括四个方面的基本内容:一是马克思主义指导思想,二是中国特色社会主义共同理想,三是以爱国主义为核心的民族精神和以改革开放为核心的时代精神,四是以"八荣八耻"为主要内容的社会主义荣辱观。网络文化对社会主义核心价值体系的消解体现在客观和主观两个方面。

首先,网络文化作为一种世界性的文化,其内容具有多元性,我国公民通过网络不仅可以接受传统文化的熏陶,同样可以接触到形式各异的外国文化尤其是西方文化。西方文化所带来的极端个人主义、自由主义、享乐主义和拜金主义等腐朽的价值观念在潜移默化中正在获得越来越多国人的认同,进而由认同深化为信仰,由信仰指导着个人的行动。个体的价值观念出现多元化,而社会主义的核心价值体系与这些腐朽的价值观念截然对立,因此,这种多元化意味着对部分社会主义核心价值观的排斥和消解。

其次,西方和平演变的战略从未停止,意识形态的斗争仍在继续。西方国家利用其先进的信息技术和对互联网的控制权,大肆推销其文化产品和价值观念,妄图通过思想观念和价值取向的替换,瓦解社会主义国家公民的理想信念。网络文化对社会主义核心价值体系的消解已不再是仅仅由于网络文化的开放性、多元性等特性而导致的客观结果,而更大程度上在于西方国家主观上推动和平演变所致。

7.6 网络文化法律法规

中华人民共和国文化部令第51号《互联网文化管理暂行规定》已经于2011年2月11日由文化部部务会议审议通过,自2011年4月1日起施行。节选部分条款如下:

第二条 本规定所称互联网文化产品是指通过互联网生产、传播和流通的文化产品,主要包括:

(一)专门为互联网而生产的网络音乐娱乐、网络游戏、网络演出剧(节)目、网络表演、网络艺术品、网络动漫等互联网文化产品;

（二）将音乐娱乐、游戏、演出剧（节）目、表演、艺术品、动漫等文化产品以一定的技术手段制作、复制到互联网上传播的互联网文化产品。

第三条　本规定所称互联网文化活动是指提供互联网文化产品及其服务的活动，主要包括：

（一）互联网文化产品的制作、复制、进口、发行、播放等活动；

（二）将文化产品登载在互联网上，或者通过互联网、移动通信网等信息网络发送到计算机、固定电话机、移动电话机、电视机、游戏机等用户端以及网吧等互联网上网服务营业场所，供用户浏览、欣赏、使用或者下载的在线传播行为；

（三）互联网文化产品的展览、比赛等活动。

互联网文化活动分为经营性和非经营性两类。经营性互联网文化活动是指以营利为目的，通过向上网用户收费或者以电子商务、广告、赞助等方式获取利益，提供互联网文化产品及其服务的活动。非经营性互联网文化活动是指不以营利为目的向上网用户提供互联网文化产品及其服务的活动。

第四条　本规定所称互联网文化单位，是指经文化行政部门和电信管理机构批准或者备案，从事互联网文化活动的互联网信息服务提供者。

在中华人民共和国境内从事互联网文化活动，适用本规定。

第五条　从事互联网文化活动应当遵守宪法和有关法律、法规，坚持为人民服务、为社会主义服务的方向，弘扬民族优秀文化，传播有益于提高公众文化素质、推动经济发展、促进社会进步的思想道德、科学技术和文化知识，丰富人民的精神生活。

第六条　文化部负责制定互联网文化发展与管理的方针、政策和规划，监督管理全国互联网文化活动。

省、自治区、直辖市人民政府文化行政部门对申请从事经营性互联网文化活动的单位进行审批，对从事非经营性互联网文化活动的单位进行备案。

县级以上人民政府文化行政部门负责本行政区域内互联网文化活动的监督管理工作。县级以上人民政府文化行政部门或者文化市场综合执法机构对从事互联网文化活动违反国家有关法规的行为实施处罚。

第十二条　互联网文化单位应当在其网站主页的显著位置标明文化行政部门颁发的《网络文化经营许可证》编号或者备案编号，标明国务院信息产业主管部门或者省、自治区、直辖市电信管理机构颁发的经营许可证编号或者备案编号。

第十六条　互联网文化单位不得提供载有以下内容的文化产品：

（一）反对宪法确定的基本原则的；

（二）危害国家统一、主权和领土完整的；

（三）泄露国家秘密、危害国家安全或者损害国家荣誉和利益的；

（四）煽动民族仇恨、民族歧视，破坏民族团结，或者侵害民族风俗、习惯的；

（五）宣扬邪教、迷信的；

（六）散布谣言，扰乱社会秩序，破坏社会稳定的；

（七）宣扬淫秽、赌博、暴力或者教唆犯罪的；

（八）侮辱或者诽谤他人，侵害他人合法权益的；

（九）危害社会公德或者民族优秀文化传统的；

（十）有法律、行政法规和国家规定禁止的其他内容的。

第十七条　互联网文化单位提供的文化产品,使公民、法人或者其他组织的合法利益受到侵害的,互联网文化单位应当依法承担民事责任。

第二十八条　经营性互联网文化单位提供含有本规定第十六条禁止内容的互联网文化产品,或者提供未经文化部批准进口的互联网文化产品的,由县级以上人民政府文化行政部门或者文化市场综合执法机构责令停止提供,没收违法所得,并处 10000 元以上 30000 元以下罚款;情节严重的,责令停业整顿直至吊销《网络文化经营许可证》;构成犯罪的,依法追究刑事责任。

非经营性互联网文化单位,提供含有本规定第十六条禁止内容的互联网文化产品,或者提供未经文化部批准进口的互联网文化产品的,由县级以上人民政府文化行政部门或者文化市场综合执法机构责令停止提供,处 1000 元以下罚款;构成犯罪的,依法追究刑事责任。

7.7　网络文化若干悖论

在网络文化令人眼花缭乱的现象背后,还能够发现它的一个最突出也是最根本的特点:存在着许多"悖论"(二律背反)现象,即在多层次、多方面具有二元因素的冲突、对立、混杂、互补的特点。尽管在表面上,它消解了或试图消解其他文化形态中的二元对立和中心意识形态,但它并不能真正摆脱二元冲突对立,只是使之具有了更新的形态,并为对立面的互动与融合提供了新的挑战和机遇。通过对网络的现象考察和价值分析,可以归纳出网络文化的最典型的十大悖论。

1. 技术与人文

这一对矛盾是网络文化的最根本矛盾。毫无疑问,网络首先是一种技术,它从诞生那一刻起到发展的每一阶段,都带有浓重的技术色彩。然而,任何一种技术,从它走出实验室走向社会的那一刻起,就具有了"文化"的色彩。而文化从根本上说就是人化,其首要特性就是人文性。网络一旦进入社会、进入生活,就成为一种新文化,具有了人文性,网络的技术性与人文性必然产生张力和冲突。其实,技术与人文的张力和悖论不是网络时代的专利,自从技术在人类社会出现以来,二者的张力和悖论就与生俱来。特别是工业社会以来,对技术与人文、人与机器的关系的反思始终是思想家们的重要课题,只不过在网络文化中,这一悖论更加突出和复杂。

技术之所以重要,不仅在于它对社会文化的推动作用,更在于它可以为任何人所用,可以用于任何可能的目的,人们常说技术是一把双刃剑,就是这个意思。因此如何选择和应用技术,对人类未来的生存与发展将起决定性的作用。"技术在现代的、充满活力的文化现实中占据着重要地位。人们愈发广泛地承认,现代技术是现代文化得以建立的基础。在很大程度上,文化的未来将被技术控制和决定"。技术到底是人类的圣杯还是潘多拉的盒子?都是,又都不是。海德格尔认为,现代机器的本质比人类创造的任何东西都更密切地渗透到人的存在状态中。技术的危险在于人类存在状态的转变,技术进入到人类生存的最内在的领域,改变人们理解、思想和意愿的方式。

在网络时代,以信息网络技术及生物工程技术为代表的新技术对人类社会影响的力量之强、速度之快、范围之广都是前所未有的,人们一方面享受着新技术带来的种种便利,一方面不自觉地陷入技术崇拜甚至技术统治的境地,导致许多社会、心理、文化困境,甚至导致人的新型"异化"。"网络幽闭症""网络成瘾症"就是典型的例子。技术的发展已经对人的自由、尊严、信念等根本价值提出了挑战。凯文·凯利说得好:

"由于网络经济的性质为不均衡、分散、不确定、动荡和相对主义埋下了种子,意义和价值就失去了根底。简单地说,用技术手段不能解决的问题,我们也根本无法解决……在意义的巨大真空里,在无言的价值的沉默中,在没有比自我更伟大的事物可景仰的空虚里,技术(不论是好是坏)将形成我们的社会。由于当今缺乏价值和意义,技术将代替我们做出决定。我们将听从技术,因为我们现代人的耳朵再也听不进别的,再没有其他坚定的信仰。想象一下技术需要的是什么,我们就可以想象出我们文化的发展方向。"

《圣经》中的上帝用痛苦的劳作来惩罚人类偷吃了自由和智慧的"禁果",但他完全没有想到,人既然因为违反"不可做"的第一戒律而获得了自由和智慧,那么就能不断突破"不能做"的界限。他决不会安于上帝强加给他的痛苦命运。"现代科技专家只充当了'半个上帝'……即如何像全知全能的上帝那样创造出前所未有的工程或奇迹。而那本古老《圣经》的另一半,那与人的文化遗产、生活意义、生存目标和价值有关的另一半,反倒成了与现代生活无关的、陈旧的东西"。技术只关心"有没有能力做",而不考虑"可不可以做""应不应该做",而后者正是关乎人类生存和发展的更根本问题。

所有这些都要求我们以理性精神和人性关怀对技术至上的观念进行反省。然而,我们不可能因为技术的种种负面后果就拒斥技术,正如我们不可能因为技术的巨大成功就消解人文精神一样。这就是网络时代技术与人文的悖论。我们只能在发展技术的同时,加强对技术的选择、应用和控制,也就是对技术的人文规范和控制,这在技术决定论日益盛行的今天尤其是当务之急。

未来的前景是人的技术化,还是技术的人性化? 这的确是个问题。如果我们不想成为机器人,那么,技术的统治越强大,人文的控制就越紧迫。"人脑的可能性,至少目前为止,还远胜于计算机的可能性。也许人类应该做的是在对技术的信仰和对人类自身的信仰之间,寻找一个平衡的支点"。

2. 一元与多元

一元与多元是一对相对的概念,任何文化形态的价值观念和价值取向都是一元与多元、共性与个性的对立统一。人类文化从相对一元走向相对多元是不可阻挡的必然趋势。与改革开放前封闭保守的一元价值观相比,近年来我国文化发展呈现出显著的多元化格局。中国、西方、前现代、现代、后现代等多种文化共时并存于当代中国,真正出现了"百花齐放、百家争鸣"的格局。网络成为文化多元化的催化剂,一方面消解了传统的文化边界和价值垄断,使个人价值得到前所未有的突显和发挥;另一方面又使整个社会价值体系极度分化,其内部出现多元化、分层化格局,呈现出极其丰富多彩的面貌。

(1) 网络文化主体——网民的多元化。网民是多量和多质的集合体,不同性别、年龄、职业、阶层、受教育程度、趣味的人,都有权利、有能力进行文化创造、价值判断和价值评价。较之从前的单一文化价值体系,无疑是一大进步。

(2) 网络文化客体的多元化。网络文化客体指人们的文化活动的对象——自然、社会与人自身。在网络时代,网络文化客体主要指信息,而信息本身的内容呈现出多元化、分层化的格局。

（3）网络文化中介的多元化。网络文化的中介主要是经济的、技术的、社会的、道德的、观念的各种力量。网络技术的应用和普及使这些力量在数量上极大丰富，在质量上极大提高。

（4）不同文化形态的多元化。网络为不同民族文化的交流与互动提供了前所未有的工具，文化呈现出全球化、一体化格局。但这并没有消除不同文化的差别和特性，相反，由于文化交流工具的便捷，文化的民族特性更加突显，而不同文化之间的冲突也有加剧的可能。

由此看来，网络文化似乎已经实现了多元化、民主化、平等化，人们似乎已经进入了自由、平等、多样性的文化伊甸园。然而网络在促进文化的共享化、平等化的同时，是否构成对其他文化形态的压制和排斥？只要冷静、理性地思考，就会发现，问题的答案是肯定的。这就是网络文化的多元与一元的二律背反：在多元的外表下隐藏着一元的秘密。网络文化的主体、客体、中介与过程都要服从技术和市场的逻辑（技术效用最大化和市场利益最大化原则）。技术与市场的标准事实上已经成为文化先进与落后的标准。技术力量越强大，市场经济越发达，价值就越大，文化就越"先进"。网络文化的一元化具体表现在：

（1）网民的相对一元化。不论网民的背景如何迥然不同，他们的网络行为方式、交往方式、思维方式和价值观念都要符合网络本身的规范。

（2）网络文化客体的一体化。网络上的信息虽然内容多种多样，但形式是基本一致的，在同样的软硬件条件下，信息具有相同的面孔，即数字化的"比特"。

（3）网络文化创造和实现手段的一元化。网络已经成为政治经济文化的统一体，主要是技术和市场的力量推动和主导着网络的发展。网络文化的创造和实现必须服从技术和市场的逻辑。网络主体要求的多样性与网络文化创造和实现手段的单一性之间存在深刻的矛盾。

（4）全球文化的相对一元化。网络本身就是美国文化的产物，网络文化至今仍带有显著的美国文化色彩。网络上的信息内容 90% 以上是英语，网络的硬件、软件、协议、语言都是以美国为主导的，很难想象这些内容不受美国文化价值观念潜移默化的影响。在网络社会一个相当长的历史阶段，经济和文化间的交流是"单向"的，即发达国家向不发达国家单向传输自己的科技和文化。而"落后"民族则处于一种尴尬的两难局面：要么拒绝网络的深入，从而游离于信息社会之外；要么任由强势民族的文化把自己改变成新的"世界公民"。如果说工业时代的文化冲突曾经表现为殖民化与反殖民化、侵略与反侵略等暴力方式，网络时代的文化冲突也许会表现为对信息的操纵与反操纵、渗透与反渗透的"虚拟战争"的形式。民族间的冲突也许不会出现血淋淋的场面，但这种意识形态和文化价值的冲突是关系到本民族文明是生存与发展，还是被同化与消亡的关键问题，因此冲突的激烈程度恐怕比以往有过之而无不及。如果说以前本民族的文化尚有地域作为主要边界的话，那么网络将无情地摧毁这道防线。当民族国家的"地域防线"不存在时，"民族特点"何以为生？

为什么会出现这种情况呢？根源还在文化的技术化和市场化。网络打破了文化交流的技术障碍，同时也打破了本土文化的自然屏障，在同等条件下，文化资源会流向技术更强、市场更发达的地方，导致文化传播上的"马太效应"，强的更强，弱的更弱。虽然网络为弱势文化提供了发展的空间，但更为强势文化的全球传播和建立文化霸权提供了手段。有人称之为"网络上的文化帝国主义"（culturalimperialism on network）和网络霸权主义。于是，一方面是高度发达的传播媒介构成的信息网络统一体，另一方面是许多信息的内容并没有被真正理解；一方面是由网络和卫星电视等造就的地球村，另一方面则村里的人虽然相互认识却感到交流困难；一方面是许多落后民族有了自己独立的声音，另一方面美国的文化霸权却不断加强。按照目前的发展趋势，网络时代一元与多元的文化冲突还会继续演变下去。如何应对文化一元化与多元化的悖论带来的挑战，是关乎人类未来生存与发展的重大问题之一。

3. 开放与封闭

开放性是网络的根本特性之一，也是网络的基本价值之一。开放与共享一脉相承。网络在现实发展中始终贯穿着开放与共享的精神。以目前的软件为例，在使用方式上主要有四种：①收费软件，以营利为目的；②共享软件（shareware），作者拥有版权，可以要求使用者付款，也可以不要求付款，买前试用；③免费软件（freeware），版权一般仅限于让其传播版权拥有者的名字，使用者随便使用，随便复制，但不得对软件的程序进行任何的修改；④公共软件（public domain software），不具备版权，允许任何人自由使用、修改。网络的共享性给传统的知识产权观念提出了很大挑战。

但是，在开放和共享的背后，仍然存在着封闭和垄断。绝大部分网络的硬件和软件产权及其核心技术掌握在少数几家美国公司手中，网络信息内容也存在着"赢家通吃"的现象，美国文化在网络上占据着越来越显著的垄断地位。美国的意图很明显，控制了因特网，就能通过覆盖全球的网络来控制世界上每个人的衣食住行和喜怒哀乐，控制财富和知识的源泉——信息，从而控制全世界。网络的开放性与网络安全之间也存在着矛盾。网络的价值在于信息共享，而要实现信息共享就需要网络保持一定的开放性，但是越开放的网络，它自身的安全性受到的挑战就越大。有人认为，最安全的网络就是自我封闭的网络。因而开放和安全之间就构成一对矛盾，从理论上说，网络的安全性和开放性是成反比的。要解决这一矛盾，不但要发展网络安全技术，更需要建构全新的网络伦理规范。

4. 自由与规范

自由是网络的基本价值之一。自由包括个体自由（个体意志的自决）与"一切个体的同等自由"（西方意义上的"正义"），两者结合，进一步引申为通过人与自由、人与人关系的互动而达到的精神自由。

自由与规范之间存在着矛盾：网络的迅速发展和广泛应用为个人自由提供了手段和工具。但是从技术手段里面不会自动生长出现实的自由。比如在交往过程中，自由的实现还需要法律条件（对自由的限度、自由与纪律、自由与责任的关系等的法律界定）和道德条件（交往主体相互之间对基本权利的尊重和信任）。有什么样的法律和道德条件，就有什么样的社会自由。网络主要是自发产生和发展的，目前个人网络行为的权利、义务和责任很不明确，缺乏规范，导致网络秩序的混乱。另外，市场经济条件下的自由仍然是有限的自由。"号称自由公开的互联网，正是在市场经济的工业生产线上制造出来的，其最终出路也不可避免地走向商业目的。互联网络中的自由，也许正如互联网经济一般，也是一个泡沫。网络并非是自由的，它受商业利益和信息富有者的控制"。

自由与自然之间也存在矛盾：自由使人脱离动物界，摆脱自然条件的束缚。人的自由来源于制造工具代理者，这些代理者使人越来越自由。人的技术、人的世界、人的文明和人的自由是同步发展的。然而，人是一种从不满足的动物，人所拥有的一切并不能使他满足，他总要追求自由的最大值。因为他一旦拥有，对他来说也就失去意义了。当人的大部分活动都被工具代理之后,他与工具相比反而成了一个有缺陷的有机体。安德尔斯说:"在形态学方面,人的身体没有变化;从工具的角度看,人是保守的、没有进步的、陈旧的、不可修改的,是工具进步中的一个累赘。简言之,自由的和不自由的主体变换了——物是自由的,人是不自由的。"当工具只能部分取代人的活动时,它只是人的代理者,当人获得有限自由时,自由对他才有意义;如果工具全面取代了人的活动,它就是人的替代者,也就是说,当人想获得全部自由时,这种对自由的追求就可能把他自己全部吞噬——这就是工具与自由的悖论。由于网络的过度技术化,有可能在自由的旗号下扼杀人的灵性。"每天冷漠的人机对话中人也会变得冷漠,会失去对五彩缤纷的生活的感受力,从而在无数的'程序'和'系统'中丧失掉无拘无束的自然的灵性"。

5. 民主与集中(分权与集权)

网络文化的发展无疑为民主的发展提供了新的手段,但并不能自动带来政治民主和经济民主。早在20世纪80年代,托夫勒就曾指出:世界已经离开了依靠暴力与金钱控制的时代,而未来世界政治的魔方将控制在拥有信息强权的人手里,他们会使用手中掌握的网络控制权、信息发布权,利用英语这种强大的文化语言优势,达到暴力和金钱无法达到的目的。尼葛洛庞帝乐观地认为网络时代的"数字化生存"有四个特质:分散权力、全球化、追求和谐和赋予权力。"我看到同样的分权心态正逐渐弥漫于整个社会之中,这是由于数字化世界的年轻公民的影响所致。传统的中央集权的生活观念将成为明日黄花。"然而,丹·希勒指出了网络的另一面:"互联网绝不是一个脱离真实世界之外而构建的全新王国,相反,互联网空间与现实世界是不可分割的部分。互联网实质上是政治、经济全球化的最美妙的工具。互联网的发展完全是由强大的政治和经济力量所驱动,而不是人类新建的一个更自由、更美好、更民主的另类天地。"如果不改变目前不合理的世界经济、政治秩序,真正民主化和权力分散仍然不可能实现。另外,为了国家安全、防止网络犯罪、规范网络秩序,对网络的集中控制又是非常必要的。于是,无论在国家范围内还是在全球范围内,网络用户对民主和分权的要求与政府管理、控制网络的需要之间总是存在着程度不同的矛盾。

6. 平等与差异

追求社会平等,消除社会差异,是人类共同的文化传统,是人类永恒的社会理想。社会主义和共产主义就是这一社会理想的集中体现。平等性是网络的根本原则之一。约翰·诺顿认为,"计算机世界是我所知道的唯一真正把机会均等作为当代规则的一个空间……但是互联网上没有形式上的权力,并不意味着没有权威。莱西格的全体共用地位的原则使该空间对个人保持开放,他们能得到的不是权力,而是权威。一个人要得到这个权威,不是靠一个组织说'你是最高权威',而是靠全体公众最终承认谁能写出真正有用的编码"。网络文化一方面消除了人与人之间的传统界线,降低了技术应用的门槛,大大提高了广大劳动人民的科学文化素质,在社会平等方面前进了重要一步;另外,由于网络技术和网络文化发展的不平衡,国家与国家、个人与社会、个人与个人、社会各阶层之间的差异与矛盾有加大的趋势。王小东指出信息技术可能造就"贫穷人海之中的一个个高科技群岛"。

如果排除起作用的其他因素,只考虑信息技术社会所带来的影响,21世纪的世界地图很可能就是这个样子:在全世界浩瀚的贫穷人海之中,散布着一个一个的高科技群岛,在这些群岛里面,是一片安宁、舒适、雅致,科技精英们居住在里面,思考着"无限的可能性",而在群岛之外,则是肮脏、贫穷、罪恶、流血争斗、疾病、污染,其中最小的那些岛很可能真是用玻璃罩起来的,岛与岛之间则用高速通信线路相联,通过这些线路,岛民们可以相隔万里却亲密无间,而近在咫尺的岛外却与他们没有什么关系。尽管这种看法过于悲观,但也绝非杞人忧天。网络的发展只是为社会差异的消除和社会平等的实现提供了技术条件,要真正实现社会平等的理想目标,还需要政治、经济、伦理、文化各方面的努力。

7. 虚拟与实在

虚(拟)与实(在)一直是人类文化中的一对矛盾。网络时代的"虚拟现实"技术正在彻底改变人们的实在观,改变着"虚"与"实"的关系。"电子技术提供的虚拟现实正在淡化着我们在传统生活中形成的那种实实在在的'现实感'。这并不表明人们开始进入'非现实'的时代,而恰恰说明'现实'的含义发生了巨大变化"。在传统的实在观中,所谓"实"是指具有客观现实性(也就是现在存在)或物质性的事物,"虚"是指只具有未来可能性或者精神性的事物,两者的界限是分明的,非实即虚。但是,虚拟现实从根本上消解了"现实性"与"可能性""现在"与"未来""实"与"虚""物质"与"精神"的界限,事物的价值不在于它是否"现存",而在于它的可能效用;事物的界限不在于事物本身,而在于人的想象力;人们"虚拟"地学习事物可以比"现实"地学习事物更有效;人们"虚拟"地实践某件事情可以比"实际"地实践某件事情更有意义。然而,虚拟现实在使人们自由穿梭于虚实之间的同时,有可能使我们的生活世界空洞化,甚至使人自身空心化。也就是沉溺于"虚拟现实"中,把"现实"当成"虚拟",又把"虚拟"当成"虚幻",把事物虚拟的替代物当作事物本身。"虚拟世界可以威胁人为经验的完整性……我们需要学会时不时地抑制虚拟现实。无限多样的世界呼唤心智健全,呼唤与现实的联系,呼唤形而上学的基础"。人为什么容易沉迷于虚拟世界中呢?学术界大致有三种解释:

第一种是弗洛伊德心理分析学的解释。弗洛伊德认为人格有三重,即"超我""自我"和"本我","超我"是按照社会的伦理规范所形成的"我";而"本我"是按照自我快乐的原则来行为的;"自我"夹在这两个"我"中间。他认为文明越发展,可能对人越压抑,就是用"超我"的人格特征来压抑"本我"的人格特征,表现为"自我"的人格。但是虚拟世界给了人们表现"本我"人格的机会,虚拟的环境是人自由地表现"本我"的一种状态。

第二种是后现代的解释。由于在现实的社会中,社会和文化的发展使我们对某些问题的思考,有了一些固定的模式,网络则是对这种既有模式的一种消解和颠覆。

第三种是批判理论的解释。认为现实的问题解决不了的时候,才到幻想中去解决,计算机游戏给人们提供了一个逃避现实的途径。有资料表明,网瘾或者游戏瘾比较深的、状况比较重的,大多是一些在社会上遭到各种压抑或排挤的所谓有问题的孩子。

8. 理性与价值

理性与价值是人类文化的一对固有矛盾,两者对于人的生存和发展来说都是不可或缺的。一般而言,理性关注和解决的是实然问题,而价值关注和解决的是应然问题,只有两者结合,才能形成必然问题。现代技术的支柱是工具理性,只进行事实判断,不进行价值判断。霍克海默和阿多尔诺在《启蒙辩证法》中认为技术崇拜使以理性为基础的技术非理性化了,理性的技术本身已经成为一种非理性的信仰,理性本身开始扮演传统上由价值和信仰所扮演的角色。价值作为理性的对立面和反思者其作用大大减弱,导致了两者的严重失衡。现代社会工具理性的僭越使传统的价值、情感、直觉、精神、意志等非理性因素被越来越沉重地挤压和控制,必然在某种条件下以歪曲的形式爆发出来。这就是在现代社会科学昌明、理性至上、技术进步的情况下，人的情感需要、心理病症、宗教信仰越来越多的原因之一。网络时代理性与价值的冲突非但没有消除，反而更加严重。理性只告诉我们真和假，但不能告诉我们什么是善和恶，什么是美和丑。原子弹是"理性的"，因为它是能够制造的，但同时它是恶的，因为它在价值上是不合理的。克隆人在技术上是完全能够做到的，但它不符合人类的伦理道德。康德早就看到理性和价值的悖论，他要为理性和价值"划界"，二者各司其职、互补互动。要真正做到这一点很难，但为了人类健康得生存和发展，必须尽力而为。

9. 创新与传统

创新性是网络文化的基本特性之一。不断创新、不断超越是网络之所以始终保持旺盛的生命力的根本。网络文化在多方面否定、批判和超越了传统文化，具有明显的"后现代"意味。所谓"后"就意味着超越。超越所遵循的是"比较级法则"，没有最新，只有更新；没有最快，只有更快；没有最好，只有更好……我们在无穷的追求中进入了一个"比较级时代"。求新、求变、求快、不断升级已经成为网络时代的基本原则，甚至成为新的"崇拜"。但问题在于：

第一，创新并不总是有意义的。许多现有的产品在性能仍领先的情况下就被更新的产品所取代。比如许多计算机硬件和软件的"升级"都不是实质性的，而是为了获取市场利益、控制市场份额。

第二，社会文化的发展永远跟不上技术的加速度发展，必然在社会结构、伦理道德、文化心理方面产生许多断裂、错位和冲突，许多人无法适应社会的飞速变化。

第三，传统文化与现代文化的冲突和矛盾日趋激烈。真正属于我们自己的网络文化应是在扬弃传统文化的基础上，汲取西方现代文化的优秀成果的产物。只有这样的网络文化，才是活生生的、有无穷创造力的新时代文化。如何在大力推进和保持创新能力的同时，保持文化的稳定性和连续性，如何在向数字化和网络化转化的同时，保持自己的民族特色，如何在向西方学习先进的科技文明的同时，弘扬中国传统文化中的精华，将成为中国网络文化发展的重大课题。

10. 个人与社会

个人与社会的矛盾是人类文化的基本矛盾之一，二者之间的张力和矛盾推动了人类文化的不断超越和发展。在网络文化中，这一对矛盾主要表现为个人隐私与社会监控的矛盾。隐私权是公民的基本权利之一，合理的个人隐私权应当得到有效的保护，网络文化从本质上是鼓励个性化的。但是社会安全和社会监控又是社会存在和发展的前提，也应该得到保护，这样两者之间就会产生一定的冲突。在传统社会中，个人隐私与社会安全的矛盾并不很突出，但是在网络社会中，个人隐私在很大程度上得不到完整有效的保证。由于信息网络技术的发达，人的活动通过网络来完成，信息数据的搜集、储存、处理和交换技术特别发达，可以把人在网络上的活动的每一个细节都记录下来，储存之后可以很方便地找到行为的过程和用户的身份。除了用户自己有意提供的数据外，还存在其他搜集用户信息的手段，如系统本身的安全漏洞以及"曲奇饼"（cookies）。曲奇饼是由网络服务器（网站）置于用户计算机之内的一类数据，自动记录你在该网站上的一些活动信息，如你访问过哪些网页、停留时间长短、浏览偏好、个人资料等。好处是可以使你以后更快地浏览该网站，也可以简化某些登录程序等，但坏处更明显，你不能保证你的个人信息不被泄露、扭曲、多手传播甚至恶意利用。另外，政府和商业机构为了防止日益猖獗的网络犯罪及其他社会问题，有必要对网络上的个人行为进行一定的监控,这在客观上就会侵害到个人隐私和言论自由,更不必说一些政府和商业机构有意地侵害个人隐私的行为。有报道说,美国政府监控着全球 90% 以上的电子邮件及电子商务信息,无论其目的如何,都不能不让人感到恐惧。"在方兴未艾的监视机器面前,我们面临的并不是一个中性的技术发展过程,而是实用主义哲学家终于通过计算机而实现的一种社会模式,它没有阴影,没有秘密,更没有神话,一切事物都变成了赤裸裸的数据"。信息网络技术为合法和非法的权力滥用和权力控制提供了新的机会。

绝对的个人隐私是不可能的,除非你根本不上网。困难的并不是对每件事情保密,而是如何使用户能够自我控制有关个人的信息的流向以及制止他人滥用这些信息。为了解决这一问题,可以有技术和社会两种手段。技术的手段就是开发一些隐私保护软件,如TRUSTe 和隐私倾向选择平台(platform for privacy preferences)。TRUSTe 是一个对信息予以公开和核实的系统。它可以使用户可靠地控制信息,即便此信息已为第二方所得。隐私倾向选择平台可以使用户规定和控制有关自己的信息,并决定对任一特定的网站提供哪些信息。它们代表着一种自下而上的努力,目的是将权力分散,将规范和控制交由客户来进行,使你能够控制信息的流向,与此同时,它并不妨碍你享受信息交换的真正好处。社会的手段主要是法律和伦理。目前还没有专门的网络个人隐私保护法,只有一些相关的政策法规。基本原则是:在保护用户在网络上的个人隐私权和言论自由权的同时,保留政府和其他法定机构为国家安全和防止犯罪而监控个人信息的权利,难点在于把握一个"度"。在伦理方面主要是尽快建立个人隐私和社会安全的双重规范,对个人隐私的保护不能以损害他人和社会的安全为代价,社会安全和监控也不能以侵害个人隐私和言论自由为代价。

网络的未来应当朝着个人与社会、个体与群体、个性与共性之间分散而有张力的互动形态发展,从而实现个人的自由发展与社会共同体的健康发展的双重目标。总之,网络文化存在着人与物、一与多、内与外、分与合、虚与实、真与假、理与情、新与旧、公与私等要素之间的张力,构成了一系列的悖论和困境。要解决这些悖论和困境,需要采取经济、技术、社会、法律、伦理、文化等多种手段。例如,改革不合理的国际政治经济秩序,建构具有适应性和灵活性的网络社会结构,发展具有人性化的新技术,建构和完善网络法律规范,建构具有现代网络精神的网络伦理,培养健康、全面的网络人格等。"技术的进步给了人们以更大的信息支配能力,也要求人们更严格地控制自己的行为。要建立一个'干净'的互联网络,需要法律和技术上的不断完备,还需要网络中每个人的自律和自重。"

7.8　小结

网络文化是以网络信息技术为基础,在网络空间形成的文化活动、文化方式、文化产品、文化观念的集合。网络文化的主要功能包括导向、传承、渗透、教育等。网络文化有促进人的全面发展的正面价值,也同时存在消极影响。国家发布了有关网络文化的有关规定,即《互联网文化管理暂行规定》。网络文化中存在开放与封闭、一元与多元、自由与规范等诸多矛盾,需要积极思考以便系统、深入促进网络文化的正向发展。

7.9　习题

1. 文化的概念是什么？网络文化的概念是什么？
2. 网络文化有哪些主要功能？
3. 网络文化的基本特征有哪些？
4. 网络文化有哪些社会影响？应如何应对其负面影响？
5. 网络文化相关的法律法规有哪些？
6. 网络文化中有哪些主要矛盾？其主要内容是什么？如何积极引导正向发展？
7. 请思考网络文化的未来发展态势。

第 8 章

信息网络技术实践

8.1 引言

信息网络系统庞大,涉及多种体系结构和具体协议,内容抽象,难于直观理解。同时,信息网络已融入人们生活的方方面面,具有较强的实践性。因此,本章围绕物理层、数据链路层、网络层和应用层设计相关实验,进一步加深对信息网络的理解,并提升读者的动手实践能力。

8.2 网线的制作与测试

8.2.1 实验目的

(1) 掌握双绞线连接方法。
(2) 掌握 RJ-45 头网线的制作。
(3) 掌握双绞线的联通性测试方法。
(4) 掌握双绞线直联模式。
(5) 掌握 Cisco Packet Tracer 模拟软件使用方法,并模拟两台计算机直联通信。

8.2.2 实验环境

(1) RJ-45 头若干、双绞线若干米、RJ-45 压线钳一把、测试仪一套。
(2) 装有 Cisco Packet Tracer 模拟软件的计算机。

8.2.3 实验原理

1. 双绞线的分类

常见的双绞线按照质量由次到好可分为 3 类线、5 类线、6 类线和 7 类线等。各类双绞线的用途如表 8-1 所示。

表 8-1 各类双绞线用途

线 缆 类 别	说 明
3 类线缆	支持 10Base-T 网络
5 类线缆	支持 10Base-T、100Base-T 网络
5e 类线缆	支持吉比特以太网
6e 类线缆	支持 1Gb/s、10Gb/s 的网络
7 类线缆	支持万兆位以太网,传输速率可达 10Gb/s

2. RJ-45 接口

RJ-45 接口是双绞线与计算机网卡或者交换机网口连接的标准接口。常见的 RJ-45 接口有两类:用于以太网网卡、路由器、以太网接口等的 DTE(数据终端设备)类型和用于交换机等的 DCE(数字通信设备)类型。

双绞线接口的排列标准可分为 EIA/TIA-568-A 和 EIA/TIA-568-B 两种标准。EIA/TIA-568-A 标准,简称 T568A,其双绞线的排列顺序为绿白、绿、橙白、蓝、蓝白、橙、棕白、棕。EIA/TIA-568-B,简称 T568B,其双绞线的排列顺序为橙白、橙、绿白、蓝、蓝白、绿、棕白、棕。两种标准的线路排列规律如图 8-1 所示。

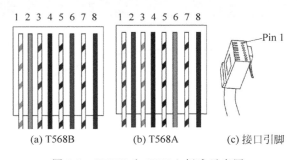

(a) T568B   (b) T568A   (c) 接口引脚

图 8-1 T568B 和 T568A 标准示意图

这里以 10Base-T 双绞线为例说明其接口。对于 DTE 设备而言,其 RJ-45 引脚功能排列如表 8-2 所示。对于 DCE 设备而言,其 RJ-45 引脚功能排列如表 8-3 所示。

表 8-2 DTE 设备引脚功能

引 脚 位	功 能	功能代码
1	发送	Tx+
2	发送	Tx−
3	接收	Rx+
4	保留	
5	保留	
6	接收	Rx−
7	保留	
8	保留	

表 8-3 DCE 设备引脚功能

引 脚 位	功 能	功能代码
1	接收	Rx+
2	接收	Rx−
3	发送	Tx+
4	保留	
5	保留	
6	发送	Tx−
7	保留	
8	保留	

这样,依据网线两端接口的不同,可分为直通线(平行线)和交叉线两种。直通线的两端采用相同的标准,即都是 T568A 或都是 T568B;交叉线的两端采用不同的标准,即一端为

T568A,另一端为 T568B。当 DCE 和 DCE 以及 DTE 和 DTE 之间相连时,即同种类型的设备相连时,采用交叉线。当 DCE 和 DTE 之间相连接,即不同种类型的设备相连时,采用直通线。随着技术的发展,大部分计算机或交换设备均可自动适配接口类型。因此,在日常使用双绞线过程中很少关注其为交叉线还是直通线。

3. Cisco Packet Tracer 6.2 软件简介

Cisco Packet Tracer 是由 Cisco 公司发布的一个辅助学习工具,为初学者学习网络原理与技术、网络项目设计和配置,以及网络故障排除等提供了一个简单易行的模拟环境。用户可以在图形用户界面上直接使用拖曳方法建立网络拓扑,并使用图形配置界面或命令行配置界面对网络设备进行配置和测试;也可在软件提供的模拟模式下观察数据包在网络中行进的详细过程,进行协议分析等。

下面简要介绍 Cisco Packet Tracer 6.2 操作界面,便于后续实验操作。Cisco Packet Tracer 6.2 操作界面(如图 8-2 所示)由菜单栏、工具栏、拓扑工作区、拓扑工作区工具条、设备列表区、报文跟踪区等区域组成。

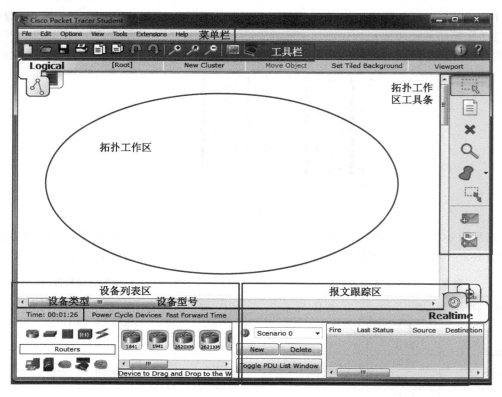

图 8-2 Cisco Packet Tracer 6.2 操作界面

菜单栏包括 File (文件)、Edit (编辑)、Options (选项)、View(视图)、Tools (工具)、Extensions (扩展)和 Help (帮助)菜单。使用菜单栏内的菜单,可以新建、打开、保存文件,还可以进行复制、粘贴等编辑功能以及获取软件帮助信息等操作。

设备列表区显示 Cisco Packet Tracer 6.2 支持的设备,由两部分组成:设备类型列表和设备型号列表,如图 8-3 所示。Cisco Packet Tracer 6.2 支持的设备在设备类型列表区中从左至右、从上至下依次是 Routers（路由器）、Switches（交换机）、Hubs（集线器）、Wireless Devices（无线设备）、Connections（连接线缆）、End Devices（终端设备）、Security（安全设备）、WAN Emulation（广域网仿真）、Custom Made Devices（定制设备）和 Multiuser Connection（多用户连接）。

　　在设备类型列表中单击某种设备，将在设备型号列表中列出这类设备所有可供选择的型号。如图 8-3 所示，在设备类型列表中选中 Routers（路由器），设备型号列表中列出了所有可选的设备型号。

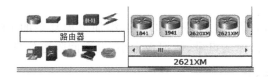

图 8-3　设备列表区

　　拓扑工作区是创建网络拓扑，配置网络以及测试网络的主要工作场所。该区域中间白色区域为主要工作区域，在此区域可以添加设备，创建网络拓扑图，使用拓扑工作区工具对拓扑图进行编辑，对设备进行配置以及测试网络，或者在模拟模式下分析网络协议。该区域右侧为拓扑工作区工具条，如图 8-4 所示，具体功能如下。

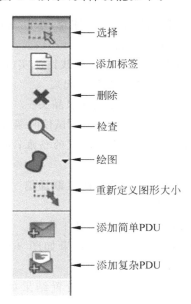

图 8-4　拓扑工作区工具条

　　（1）Select（选择）：选中该图标后，将鼠标移至拓扑图上，单击设备即可打开该设备的配置界面进行配置；或者选中设备并按住鼠标左键移动鼠标，可以调整设备在工作区中的位置。

　　（2）PlaceNote（添加标签）：在拓扑工作区内为设备添加标签或者添加拓扑图的说明等信息。

　　（3）Delete（删除）：选中该图标后，可单击删除拓扑图中的设备或者线缆。

（4）Inspect（检查）：查看拓扑图中路由器/交换机的路由表、ARP 表等信息。此功能相当于在设备 CLI 接口下使用 show 命令查看相关信息。选中该图标后，在拓扑图中单击要查看的设备，并在弹出菜单中选择相应菜单项即可打开对应信息。

（5）Draw（绘图）：提供在拓扑工作区绘制多边形、矩形、椭圆形和直线的功能。

（6）Resize Shape（重定义图形大小）：选中该图标后，在拓扑工作区选中使用 Draw 工具绘制的图形，在图形上会出现一个红色的小正方形，拖动它即可改变图形大小。

（7）Add Simple PDU（添加简单 PDU）：添加一个从源节点到目标节点的 Ping 包，用于网络连通性测试。

（8）Add Complex PDU（添加复杂 PDU）：添加更加复杂的 PDU，用户可选择协议类型、源/目标 IP 地址、源/目标端口号、数据报大小、发送间隔等信息。

8.2.4　实验方法

1. 非屏蔽双绞线网线的制作与测试

（1）将双绞线从头部开始将外部套层去掉 20mm 左右，并将 8 根导线理直。

（2）确定是直通线还是交叉线，然后按照对应关系将双绞线中的线色按顺序排列。

（3）剪断双绞线，使裸露部分保持在 12mm 左右，并尽量保证切口整齐（注意不要剥开每根导线的绝缘外层）。

（4）将双绞线整齐地插入到 RJ-45 接头中（注意，水晶头没有弹片的一面朝向自己，有金属压片的一头朝上，线要插到水晶头底部）。

（5）在确认一切正确后，将 RJ-45 插头放入压线钳压实（此时，利用压线钳使水晶头的 8 个针脚穿过导线绝缘层与 8 根导线紧紧衔接在一起）。

（6）按照同样的方法将双绞线另一头也做好水晶头。

（7）将做好的双绞线两端的 RJ-45 头分别插入测试仪两端，打开测试仪检测制作是否正确。

注意：在双绞线压接处不能拧、撕，防止有断线的伤痕；使用 RJ-45 压线钳连接时，要压实，不能有松动。

2. 利用 Cisco Packet Tracer 完成两台 PC 的直联通信

（1）打开 Cisco Packet Tracer 模拟环境。

（2）从设备区选择两台计算机，并添加至拓扑工作区。

（3）用交叉线将两台主机直接相连，连接效果如图 8-5 所示。

（4）给每台主机设置 IP 地址和子网掩码，设置结果如表 8-4 所示。

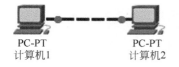

PC-PT
计算机1 　　　　　 PC-PT
计算机2

图 8-5　直联模式示意图

表 8-4　直联模式 IP 设置

主　机　名	IP　地　址	子　网　掩　码
计算机 1	192.168.1.1	255.255.255.0
计算机 2	192.168.1.2	255.255.255.0

（5）使用 Ping 命令，检测两台机器是否可以通信。

8.2.5 实验要求

(1) 独立完成双绞线制作与测试。

(2) 在 Cisco Packet Tracer 环境中,实现两台计算机直联通信,利用 Ping 命名检测两台设备的连通情况,并截图说明。

(3) 利用制作的双绞线完成两台计算机的文件传输,在实验报告中描述文件传输方法并附加截图。

8.3 局域网组建与配置

8.3.1 实验目的

(1) 掌握以太网帧的封装格式。

(2) 掌握集线器、交换机配置方法。

(3) 掌握 Cisco Packet Tracer 图形界面下的组网方法。

(4) 理解共享式以太网和交换式以太网的异同。

8.3.2 实验环境

装有 Cisco Packet Tracer 模拟软件的计算机。

8.3.3 实验原理

在本书 3.3.1 节详细介绍了以太网的帧结构、共享式以太网和交换式以太网的相关内容,此处不再赘述。

8.3.4 实验方法

利用交换机组建局域网,其拓扑结构如图 8-6 所示,IP 地址配置如表 8-5 所示。

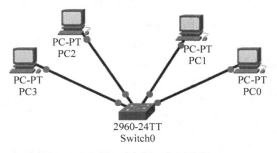

图 8-6 局域网拓扑结构图

表 8-5 局域网 IP 地址配置

主 机 名	IP 地 址	子 网 掩 码
PC0	192.168.1.1	255.255.255.0
PC1	192.168.1.2	255.255.255.0
PC2	192.168.1.3	255.255.255.0
PC3	192.168.1.4	255.255.255.0

（1）添加简单数据包，观察以太网帧结构，以及交换机对数据包的处理和修改情况。

① 若此时交换机端口指示灯呈橙色，则单击主窗口右下角 Realtime（实时）和 Simulation（模拟）模式切换按钮数次，直至交换机指示灯呈绿色。此步骤可加速完成交换机的初始化。单击 Delete 按钮，删除预设场景。

② 进入 Simulation（模拟）模式，设置 Event List Filters（事件列表过滤器）只显示 ICMP 事件。单击 Add Simple PDU（添加简单 PDU）按钮，在拓扑图中添加 PC0 向 PC2 发送的数据包。单击 Auto Capture/Play（自动捕获/执行）按钮，捕获数据包。当 PC2 送的响应包返回 PC0 后通信结束，再次单击 Auto Capture/Play（自动捕获/执行）按钮，停止数据包的捕获。

③ 选择事件列表中第二个数据包（PC0 到 Switch0 的数据包），单击其右端 Info 项中的色块。在弹出窗口中选择 Inbound PDU Details 选项卡。观察其中 Ethernet（以太网）对应的封装格式：重点观察第一个字段 PREAMBLE（前导码）的组成，DEST MAC（目标 MAC地址）和 SRC MAC（源 MAC 地址）的取值，并将其记录下来。

④ 选择事件列表中第三个数据包（即 Switch0 到 PC2 的数据包），观察其中 Ethernet帧各字段取值，与步骤 2 中观察的各字段取值进行对比，看哪些字段取值发生了变化，观察交换机是否会修改以太网帧各字段取值。

（2）添加广播数据包，观察广播以太网帧结构，以及交换机对广播数据包的处理和修改情况。

① 单击窗口下方 Delete（删除）按钮，删除预设场景。

② 单击 Add Complex PDU（添加复杂 PDU）按钮，单击 PC0，在弹出的对话框中设置参数：Destination IP Address（目标 IP 地址）设置为 255.255.255.255（这是一个广播地址，表示该数据包发送给源站点所在广播域内的所有站点）；Source IP Address（源 IP 地址）设置为 PC0 的IP 地址；Sequence Number（序列号）设置为 1；Size 设置为 0；Simulation Settings（模拟设置）选中 One Shot，其对应的 Time 设置为 1。

③ 单击 Auto Capture/Play（自动捕获/执行）按钮，捕获数据包。在此过程中观察拓扑工作区中动画演示的数据传输过程，记录该广播帧（即 PC0 发送的数据帧）被交换机转发给的节点计算机，以及节点计算机接收的广播帧的封装情况。

（3）对比以集线器为中心的共享式以太网和以交换机为中心的交换式以太网，其拓扑结构如图 8-7 所示，IP 地址配置如表 8-6 所示。

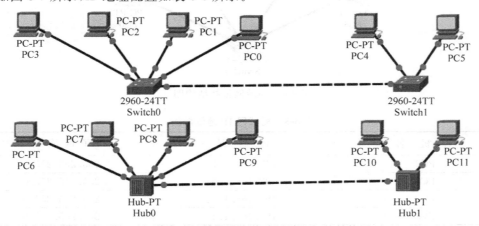

图 8-7　共享式局域网和交换式局域网拓扑结构图

表 8-6　共享式局域网和交换式局域网 IP 地址配置

主　机　名	IP　地　址	子网掩码	主　机　名	IP　地　址	子网掩码
PC0	192.168.1.1	255.255.255.0	PC6	192.168.1.1	255.255.255.0
PC1	192.168.1.2	255.255.255.0	PC7	192.168.1.2	255.255.255.0
PC2	192.168.1.3	255.255.255.0	PC8	192.168.1.3	255.255.255.0
PC3	192.168.1.4	255.255.255.0	PC9	192.168.1.4	255.255.255.0
PC4	192.168.1.5	255.255.255.0	PC10	192.168.1.5	255.255.255.0
PC5	192.168.1.6	255.255.255.0	PC11	192.168.1.6	255.255.255.0

① 在交换式以太网中添加从 PC0 发送至 PC2 的简单数据包以及 PC4 发送至 PC5 的简单数据包,观察是否发生冲突,并理解交换式局域网冲突域范围(信封图标表示数据包,信封上闪烁"√"表示通信成功,闪烁"×"表示设备丢弃该数据包,闪烁火焰表示数据冲突)。

② 在共享式以太网中添加从 PC6 发送至 PC8 的简单数据包以及 PC10 发送至 PC11 的简单数据包,观察是否发生冲突,并理解共享式局域网冲突域范围(信封图标表示数据包,信封上闪烁"√"表示通信成功,闪烁"×"表示设备丢弃该数据包,闪烁火焰表示数据冲突)。

③ 在交换式以太网中添加从 PC0 发出的广播数据包,理解交换式局域网广播范围。

④ 在共享式以太网中添加从 PC6 发出的广播数据包,理解共享式局域网广播范围。

8.3.5　实验要求

(1) 添加 PC0 向 PC4 发送的数据包,对以太网帧的封装格式加以解释说明,并据此总结各个阶段交换机对数据包的处理和修改情况。

(2) 在共享式以太网中添加从 PC6 发送至 PC8 的简单数据包以及 PC10 发送至 PC11 的简单数据包,观察是否发生冲突,理解并总结共享式局域网冲突域范围。

(3) 在交换式以太网中添加从 PC0 发送至 PC2 的简单数据包以及 PC4 发送至 PC5 的简单数据包,观察是否发生冲突,理解并总结交换式局域网冲突域范围。

(4) 观察共享式以太网和交换式以太网广播数据包帧结构,以及交换机对广播数据包的处理和修改情况。理解共享式以太网和交换式以太网的广播范围。

8.4　路由器及路由协议配置

8.4.1　实验目的

(1) 掌握 Cisco Packet Tracer 命令行模式的组网方法。
(2) 掌握路由器的各种工作模式。
(3) 掌握路由器的密码管理。
(4) 掌握路由器的端口配置方法。
(5) 掌握静态路由和默认路由的配置方法。
(6) 掌握 RIP 路由协议的配置方法。

8.4.2　实验环境

装有 Cisco Packet Tracer 模拟软件的计算机。

8.4.3 实验原理

1. CLI 命令提示符

网络操作系统(internetwork operating system,IOS)是 Cisco 设备的主要网络操作系统。Cisco IOS 系统的配置和管理都是以 CLI(command line interface)接口的命令提示符方式进行的,就像 Windows 系统的 DOS 模式、Linux 和 UNIX 系统的 shell 模式一样。

1) 路由器各个操作模式

Cisco IOS 系统的 CLI 命令依据允许使用这些命令的不同用户等级和命令功能主要分为 6 种不同的模式。

用户模式下,用户只能查看路由器的一些基本状态,不能进行设置;特权模式下,用户可以使用 show 和 debug 命令进行配置检查,但不能进行路由器配置的修改;配置模式下,用户才能真正修改路由器的配置,如配置路由器的静态路由表,详细的配置命令需要参考路由器配置文档。如果想配置具体端口,还需要进入端口配置模式。路由器模式切换命令如表 8-7 所示。

表 8-7 路由器模式切换命令

命 令	含 义
Router>	当前为用户模式
Router>enable	进入特权模式
Router#	当前为特权模式
Router#configure terminal	进入全局配置模式
Router(config)#	当前为全局配置模式
Router(config)#interface fastethernet 0/0	进入端口配置模式
Router(config)#no shutdown	开启端口

端口配置命令如表 8-8 所示,这里以设置 Router0 的 fa0/0 端口的 IP 地址和子网掩码为例加以说明。

表 8-8 路由器端口配置命令

命 令	含 义
Router(config)#interface fa0/0	进入端口配置模式
Router(config-if)#ip address 192.168.1.1 255.255.255.0	配置 IP 地址和子网掩码
Router(config-if)#no shutdown	开启端口

注意,具体实验时为避免因为输入错误的命令而造成无用的 DNS 查询,耗费大量时间,可事先关闭 DNS 查询功能,具体命令为 Router(config)# no ip domain lookup。

2) 路由器密码管理

在进行路由器配置的时候通常需要设置密码来限制一般用户的访问。在默认的情况下,路由器是一个开放的系统,访问控制选项都是关闭的,任一用户都可以登录到设备从而进行更进一步的攻击,因此,需要配置密码来限制非授权用户访问设备。

(1) 控制台密码。用户模式的权限虽然不大,但是也会存在安全隐患,需要进行保护。可以通过设置控制台密码限制非授权用户通过 console 终端进入用户模式访问路由器。在全局配置模式下设置控制台密码,其设置命令如表 8-9 所示。

表 8-9　控制台密码设置命令

命　　令	含　　义
Router(config)♯line console 0	进入控制台接口线路配置模式
Router(config)♯password cisco	设置控制台密码为 cisco
Router(config)♯login	启用登录口令检查
Router(config)♯end	退出到特权模式
Router♯logout	退出用户模式

(2) 特权模式密码。设置特权模式密码可以限制非授权用户从用户模式进入特权模式,在全局配置模式下进行配置。可配置的密码有两种,一种是明文密码,命令格式为 enable password。当用这一命令设置特权模式密码后,密码在配置文件中是以明文方式显示的,这是很不安全的。另一种是密文密码,其使用优先级高于明文密码,命令格式为 enable secret,其作用和 enable password 在表面上是一样的,但是原始密码经过 MD5 加密,在路由器配置文件中是无法看到的。

(3) 密码加密。为了防止通过查看路由器配置文件查看到文本密码,可以对配置文件中的所有密码进行加密显示。配置方法是在全局配置模式下,使用命令 service password-encryption。需要注意的是,这个命令是不可逆的,也就是说,用 no service password-encryption 命令后,那些已加密的密码还是不可见的,只能重新设置密码。

2. 静态路由

路由器能够通过静态路由或动态路由获知远程网络。为了向路由表添加远程网络,可以使用静态路由向路由表添加远程网络。静态路由由网络管理员配置,包括远程网络的网络地址和子网掩码,以及下一跳路由器的 IP 地址或本地路由器的送出接口。

3. RIP 协议配置

本书在 5.3.4 节的第 2 部分详细介绍了 RIP 路由信息协议的相关内容,此处不再赘述。

8.4.4　实验方法

1. 配置路由器控制台密码和特权模式密码

首先利用 console 线连接 PC 端和路由器,如图 8-8 所示。单击 PC,选择 desktop 选项卡,打开 terminal(终端),利用 CLI 完成路由器密码设置。

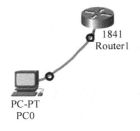

图 8-8　路由器配置实验拓扑图

2. 配置静态路由

配置静态路由实验的网络拓扑结构如图 8-9 所示,各路由器 IP 地址配置如表 8-10 所示。此时,用 Router 2 Ping PC0,看是否可以 Ping 通。利用 show ip route 命令查看 Router 2 路由表并分析原因。

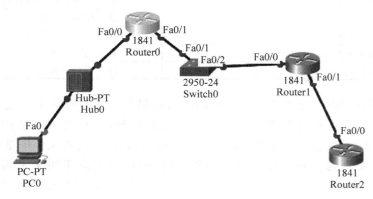

图 8-9　静态路由配置实验拓扑结构图

表 8-10　路由器 IP 地址配置

主 机 名	端 口	IP 地 址	掩 码
PC0	网卡	192.168.1.10	255.255.255.0
Router0	Fa0/0	192.168.1.1	255.255.255.0
Router0	Fa0/1	192.168.2.1	255.255.255.0
Switch0	Fa0/0	—	—
Switch0	Fa0/1	—	—
Router1	Fa0/0	192.168.2.2	255.255.255.0
Router1	Se0/0/0	192.168.3.1	255.255.255.0
Router2	Se0/0/1	192.168.3.2	255.255.255.0

分别为 Router0、Router1 和 Router2 配置静态路由,保证 Router2 到 PC0 的连通性。下面以 Router2 静态路由配置命令为例加以说明(如表 8-11 所示),同理可完成 Router0 和 Router1 的配置。

表 8-11　静态路由配置命令

命 令	含 义
Router # configure terminal	进入全局配置模式
Router(config) # ip route 192.168.1.0 255.255.255.0 192.168.3.1	配置网络号、掩码和下一跳地址
Router(config) # exit	退出

3. 配置 RIP 路由协议

首先在路由器上开启 RIP 路由选择进程。在全局配置模式下通过 router rip 命令声明路由器启用 RIP 路由协议。之后,在 RIP 路由配置模式下,通过关键字 network 宣告各路由器在拓扑图上所示的直连网段,如表 8-12 所示。

表 8-12　RIP 路由协议配置命令

命　　令	含　　义
Router(config)# router rip	启用 RIP 协议
Router(config)# network 192.168.1.0	宣告直连网段

8.4.5　实验要求

（1）在命令行模式下配置路由器的控制台密码。之后,配置路由器的特权模式密码,首先设置明文密码,再设置密文密码,记录设置前后的登录情况,并在特权模式下利用 show running-config 命令查看两种情况下的配置文件。最后,对密码加密,比较加密前后配置文件的变化。

（2）打开实验文档,分别为 Router0、Router1 和 Router2 配置静态路由,保证 Router2 到 PC0 的连通性。

（3）打开实验文档,为各个路由器启动 RIP 协议,之后在模拟模式下,单击 Edit Filters （编辑过滤器）按钮,单击最后一个方框 Show All/None（显示所有/都不显示）清除所有复选框。选中 RIP 复选框,以便只显示 RIP 流量,总结分析 RIP 路由更新情况。

8.5　网络数据捕获系统

8.5.1　实验目的

基于 WinPcap 或 Libpcap 函数库设计并实现一个网络数据捕获系统,该系统可对网络中的数据包进行捕获和分析。

8.5.2　实验环境

平台:与局域网或互联网连接的计算机 1 台,内存大于 2GB,Windows 7 操作系统。

开发软件:Microsoft Visual Studio 2013 或 Microsoft Visual C++6.0,WinPcap_4.1.3。

8.5.3　实验原理

1. 数据包捕获

1）网络数据包捕获机制

数据包捕获机制主要由底层的包捕获机制、包过滤机制及针对用户程序的最高层接口组成。同时,由于操作系统的不同,底层包捕获机制也会有所不同。数据包主要经过网卡、设备驱动层、数据链路层、IP 层、传输层,最后传送到应用程序,所以用户可通过包捕获机制所提供的数据接口去调用库中相关函数得到需要的数据包。同时,包过滤机制可按照用户需求检索数据,最后把需要的数据包传递给应用程序。

2）数据包捕获的常用方法

在 Windows 平台下,数据包捕获机制有以下四种:

（1）直接调用 NDIS 库函数。该方法功能性强,但可能导致系统崩溃或网络瘫痪。

（2）原始套接字（raw socket）机制。该机制只能捕获高层的网络数据包,方法简单,但功能有限。

（3）部分程序开发者编写中间层驱动程序。微软公司 Windows 2000 的 DDK 中包含一些这种驱动程序。

（4）第三方软件或库（如 Libpcap/WinPcap）。

Libpcap(packet capture library)是基于 Linux 系统的一个专门的数据包捕获函数库。WinPcap 是基于 Windows 系统开发的一个可兼容 Libpcap 的函数库，它为 Win32 的应用程序提供了访问网络底层的能力。同时，Libpcap/WinPcap 为用户提供了下列几种功能：①捕获原始数据包；②发送原始网络数据包；③过滤特殊包，其他包发往应用程序；④对网络通信过程中收集到的信息进行统计。

需要注意的是，WinPcap 的主要功能在于它是独立于主机协议（如 TCP/IP）发送和接收原始数据包的，也就是说，WinPcap 不能阻塞、过滤或控制其他应用程序数据包的收发，它仅仅只是监听共享网络上传送的数据包。

3）数据包过滤与分解

捕获数据包后进行过滤分解，即在大量的数据中寻找需要的内容。过滤规则常见的有栈过滤、服务过滤、协议过滤和通用过滤。

4）网络协议分析

网络数据包都是在某个网络协议的基础上产生的。因此在分析包之前，首先要对其网络相关协议进行内容分析，这在原理上是可行的。因为网络数据通信要在协议相互公开的前提下对等进行，一般来说，是将捕获后的数据包经过过滤和分解再给出具体的协议分析。

2. Libpcap 函数库

1）Libpcap 简介

Libpcap 是专门用来捕获网络数据的跨平台编程 API 接口，可以在 Linux、BSD 系统和 Solaris 平台上运行，可为低层网络监测提供一个可移植的、框架型的网络数据捕获函数库。在 Libpcap 的基础上，程序员开发了很多网络安全系统，如网络入侵检测系统 snort、数据包捕获和分析工具 TCP dump 等。

2）Libpcap 功能结构及主要函数

从图 8-10 中可见，Libpcap 先将网卡设置为混杂模式，在驱动程序截获数据后，将数据进行复制，然后分配到内核对数据进行一次过滤，判断数据是否被接收。如果数据被接收，则将接收到的数据通过内核级的缓冲区传送给应用程序。

下面介绍 Libpcap 的主要函数及网络数据包捕获过程中库的基本使用流程。

（1）pcap_t * pcap_open_live()：打开网络接口捕获数据包。

（2）char * pcap_lookupdev()：获取本机的网络接口。

（3）int pcap_lookupnet()：获取网络地址和掩码。

（4）int pcap_loop()：（循环）获取网络数据包。

（5）void pcap_dump()：将捕获的数据包输出到由 pcap_dump()_open()打开的文件中。

（6）int pcap_setfilter()：设置 BPF 过滤规则。

（7）int pcap_compile()：将过滤规则字符串编译成一个 BPF 内核过滤程序。

（8）int pcap_datalink()：获取诸如以太网、SLIP、ATM、IEEE 802.3 等数据链路层的类型。

（9）void pcap_close()：关闭 Libpcap 关联文件操作并回收资源。

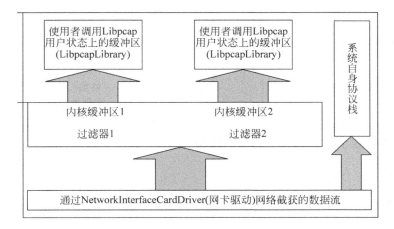

图 8-10 Libpcap 原理及架构图

3. WinPcap 简介

1) WinPcap 和 Libpcap

WinPcap(Windows packet capture)是在 Libpcap 的设计基础上开发设计的一个免费、公共的网络访问系统,其使用方法和 Libpcap 基本相同。因此,Libpcap 中的一些程序能够很方便地移植到 Windows 平台中使用,且不影响其他程序的运行。

2) WinPcap 的功能和应用

WinPcap 的早期开发是为了解决在 Win32 系统中应用程序无法访问网络底层的问题。它的核心 NPF 解决了在内核层捕获和过滤数据包的问题。在当前网络发展中,WinPcap 的使用相对广泛,大多数软件员都热衷于使用 WinPcap 作为开发工具。其主要应用领域有网络监控、网络入侵检测系统(NIDS)、网络及协议分析、安全工具设计、数据流量发送、通信日志记录以及用户级别的桥路和路由等。在 Windows 平台下的许多数据包捕获软件都是以 WinPcap 作为软件编程接口的,如 Sniffit(Windows 平台下的嗅探器)、ARPSniffer GUI(国产的 Windows 平台下交换网络的嗅探器)和 Windump。

4. WinPcap 的关键数据结构和主要功能函数

1) WinPcap 的数据结构

下面简要介绍几个与网络数据包捕获系统相关的 WinPcap 核心数据结构。

(1) 网络接口地址的数据结构

```
Struct pcap_addr
{
    struct sockaddr * netmask;          //------------- 掩码
    dr * addr;                          // ------------- 网络接口地址
    struct sockaddr * dstaddr;          // ----------- 目标地址
    struct sockaddr * broadaddr;        // ------------ 广播地址
    struct pcap_addr * next;            // ----------- 指向下一个地址节点
}
```

(2) WinPcap 中用于存储文件类型数据的结构体

```
Struct pcap_file_header
{
```

```
    U_short version_major;              // ------------ 主版本号
    U_short version_minor;              // ------------ 次版本号
    Bpf_u_int32 snaplen;                // ------------ 捕获长度
    Bpf_u_int32 sigfigs;                // ------------ 时间截
    Bpf_int32 thiszone;                 // ------------ 区域时间
    Bpf_u_int32 linktype;               // ------------ 链路层类型
    Bpf_u_int32 magic;                  // ------------ 文件类型
}
```

（3）网络接口链表中的一个节点数据结构

```
Struct pcap_if
{
    Struct pcap_if * next;              // ------------ 下一个网络接口节点
    struct pcap_addr * addresses;       // ------------ 网络接口地址
    char * description;                 // ------------ 描述信息
    char * name;                        // ------------ 网络接口名称
    bpf_u_int32 flags;                  // ------------ 标记
}
```

（4）存放捕获的数据包基本信息的结构体

```
Struct pcap_pkthdr
{
    Struct timeval ts;                  // ------------ 时间间隔
    Bpf_u int32 len;                    // ------------ 数据包长度
    Bpf_u int32 caplen;                 // ------------ 捕获长度
}
```

（5）存放 WinPcap 的状态信息的结构体

```
Struct pcap_stat
{
    # ifdef WIN32
    U_int ba_capt                       // ------------ 数据包到达应用层的个数
    # endif
    U_int ps_recp;                      // ------------ 捕获到的数据包的个数
    U_int ps_drop;                      // ------------ 丢失的数据包的个数
    U_int ps_ifdrop;                    // ------------ 未用
}
```

2）WinPcap 主要函数

在 WinPcap 中与网络数据包捕获相关的主要函数及其调用流程与前面介绍的 Libpcap 相应函数及调用流程类似，包括 pcap_t * pcap_open_live()、char * pcap_lookupdev()、int pcap_lookupnet()、int pcap_dispatch()或 int pcap_loop()、void pcap_dump()、int pcap_ compile()、int pcap_setfilter()、int pcap_datalink()、void pcap_close()等。因为 WinPcap 函数的设计开发移植自 Libpcap 库中的相应函数，因此这些函数的定义、调用以及参数也类似，这里不再赘述。

8.5.4　实验方法

一个较为完整的基于 WinPcap 的网络数据包捕获程序包括内核部分和用户分析部分，

其中内核部分负责从网络中捕获和过滤数据,用户分析部分负责界面、数据转化与处理、格式化、协议分析等。如果内核没有过滤数据包,还要对数据进行过滤。具体的编程思想和流程如下。

1. 获得本地网络驱动器列表

基本上所有基于 WinPcap 的应用程序所做的第一件事情都是获取一个已经绑定的网卡列表,然后 WinPcap 再对捕获网络的数据端口进行设定。考虑以下两种设定方式:

用户在命令行指定监听的网络接口,这样就要对命令行参数进行判断,本实验不采用此方式。

通过 pcap 引擎找出并设定监听的网络接口,确定网络端口。可用一个字符串(char *)定义这个设备或者采用用户在命令行直接指定端口名来定义。WinPcap 有 pcap_findalldevs_ex()函数,这个函数返回一个指向 pcap_if 结构的链表,其中每一项都包含了一个已经绑定的适配器(网卡)的全部信息,尤其是字段名字和含有名字的描述以及有关驱动器的信息。其中 name 和 description 这两项分别包含了相应设备的名称和描述。取得网卡列表后就在屏幕上显示出来,如果网卡没有被发现就显示有关错误,同时,pcap_findalldevs()同其他的 Libpcap 函数一样有一个 errbuf 参数,当有异常情况发生时,这个参数会被 pcap 填充为某个特定的错误字串。

2. 打开网卡准备捕获数据包

在设置程序捕获单个或多个设备时,可使用文件句柄(handle)区分不同设备。接下来设置选定的网卡,将捕获的包长度、等待时间、网卡工作模式作为命令的参数记录下来。

获得网卡信息后就可以按数据捕获的要求打开网卡。打开网卡的功能是通过 pcap_open_live()实现的。它的函数原型定义如下:

pcap_t * pcap_open_live(char * device, int snaplen, int promisc, int to_ms, char * ebuf)

device:前面指定的监听设备接口。

snaplen:指定 pcap 捕获的最大数目的网络数据包。

promisc:此参数大于 0 即指定 device 接口工作在混杂模式(promiscuous mode)。前面表述过,在正常情况下网卡只接收去往它的包而去往其他主机的数据包则被忽略,相反,当网卡处于混杂模式(大部分包捕获程序将混杂模式设为默认)时,它将接收所有流经它的数据包。这表明在共享介质情况下可捕获其他主机的数据包。

to_ms:此参数用于指定读数据的超时控制,超时以毫秒计算。当在超时时间内网卡上没有数据到来,则对网卡的读操作返回(如 pcap_dispatch()或 pcap_next_ex()等函数)。若网卡处于统计模式,to_ms 还定义了统计的时间间隔。若参数为 0,则表示无超时控制,对网卡的读操作在无数据到来时将永远堵塞。若为-1,则对网卡的读操作将立即返回。

ebuf:指定用于存储出错信息的字符串。

pcap_t:返回值为用于监听的 pcap 会话。

3. 数据包的过滤设定

如果想捕获特定的传输(如 TCP/IP 包、发往端口 23 的包等),就必须创建一个过滤规则集合并且加载到 WinPcap 引擎上,这是编写数据包捕获应用程序最主要的步骤。过滤规则集合需保存在一个字符串内并且被转换成可被 WinPcap 引擎识别的格式才能被编译,然后通知 WinPcap 引擎应用编译的规则捕获和过滤。

数据包过滤处理是监听技术中的难点和重点,WinPcap 或 Libpcap 最强大的特点之一是数据流的过滤引擎。它提供了一种高效的方法捕获网络数据流的某些数据,同时与系统的捕获机制相集成。过滤数据函数由 pcap_compile()和 pcap_setfilter()实现。

pcap_compile()编译一个过滤设备,它通过一个高层布尔(boolean)型变量和字符串产生一系列可被底层驱动所解释的二进制编码。其函数原型定义如下:

```
int pcap_compile(pcap_t * p, struct bpf_program * fp, char * str, int optimize, bpf_u_int32 netmask)
```

p:表示 pcap 会话句柄。

fp:存放编译以后的规则。

str:规则表达式的过滤规则(filter),同 tcpdump 中的 filter。

optimize:指定优化选项,0 表示 false,1 表示 true。

netmask:监听接口的网络掩码。

返回值:−1 表示操作失败,其他值表示成功。

pcap_setfilter()绑定过滤器到一个处于核心驱动的捕获进程中。一旦 pcap_setfilter()被调用,这个过滤器就会对网络数据包进行过滤,所有符合条件的数据包都被复制给要进行捕获的应用程序。其函数原型定义如下:

```
int pcap_setfilter(pcap_t * p, struct bpf_program * fp)
```

p:表示 pcap 的会话句柄。

fp:表示经过编译后的过滤规则。

返回值:−1 表示操作失败,其他值表示成功。

4. 开始捕获数据包

打开网卡开始捕获数据流。捕获方式有两种:一是以回调的方式,于底层收集数据包,当满足一定条件(超时或缓冲区满),便调用回调函数,把收集到的原始数据包交给用户;另一种方式是当数据包到达后函数就返回,捕获最原始的数据包,即包含数据链路层的数据包。返回的数据缓冲区里只含一个包。

网卡一经打开,便可调用 pcap_dispatch()或 pcap_loop()进行数据捕获。这两个函数功能十分相似,不同的是 pcap_loop()在没有数据流到达时将阻塞,而 pcap_dispatch()可以不被阻塞。这两个函数都有一个回调函数作为参数——packet_handler,这个参数指定的函数将收到数据包。函数在每一个新数据包到达网络时都会被 WinPcap 调用,并收到一个结构体 header。这个 header 中带有一些数据包的信息,如时间戳、长度和包括所有协议头的实际数据包。

基于回调包捕获机制的 pcap_loop()在一些情况下是不错的选择,但会出现像多线程或 C++类效率不高的情况。此时使用循环调用 pcap_next 接收数据包,也可用 pcap_next_ex 接收数据包。而 pcap_next_ex 效率更高是因为 pcap_next()有一些缺陷。首先,pcap_next()虽然隐藏了回调模式,但仍依赖于 pcap_dispatch()。其次,它不能检测文件结束标志(EOF)。所以从一个文件中收集包时作用不大。此函数参数和回调函数 pcap_loop()同样以一个网络适配器描述符作入口参数,两指针作出口参数,这两个指针将在函数中被初始化,然后再返回给用户(一个指向 pcap_pkthdr 结构,另一个指向用作数据缓冲区的内存区域)。

函数原型如下

u_char * pcap_next(pcap_t * p, struct pcap_pkthdr * h)

p：pcap 会话句柄。

h：指向 pcap_pkthdr 接口的指针，在此结构保存了捕获数据包的通用信息（时间信息、数据包的长度和包头部分长度）。

返回值：返回指向实际捕获数据包的 u_char * 型指针。

5. 数据包的协议解析

捕获后的数据帧需要经过解析，得到如作为网络监听所需的数据帧的源地址、目的地址、协议类型等信息。分析不同的网络协议，首先根据不同数据包的封装格式定义相应的数据类型与数据结构，然后在程序中通过判断和匹配确定不同的数据包属于何种协议。

对 IP 包的分析（包括 TCP、UDP、ICMP）和显示内容的处理都在这个函数内：void packet_handler(u_char * param, const struct pcap_pkthdr * header, const u_char * pkt_data)。在定义不同网络协议的数据结构后，packet_handler()用来定位数据包头部的各种字段，条件语句判断可确定协议类型。

6. 结束程序

捕获所需数据后，关闭会话并结束程序。系统工作流程如图 8-11 所示。

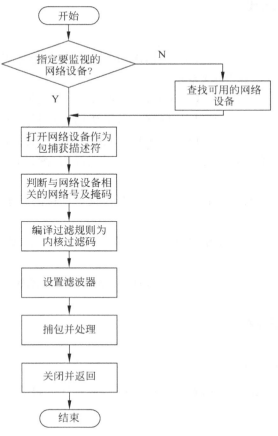

图 8-11　网络数据捕获系统流程图

7. 系统测试

对系统进行测试,验证系统的功能、性能和兼容性。

(1)功能:考察系统能否准确捕获数据包,解析数据帧后能否获取相应信息。这些信息包括网络监听所需的数据帧的源地址、目的地址、协议类型等。

(2)性能:考察系统能否保持较高的抓包率,同时保持实验操作便捷高效。

(3)兼容性:考察系统能否在 Windows XP/Windows 7 下正常运行。

测试项目如表 8-13 所示。

表 8-13　测试项目

序　号	测试类型	测 试 用 例	内容说明(测试指标)
1	功能测试	数据帧捕获测试	网络监听所需数据帧的源地址、目的地址、协议类型等信息准确显示
2	功能测试	数据帧解析测试	解析常用的 ICMP、TCP、UDP 协议
3	性能测试	抓包率	数据包抓包率在流量相同时保持高效
4	性能测试	系统界面使用便捷、友好性测试	使用过程无冗余操作,结果呈现清晰明了
5	兼容性测试	数据捕获系统测试	在 Windows XP/Windows 7 下测试系统数据捕获能力

8.5.5　实验要求

1. 基本要求

基于 Windows 或 Linux 操作系统,采用面向对象的程序设计语言,设计一个具备数据包捕获及解析功能的网络数据捕获系统。

提交程序源代码及实验报告"基于 WinPcap 或 Libpcap 的网络数据捕获系统",源代码需符合编码规范,实验报告使用课程提供的模板,主要内容包括系统设计及实现方案(原理框图、功能结构图、工作流程图等),设计与实现的功能、性能指标,系统特色分析,系统测试方案(测试环境、测试设备、测试数据源说明、测试用例说明、测试过程描述等)、测试结果的统计与分析、参考文献等。

实验报告包含捕获到的 ICMP、TCP 和 UDP 协议数据包的显示截图。

2. 提升要求

设计实现数据包统计的功能模块,能统计数据包协议的类型、数量。

3. 特殊加分

如果能够结合科研,自行设计出较为复杂的网络数据捕获系统可酌情加分。

8.6　网络编程

8.6.1　实验目的

利用 Winsock 控件,设计并实现一个聊天程序,该程序允许客户端登录聊天服务器,实现一对一和多对多的聊天功能。

8.6.2　实验环境

硬件：与局域网或互联网连接的计算机 1 台。

软件：Microsoft Visual Studio 2013 或其他开发环境。

8.6.3　实验原理

网络编程的目标是在发送端把信息通过规定好的协议进行包的组装，在接收端按照规定好的协议把包进行解析并提取出对应的信息，从而达到通信的目的。其中，包的解析工作包括数据包的组装、过滤、捕获和分析以及其他处理等。

网络编程主要是通过使用套接字来实现进程间的通信。套接字即 Socket，是网络应用程序和网络之间的接口。网络应用程序通过套接字向网络发出请求或者应答网络请求。参考 TCP/IP 体系结构，套接字是应用层和传输层之间的接口。应用程序（进程）通过套接字访问网络，套接字利用主机的网络层地址和端口号为两个进程建立逻辑连接。

为了方便网络编程，20 世纪 90 年代初，Microsoft 联合其他几家公司共同制定了一套 Windows 下的网络编程接口，即 Windows Sockets 规范。它不是一种网络协议，而是一套开放的、支持多种协议的 Windows 下的网络编程接口。现在的 Winsock 已经基本上实现了与协议无关，可以使用 Winsock 调用多种协议的功能，但较常使用的是 TCP/IP 协议。Socket 作为 TCP/IP 网络的 API，提供了很多的函数，用于开发网络应用程序。Socket 数据传输是一种特殊的 I/O，同时 Socket 也是一种文件描述符。Socket 的使用主要包括 Socket 建立、配置、建立连接、数据传输和结束传输等过程。

在本书 4.2.2 节的第 3 部分介绍了网络程序的两种工作模式，即 Client/Server 模式和 P2P 模式。下面将主要介绍 Client/Server 模式的网络编程，分为面向连接和无连接两种。

1. 面向连接的 Client/Server 模式

Client/Server 模式的逻辑连接使用（服务器 IP 地址、服务器端口号、客户 IP 地址、客户端口号）四元组作为其在因特网中的唯一标识。Client/Server 模式实现网络通信的全过程，包括逻辑信道的建立、数据传输以及逻辑信道的关闭。

逻辑信道的建立过程可分为如下三个步骤：服务器监听，客户端请求，连接确认。

（1）服务器监听：是指服务器端套接字并不定位具体的客户端套接字，而是处于等待连接的状态，实时监控网络状态。

（2）客户端请求：是指由客户端的套接字提出连接请求，要连接的目标是服务器端的套接字。为此，客户端的套接字必须首先描述它要连接的服务器的套接字，指出服务器端套接字的地址和端口号，然后向服务器端套接字提出连接请求。

（3）连接确认：是指当服务器端套接字监听到或者接收到客户端套接字的连接请求，它就响应客户端套接字的请求，建立一个新的线程，把服务器端套接字的描述发给客户端，一旦客户端确认了此描述，连接就建立完成。而服务器端套接字继续处于监听状态，继续接收其他客户端套接字的连接请求。这三个步骤类似于三次握手。

客户和服务器通过请求响应方式可以进行双向数据传输。当结束数据传输时，则关闭该连接。

具体而言，服务器端通过调用 socket() 建立一个套接口，然后调用 bind() 将该套接口和本地网络地址联系在一起,再调用 listen()使套接口做好侦听的准备,并规定其请求队列的长度,之后调用 accept()接收连接。客户端在建立套接口后就可调用 connect()和服务器建立连接,并传输数据。最后在数据传送结束后,双方调用 close()关闭套接口。

2. 无连接的 Client/Server 模式

在无连接的 Client/Server 模式中,服务器使用 socket()和 bind()函数建立和绑定 Socket。由于此时的 Socket 是无连接的,服务器使用 recvfrom()函数从 Socket 接收数据。客户端也只调用 bind()函数而不调用 connect()函数。注意,无连接的协议不在两个端口之间建立点对点的连接,因此 sendto()函数要求程序在一个参数中指明目的地址。recvfrom()函数不需要建立连接,它对到达相连协议端口的任何数据做出响应。当 recvfrom()函数从 Socket 收到一个数据报时,它将保存发送此数据包的进程的网络地址以及数据包本身。程序(服务器和客户)用保存的地址去确定发送(客户)进程。在必要的条件下,服务器将其应答数据报送到 recvfrom()函数提供的网络地址中。

8.6.4 实验方法

下面以面向连接的 Client/Server 模式为例,说明网络编程中具体函数的使用方法。

1. 服务器工作流程

面向连接的服务器工作流程包括以下几个环节。

1) 创建套接字

Socket 的建立是通过调用 Socket 函数实现的,该函数定义如下:

```
SOCKET socket (int domain, int type, int protocol)
```

domain:指明使用的协议族,如果取值 AF_INET,则用于网络通信;如果取值 AF_UNIX,则用于单一 UNIX 系统中进程间通信。

type:指明 socket 类型,如果取值 SOCK_STREAM,表示是流式,面向连接的比特流,顺序、可靠、双向,用于 TCP 通信;如果取值 SOCK_DGRAM,表示是数据报式,无连接、定长、不可靠,用于 UDP 通信。

protocol:由于指定了 type,一般用 0。

函数返回:一个整型的 socket 描述符,供后面使用。如果调用失败,则返回 INVALID_SOCKET 值,错误信息可以通过 WSAGetLastError 函数返回。

例如,socket 可通过如下代码建立:

```
int sockfd = socket (AF_INET, SOCK_STREAM, 0)
```

2) 将本地 IP 地址和端口号绑定到套接字

Socket 的建立实际上是为 socket 数据结构分配了空间并返回指针,接着要对数据结构提供数据。bind 函数将一本地地址与一套接口捆绑,它适用于未连接的数据报和流式套接口,在 connect 或 listen 函数调用前使用。bind 函数通过给一个未命名套接口分配一个本地名字完成套接口的本地捆绑(主机地址/端口号)。

bind()函数的定义如下:

```
int bind (SOCKET socket, struct sockaddr * address, int addr_len)
```

socket：由 socket 调用返回的套接口文件描述符。

sockaddr：数据结构 sockaddr 中包括了本地地址、端口和 IP 地址信息。

addr_len：地址长度,可以设置成 sizeof(sockaddr)。

通常服务器在启动时都会绑定一个众所周知的地址(如 IP 地址+端口号),用于提供服务,客户端可以通过它连接服务器;而客户端不用指定,有的系统会自动分配端口号和自身的 IP 地址组合。这就是为什么通常服务器端在 listen()前会调用 bind 函数,而客户端就不会调用,而是在 connect 时由系统随机生成一个。

函数返回：如无错误发生,则 bind()返回 0,否则返回 SOCKET_ERROR。应用程序可通过 WSAGetLastError()获取相应错误代码。

3) 服务器端使用 listen()开启监听

listen()用于让套接口处于监听连接请求的状态。从客户端发来的连接请求将首先进入等待队列,等待进程的处理。

listen()函数的定义如下：

```
int listen (SOCKET socket, int backlog)
```

socket：一个已绑定的、未被连接的套接字描述符。

backlog：进入队列中允许的连接的个数。进入服务器的连接请求被 accept()应答之前要进入队列中等待,该值是队列中最多可以拥有的请求个数。大多数系统的默认设置为 20。

函数返回：如无错误,则返回 0,否则返回 SOCKET ERROR。可以调用函数WSAGetLastError 取得错误代码。

4) 接受从客户端发来的请求

accept()是网络编程的重要函数,其作用是在一个套接口接受一个连接,对于 Windows系统用 #include<winsock.h>指明头文件位置,而 Linux 系统则是用 #include<sys/socket.h>中。

accept()从端口请求连接的等待队列中抽取第一个连接,创建一个与此同类的新的套接口并返回句柄。如果队列中无等待连接,且套接口为阻塞方式,则 accept()阻塞调用进程直至新的连接出现。如果套接口为非阻塞方式且队列中无等待连接,则 accept()返回一错误代码。已接受连接的套接口不能用于接受新的连接,原套接口仍保持开放。

accept()函数定义如下：

```
SOCKET accept (SOCKET socket, struct sockaddr * address, int addr_len)
```

socket：正在监听端口的套接口文件描述符。

address：客户端的 socket 地址。

addr_len：socket 地址的长度。

函数返回：如果没有错误产生,则 accept()返回一个描述所接收包的 SOCKET 类型的值;否则返回 INVALID_SOCKET 错误。应用程序可通过调用 WSAGetLast Error 获取错误代码。

5) 发送和接收数据

建立连接后,客户端和服务器端就可以进行数据传输了,通过使用 send()发送数据,使用 recv()接收数据。

```
int send (SOCKET socket,char * message,int msg_len,int flags)
```

socket：发送数据的套接口文件描述符。它可以通过 socket()函数调用返回，也可以通过 accept()调用得到。

message：指向要发送的数据的指针。

msg_len：要发送数据的字节长度。

flags：标志，一般设置为 0。

函数返回：无错时返回实际发送的字节数，否则返回 SOCKET_ERROR。

```
int recv (SOCKET socket,char * message,int msg_len,int flags)
```

socket：要读取的套接口文件描述符。

message：接收数据的缓冲区起始地址。

msg_len：缓冲区的最大长度。

flags：标志，一般设置为 0。

函数返回：无错时返回实际接收的字节数，否则返回 SOCKET_ERROR。

6）关闭连接套接字

使用 closesocket()关闭已连接的套接口文件描述符。

```
int closesocket(SOCKET socket)
```

之后就不能再对此套接口做任何的读/写操作。

7）转 4）或结束

2. 客户端工作流程

1）创建套接字

```
SOCKET socket (int domain,int type,int protocol)
```

2）发出连接请求

connect()用于建立与指定 socket 的连接。对于流类套接口（SOCK_STREAM 类），利用名字与一个远程主机建立连接，一旦套接口调用成功返回，它就能收发数据了。对于数据报类套接口（SOCK_DGRAM 类型），则设置成一个默认的目的地址，并用它进行后续的 send() 与 recv()调用。

connect()函数定义如下：

```
int connect(SOCKET socket,struct sockaddr * address,int addr_len)
```

socket：由系统调用 socket()返回的套接口文件描述符。

address：指向数据结构 sockaddr 的指针，其中包括目的（即服务器）端口和 IP 地址。

addr_len：地址长度，可以使用 sizeof(struct sockaddr)获得。

函数返回：若无错误发生，则 connect()返回 0；否则返回 SOCKET_ERROR 错误。可通过 WSAGetLastError()获取相应错误代码。

3）发送和接收数据

4）关闭此连接的套接字

8.6.5　实验要求

（1）登录功能。客户端登录到聊天服务器，服务器管理所有登录的客户，并将客户列表发送给各个客户显示。

（2）聊天功能。客户可以通过服务器转发，实现一对一和多对多聊天。

（3）呼叫功能。当客户端程序连接服务器时，通过服务器搜索所要呼叫的客户，如果检测到此用户且该用户正处于联网状态，则服务器通知此用户的客户端程序响应主叫方客户端程序，然后在主叫方和被叫方建立连接后，双方就可以聊天或进行其他的通信。

（4）通知功能。客户端程序可以实时显示目前其他用户的状态，如好友上、下线情况。

（5）界面友好。能够建立至少1个群组，能够加入群实现群聊，有留言功能且能进行文件传输。

（6）实验时可运行网络数据捕获系统，对通信时的数据包进行跟踪分析。

参 考 文 献

[1] 费安翔,徐岱.赛博空间概念的三个基本要素及其与现实的关系 [J].西南大学学报(社会科学版),
     2015,41(02):111-119.
[2] (加)罗伯特·洛根.理解新媒介 [M].何道宽,译.上海:复旦大学出版社,2012.
[3] 熊澄宇.新媒介与创新思维 [M].北京:清华大学出版社,2001.
[4] 李耐和.赛博空间与赛博对抗[EB/OL]. http://www.docin.com/p-299368494.html.
[5] (意)克罗齐.美学原理 [M].朱光潜,译.上海:上海人民出版社,2007.
[6] (美)克里斯托夫·科赫.意识探秘 [M].侯晓迪,译.上海:上海科学技术出版社,2012.
[7] (美)安东尼奥·达马西奥.寻找斯宾诺莎 [M].孙延军,译.北京:教育科学出版社,2009.
[8] (美)安东尼奥·达马西奥.笛卡尔的错误 [M].毛彩凤,译.北京:教育科学出版社,2007.
[9] (美)史蒂文·约翰逊.坏事变好事 [M].苑爱玲,译.北京:中信出版社,2006.
[10] (荷兰)约斯·德·穆尔.赛博空间的奥德赛 [M].麦永雄,译.桂林:广西师范大学出版社,2007.
[11] 张显龙.中国网络空间战略 [M].北京:电子工业出版社,2015.
[12] 陈治科,熊伟.美国网络空间发展研究 [J].装备学院学报,2013,24(1):86-91.
[13] 孙义明,李巍.赛博空间:新的作战域 [M].北京:国防工业出版社,2014.
[14] (美)Behrouz A. Forouzan,Sophia Chung Fegan.数据通信与网络(影印版) [M].北京:机械工业
     出版社,2006.
[15] 樊昌信,曹丽娜.通信原理 [M],北京:国防工业出版社,2006.
[16] 傅祖芸.信息论:基础理论与应用[M].4 版.北京:电子工业出版社,2015.
[17] 谢希仁.计算机网络教程[M].2 版.北京:人民邮电出版社,2006.
[18] 谢钧,谢希仁.计算机网络教程[M].4 版.北京:人民邮电出版社,2014.
[19] 谢希仁.计算机网络[M].4 版.北京:电子工业出版社,2003.
[20] 谢希仁.计算机网络[M].5 版.北京:电子工业出版社,2008.
[21] 谢希仁.计算机网络[M].7 版.北京:电子工业出版社,2017.
[22] (美)特南鲍姆,(美)韦瑟罗尔著.计算机网络[M].5 版.严伟,潘爱民,译.北京:清华大学出版
     社,2012.
[23] 胡珺珺,赵瑞玉.现代通信网络 [M].北京:北京大学出版社,2014.
[24] 郭金元.数字数据网(DDN) [J].现代电子技术,2005(03):45-47.
[25] 赵谦等.现代信息网技术与应用 [M].西安:西安电子科技大学出版社,2009.
[26] 赵斌,姜作彬,曾宏清.ATM 技术系列讲座之一异步传输模式的物理层 [J].中国金融电脑,1997
     (11):41-44.
[27] 陶洋,黄宏程.信息网络组织与体系结构 [M].北京:清华大学出版社,2011.
[28] 周旗,邓志成,朱祥华.Internet 资源预留协议——RSVP [J].数据通信,1999(03):56-59.
[29] 韩国栋,邬江兴.IP over SDH 的优势与局限性 [J].电讯技术,2001(05):98-101.
[30] 杜永春.IP over X 网络互联技术.见中国航海学会通信导航专业委员会 2006 年学术年会论文集
     [C].大连:大连海事学院出版社,2006.
[31] 付磊.浅析计算机网络的功能及应用 [J].信息与电脑,2009(10):55.
[32] 纪越峰.现代通信技术[M].2 版.北京:北京邮电大学出版社,2004.
[33] 郭娟,杨武军.现代通信网 [M].西安:西安电子科技大学出版社,2016.
[34] 毛京丽,董跃武.现代通信网[M].3 版.北京:北京邮电大学出版社,2013.

[35] 陈威兵,刘光灿,张刚林,冯璐. 移动通信原理[M]. 北京:清华大学出版社,2016.

[36] 吴俊华. WCDMA 的空中接口及其特征[J]. 信息技术与标准化,2004(10):24-27.

[37] 张长青. TD-LTE 空中接口的技术分析[J]. 移动通信,2013,37(14):31-36.

[38] 黄昊鹏,杨金桥,黄振. 论 CATV 双向网络化方案[J]. 产业与科技论坛,2013(05):100-101.

[39] 李姜. 接入网 PON 技术引入分析[J]. 信息通信技术,2010(01):66-73.

[40] 刘伟荣,何荣. 物联网与无线传感器网络[M]. 北京:电子工业出版社,2013.

[41] 刘化君等. 物联网概论[M]. 北京:高等教育出版社,2016.

[42] 刘锋. 互联网进化论[M]. 北京:清华大学出版社,2012.

[43] 金元浦. 互联网思维:科技革命时代的范式变革[J]. 福建论坛(人文社会科学版),2014(10):42-48.

[44] 侯铁桥. 信息网络与思维方式变迁[J]. 开放导报,2000(12):15.

[45] 刘美玲. BA 无标度网络模型的应用及扩展[D]. 武汉:武汉理工大学,2005.

[46] 张嘉龄. 基于复杂网络的信息传播[D]. 福建:厦门大学,2008.

[47] 胡庆成. 基于复杂网络的信息传播模型研究[D]. 北京:清华大学,2015.

[48] 詹卫华,关佶红,章忠志. 复杂网络研究进展:模型与应用[J]. 小型微型计算机系统,2011(02):193-202.

[49] 飞鹏. 基于信息及行为传播的社交网络拓扑模型[D]. 长春:吉林大学,2013.

[50] 黄宏程,蒋艾玲,胡敏. 基于社交网络的信息传播模型分析[J]. 计算机应用研究,2016(09):2738-2742.

[51] 周苗,杨家海,刘洪波,吴建平. Internet 网络拓扑建模[J]. 软件学报,2009(01):109-123.

[52] 许华岚,邓晓衡,张连明. Internet AS 幂律建模及其参数估计[J]. 计算机工程与应用,2010(11):77-80.

[53] 冯永泰. 网络文化释义[J]. 西华大学学报,2005,24(2):90-91.

[54] 李贤民. 民族文化不能在网络中消失[J]. 理论参考,2002(3):42.

[55] 臧学英. 网络时代的文化冲突[J]. 科学学与科学技术管理,2001,22(4):68-71.

[56] 鲍宗豪. 网络与当代社会文化[M]. 上海:上海三联书店,2001.

[57] 张革华. 加强网络文化建设改进高校德育工作[J]. 思想理论教育导刊,2002(5):58-59.

[58] 万峰. 网络文化的内涵和特征分析[J]. 教育学术月刊,2010(4):62-65.

[59] 李琳. 论网络文化的特征及功能[J]. 湘潭师范学院学报:社会科学版,2005,27(6):23-26.

[60] 高欣. 对网络文化的若干思考[J]. 贵州工业大学学报:社会科学版,2004,6(1):105-108.

[61] 曾静平,李欲晓. 论中国网络文化分级分类研究[J]. 现代传播-中国传媒大学学报,2010(3):108-113.

[62] 常晋芳. 网络文化的十大悖论[J]. 天津社会科学,2003(2):53-59.

[63] (美)博伊尔. 计算机网络实验手册[M]. 远红亮,译. 北京:清华大学出版社,2012.

[64] 叶阿勇. 计算机网络实验与学习指导[M]. 北京:电子工业出版社,2014.

[65] 魏勍颋,邹春华,陈强. 计算机网络实验与实训教程[M]. 北京:清华大学出版社,2014.

[66] 郭雅. 计算机网络实验指导书[M]. 北京:电子工业出版社,2012.

[67] 张建忠,徐敬东. 计算机网络技术与实验[M]. 北京:清华大学出版社,2016.

图 书 资 源 支 持

感谢您一直以来对清华版图书的支持和爱护。为了配合本书的使用,本书提供配套的资源,有需求的读者请扫描下方的"清华电子"微信公众号二维码,在图书专区下载,也可以拨打电话或发送电子邮件咨询。

如果您在使用本书的过程中遇到了什么问题,或者有相关图书出版计划,也请您发邮件告诉我们,以便我们更好地为您服务。

我们的联系方式:

地　　址:北京市海淀区双清路学研大厦 A 座 701

邮　　编:100084

电　　话:010-62770175-4608

资源下载:http://www.tup.com.cn

客服邮箱:tupjsj@vip.163.com

QQ:2301891038(请写明您的单位和姓名)

教学交流、课程交流

清华电子

扫一扫,获取最新目录

用微信扫一扫右边的二维码,即可关注清华大学出版社公众号"清华电子"。

图书资料